国家自然科学基金项目资助

环境友好型
包膜缓控释肥料
研发与应用研究

邹洪涛◎著

中国农业出版社

北　京

图书在版编目（CIP）数据

环境友好型包膜缓控释肥料研发与应用研究 / 邹洪涛著. —北京：中国农业出版社，2022.3
ISBN 978-7-109-29185-0

Ⅰ.①环⋯ Ⅱ.①邹⋯ Ⅲ.①长效肥料—研究 Ⅳ.
①S145.6

中国版本图书馆 CIP 数据核字（2022）第 037323 号

环境友好型包膜缓控释肥料研发与应用研究
**HUANJING YOUHAOXING BAOMO HUANKONGSHI FEILIAO
YANFA YU YINGYONG YANJIU**

中国农业出版社出版
地址：北京市朝阳区麦子店街 18 号楼
邮编：100125
责任编辑：孙鸣凤　　文字编辑：郝小青
版式设计：杜　然　　责任校对：刘丽香
印刷：北京通州皇家印刷厂
版次：2022 年 3 月第 1 版
印次：2022 年 3 月北京第 1 次印刷
发行：新华书店北京发行所
开本：700mm×1000mm　1/16
印张：22.5
字数：430 千字
定价：98.00 元

前　言

中国农业发展迅猛，化肥在农业生产中对作物增产发挥着重要作用。但化肥的大量施用也有很多弊端，不仅造成了肥料资源的浪费，还造成了经济损失和严重的生态环境问题。因此，提高肥料利用率，减轻或者避免因肥料损失而造成的环境污染是当前农业领域研究的热点问题。

包膜缓控释肥料的研发为提高肥料利用率提供了有效途径。其中，缓释肥料主要指能够延缓肥料养分释放的一类肥料；控释肥料主要指能够控制肥料养分释放的一类肥料。可降解、价格低廉、养分缓控释效果好的环境友好型包膜缓控释肥料是当前包膜肥料发展的主要方向。因而，研究者开展了环境友好型包膜缓控释肥料的研发与应用研究，历时近20年，并根据研究成果编成本书。本书对环境友好型包膜缓控释肥料养分缓控释机理及应用效果进行了详细的研究，揭示了环境友好型包膜缓控释肥料提高养分利用效率的机理，以期为我国可降解、价格低廉、养分缓控释效果好的环境友好型包膜缓控释肥料的研发和应用提供新思路和科学依据。

本书共分为六章，第一章至第三章围绕环境友好型包膜缓释肥料的制备及养分缓释机理开展研究，分别介绍了无机物包膜缓释肥料、有机物包膜缓释肥料和有机-无机复合物包膜缓释肥料的制备及养分缓释机理。第四章至第六章围绕环境友好型包膜缓控释肥料对作物及环境的影响进行研究，分别介绍了包膜缓释肥料对作物和环境的影响、包膜抑制剂型缓释肥料对作物和环境的影响以及包膜控释肥料与普通氮肥配施减量对作物和环境的影响。本书可作为农业资源与环境等相关专业研究生教学的参考教材。

本书根据作者和作者的研究生（韩艳玉、王剑、于洋、高艺伟、张砚铭、凌尧、陈松岭、蒋一飞、巴闯、刘诗旋、白杨）多年的研究成果编写而成。作者的导师张玉龙教授对此书的内容进行了审阅与修改，在此衷心感谢张玉龙教授对本书的支持与帮助！本书虽是作者多年的科研成果，但也只是阶段性的研究小结。环境友好型包膜缓控释肥料的科学研究仍有很多问题需要继续研究与开发，已经获得的科研成果更需要在转化中完善、进行产业化提升。由于作者水平有限，本书或有叙述未清、表意未明等疏漏之处，敬请读者批评指正。

邹洪涛

2022 年 2 月

目　录
CONTENTS

第一章 无机物包膜缓释肥料的制备及养分缓释机理

第一节 无机物包膜缓释肥料的研究进展

无机包膜材料主要包括硅、硫黄、石膏、磷酸盐、沸石粉、硅藻土、膨润土、竹炭、化学肥料、硅酸盐等，此类材料一般需要在黏结剂的作用下包裹在肥料颗粒表面，可通过调整膜层厚度和数量来控释养分。其中，硫包膜肥料的应用可以追溯到20世纪20年代，当时美国为了解决冶炼工业中副产品硫的利用问题，开发了硫包膜尿素（SCU），其包膜层由包硫层、密封层（石蜡-煤焦油）、扑粉层组成。在当前的无机物包膜缓释肥料中，硫黄包膜缓释尿素占重要地位，该类肥料尤其适用于缺硫土壤，可以提供植物生长所需要的硫营养元素，还可以杀菌、改善土壤通透性（孙秀廷，1999）。

1973年，中国科学院南京土壤研究所李庆逵院士在碳酸氢铵中掺了白云石熟粉，用对辊式造粒机造粒，在圆盘中抛光，用磷酸将粒肥表面酸化，以钙镁磷肥粉末包膜，用石蜡-沥青熔融液封面，扑粉，制得包膜长效碳酸氢铵，应用在直播水稻上增产效果显著，但没有规模化生产。郑州工业大学研制的包裹型复合肥"乐喜施"是以颗粒速效肥料为核芯，以钙镁磷肥为包裹层，根据不同作物的需要，在包裹层中加入微肥及螯合剂、氮肥增效剂、农药等，由无机酸混合物、缓溶剂作为黏结剂制成的一种植物营养复合体；调节其包裹层的组成、厚度和黏结剂种类，可制成适用于多种作物的专用复合肥（许秀成，2001）。该肥料的特点是所用原料含有作物所需要的营养成分，包膜物质价格低廉，肥料成本与一般复合肥相当，易于大面积推广施用。

高表面活性矿物的层状结构和层间的几何空间是良好的化学反应场所，经改性后能有效地作为肥料和土壤的活化材料，且价格低廉。华南农业大学廖宗文等利用高表面活性矿物作为新型控释材料，这些高表面活性矿物主要包括层状结构的黏土矿物（蒙脱石、高岭石、蛭石等）、层链状结构的黏土矿物（海泡石、坡缕石等）、架状结构的沸石族矿物及硅藻土等矿物。沈阳农业大学利用天然产物松香、羧甲基纤维素钠作为黏结剂，以高表面活性矿物沸石粉、膨润土、硅藻土等材料为包裹材料进行试验，试验结果表明，该包膜（裹）肥料具有较好的缓释效果（邹洪涛，2005）。竹炭是竹材热解得到的主要产品之一，具有特殊的微孔结构和生物学特性，可作为肥料的包膜材料。钢渣、碳化稻壳等固体废弃物具有较强的表面吸附性，可利用其理化性质研发肥料，将研发的肥料应用于实践，已经取得了很好的效果。

大量研究结果表明，无机材料成本较低，对土壤危害小，同时又能为植物提供多种盐基离子，且具有一定的缓释效果。但由于无机物包膜肥料存在弹性差、质脆等问题，越来越多的研究人员将重点放在有机材料上。

第二节　无机矿物包膜肥料的制备及氮素溶出特性

本节研究了用两种不同无机矿物制备包膜缓释肥料，通过土柱淋洗试验探讨了包膜肥料的氮素溶出特征，以评价无机包膜材料的缓释效果。

一、试验材料与方法

1. 供试原料

（1）黏结剂

选用 3 种黏结剂，分别用 A、B、C 表示。黏结剂 A 是一种天然有机物，主要由各种树脂酸配制而成，不溶于水而易溶于有机溶剂；黏结剂 B 是一种纤维素衍生物，具有良好的结合力，固化时间短，热稳定性好；黏结剂 C 是由半乳糖和葡糖醛酸合成的链状聚合物，溶液干燥后形成坚硬的薄膜，但脆性较大。

（2）无机矿物

无机矿物有两种，分别用 X、Y 表示。两种无机矿物都具有吸附性强、比表面积大等优点。材料 X 的主要成分为 SiO_2（74.5%）和 MgO（16.5%），材料 Y 的主要成分为 SiO_2（66.8%）和 Al_2O_3（21.2%）。

2. 供试肥料

以尿素颗粒为核芯进行包膜以及包膜控释效果的评价研究。该肥料由辽河化肥厂（现辽宁华锦化工集团有限公司）生产，含氮量为 45.82%。

3. 包膜设备

用于包膜的设备有：①塑料盆，上口径 18cm，容积 680mL；②喷雾器；③电吹风，功率为 2 000W。

4. 供试土壤

供试土壤为典型棕壤，采自沈阳农业大学试验田，前茬作物为玉米，取样深度为 0～20cm。供试土壤基本理化性质如表 1-1 所示。

表 1-1　供试土壤基本理化性质

项目	pH	有机质（g/kg）	速效氮（mg/kg）	速效磷（mg/kg）	速效钾（mg/kg）
数值	6.64	14.70	84.60	18.90	118

项目	风干土含水量（%）	机械组成（%）			
		>0.25mm	0.25～0.02mm	0.02～0.002mm	≤0.002mm
数值	5.60	3.50	40.30	25.20	30.90

5. 试验设计与方法

（1）包膜剂配比及组成

将 3 种黏结剂 A、B、C 分别溶于相应的溶剂（乙醇、水）中，配制成不同浓度的溶液，作为黏结剂溶液。每种黏结剂溶液设 3 个浓度分别与无机矿物包膜材料组合，配制成包膜剂系列，两种无机包膜材料共有 18 种包膜剂，用 AaX、BaX、……、CcY 表示，其中 X、Y 代表无机矿物的种类，A、B、C 代表黏结剂的种类，a、b、c 代表每种黏结剂从低到高的 3 种浓度，如表 1-2 所示。

表 1-2　无机矿物包膜剂的配比和组成

无机材料	黏结剂浓度及配比								
	A（%）			B（%）			C（%）		
	3.0	4.0	5.0	0.5	1.0	1.5	1.6	2.4	3.2
X	AaX	AbX	AcX	BaX	BbX	BcX	CaX	CbX	CcX
Y	AaY	AbY	AcY	BaY	BbY	BcY	CaY	CbY	CcY

（2）生产工艺与方法

将尿素颗粒放入转动的塑料盆中，用电吹风预热尿素 6～8min，使尿素颗粒表面温度达到 50～60℃，然后用喷雾器在尿素表面喷上适量的黏结剂，黏结剂的用量为肥料重量的 5% 左右，以尿素颗粒间不粘连为准，按照设计用量，分两次加入无机矿物质，包膜完成后烘干，得到产品。

（3）土柱淋洗试验

试验在室温下进行，所用土柱为底部带有 0.150mm 筛网的 PVC 管，试验装置如图 1-1 所示，土柱内径为 4.7cm，长 15.2cm。供试肥料除 18 种无机矿物包膜尿素外，另设一未包膜尿素处理，共 19 种。以土壤为淋洗介质，按每千克土 0.218g 尿素的比例称取等氮量尿素与土壤混合；在 19 种肥料之外，设不施肥处理作为对照，共 20 个处理。按 1.35g/cm³ 的容重均匀地装入 PVC 管内使之成柱。有肥料混入的土柱在填装时在管的底部先装入 30g 未混入肥料的风干土，余下的风干土与试验肥料充分混匀后再装入，装柱高度为 13.0cm。每一处理设 3 次重复。

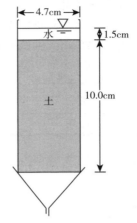

图 1-1 土柱淋洗装置示意图

土柱制成后先缓慢而多次地滴加蒸馏水以使土壤充分润湿，但不至于有过量的水自土柱渗出，静置 24h，然后往土柱内加水，淋洗过程正式开始。淋洗加水时将装有 100mL 蒸馏水的容量瓶倒置于土壤表面，柱面上形成厚约 1.5cm 的水层，以尽量保证每次淋洗用水量一致（100mL）、淋洗水头恒定均一。在土柱之下用三角瓶接收淋滤液，至不再有水滴出，一次淋洗结束。取淋洗液测定其铵态氮含量。每隔 3d 淋洗一次，一共淋洗 14 次。水溶液中铵态氮用自动分析仪 AA3（德国布朗卢比公司生产）测定。

二、无机矿物 X 包膜尿素的氮素溶出特性

1. A-X 型包膜尿素

用黏结剂 A 和无机矿物材料 X 配制成包膜材料，将该包膜材料包膜制成的尿素称为 A-X 型包膜尿素。将 A-X 型包膜尿素与土壤混合制成土柱进行淋洗试验，所得结果如图 1-2 所示。

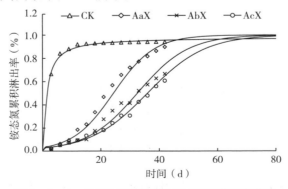

图 1-2 A-X 型包膜尿素铵态氮累积淋出率曲线

从图 1-2 中可以看出尿素包膜后铵态氮的淋出速度明显变缓，且经历了一个由慢变快再变慢的变化过程。这样的养分释放过程可以用 Logistic 曲线来描述，该曲线的表达式为

$$y = \frac{k}{1 + e^{a-rt}} \tag{1-1}$$

式中，k 为肥料最大淋出率或释放率，a 为初始淋出率，在数值上相当于 t 趋近于 0 时的肥料淋出率，可以认为该数值的大小反映了包膜的完整性，r 为释放速度常数，它的大小反映了肥料养分淋出率随时间变化的快慢，可以作为肥料释放的缓效性尺度，t 为淋洗时间。

使用式（1-1）对 A-X 包膜肥料的淋洗养分淋出过程进行数值拟合，结果如图 1-2 中的曲线所示，从图中可以直观地看出，Logistic 曲线很好地表达了几种肥料铵态氮的淋出速率随时间的变化，各曲线的相关系数也都达到了极显著水平。

对包膜尿素养分释放速率的变化机理可以做如下解释：化学肥料尿素包膜后，其氮素在开始阶段主要是通过包膜上的微孔释放的，这一时期包膜相对完整，养分透出受限，所以单位时间内释放量很小，其外在表现是累积淋出率曲线变化平缓；此后，随着淋洗时间的延长，包膜物质被分解、破坏，包膜破裂、脱落，养分释放速度加快、释放量增大，曲线急剧上升；到淋洗后期养分释放殆尽，释放速度变小，铵态氮累积淋出率曲线变得平缓并趋于一常量。包膜尿素的养分淋出特点与未包膜肥料明显不同，未包膜尿素开始淋洗后铵态氮就迅速淋出，且持续时间短，10d 后淋出率达到 90% 以上，之后养分释放缓慢，淋出率接近 100%。这一养分释放过程可以用式（1-2）表示：

$$y = ae^{b/t} \quad (a > 0, b < 0) \tag{1-2}$$

式中，a 为最大淋出率，b 为淋出速率常数，t 为淋洗时间。用式（1-2）对未包膜尿素的铵态氮累积淋出量进行数值拟合，结果为

$$y = 0.980\,7e^{-1.089/t}$$

该式的相关系数也达到了 0.996 以上，即可以用式（1-2）表达未包膜尿素的铵态氮累积淋出量与时间的数量关系。

从图 1-2 中可以看出，未包膜尿素在淋洗培养到第 7 天时氮素累积淋出率达到了 85% 以上，说明一般尿素施入土壤后在足量水分淋洗的条件下，一周内养分基本溶解淋洗完，难以持续地供作物利用。而 AaX、AbX 和 AcX 3 种包膜尿素的铵态氮累积淋出率曲线都接近 S 形，即养分释放经历了慢—快—慢的过程，养分淋出释放速度变缓，这有利于肥料稳定持续地为作物供应养分，从而可以提高肥料的利用率。

拟合得到的 AaX、AbX、AcX 3 种包膜肥料铵态氮淋出率曲线的初始淋

出率 a 和释放速度常数 r 见表 1-3。从表中可以看出 a 没有显著的变化，这说明黏结剂 A 浓度不同时 A-X 型包膜尿素的初始淋出率相差不大，其数值的大小可能主要与包膜工艺有关；而 r 随着黏结剂浓度的增加而依次变小，说明由该包膜剂制成的肥料的缓释性增强，养分的释放速度明显变缓，这一点从图 1-2 中的铵态氮的累积淋出率曲线可以清楚地看出。

表 1-3　A-X 型包膜尿素累积淋出量拟合 Logistic 曲线参数

参数	AaX	AbX	AcX
初始淋出率（a）	3.47%	3.72%	3.65%
释放速率常数（r）	0.143	0.115	0.101
相关系数	0.992 5	0.984 8	0.997 4

累积淋出率函数的导函数是淋出速率曲线，对图 1-2 所示的 3 种 A-X 型包膜尿素的累积淋出率曲线求导，得图 1-3。从图中可以看出，普通尿素在第 1 天的淋出速率达到 36%，以后随着培养时间的延长而迅速下降，1 周以后每天的养分淋出速率只有 1.46% 左右。AaX、AbX 和 AcX 3 种包膜尿素养分淋出速率的最大值分别出现在淋洗培养的第 24 天、第 32 天和第 35 天，即养分淋出的高峰期随着黏结剂浓度的增加而明显地后移，而且最大淋出速率随着黏结剂用量的增加而依次降低，每天分别为 3.6%、2.9% 和 2.5%。仅从缓释效果上看，AcX 型好于 AbX 型，AbX 型好于 AaX 型，既黏结剂 A 的浓度越高，包膜肥料的缓释效果越好。这是因为只有黏结剂浓度合适，才能使无机矿物包膜材料将肥料颗粒包膜得更完整、更紧实，使无机矿物中各种活性物质大面积地与肥料发生吸附、形成氢键或较弱的共价键，使肥料与包膜材料表面的键合作用增强，从而延长肥效。因此可以认为黏结剂 A 的最佳浓度为 5.0%。

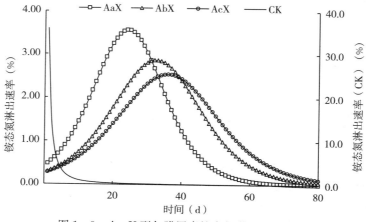

图 1-3　A-X 型包膜尿素铵态氮淋出速率曲线

2. B－X 型包膜尿素

图 1－4 是 B－X 型 3 种包膜尿素（BaX、BbX 和 BcX）铵态氮累积淋出量曲线，用 Logistic 曲线分别对其进行拟合，将所得曲线也绘在图中。从图中可以看出，BaX、BbX、BcX 包膜尿素的累积淋出率曲线亦呈 S 形，BaX、BbX、BcX 累积淋出率曲线的初始淋出率即 a 分别为 2.32%、2.12% 和 2.29%，淋出速度常数 r 分别为 0.082、0.088 和 0.119。比较参数 a 和 r 可以看出，随着黏结剂 B 浓度的增加，a 变化较小，亦未呈现规律性的变化，说明黏结剂的浓度对初始淋出率影响较小，初始淋出率主要取决于包膜工艺；而不同包膜肥料间的 r 相差较大，且随着黏结剂 B 浓度的增大而迅速增大。

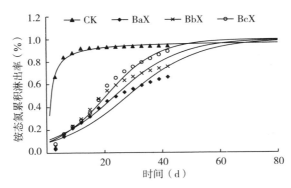

图 1－4　B－X 型包膜尿素铵态氮累积淋出率曲线

图 1－5 是依据图 1－4 所示的包膜肥料的铵态氮累积淋出率曲线绘出的铵态氮淋出速率曲线。从图 1－5 中可以看出，BaX、BbX 和 BcX 包膜肥料的铵态氮最大淋出速率分别出现在淋洗培养的第 21 天、第 24 天和第 29 天，BaX 的养分淋出高峰出现的时间分别比 BbX、BcX 推迟了 5d 和 8d，每天的最大淋出速率分别为 2.05%、2.23% 和 2.78%。所以，从释放养分的角度评价，可以认为黏结剂 B 的最佳浓度为 0.5%。随着黏结剂 B 浓度的增加，包膜尿素的养分淋出率增大，最大速率增大，最大速率出现期提前，是因为黏结剂 B 自身具有吸水性，在包膜材料中其浓度越高，越能促进尿素颗粒的溶解，加快养分的溶出。与黏结剂 A 相比，黏结剂 B 的黏结性能好，能使无机矿物颗粒、分子间黏结紧密，形成的肥料包膜在土壤中不易脱落、爆裂，从而有利于与无机矿物形成高孔隙性物质，保证养分的平稳释放。因此，这种包膜材料制成的肥料更适合在旱田施用。

3. C－X 型包膜尿素

图 1－6 是 C－X 型 3 种包膜尿素铵态氮累积淋出率的测定结果。从图中可以看出，3 种肥料的累积淋出率的变化趋势一致，差异较小，但与 CK 相比，

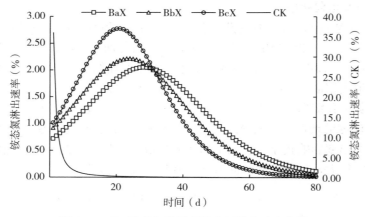

图 1-5　B-X 型包膜尿素铵态氮淋出速率曲线

40d 前累积淋出率明显降低。用 Logistic 曲线对累积淋出率数据进行拟合，得到 CaX、CbX、CcX 3 条曲线的初始累积淋出率 a 分别为 2.77%、2.65% 和 2.54%，淋出速率常数 r 分别为 0.121、0.123、0.125。从方程的参数 a 和 r 的大小可以看出，随着黏结剂 C 浓度的增加，a 依次变小，而 r 增大。r 大，说明 CcX 型包膜尿素的缓释速度加快但黏结剂 C 浓度增加引起的 r 的变化远较黏结剂 A 和黏结剂 B 小。

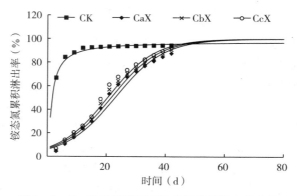

图 1-6　C-X 型包膜尿素铵态氮累积淋出率曲线

从图 1-7 中可以看出，CaX、CbX、CcX 包膜尿素铵态氮最大淋出速率出现的时间分别在淋洗培养后的第 23 天、第 22 天和第 20 天，其数值分别为每天 0.030 2%、0.030 7% 和 0.031 2%。因此，可以认为应用黏结剂 C 与无机矿物 X 配制包膜剂，低浓度 1.6% 较为合适，其原因可能是黏结剂 C 属于天然高分子聚合物，具有微水溶性，质脆，浓度越高脆性也越大，易发生爆裂。

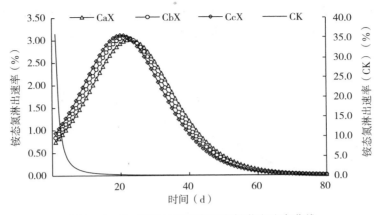

图1-7　C-X型包膜尿素铵态氮淋出速率曲线

三、无机矿物 Y 包膜尿素的氮素溶出特性

1. A-Y型包膜尿素

图1-8中是 A-Y 型包膜尿素的铵态氮累积淋出率的测定结果及对其拟合的曲线。从图中可以看出，3种包膜尿素的初期累积淋出率都较大，但比 CK 低，说明 A-Y 型包膜肥料有控释作用。由拟合方程得到 AaY、AbY、AcY 3种包膜尿素的 r 分别为0.048、0.056和0.044，其中 AcY 型包膜尿素的 r 最小，说明 AcY 型包膜尿素的控释效果优于 AaY 和 AbY 包膜尿素。图1-9是 A-Y 型包膜尿素铵态氮淋出速率曲线，从图中可以看出，AaY、AbY、AcY 3条曲线的淋出速率峰值较 CK 后移，分别出现在第14天、第16天和第21天，而 CK 的养分淋出速率最大值出现在第1天；3种包膜尿素的铵态氮的最大淋出速率分别为1.20％、1.41％、1.09％，即 AcY 型包膜尿素的最大淋出速率最小，说明 A-Y 型包膜尿素能够延缓养分的释放，且黏结剂浓度3.2％的控释效果最好。

2. B-Y型包膜尿素

图1-10中是 B-Y 型包膜尿素的铵态氮累积淋出率测定结果及对其拟合的曲线。从图中可以看出，3种包膜尿素的初期累积淋出率都较大，但要明显低于 CK，说明 B-Y 型包膜肥料有缓释作用。由拟合方程得到 BaY、BbY、BcY 包膜尿素淋出速率常数 r 分别为0.033、0.075和0.051，其中 BaY 型包膜尿素的 r 最小，说明 BaY 型包膜尿素的缓释效果优于 BbY 和 BcY 包膜尿素。图1-11是 B-Y 型包膜尿素铵态氮淋出速率曲线，从图中可以看出，BaY、BbY、BcY 3条曲线的最大淋出速率出现的时间较 CK 后移，分别出现在第24天、第22天和第18天，而 CK 的养分淋出速率最大值出现在第1天，

说明 B-Y 型包膜尿素能够延缓养分的释放。从图中还可以看出 BaY 型包膜肥料的最大淋出速率最小，其控释效果最好。

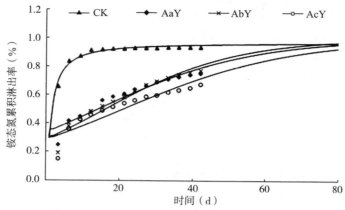

图 1-8　A-Y 型包膜尿素氮素累积淋出率曲线

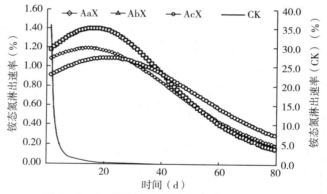

图 1-9　A-Y 型包膜尿素氮素淋出速率曲线

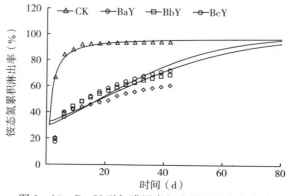

图 1-10　B-Y 型包膜尿素氮素累积淋出率曲线

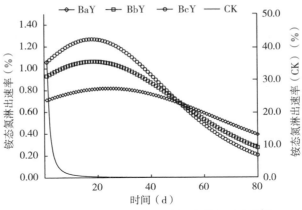

图1-11 B-Y型包膜尿素氮素淋出速率曲线

3. C-Y型包膜尿素

图1-12中是C-Y型包膜尿素铵态氮累积淋出率的测定结果及对其拟合的曲线。从图中可以看出，3种包膜尿素的初期累积淋出率都较大，但比CK低。CaY、CbY、CcY 3种包膜肥料的淋出速率常数r分别为0.052、0.079和0.071。图1-13是C-Y型包膜尿素铵态氮淋出速率曲线，从图中可以看出，CaY、CbY、CcY 3条曲线淋出速率最大值出现时间比CK后移，分别出现在第14天、第17天和第16天，而CK的养分释放速率最大值出现在第1天，C-Y型包膜尿素具有缓释肥料养分的作用，且CaY型包膜尿素的控释效果最好。

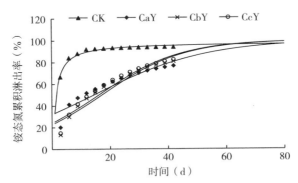

图1-12 C-Y型包膜尿素氮素累积淋出率曲线

四、无机包膜材料 X 和无机包膜材料 Y 的养分缓释效果比较

使用两种无机包膜材料配制成包膜剂，对尿素进行包膜，通过该包膜尿素

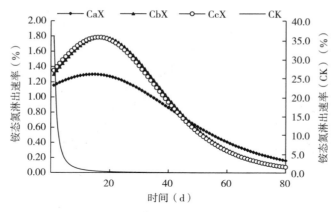

图1-13　C-Y型包膜尿素氮素淋出速率曲线

铵态氮淋洗试验结果可以对其缓释养分的效果做出综合比较。从图1-3与图1-9、图1-5与图1-11、图1-7与图1-13的比较中可以看出，在铵态氮淋出速率最大值的出现时间上，A-X型比A-Y型推迟9~16d，B-X型比B-Y型推迟3~6d，C-X型比C-Y型推迟5~9d；在淋洗初期铵态氮淋出速率A-X型比A-Y型减少了44%~71%，B-X型比B-Y型减少了1.4%~7.9%，C-X型比C-Y型减少了20%~26%。由此可以得出结论：作为尿素的无机包膜材料，X型材料优于Y型材料。

无机矿物X与黏结剂配合制成的包膜材料要优于无机矿物Y与黏结剂配合制成的包膜材料，这与它们本身的理化性质有关；无机矿物X具有良好的化学稳定性、热稳定性，有高孔隙率和高吸附性等优点，而无机矿物Y中Al_2O_3的含量很高，具有很强的吸水性，制成包膜后容易脱落，导致养分缓释效果降低，这说明无机矿物的种类对包膜尿素的缓释效果较黏结剂的种类和浓度更为重要。比较黏结剂的浓度效果，可以看出黏结剂A的浓度5.0%、黏结剂B的浓度0.5%、黏结剂C的浓度1.6%是适宜的。

第三节　无机混合物包膜肥料的
制备及氮素释放特征

本节内容从解决工农业副产物资源化问题的角度出发，以钢渣、碳化稻壳等工业农业副产物作为包裹材料，以大颗粒尿素为核芯，研制出6种包膜缓释肥料。采用恒温土柱模拟耕层方法探讨了所研制的包裹缓释肥料的氮素释放特性，并用Logistic方程拟合包裹缓释肥料的氮素释放过程，通过扫描电镜观察了不同包膜厚度的肥料在水淋洗前后的包膜层外表面的微观结构变化，以探讨包膜肥料的养分缓释效果。

一、试验材料与方法

1. 供试原料

生物质炭（碳化稻壳）：采自沈阳市铁西区，其化学组分为粗纤维 40.5%、木质素 26.3%、灰分 16.4%、SiO_2 21.3%，将碳化稻壳研磨、过 0.150mm 筛备用。

沸石粉：架状结构的铝硅酸盐矿物，主要成分是 SiO_2 和 Si_2O_3，具有独特的吸附性、催化性、离子选择性等，含有对作物生长有益的矿物质，如 Ca、Mg、Na、P、K、Zn、Mn、Fe、Cu 等，过 0.150mm 筛备用。

钢渣：采自辽宁本溪钢铁（集团）有限责任公司，其主要化学成分 SiO_2 为 39.43%、CaO 为 48.56%、MgO 为 7.92%、Al_2O_3 为 0.98%、MnO 为 0.81%、Fe_2O_3 为 0.46%，过 0.150mm 筛备用。

一水磷酸二氢钙：购于沈阳化学试剂有限公司。

聚乙烯醇：聚合度为 1 750，综合考虑成本、环境影响等因素，通过耐水性试验选择浓度为 3% 和 5% 的聚乙烯醇水溶液为黏结剂备用。

2. 供试肥料

大颗粒尿素：直径为 3.0~4.0mm，含氮量为 46.2%，购于中国石油天然气股份有限公司西北销售宁夏分公司。

土柱淋洗试验供试肥料为 SRF310、SRF315、SRF320、SRF510、SRF515、SRF520 及大颗粒尿素。

扫描电镜试验供试肥料为 SRF510、SRF515、SRF520 及其土柱淋洗培养试验结束后的肥料空壳。

3. 包膜设备

转鼓式糖衣包膜机、空气压缩机、高压喷漆枪。

4. 供试土壤

供试土壤为褐土，采自辽宁省阜新市旱作农业示范区，其基本理化性质见表 1-4。

表 1-4　供试土壤基本理化性质

pH	全氮 (g/kg)	速效钾 (mg/kg)	速效磷 (mg/kg)	铵态氮 (mg/kg)	硝态氮 (mg/kg)	容重 (g/cm³)	有机质 (g/kg)
7.26	8.6	151.96	12.23	10.16	7.37	1.25	12.43

5. 包膜缓释肥料制备工艺及流程

开动包膜机，使转鼓转动并调节好转速，打开热风机将转鼓内加热到

40℃左右，称取 1.0kg 粒径均匀的大颗粒尿素倒入糖衣包膜机的转鼓中，使肥料表面达到一定温度，按照每千克肥料用 50mL 黏结剂的用量，用高压喷漆枪向大颗粒尿素上喷洒聚乙烯醇黏结剂，将一定量的包膜材料混合物加到转鼓中，使适量材料粉末均匀散落于旋转的湿润尿素颗粒表面，同时喷洒黏结剂，使物料滚动成粒，待尿素颗粒表面不再湿润，再次喷洒黏结剂以及添加包膜材料，反复几次，直到将所有膜材料包膜完毕，最后将产品自然晾干。其工艺流程如图 1 - 14 所示。

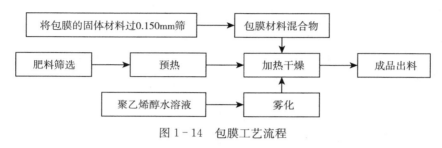

图 1 - 14　包膜工艺流程

6. 试验设计与方法

（1）包膜缓释肥料的制备

将沸石粉、碳化稻壳、钢渣、磷酸二氢钙按一定比例均匀混合后，制成包膜材料混合物。包膜材料组合及肥料代号见表 1 - 5。

表 1 - 5　包膜材料组合及肥料代号

黏结剂浓度	包膜材料及其对应肥料		
	包膜厚度 10%	包膜厚度 15%	包膜厚度 20%
5%	SRF510	SRF515	SRF520
3%	SRF310	SRF315	SRF320

注：表中包膜厚度为包膜层质量占被包膜尿素质量的百分数。

（2）土柱淋洗试验

用 0.075mm 的尼龙滤布对内径为 4.72cm、高 15.24cm 的 PVC 管进行封底做成淋洗柱，以土壤为淋洗介质，肥料用量按每千克风干土 0.6g 氮的比例添加自行研制的包膜缓释肥料；同时设置 CK（施用未经包膜处理的尿素）和空白共 5 个处理，每一处理重复 3 次。有肥料混入的土柱在填装时先装 50g 未混入肥料的风干土，余下的风干土与试验肥料充分混匀后再装入土柱中，在其上铺少许石英砂。

土柱制成后缓慢而多次地滴加蒸馏水（共 100mL）使土壤充分润湿，但不致有过量的水自土柱渗出，静置 24h 后开始第 1 次淋洗。淋洗加水时将装有 100mL 蒸馏水的容量瓶倒置于土壤表面，使土柱上形成厚约 1.0cm 的水层，保证淋洗水头恒定。用三角瓶接收淋洗液，每次淋洗结束后用刺有小孔的塑料薄膜封住土柱上口，并放在 30℃ 培养箱中培养。每隔 3d 取出土柱，进行下一次淋洗，共淋洗 8 次，淋洗液用定氮仪（FOSS Kjeltec TM 8100）测定全氮含量。

（3）扫描电镜试验

土柱淋洗培养试验结束后，将土柱中的肥料壳小心扒出，用去离子水冲洗干净后自然风干，备用。

将土柱淋洗试验培养前后的包膜缓释肥料放在实验台上，用切刀切下一部分肥料外壳，将切下来的肥料外壳样品外表面垂直向上粘在扫描电镜的载样台上，标号，用离子溅射仪向样品表面喷涂金粉，制样完毕，半个小时后用扫描电子显微镜（SSX－550）观察，并记录扫描成像图。扫描电子显微镜的分辨率为 3.5nm；放大倍数为 20～300 000 倍；加速电压为 0.5～30kV。

二、包膜缓释肥料的氮素释放规律

1. 缓释肥料氮素累积淋出率特征

土柱淋洗试验能很好地展示肥料的缓释效果。肥料的氮素累积淋出率为各施肥处理的全氮累积量与未施肥处理的全氮累积量之差占各施肥处理氮素总量的比值，结果见图 1-15 和图 1-16。

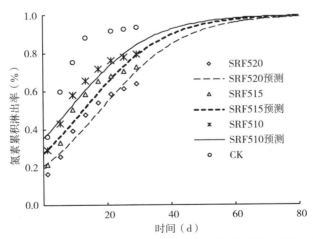

图 1-15　SRF520、SRF515、SRF510 肥料及 CK 的氮素累积淋出率曲线

从图 1-15、图 1-16 可以看出，6 种包膜缓释肥料与 CK 一样，在养分释放方面均无滞后期，其氮素累积淋出率曲线刚开始均随时间的增加而

增大，到第 30 天左右增加趋势不再明显，氮素累积淋出率接近某一常数。与 CK 相比，6 种包膜缓释肥料的氮素累积淋出率都明显减少，从包膜层厚度来看，包膜层越厚，累积氮素淋出率越小。分析其原因是包膜层的阻滞作用影响了肥芯大颗粒尿素的溶解速度，包膜层越厚，阻滞作用越强。从曲线的斜率可以看出氮素的淋出率变化速度，即 6 种包膜缓释肥料的氮素淋出速度比 CK 变化平缓，且在第 30 天左右养分累积释放约 80%，说明该包膜缓释肥料氮素释放适用于生育期较短且需肥强度平缓的观赏植物或蔬菜作物。

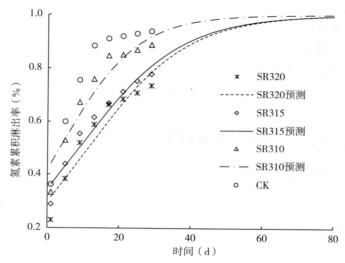

图 1-16 SRF320、SRF315、SRF310 肥料及 CK 的氮素累积淋出率曲线

将方程（1-1）化为 $\ln(\frac{k}{y}-1)=\ln a-rt$ ，通过实测数据，建立 $\ln(\frac{k}{y}-1)$ 与 t 之间关系的直线方程，求出方程参数 a 和 r。方程拟合结果显示，6 种包膜缓释肥料的 $\ln(\frac{k}{y}-1)$ 与培养时间 t 之间均有极显著的相关关系，用 Logistic 曲线不仅能够表达 6 种包膜缓释肥料的氮素累积淋出率随时间的变化过程，还可以分别用不同参数描述包膜缓释肥料的养分释放特性。表 1-6 中列出了 6 种缓释包膜肥料氮素累积淋出曲线常数 a 和 r 的拟合结果。

可以看出 6 种缓释肥料的 a 相差较大，黏结剂浓度为 3% 的肥料的 a 从大到小排列为 SRF320＞SRF315＞SRF310，黏结剂浓度为 5% 的肥料的 a 从大到小排列为 SRF520＞SRF515＞SRF510，说明 6 种包膜材料均能形成相对完整的包膜层覆被于尿素颗粒之上，a 均随包膜厚度的增加而增大。SRF520、SRF320 在同种黏结剂的浓度下比其他两种包膜厚度的肥料 a 大，说明该包膜材料对颗粒肥料包膜完整，缓释效果好于其他两种厚度的肥料（邹洪涛，2007）。从表 1-6 可以看出 6 种肥料同种包膜厚度的 a 两两比较 SRF520＞SRF320、SRF515＞SRF315、SRF510＞SRF310，说明同种包膜厚度的包膜缓释肥料，黏结剂浓度为 5％的肥料包膜效果优于黏结剂浓度为 3％的肥料。

表 1-6 缓释肥料累积淋出率拟合 Logistic 曲线参数

参数	肥料类型					
	SRF520	SRF515	SRF510	SRF320	SRF315	SRF310
初始淋出速率（a）	1.349 5	0.975 1	0.605 1	0.842 5	0.636 7	0.330 4
释放速率常数（r）	0.076 1	0.078 4	0.078 1	0.073 7	0.071 7	0.094 5
相关系数	0.952**	0.940**	0.983**	0.939**	0.967**	0.951**

注：**代表1％显著水平。

SRF510、SRF515、SRF520、SRF310、SRF315、SRF320 肥料的 r 分别为 0.078 1、0.078 4、0.076 1、0.094 5、0.636 7 和 0.842 5，除了肥料 SRF310 外，其他肥料的 r 差异不大。黏结剂浓度为 5％的肥料 SRF510、SRF515、SRF520 的 r 相差不明显，即随包膜层厚度的增加，肥料在释放速率方面的差异不明显；但 SRF520 的 r 略小于 SRF515 和 SRF510，说明 SRF520 在氮素释放速度方面优于其他两种肥料；黏结剂浓度为 3％的肥料之间比较，SRF315、SRF320 的 r 明显小于 SRF310，说明随着包膜层厚度的增加，肥料的氮素淋出速率减小。同种包膜层厚度的 r 进行比较，SRF310＞SRF510，说明在包膜厚度均为 10％的情况下，黏结剂浓度为 5％的肥料好于黏结剂浓度为 3％的肥料；SRF515＞SRF315，SRF520＞SRF320，包膜厚度均为 15％、20％的情况下，黏结剂浓度为 5％的肥料比黏结剂浓度为 3％的肥料缓释效果稍差。分析其原因可能是不同的黏结剂浓度和不同包膜层厚度的差异导致包膜层材料内部交联程度不同。

将氮素溶出率的实测值与 Logistic 曲线数学模型的预测值进行比较，如图 1-15、图 1-16 所示，实测值与数学模拟预测值结果基本相符，产生误差的原因是产品肥料所包膜的尿素颗粒并不是规则的球形，造成养分释放不均匀（陈可可，2011）；同时产品肥料表面的包膜层并不是完全均匀的，这就无法避免养分从包膜层较薄或破裂的部位被先行释放出来，同时土壤环境是一个复杂的大环境，其 pH、温度及盐溶液的浓度变化都会导致肥料氮素溶出速率不断变化，而数学模型中假设氮素释放速率常数 r 是定值。因此用 Logistic 曲线能很好地描述包膜缓释肥料氮素释放的规律，为包膜缓释肥料的养分释放机理研究提供一些参考。

与包膜缓释肥料相比，未经包膜的尿素氮素溶出特性明显不同。在前 3d 就有 50％的养分释放出来，在第 10 天时已经释放了约 90％的养分。说明在作物生长前期，肥料养分快速释放容易引起烧苗现象，也会导致过多的养分损失在环境中，使肥料利用率大大降低，同时造成大气污染、水体污染等环境问题。

用式（1-2）对未包膜尿素的累积氮素淋出率进行数值拟合，结果为

$$y = 0.911\,65e^{-0.963\,3/t}$$

该式的相关系数为 0.95，达到了 1％显著相关水平。

2. 缓释肥料氮素淋出速率特征

对图 1-15 和图 1-16 所示的包膜缓释肥料的氮素累积淋出率拟合方程求导即得肥料的氮素淋出速率曲线，结果见图 1-17、图 1-18。通过氮素释放速率曲线能够预测养分释放速率最大值及出现最大释放速率的时间。从图1-17中可以看出，未包膜肥料第 1 天氮素淋出速率为 33.5％，以后随着时间的延长而迅速下降，1 周以后 1 天的淋出速率就降到了 0.9％左右。说明在肥料施入土壤后，在水分充足的条件下养分是十分易于移动的，难以稳定地将营养供给作物。SRF510、SRF515、SRF520、SRF310、SRF315、SRF320 在第 1 天的氮素溶出速率大小分别为 18.23％、16.13％、13.34％、19.25％、18.05％和 16.97％。氮素释放速率明显放缓，为肥料释放养分与作物吸收养分同步提供了可能，说明 6 种肥料对氮素都有较好的缓释能力。同种黏结剂浓度下初期溶出率 SRF520＜SRF515＜SRF510，SRF320＜SRF315＜SRF310，即肥料包膜层越厚，肥料在第 1 天的氮素溶出率越小，说明包膜层颗粒与颗粒之间可视为孔状物质，肥料处于水环境中，水分子通过这些孔洞散至肥料核芯，包膜层厚度增加，水分融进肥芯时间长（Diez et al.，1991），导致包膜层较厚的肥料释放氮素滞后，造成初期氮素溶出率低。SRF510、SRF515、SRF520 每天的氮素淋出速率最大值分别为 19.5％、19.6％和 19.5％，分别出现在淋洗开始后的第 8 天、第 12 天和第 18 天；SRF310、SRF315、SRF320 每天的氮素淋出速率最大值分别为 19.5％、19.5％和 19.6％，分别出现在淋洗开始后的第 3 天、第 9 天和第 11 天，可以看出 6 种肥料溶出速率最大值差异不明显，但是出现最大值的时间较 CK 均有所延长，并且同种黏结剂浓度下随着包膜层厚度的增加而明显延长，这种变化主要是由于包膜材料的厚度不同，导致包膜材料与黏结剂的交联程度、包膜材料与颗粒肥料间结合的紧密程度存在差异。同种包膜层厚度情况下，黏结剂浓度为 5％的肥料与 3％的肥料相比，出现最大值的时间稍滞后。

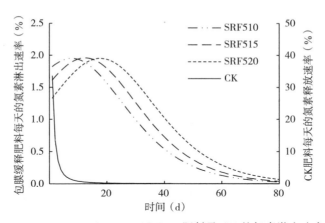

图 1-17 SRF520、SRF515、SRF510 肥料及 CK 的氮素淋出速率曲线

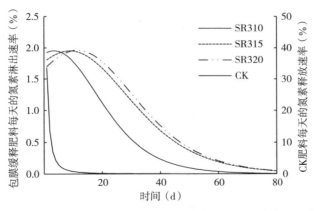

图 1-18 SRF320、SRF315、SRF310 肥料及 CK 的氮素淋出速率曲线

6 种包膜缓释肥料的氮素淋出速率曲线变化均呈先加快后变慢的趋势，原因是水分与肥料颗粒接触时，将包膜层中的可溶性组分溶解，形成具有穿透性的孔洞，水分通过这些孔洞扩散至肥料核芯，肥芯开始溶解，并在包膜层内外浓度差的作用下向外释放养分，肥芯刚开始溶解时表面积大，溶解多，造成肥料内外压力差大，养分释放得比较快；随着时间的推移，包膜层物质的阻水能力下降，水分子通道增多，养分释放加快；之后，肥芯溶解变少，包膜层内外溶液浓度差降低，缓释肥料养分释放速度放慢，直到肥芯养分完全溶出。

三、包膜型缓释尿素的微观结构特征分析

对黏结剂浓度为 5% 的包膜缓释肥料土柱淋洗培养前后的外表面进行扫描电镜观察，结果见图 1-19、图 1-20 和图 1-21。图 1-19 是将包膜缓释肥料

外表面放大 600 倍的微观结构，可以看出，3 种包膜缓释尿素培养前包膜层外表面均凹凸不平，但是 SRF520 与 SRF515 要比 SRF510 的包膜层外表面平整得多。包膜层由大小不一的粒子堆积构成，并且均无断层现象。说明 3 种包膜缓释尿素均能形成包膜层包膜于尿素颗粒外表面。观察发现 SRF520 包膜层较其他两种肥料均匀、致密，包膜材料与黏结剂交联度较高。在 3 种肥料包膜层外表面可以看见杂质，SRF510 肥料尤为明显，其杂质可能是包膜材料的碎屑，说明在包膜过程中，肥料在转鼓中高速旋转时相互碰撞，已经包膜在肥料上的包膜材料有可能被打碎，进而夹杂在其他肥料的包膜层间。

图 1-19　不同种类包膜缓释肥料淋洗前的外表面微观结构（×600）

A. SRF510　B. SRF515　C. SRF520

图 1-20　不同种类包膜缓释肥料淋洗后的外表面微观结构（×600）

A. SRF510　B. SRF515　C. SRF520

图 1-21　不同种类包膜缓释肥料淋洗后的外表面微观结构（×2 000）

A. SRF510　B. SRF515　C. SRF520

图 1-20 是土柱淋洗试验结束后的肥料空壳放大 600 倍后外表面的微观结构，与图 1-19 进行比较，发现淋洗前后，肥料的包膜层结构差异较大。SRF510 的外表面的破坏较大，包膜层粒子的堆积结构几乎被瓦解，出现片状的水分子通道。SRF515 和 SRF520 的包膜层都还保持着原来的堆积结构，但包膜层表面已经出现了裂痕，SRF515 的堆积结构变得松散。

将水培后的肥料空壳外表面放大到 2 000 倍（图 1-21），3 种肥料的包膜层结构变化差异更加显著。包膜缓释肥料的养分释放可简单地描述为水或水蒸气进入包膜层促使肥芯溶解，产生内部压力，推动养分从水分子通道向外释放，同时，整个包膜层也承受着包膜层内的压力，即溶胀阶段；当包膜层内的张力过大时，使包膜层比较薄弱的地方发生破裂，从而将更多的养分释放出来；随着包膜层的破裂，养分不断地向外释放，包膜层内外的压力差减小，肥料的养分释放速度减缓，直至包膜层内的养分完全释放。

可以看出 SRF510、SRF515 包膜层都出现了较大的孔洞，这是肥料养分在溶胀阶段向外释放的结果，SRF520 只是出现了一些裂痕，其包膜层的交联度优于其他两种肥料，这也是 SRF520 释放氮素缓慢的原因。

第四节　不同种类无机物包膜肥料的制备及氮素释放特性

本节在已有的包膜工艺的基础上，选用改性的聚乙烯醇为黏结剂同硅藻土、沸石粉、生物炭、磷矿粉和硫黄包膜大颗粒尿素，研制出包膜缓释肥料。并且通过土柱淋洗试验、电镜扫描试验、室内模拟试验和盆栽试验，研究了不同包膜材料的缓释肥料的养分释放规律和生物学效应，以期为解决我国肥料利用率低下和农业二次污染更加严重等问题提供理论基础和技术支撑，为我国缓释肥料的研发和生产提供新的技术思路，实现"节能省工、缓释环保、回收利用、价廉高效"的最终目标。

一、试验材料与方法

1. 供试原料

硅藻土：一种硅质岩石，主要成分为二氧化硅。硅藻土作为添加剂，具有孔隙度大、吸收性强、化学性质稳定、耐磨、耐热、无毒无害等特点，过 0.150mm 筛备用，用代码 g 表示。

沸石粉：架状结构的铝硅酸盐矿物，主要成分是二氧化硅和三氧化二硅，具有独特的吸附性、热稳定性、催化性、离子交换性、离子的选择性、耐酸性、多成分性及很高的生物活性和抗毒性等，含有多种对作物生长有益的矿物质，如 Ca、Mg、Na 等，过 0.150mm 筛备用，用代码 f 表示。

生物炭：取自沈阳市铁西区，主要由粗纤维（40.5%）、木质素（26.3%）、二氧化硅（21.3%）、灰分（16.4%）等组成，将其研磨、过 0.150mm 筛备用，用代码 c 表示。

磷矿粉：灰色，无气味，含磷（五氧化二磷）10%～35%，可被作物吸收利用，肥效缓慢且持久，难溶，过 0.150mm 筛，用代码 p 表示。

硫黄：淡黄色脆性结晶或粉末，作物所需的矿质营养元素之一，不溶于水，微溶于乙醇，既有氧化性又有还原性，用代码 s 表示。

黏结剂：经环氧树脂改性的聚乙烯醇溶液，用代码 A 表示。

2. 供试肥料

大颗粒尿素（直径为 2.5～3.5mm），含氮量为 46.2%，购于中国石油天然气股份有限公司西北销售宁夏分公司。

扫描电镜试验供试肥料为研制的 Ag、Af、Ac、Ap、As 5 种肥料及其在土柱淋洗培养试验结束后从土壤中取出的肥料空壳。

土柱淋洗试验及氮素挥发试验供试肥料为普通大颗粒尿素 CK（直径为 2.5～4.0mm，含氮量为 46.2%，购于中国石油天然气股份有限公司西北销售宁夏分公司）及自制包膜缓释肥料 Ag、Af、Ac、Ap，含氮量为 39.1%；As 含氮量为 36%。

其他养分为常规肥料，磷肥为磷酸氢二铵，钾肥为硫酸钾（氧化钾≥50%）。

3. 包膜设备

转鼓式糖衣包膜机、空气压缩机、高压喷漆枪。

4. 供试土壤

供试土壤为典型棕壤，采自沈阳农业大学后山试验田，其基本理化性质见表 1-7。

表 1-7　供试土壤基本理化性质

pH	全氮 (g/kg)	速效氮 (mg/kg)	速效磷 (mg/kg)	速效钾 (mg/kg)	容重 (g/cm³)	有机质 (g/kg)
6.93	1.21	107.76	24.46	159.14	1.27	19.75

5. 供试作物

油菜。

6. 包膜缓释肥料制备工艺流程

先打开转鼓式糖衣包膜机，使转鼓转动并调试至适当转速、温度。称取 1kg 粒径均匀的大颗粒尿素倒入包膜机中，预热使肥料表面达到 40℃左右。

按照 50mL/kg 尿素的黏结剂用量，用高压喷漆枪向大颗粒尿素上均匀喷洒黏结剂 A，同时将已过筛的少量填充材料 g 加到转鼓中，使材料粉末适量均匀地粘连至旋转的湿润尿素颗粒表面，同时喷洒黏结剂使物料滚动成粒，再次喷洒黏结剂并添加填充材料，反复多次，直到将所有膜材料包膜完毕，自然烘干即可。f、c、p、s 采用同样的制备方法，即可得到 4 种包膜肥料。制成的包膜肥料分别用 Ag、Af、Ac、Ap、As 表示，其工艺流程如图 1-22 所示。

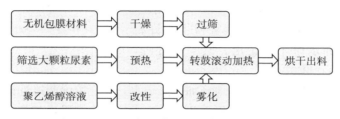

图 1-22　无机物包膜缓释尿素主要工艺流程

7. 试验设计与方法

（1）包膜肥料的制备

将黏结剂 A 分别与硅藻土（g）、沸石粉（f）、生物炭（c）、磷矿粉（p）组合进行包膜。包膜材料组合及肥料代号名称见表 1-8。

表 1-8　包膜材料组合及肥料代号

黏结剂	包膜材料及其对应肥料				
	硅藻土（g）	沸石粉（f）	生物炭（c）	磷矿粉（p）	硫黄（s）
A	Ag	Af	Ac	Ap	As

在尿素包膜过程中，转鼓式包膜机的包膜温度、转速及包膜时间，黏结剂和填充材料的用量等因素都会对包膜效果产生一定的影响，考虑到包膜效果和生产成本，制定包膜参数如表 1-9 所示。

表 1-9　包膜缓释肥料生产工艺参数

黏结剂用量 （mL/kg）	填充物用量 （g/kg）	包膜温度 （℃）	包膜时间 （min）	转鼓转速 （r/min）
50	150	40	30	40

（2）土柱淋洗试验

对研制出来的 5 种包膜缓释肥料进行土柱淋洗评价试验，从中筛选出缓释效果较好的包膜缓释肥料。试验在室温下进行，温度在 20～25℃。将 PVC 管（内径为 4.75cm、高 18cm）用 0.075mm 筛网封底，制成淋洗柱（装置如图 1-23 所示）。每支土柱内装风干土 250g，肥料用量按每千克风干土 0.6g 氮的比例。具体做法是先将 50g 土装入 PVC 管中，然后将剩下的 200g 风干土分别与不同肥料（包膜缓释肥料 Ag、Af、Ac、Ap、As 和普通尿素 CK）混匀后全部装入土柱内，最后在土层表面覆上少许石英砂，防止加水时干扰土层。共 6 个处理，每个处理设 3 个重复。

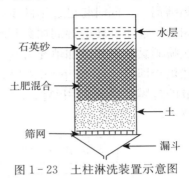

图 1-23 土柱淋洗装置示意图

土柱制成后先缓慢而多次地滴加去离子水，使土壤湿润接近饱和，但不至于有过量水从土柱渗出，静置培养 24h 后，土柱淋洗试验正式开始。每次淋洗时一次性加 100mL 去离子水至土柱中，在土柱下方用漏斗和塑料瓶接收 24h 淋出液，待收集完全后，用刺有小孔的塑料薄膜封住土柱塑料管上口，即一次淋洗全部完成。将淋洗液放在 4℃培养箱中静置，淋洗柱放在 30℃培养箱中培养，每隔 3d 取出土柱按照此方法淋洗一次，共淋洗 11 次。淋洗液中的 NH_4-N 用自动分析仪 AA3（德国布朗卢比公司生产）测定。

（3）扫描电镜试验

将土柱淋洗试验结束后土柱中的土壤全部倒出，然后小心地扒出肥料空壳，用去离子水将表面土壤冲洗干净后自然风干，备用。

将土柱淋洗试验培养前后的包膜缓释肥料放在试验台上，用刀切下一部分肥料外壳，将切下来的肥料外壳样品外表面垂直向上固定在扫描电镜的载样台上，标号，用离子溅射仪向表面喷涂金粉制备样品，半个小时后用扫描电子显微镜（SSX-550）观察，并记录扫描成像图。扫描电子显微镜分辨率为 3.5nm，放大倍数为 20～300 000 倍，加速电压为 0.5～30kV。

（4）盆栽试验

本试验采用高 40cm、直径为 25cm 的花盆进行油菜盆栽试验，设施用普通尿素 CK 和包膜肥料 Ag、Af、Ac、Ap、As 共 6 个处理，每个处理重复 3 次。每个花盆装风干土 2.5kg。肥料用量按照每千克风干土含氮素 0.52g、磷素 0.62g、钾素 0.26g 的标准施用，试验所用的氮肥为普通尿素和自制包膜肥料，磷肥为磷酸氢二铵，钾肥为硫酸钾（氧化钾≥50%），所有肥料均一次性施入，生长过程中不再追肥。具体做法是，先装一部分风干土垫底，然后再将大部分土与肥料均匀混合后装入盆内压实，加入 300mL 水使土壤湿润，再施入油菜种子，最后将剩余的少部分土覆盖在上面。试验 7 月 15 日开始，8 月

25 日结束。试验开始后第 4 天出苗，第 12 天间苗，每盆定苗 5 株，各处理每次浇水量相同，为 500mL，按照当地常规油菜栽培管理模式进行盆栽管理。油菜成熟后用游标卡尺和直尺测量各处理油菜的株高和茎粗。收集各处理成熟后的油菜，称重并计算产量。

二、包膜缓释肥料的氮素释放特性

1. 铵态氮累积淋出率特征

自然条件下，尿素施入土壤 1 周后，生成的铵态氮才会大量地转变为硝酸根或其他形态，因此测定铵态氮的淋出率及其随时间的变化特性，能够很好地反映尿素的氮素释放特征（邹洪涛，2007）。

每个处理铵态氮累积淋出率的计算方法为：用每次淋出液中铵态氮的浓度与淋洗液之积求出累积淋出铵态氮量，减去同期空白的累积铵态氮淋出量，再除以施入氮素总量。结果如图 1-24 所示。

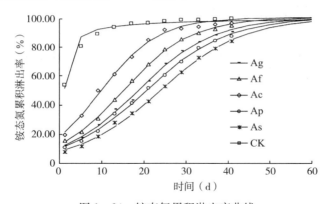

图 1-24　铵态氮累积淋出率曲线

从图 1-24 中可以看出，未包膜尿素 CK 从淋洗开始，其氮素就剧烈释放，首次淋洗就释放出 54% 左右的铵态氮，第 1 次淋洗铵态氮释放率就达到80%，从第 3 次淋洗开始，曲线平缓并趋于一常量，说明氮素在第 9 天开始就基本释放完毕，没有缓释效果。可以得出，普通尿素在施入土壤之后，养分快速释放，在农作物生长初期过量供应养分，在生长后期往往不能满足农作物的养分需求。不仅不利于农作物的生长发育，还致使大部分的养分因无法利用而损失在环境中，使肥料利用率大大降低，不但造成资源的浪费，而且也引起了环境污染等问题。

根据式（1-2）对未包膜尿素 CK 的累积氮素淋出率进行数值拟合，结果为：

$$y = 0.995e^{-0.661/t}$$

式中的决定系数为 0.96，达到显著相关水平。与 CK 相比，5 种包膜缓释肥料（Ag、Af、Ac、Ap、As）的铵态氮的释放过程明显放缓，总体上呈现先缓后快再缓的趋势。在经过 24h 土柱培养之后，第 1 次淋洗的铵态氮累积淋出率分别是 13.83%、16.56%、20.06%、12.14%和 8.88%，到第 8 次淋洗（第 29 天）时，分别释放了肥料总量的 84.96%、89.88%、96.27%、79.48%和 74.10%，其中包膜肥料 As，第 28 天时的养分累积淋出率为 71.73%，满足包膜缓释肥料的评价标准，即 24h 淋出率小于 15%、28d 淋出率小于 75%、30d 淋出率小于 75%。可见有机-无机包膜尿素具有一定的缓释效果，这种先缓后快的养分释放规律可以用 Logistic 曲线来描述，该曲线的表达用式（1-1）。

a 的大小决定着 t 趋近于 0 时的铵态氮淋出率 y 的大小，a 越大 y 越小，即淋洗之初累积淋出率越低。因此，可用 a 的大小来判断初始状态下包膜的严紧程度和完整度；r 为淋出速度常数，它的大小反映了 y 随时间变化的快慢程度，可以用来评价肥料缓释效果。使用式（1-1）对供试包膜尿素铵态氮累积淋出率随时间变化的数据进行拟合，结果如表 1-10 所示。

表 1-10 缓释肥料累积淋出率拟合 Logistic 曲线参数

参数	肥料类型				
	Ag	Af	Ac	Ap	As
初始淋出率（a）	2.052	1.878	1.435	2.123	2.390
淋出速率常数（r）	0.110	0.124	0.146	0.103	0.100
决定系数	0.817**	0.792**	0.734**	0.830**	0.857**

注：**代表 1%显著水平。

表 1-10 中列出了 5 种包膜尿素的铵态氮累积淋出曲线常数 a、r 的拟合结果，其决定系数都达到了显著水平。从表中可以看出各 a、r 差异较大且具有一定相关性，这说明黏结剂和包膜材料的选择与包膜肥料包膜层的严紧程度以及初始淋出率密切相关。a 越大说明该膜材料透性越小、包膜层越紧密，r 越小说明淋出速率越小、缓释效果越好，可推测 r 随着 a 的增大而变小。即随着包膜缓释肥料的包膜层紧密度的提高和透性的降低，肥料的缓释效果也得到了提高。

从表 1-10 中可以看出，a 的变化呈现一致的规律性，通过平行比较可以看出，黏结剂与不同种类填充材料组合，其比较结果为 As＞Ap＞Ag＞Af＞Ac，这表明硫黄作为填充材料包膜成的肥料具有最大的紧密度和完整度，效果好于磷矿粉、硅藻土、沸石粉和生物炭。

同样，通过对 r 的平行比较可以看出 As＜Ap＜Ag＜Af＜Ac。r 越小说明包膜肥料缓释效果越好，这也表明填充材料硫黄的效果要好于磷矿粉、硅藻土、沸石粉和生物炭。

综上所述，用改性的聚乙烯醇和硫黄包膜的肥料有最小的淋出速率和最大的紧密度、完整度，通过缓释效果可知，使用硫黄包膜的肥料更适合制成包膜缓释肥料。同时还可以看出 r 随 a 的增大而减小，符合包膜越紧密缓释效果越好的规律，r 和 a 呈负相关的关系也与推测相吻合。

2. 铵态氮淋出速率特征

对图 1-24 中所示铵态氮累积淋出率曲线求导，即得未包膜尿素 CK 和 5 种包膜缓释肥料 Ag、Af、Ac、Ap、As 的淋出速率曲线，见图 1-25。

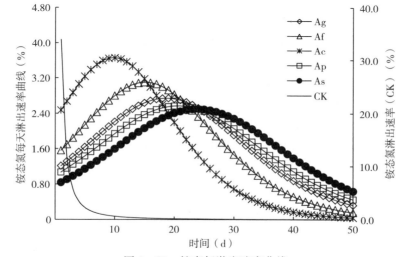

图 1-25 铵态氮淋出速率曲线

通过铵态氮淋出速率曲线能够预测养分释放速率峰值及峰值出现的时间，从而评价包膜尿素的缓释效果。从图 1-25 中可以看出，CK 在培养的第 1 天就达到了最高的铵态氮淋出速率，为 33.96%。之后随着淋洗时间的延长淋出速率迅速降低，第 2 次淋洗时淋出速率就已下降至每天 12.21%，到培养的第 10 天左右淋出速率已经接近常数 0，说明在土壤环境中，没有包膜层包膜的普通尿素其养分极易溶出，短时间内就可全部释放，没有缓释效果。与未包膜尿素 CK 相反，5 种包膜尿素在首次淋洗中的铵态氮淋出速率明显低于 CK，有明显的缓释效果。第 1 次淋洗时，As 的淋出速率最小，为每天 0.84%，Ap、Ag、Af 的淋出速率分别为每天 1.07%、1.21% 和 1.56%，Ac 的淋出速率最大，为每天 2.47%。包膜缓释肥料 Ag、Af、Ac、Ap、As 的淋出速率峰值分别为每天 2.75%、3.10%、3.65%、2.56% 和 2.50%；相应地出现在淋洗开始后的第 19 天、第 15 天、第 10 天、第 22 天、第 24 天。其中具有较好缓释效果的包膜肥料

As、Ap、Ag，其峰值比 CK 分别降低了 92.64%、92.46% 和 91.90%。

综上所述，5 种肥料（Ag、Af、Ac、Ap、As）的淋出速率峰值存在一定差异，但是出现的时间较 CK 均有明显延迟。其中缓释效果较好的包膜尿素 Ag、Ap 和 As 的最大淋出速率在每天 2.6% 左右，效果较差的 Af、Ac 的最大淋出速率在每天 3% 以上。从淋出速率峰值出现的时间上看，使用硅藻土的包膜肥料（Ag）、使用沸石粉的包膜肥料（Af）、使用生物炭的包膜肥料（Ac）、使用磷矿粉的包膜肥料（Ac）、使用硫黄的包膜肥料（Ac）的淋出速率峰值出现的时间分别是第 19 天、第 15 天、第 10 天、第 22 天、第 24 天，可见硫黄包膜尿素的缓释效果最好，其次是磷矿粉、硅藻土、沸石粉和生物炭。

5 种包膜缓释肥料的氮素淋出速率曲线均呈现先低、慢慢升高到峰值之后再降低的趋势，分析其原因是当肥料进入土壤后，肥料核芯被包膜材料封闭，阻隔了肥料颗粒与外界水分的接触，肥料几乎不溶解。经过一段时间后，包膜材料中的可溶或可降解的组分消失，膜结构被破坏，形成具有穿透性的小孔，水分通过这些小孔进入肥料核芯，肥料开始溶解。由于包膜层内外浓度存在差异，溶化的肥料就会从里向外溶出，释放养分。开始溶解时，由于肥料核芯比表面积大、溶解快，造成肥料内外浓度差大，养分释放速度就比较快；随着时间的推移，包膜材料结构进一步瓦解，水分子通道增多，养分释放进一步加快；最后，随着肥料核芯变小，可溶出的养分变少，养分释放速度也放慢，直到释放完。

三、包膜缓释肥料的微观结构特征分析

对研制出的包膜缓释肥料（Ag、Af、Ac、Ap、As）土柱淋洗前后的包膜层外表面进行电镜扫描，扫描的结果见图 1-26、图 1-27、图 1-28。

图 1-26 是将淋洗培养前肥料的外表面放大 500 倍的微观结构。从图中可以看出 Ag、Af、Ac、Ap、As 5 种肥料均能够被完整地包膜，并且没有明显的断层现象。从表面平整度上可以看出 As 最为平整、均匀、严密，这说明黏结剂 A 和硫黄结合得最好。Ag 次之，Ap、Af 和 Ac 的结合效果相对差一些。

图 1-27 是将淋洗培养后的肥料空壳外表面放大 500 倍的微观结构。可以看出包膜缓释肥料经过一段时间的培养，其包膜层的结构发生了明显的变化，表现出显著的差异性。As、Ap、Ag、Af 经过淋洗，膜的结构基本保持完整，只出现了少许的空隙和裂痕。而 Ac 的膜结构出现了裂痕，膜结构变得松散、破坏比较严重，并且出现了较大的孔洞。由于黏结剂和填充材料的性质不同、形成的包膜严紧度也不同、抗生物分解的能力也存在差异，因此包膜尿素养分的释放规律不同，这就是 As、Ap、Ag、Af 的缓释效果好于 Ac 的原因。

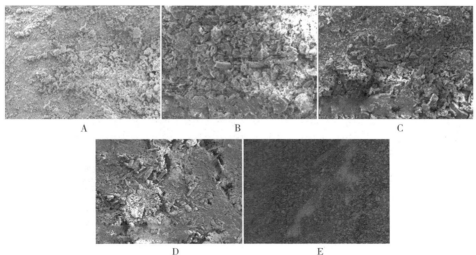

图 1-26　不同种类包膜肥料淋洗前的外表面微观结构（×500）

A. Ag　B. Af　C. Ac　D. Ap　E. As

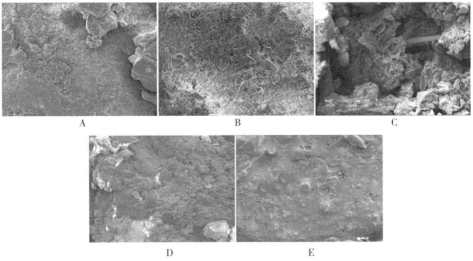

图 1-27　不同种类包膜肥料淋洗后的外表面微观结构（×500）

A. Ag　B. Af　C. Ac　D. Ap　E. As

　　将淋洗培养后的肥料空壳外表面放大 1 000 倍，结果见图 1-28。从放大较大倍数的图像可以更加明显地看出肥料的包膜层结构差异。包膜缓释肥料的养分释放可简单地描述为水或水蒸气进入包膜层内然后促使肥芯溶解，产生内部压力，推动养分从水分子通道向外释放，整个过程中包膜层承受着内外的压力；当包膜层内的张力过大时，包膜层比较薄弱的地方发生破裂，从而将过多的养分释放出来。随着包膜层的破裂，养分不断地向外释放，包膜层内外的压力差减小，肥料养分释放速度减缓，直至包膜层内的养分完全释放。

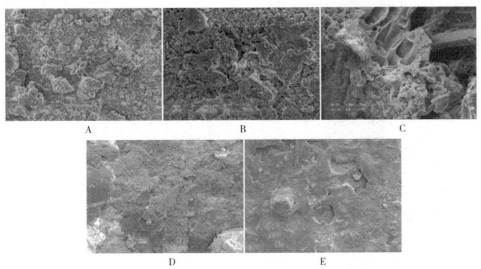

图 1-28　不同种类包膜肥料淋洗后的外表面微观结构（×1 000）
A. Ag　B. Af　C. Ac　D. Ap　E. As

四、包膜缓释肥料施用效果的研究

为探讨研制的包膜缓释肥料的生物学效应，将 5 种包膜缓释肥料（Ag、Af、Ac、Ap、As）和普通大颗粒尿素（CK）用于油菜盆栽试验，并且对油菜各处理的株高、茎粗和产量进行方差分析，结果如表 1-11 所示。

表 1-11　不同处理对油菜株高、茎粗和产量的影响

处理	株高（cm）	茎粗（cm）	产量（g）
CK	17.473b	2.220c	80.400c
Ag	18.087a	2.378bc	117.867a
Af	18.093a	2.328bc	109.867a
Ac	17.853b	2.251c	105.233b
Ap	18.953a	2.648ab	122.367a
As	18.673a	2.846a	130.800a

从表 1-11 可以看出，采取不同施肥处理，各施肥处理株高较 CK 有所提高，且差异不显著，Ap 提高的幅度最大，其次为 As。各施肥处理的茎粗差异显著，且 As 增幅最高，增幅为 28.20%。油菜产量各处理差异显著，As 产量最高，为 130.800g，Ap、Ag、Af、Ac 的效果较差。

不同施肥处理条件下，各处理油菜的平均产量如图 1-29 所示。从图中可以看出，5 种包膜缓释肥料均能够不同程度地提高油菜的产量。各处理条件下油菜的产量比普通尿素（CK）分别增产了 46.60%、36.65%、30.89%、52.20% 和 62.69%，其中 As 和 Ap 的增产效果最为明显。施用包膜缓释肥料处理的油菜比普通尿素平均增产了 45.806%，可以看出使用无机物包膜的缓释肥料，能够应用在作物生产过程中，并且可以起到一定的增产效果。

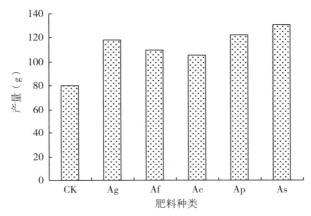

图 1-29 不同施肥处理对油菜产量的影响

参 考 文 献

曹嘉洌，刘书琦，王文青，2008. 甲壳素包裹型缓释肥料养分释放特性研究 [J]. 安徽农业科学，36（23）：10059-10060，10081.

陈可可，张保林，侯翠红，等，2011. 包裹型缓释肥料氮素释放的数学模拟 [J]. 安徽农业科学，39（5）：2729-2730，2733.

侯俊，董元杰，刘春生，等，2012. 超微细磷矿粉包膜缓释肥的缓释特征及其对大白菜生理特性的影响 [J]. 土壤学报，49（3）：583-591.

黄燕，黎珊珊，蔡凡凡，等，2016. 生物质炭土壤调理剂的研究进展 [J]. 土壤通报，47（6）：1514-1520.

靳莹莹，孙瑞峰，苏聃，等，2016. 包膜型缓控释肥料的国内外研究概况 [J]. 蔬菜（9）：40-44.

李普旺，王超，杨子明，等，2020. 包膜控释肥及其膜材的研究进展 [J]. 高分子通报，257（9）：40-45.

廖宗文，贾爱萍，王德汉，等，2005. 环境友好型肥料的研制及其应用 [J]. 广东化工，32（3）：28-30.

毛小云，冯新，王德汉，等，2004. 固-液反应包膜尿素膜的微结构与红外光谱特征及氮素

释放特性研究 [J]. 中国农业科学, 37 (5): 704 - 710.

牟林, 韩晓日, 与成广, 等, 2009. 不同无机矿物应用于包膜复合肥的氮素释放特征及其评价 [J]. 植物营养与肥料学报, 15 (5): 1179 - 1188.

王兴刚, 吕少瑜, 冯晨, 等, 2016. 包膜型多功能缓/控释肥料的研究现状及进展 [J]. 高分子通报 (7): 9 - 22.

熊又升, 陈明亮, 袁家富, 等, 2008. 包膜肥料结构及养分释放动力学特性 [J]. 华中农业大学学报, 27 (6): 736 - 740.

许秀成, 李菂萍, 王好斌, 2000. 包裹型缓释/控制释放肥料专题报告 [J]. 磷肥与复肥, 15 (3): 10 - 12.

张晓冬, 史春余, 隋学艳, 等, 2009. 基质肥料缓释基质的筛选及其氮素释放规律 [J]. 农业工程学报, 25 (2): 62 - 66.

赵秉强, 张福锁, 廖宗文, 等, 2004. 我国新型肥料发展战略研究 [J]. 植物营养与肥料学报, 10 (5): 536 - 545.

邹洪涛, 2007. 环境友好型包膜缓释肥料研制及其养分控释机理的研究 [D]. 沈阳: 沈阳农业大学.

Diez J A, Cartegna M C, Vallejo A, 1991. Establishing the solubility kinetics of N in coated fertilizers of slow - release by means of electroultrafiltration [J]. Agricultural Mediterranea, 121: 291 - 296.

Schlesinger W H, Hartley A E, 1992. A global budget for atmosphere NH_3 [J]. Biogeochemistry, 15 (3): 199 - 211.

第二章　有机物包膜缓释肥料的
制备及养分缓释机理

第一节　有机物包膜肥料的研究进展

有机物包膜肥料通常是指将有机物包膜材料喷涂覆盖于肥料颗粒表面而形成的一类包膜肥料,可以有效减少核芯肥料与外界环境的直接接触,进而延缓养分的释放。根据有机物包膜材料的来源,可以将其分为合成型有机高分子有机物包膜肥料和可降解的水基聚合物包膜肥料。

一、合成型有机高分子聚合物包膜肥料

有机高分子聚合物包膜缓控释肥料所用包膜材料主要包括热固性树脂、热塑性树脂和石蜡等。热固性树脂受热后不软化,不易溶解,主要是通过将两种液体材料共混、受热固化合成包膜缓控释材料,此类材料主要有聚氨酯、酚醛树脂、环氧树脂等。热塑性树脂主要包括聚乙烯、聚丙烯和聚氯乙烯等,此类包膜材料需在烃类或氯化烃类溶剂中溶解形成包膜液,进而被喷涂于肥料颗粒表面,冷却固化后形成疏水包膜层。

国外对有机高分子聚合物包膜肥料的研究较早,如在 20 世纪 60 年代,美国 ADM 公司以丙三醇和双环戊二烯共聚合成热固性树脂,并用作缓控释肥料的包膜材料,该包膜材料具有薄而均匀、韧性和弹性良好等特点,适用于机械施肥。1967 年,美国生产出以甘油酯和双环戊烯为原料的包膜肥料,可通过调整膜壳的厚度、成分等来调控养分释放。日本关于有机高分子聚合物包膜肥料的研究的代表是以聚烯烃为主体的 POCF 包膜剂,可通过调整聚乙烯、醋酸乙酰乙烯的用量来控制养分的释放。以色列的 Waxman 和 Lupin 以聚苯乙烯和聚乙烯为原料与肥料粉末进行混合熔融,随即冷却造粒获得相应的控释包膜肥料。我国对有机高分子聚合物包膜肥料的研究起步较晚,但进展巨大,如山东农业大学等以异氰酸酯和多羟基化合物反应产生的聚氨酯为原料制备聚氨酯包膜控释肥,具

有良好的控释效果。热塑性树脂主要包括聚乙烯、聚丙烯和聚氯乙烯等，此类包膜材料需在烃类或氯化烃类溶剂中溶解形成包膜液，进而喷涂于肥料颗粒表面，冷却固化后形成疏水包膜层。此类膜材料控释效果好，可通过调整膜材料厚度和反应原料配比调控养分释放速率，能够有效满足作物生长期内对养分的需求。但此类包膜材料原料价格高，多以石油化工产品为原料，在合成过程中使用有机溶剂，施入土壤后也不易降解，因此限制了其大面积推广应用。

二、可降解的水基聚合物包膜肥料研究进展

为减轻或避免以有机高分子聚合物为原料、由有机溶剂溶解生产、养分释放后包膜材料残留在土壤中的包膜缓释肥料造成的二次污染，国内外许多研究者正在开发可被光或生物降解的环境友好型包膜材料。例如，聚乙烯醇、淀粉、纤维素、壳聚糖、聚乳酸（PLA）、糖聚合物、海藻酸钠等高分子化合物及其衍生物以及脂肪酸、羰基-烯烃共聚物等来源广泛、可光（氧化）降解或生物降解、对环境污染较小的膜材料成为下一代包膜缓控释肥料的研究热点。中国科学院南京土壤研究所以丙烯酸酯乳液为包膜材料，以2%的氮丙啶类交联单体作为交联剂制备水基共聚物，交联能够显著地降低乳液膜层的吸水溶胀性能，而且随着交联剂用量的增加，肥料颗粒表面的包膜层变得越来越致密。兰州大学柳明珠等结合西部地区干旱缺水的实际情况，创造性地将高吸水树脂作为肥料包膜材料，制备了一系列既具有吸水保水性，又具有养分缓释性的多功能缓释肥料。于洋等以环氧树脂为改性剂对聚乙烯醇进行疏水改性并获得了具有一定缓释效果的水基共聚物包膜氮肥。

第二节　可降解的水基聚合物包膜肥料

要提高聚乙烯醇-淀粉交联液成膜的耐水性，必须减少两者中羟基的数量。本节内容根据化学理论选取能够与羟基发生化学反应的物质甲醛、硼砂、尿素，研究了这3种物质对羟基的掩蔽效果。

一、试验材料与方法

1. 供试材料

（1）聚乙烯醇（PVA）

聚合度为1 750，醇解度为99%，白色粉末，平均相对分子量为1 500～1 900，系长链状高分子碳氢化合物，具有良好的水溶性、成膜性、黏结力、乳化性以及卓越的耐油脂和耐有机溶剂等性能，且无毒无味（严瑞宣，2000）。该物质可被土壤的细菌降解，又是一种优良的土壤改良剂，并对土壤养分离子

有良好的吸附和抗淋溶效果（刘义新，2003）。

（2）淀粉

白色粉末，粒径为 $9\sim25\mu m$，是绿色植物经光合作用合成的一种高分子有机化合物，是自然界中可再生的物质，分布广泛、价廉易得。该物质在结构上与聚乙烯醇有一定的相似性，与聚乙烯醇（PVA）共混交联能够制备具有良好的力学性能、耐水性及生物可降解性的薄膜。

（3）其余试剂

其余试剂均为化学分析纯

（4）试验仪器

电热套、三颈瓶、电动搅拌器、温度计、冷凝器。

2. 试验设计

在一定浓度和重量的聚乙烯醇-淀粉溶液中，按一定比例添加化学改性剂，具体用量见表 2-1。每一处理重复 3 次。

表 2-1　改性剂及其用量

改性剂	用量（占总量的比例，%）								
甲醛	0.5	1.0	1.5	2.0	2.5	3.0	3.5	4.0	4.5
硼砂	0.1	0.2	0.3	0.4	0.5	0.6	0.7	0.8	0.9
尿素	0.1	0.2	0.4	0.6	0.8	1.0	1.2	1.4	1.6

3. 试验方法

（1）改性的聚乙烯醇-淀粉共混交联液的合成方法

①甲醛改性的聚乙烯醇-淀粉共混交联液的合成方法。在装有电动搅拌器、冷凝器、温度计的三颈烧瓶中按比例加入一定量的聚乙烯醇（PVA）粉末和蒸馏水，搅拌，加热到 (96 ± 2)℃，持续反应 1h，待聚乙烯醇完全溶解后停止加热，继续搅拌，加入一定量的糊化淀粉、甲醛溶液、3~5 滴聚山梨酯-80 及化学反应助剂，升温到 (85 ± 2)℃，加速搅拌反应 1.5h，停止加热，继续搅拌，冷却至室温，即成改性包膜液。

②硼砂改性的聚乙烯醇-淀粉共混交联液的合成方法。在装有电动搅拌器、冷凝器、温度计的三颈烧瓶中按比例加入一定量的聚乙烯醇（PVA）粉末和蒸馏水，搅拌，加热到 (96 ± 2)℃，持续反应 1h，待聚乙烯醇完全溶解后停止加热，继续搅拌，加入一定量的糊化淀粉、硼砂、3~5 滴聚山梨酯-80 及化学反应助剂，升温到 (85 ± 2)℃，加速搅拌反应 1.5h，停止加热，继续搅拌，冷却至室温，即成改性包膜液。

③尿素改性的聚乙烯醇-淀粉共混交联液的合成方法。在装有电动搅拌器、冷凝器、温度计的三颈烧瓶中按比例加入一定量的聚乙烯醇（PVA）粉末和

蒸馏水，搅拌，加热到（96±2）℃，持续反应 1h，待聚乙烯醇完全溶解后停止加热，加入一定量的糊化淀粉，继续加热、搅拌 0.5h，得到聚乙烯醇-淀粉共混液；将共混液的温度控制在（50±2）℃的条件下，加入一定量的尿素及化学反应助剂，密封，放在（50±2）℃水浴振荡器上恒温反应 2.5h，冷却至室温，即成改性包膜液。

（2）膜耐水性能的评价方法

移取 10mL 上述改性包膜液，在 10cm×10cm 平滑的不锈钢板上均匀流延成膜，在 50℃条件下干燥 1.5～2h，成膜，揭膜检测其耐水性；参照 GB/T 1034—2008 进行，取 10cm×10cm 的方块薄膜，105℃干燥 1h，放入干燥器内冷却，称量，浸入 25℃蒸馏水中 24h，小心用镊子取出，用滤纸吸干表面吸附的水，称重计算吸水率。每一处理重复 3 次，取平均值，吸水率计算公式如下：

$$W = \frac{G_2 - G_1}{G_1} \times 100\%$$

式中，W 为吸水率（%），G_1 为膜的干质量（g），G_2 为膜的湿质量（g）。

二、甲醛不同用量对膜吸水率的影响

在一定的条件下，有机醛类的醛基可以与羟基发生化学反应，生成羟醛化合物，达到掩蔽羟基的目的。牛永生等用甲醛与聚乙烯醇反应，结果表明，改性的聚乙烯醇成膜后能够显著地提高膜的耐水性。但有关醛类物质提高聚乙烯醇-淀粉共混液成膜耐水性的报道较少，本研究探讨甲醛不同用量对膜材料耐水性的影响，研究结果如图 2-1 所示。

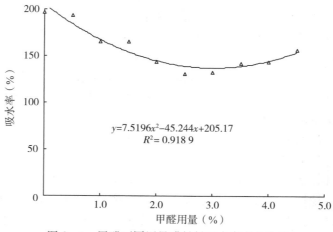

图 2-1　甲醛不同用量膜材料吸水率变化曲线

从图 2-1 中可以看出，在一定甲醛用量范围内，与对照（未改性的聚乙烯醇-淀粉交联液）相比，经甲醛改性后的聚乙烯醇-淀粉交联液的膜材料的吸水性下降；方差分析结果表明，$F=3.4>F_{0.05(9,19)}=2.2$，各个处理间的差异达到了显著水平，说明加入甲醛能够增强成膜的耐水性。当甲醛用量为反应物总量的 2.5％时，膜的吸水率比对照处理（未加甲醛）降低 66％。从图 2-1 中还可以看出，在一定甲醛用量范围内，不同用量甲醛改性后的聚乙烯醇-淀粉交联液成膜材料的吸水性有明显差异，即随着甲醛用量的增加，膜的吸水率呈现先降低后增高的趋势。出现这种趋势可能是因为，在一定条件下，甲醛与共混液中的羟基发生了化学反应，生成环状化合物，随着甲醛用量的增加，共混液中的羟基随之减少，膜的吸水性逐渐降低，当甲醛用量达到某一数值时，甲醛与共混液中的羟基反应达到平衡，膜的吸水性降至最低；但当甲醛用量超过这一数值时，随着甲醛用量的增加，大量甲醛存在于共混交联液中，含有大量甲醛的共混液成膜后，吸水率会急剧增加，最后导致膜浸水后变形，不规整，甚至难以被从水中取出。所以，甲醛的用量对膜的耐水性至关重要。在甲醛一定用量范围内，不同用量甲醛改性后的聚乙烯醇-淀粉交联液成膜的吸水率的变化趋势曲线可以用一元二次多项式进行描述，其方程为 $y_1=7.519\,6x_1^2-45.244x_1+205.17$（$y_1$ 为甲醛改性后膜的吸水率，x_1 为甲醛用量）。通过对该多项式求导，可以求出用甲醛改性后的聚乙烯醇-淀粉交联液提高膜材料耐水性的最适用量，其甲醛最适用量为 2.8％（占总量的比例），膜的吸水率最低，为 130％。

三、硼砂不同用量对膜吸水率的影响

硼砂分子可以与有机物中的羟基发生化学反应生成以硼原子为架桥的环状聚合物，达到掩蔽羟基、提高膜材料耐水性的目的。图 2-2 为不同硼砂用量对膜材料耐水性影响的结果。

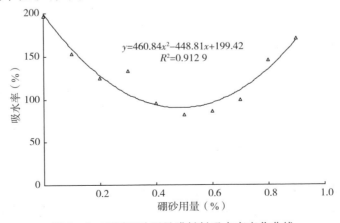

图 2-2　不同硼砂用量膜材料吸水率变化曲线

从图 2-2 中可以看出，在一定硼砂用量范围内，不同用量的硼砂均能提高膜材料的耐水性，当硼砂用量为总量的 0.5% 时，膜材料的吸水率为 81.6%，比对照降低了 115.2%。对不同用量硼砂改性后膜材料的吸水率进行方差分析，$F=7.44>F_{0.01(9,19)}=3.46$，结果表明各个处理间的差异达到了极显著水平。从图 2-2 中还可以看出，在一定硼砂用量范围内，不同用量硼砂改性后的聚乙烯醇-淀粉交联液成膜材料吸水性的变化趋势，与不同用量甲醛改性后的聚乙烯醇-淀粉交联液成膜材料吸水性的变化趋势相同，即随着硼砂用量的增加，膜的吸水率呈现先降低后增加的趋势。这是因为在一定条件下，硼砂能够与共混液中的羟基发生化学反应，随着硼砂用量的增加，减少了聚乙烯醇-淀粉共混液中羟基的数量，降低了膜的吸水性，当硼砂用量达到某一数值时，硼砂与共混液中的羟基反应达到平衡，膜的吸水性降至最低；但当硼砂用量超过这一数值时，随着硼砂用量的增加，大量的硼砂分子存在于共混液中，硼砂分子本身也有较强的吸水性，致使成膜的吸水性增强。如果硼砂用量过多，会生成凝胶，不易成膜。在一定硼砂用量范围内，不同用量硼砂改性后的聚乙烯醇-淀粉交联液成膜的吸水率的变化曲线也可以用一元二次多项式进行描述，其方程为 $y_2=466.98x_2^2-439.66x_2+198.64$（$y_2$ 改性后膜的吸水率，x_2 为硼砂用量）。通过对该式进行求导，能够计算出吸水率最低时的硼砂用量，其用量为 0.48%（占总量的比例），膜吸水率最低，为 90.2%。

四、尿素不同用量对膜吸水率的影响

虽然甲醛和硼砂均能与聚乙烯醇-淀粉共混液中的羟基发生化学反应，提高成膜的耐水性。但由于甲醛具有刺激性气味及毒性，容易对环境造成污染，危害生态；硼砂易生成凝胶，很难控制。因此，寻找耐水性更好、更经济的改性物质，已成为当务之急。

尿素是含有两个氨基的物质，氨基也能与羟基发生化学反应，生成环状有机化合物，能够达到掩蔽羟基、提高膜材料耐水性的目的。本研究探讨不同用量尿素对膜材料的耐水性的影响，结果见图 2-3。

从图 2-3 中可以看出，在一定用量范围内，尿素能够显著地降低聚乙烯醇-淀粉共混液成膜的吸水率，对不同用量尿素改性后膜材料的吸水率进行方差分析，$F=18.7>F_{0.01(8,18)}=3.70$，结果表明各个处理间的差异达到了极显著水平。当尿素用量为反应物总量的 1.2% 时，膜的吸水率比对照（未加甲醛）降低 111.8%。从图中还可以看出，在一定尿素用量范围内，不同用量尿素改性后的聚乙烯醇-淀粉交联液成膜材料吸水性的变化趋势，与不同用量甲醛和硼砂改性后的聚乙烯醇-淀粉交联液成膜材料吸水性的变化趋势相同，即随着尿素用量的增加，膜的吸水率呈现先降低后增加的趋势。这是因为在一定

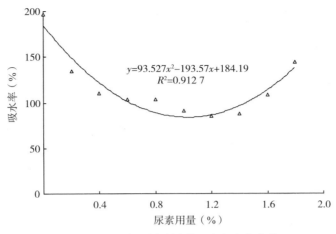

图 2-3　尿素不同用量膜吸水率变化曲线

条件下，尿素中的氨基与共混液中的羟基发生了化学反应，随着尿素用量的增加，共混液中的羟基数量减少，膜的吸水性降低，当尿素用量达到某一数值时，尿素分子中的氨基与共混液中的羟基反应达到平衡，膜的吸水性降至最低；但当尿素用量超过这一数值时，随着尿素用量的继续增加，大量尿素存在于共混液中，含有大量尿素的共混液成膜后，吸水率会急剧增加。在一定尿素用量范围内，不同用量尿素改性后的聚乙烯醇-淀粉交联液成膜的吸水率的变化趋势也可以用一元二次多项式进行描述，其方程为 $y_3 = 93.526x_3^2 - 193.56x_3 + 184.19$（$y_3$ 为膜的吸水率，x_3 为尿素用量）。通过对该多项式求导，可以求出用尿素作为改性物质提高该膜材料耐水性的最适用量，其用量为 1.1%（占总量的比例），膜的吸水率最低，为 86.5%。

第三节　环氧树脂、柠檬酸改性聚乙烯醇包膜尿素的制备及氮素释放特性

本节内容以能被生物降解的聚乙烯醇（PVA）为主要原料，通过添加环氧树脂、柠檬酸等物质对其进行改性，制备改性聚乙烯醇膜材料，分别用代码 H、C 表示，有机-无机共混膜材料用代码 Hg、Cg 表示。通过膜材料浸水试验确定最佳改性方案，制备包膜尿素 HP 和 CP。利用土柱淋洗试验及田间试验评价自制包膜尿素的缓释效果。此外，通过自然环境暴露试验、埋土试验及田间试验探讨膜材料的降解性，并利用红外光谱和扫描电镜对其表面微观结构变化进行分析。

一、试验材料与方法

1. 供试材料

（1）原料

聚乙烯醇，聚合度为 1 750，化学分析纯，天津市科密欧化学试剂有限公司生产；环氧树脂，型号为 WSR 6101，化学分析纯，蓝星化工新材料股份有限公司无锡树脂厂生产；一水柠檬酸，化学分析纯，国药集团化学试剂有限公司生产；大颗粒尿素，粒径为 2.5～3.5mm，含氮量为 46.0%。

（2）供试肥料

包膜肥料 HP（含氮量为 44.6%）、CP（含氮量为 44.6%）、LP40（含氮量为 42.0%）；尿素 UR（含氮量为 46.0%）。

（3）供试膜材料

一种柠檬酸改性聚乙烯醇膜材料 C；一种环氧树脂改性聚乙烯醇膜材料 H。两种日本包膜肥料膜材料 A 和 B（仅进行埋土降解试验）。纯聚乙烯醇膜材料 P，有 3 种不同浓度，即浓度为 2%、5%、8% 的聚乙烯醇膜材料，分别用 P2、P5、P8 表示。包膜肥料 HP、CP 膜材料，其为田间试验时施入土壤中的包膜肥料，在试验结束 1 个月后，将养分完全释放后剩下的空壳从土壤中取出。

（4）供试土壤

供试土壤为褐土，采自辽宁省阜新市旱作农业示范区，土壤的基本理化性质为：有机质 12.43g/kg，全氮 8.6g/kg，速效钾 151.96g/kg，速效磷 12.23g/kg，pH 7.26。

（5）供试作物

玉米，品种为郑单 958。

（6）仪器设备

有机高分子聚合物合成装置，包括三口瓶、电动搅拌器、冷凝管、恒温水浴锅、恒温加热器；流化床包膜机；FOSS 凯式定氮仪（Kjeltec 8100，瑞士生产）；分光光度计；高精度土壤水分测量仪 HH2（北京澳作生态仪器有限公司生产）；傅里叶变换红光光谱仪（FTIR）DKHX 3－1；扫描电子显微镜（SEM）SSX－550（日本岛津公司生产）。

2. 试验设计与方法

（1）包膜材料的制备

筛选降低聚乙烯醇成膜吸水性的化学反应条件。根据有机高分子聚合反应理论，柠檬酸、聚丙烯酰胺和环氧树脂分子中的基团均能与羟基发生化学反应。但是经过预试验，聚丙烯酰胺与聚乙烯醇反应时，当聚丙烯酰胺添加量较大时，反应液会形成凝胶，几乎很难流延成膜，且聚丙烯酰胺无法完全反应，一部分会被包膜到凝胶中，且该凝胶的吸水性极强。而当聚丙烯酰胺添加量较少时，反应液虽不会形成凝胶，但是制备的膜材料的吸水率也大于同浓度纯聚乙烯醇成膜后膜材料的吸水率，无法达到降低改性聚乙烯醇成膜吸水性的目的，而经柠檬酸、环氧树脂改性后可以降低聚乙烯醇成膜的吸水性。所以本研究选用柠檬酸和环氧树脂分子作为聚乙烯醇分子中羟基的掩蔽剂。预试验发现聚乙烯醇的浓度、掩蔽剂用量、反应温度、反应时间是影响掩蔽效果的关键因素，本部分采用正交试验设计分别探讨柠檬酸和环氧树脂对羟基的掩蔽效果，按照 L_{16}（4^4）进行四因素四水平正交试验设计，如表 2-2 和表 2-3 所示。从而得出掩蔽羟基效果较好的物质和反应条件。通过测定成膜后的脱水率，得出掩蔽效果好的最佳反应条件，其中掩蔽剂用量（环氧树脂或柠檬酸）按聚乙烯醇溶液质量计。环氧树脂作为掩蔽剂的试验设计中（表 2-2）聚乙烯醇浓度、环氧树脂用量、温度、时间分别用代码 A、B、C、D 表示。柠檬酸作为掩蔽剂的试验设计中（表 2-3）聚乙烯醇浓度、柠檬酸用量、温度、时间分别用代码 E、F、G、H 表示。

表 2-2　正交试验因素水平

水平	因素			
	A（聚乙烯醇浓度）（g/kg）	B（环氧树脂用量）（g/kg）	C（温度）（℃）	D（时间）（h）
1	50	25	60	1.5
2	70	20	50	1.0
3	90	30	70	2.0
4	110	35	80	2.5

表 2-3　正交试验因素水平

水平	因素			
	E（聚乙烯醇浓度）（g/kg）	F（柠檬酸用量）（g/kg）	G（温度）（℃）	H（时间）（h）
1	90	6	60	1.0
2	30	12	50	0.5
3	50	24	70	1.5
4	70	36	80	2.0

取一定量聚乙烯醇和去离子水，将其分别加到装有电动搅拌器和回流装置

的三口瓶中。开动搅拌，升温至90℃，保温至其完全溶解，约1h左右，即得一定浓度聚乙烯醇溶液。降至反应温度，加快搅拌速度，转速为150r/min，取一定量环氧树脂（或柠檬酸）置于聚乙烯醇溶液中，如果采用柠檬酸作为改性物质，搅拌速度控制在150r/min，如果采用环氧树脂作为改性剂，搅拌速度控制在200r/min，恒温反应一定时间，即得改性聚乙烯醇溶液。取一定量在一定面积的玻璃培养皿上流延成膜，备用。此外，取相同质量的聚乙烯醇和水，搅拌，升温到90℃，保温至完全溶解，配成相应浓度的聚乙烯醇溶液，不添加改性剂，作为对照。

采用红外光谱法测定改性前后聚乙烯醇分子中官能团的变化，并与对照进行比较，确认产物化学结构，探讨改性效果。

分别取10mL上述改性的聚乙烯醇溶液和未添加改性剂的聚乙烯醇溶液，在相同大小的培养皿（直径为9cm）中均匀流延成膜，室温下自然风干48h后，小心揭下薄膜，在50℃的烘箱中烘干1h，取出冷却至室温，称重。参照标准GB/T 1034—2008，将膜完全浸置于（20±2）℃的去离子水中，浸泡24h后，用镊子小心取出，用滤纸吸干膜表面吸附的水，称重并计算吸水率。每一处理重复3次，取平均值，吸水率计算公式如下：

$$W = \frac{G_2 - G_1}{G_1} \times 100\%$$

式中，W 为吸水率（％），G_1 为膜的干质量（g），G_2 为膜的湿质量（g）。

不同浸水时间下改性聚乙烯醇膜吸水率的测定：每一处理取4cm×4cm改性聚乙烯醇薄膜，设16个处理，3次重复。在50℃烘箱中烘干4h，取出冷却至室温，称重，并将其完全浸置于装有（20±2）℃去离子水的培养皿（直径为9cm）中，于第4小时、第6小时、第8小时、第10小时、第12小时、第24小时用镊子小心取出，用滤纸吸干膜表面吸附的水，称重并计算吸水率。

（2）包膜肥料的制备

首先按照有机物包膜材料制备中的试验方法，以环氧树脂、柠檬酸改性聚乙烯醇的最佳方案配制包膜液。利用流化床包膜机对颗粒尿素进行包膜，包膜液（即改性聚乙烯醇水溶液）的浓度设为5％，并在70℃条件下包膜，包膜时间为1h。而后将制备的包膜肥料在室温下自然风干30min左右，挑选大小相近、包膜较完整的肥料进行土柱淋洗试验。本试验制成2种包膜尿素，分别为HP（以环氧树脂改性聚乙烯醇包膜）和CP（以柠檬酸改性聚乙烯醇包膜）。

（3）土柱淋洗试验

试验在室温下进行，用0.150mm筛网对PVC管（内径为4.7cm、高15.2cm）进行封底处理。供试肥料除自制包膜尿素HP（含氮量为44.6％）、CP（含氮量为44.6％）外，另设1个未包膜处理尿素（UR，含氮量为

46.0%）及1个日本聚合物包膜尿素（LP40，含氮量为42.0%）处理，共4个处理。以土壤为淋洗介质，按每千克土0.218g尿素的比例称取等氮量尿素与土壤混合；除上述4种肥料之外，设不施肥空白。按1.35g/cm³的容重均匀地装入PVC管内使之成柱。有肥料混入的土柱在填装时在管的底部先装入30g未混入肥料的风干土，余下的风干土与试验肥料充分混匀后再装入，装柱高度为13.0cm。每一处理设3次重复。

土柱制成后先缓慢而多次地滴加蒸馏水以使土壤充分润湿，但不至于有过量的水自土柱渗出，静置24h，然后往土柱内加水，淋洗过程正式开始。淋洗加水时将装有100mL蒸馏水的三角瓶倒置于土壤表面，在柱面上形成厚约1.0cm的水层，以尽量保证淋洗水头恒定。在土柱之下用塑料瓶接收淋滤液，至不再有水滴出，1次淋洗结束。取淋洗液，用FOSS凯式定氮仪测定其铵态氮含量。每隔3d淋洗1次，一共淋洗11次。

（4）田间试验

在沈阳农业大学后山试验田进行田间试验。供试土壤为棕壤，作物为玉米，品种为郑单958。5月中旬播种，每穴播3～4粒种子及等量的磷酸氢二铵，并向土壤中施入等氮量包膜肥料LP40、HP、CP及未包膜肥料UR，同时设一空白处理（仅施用磷酸氢二铵），每一处理设3次重复，共15株玉米。出苗1周后间苗，每穴只留1株长势良好的玉米苗。10月初，收获玉米时测定其株高、茎粗、穗长、穗粒数、百粒重等主要农艺性状，并进行方差分析。

（5）膜材料降解试验

①自然暴露试验。试验于5月17日至9月30日在沈阳农业大学科研基地进行。将不同类型、不同浓度和配比的21种自制膜材料均剪成2cm×2cm的方块，每块膜厚度在0.1～0.3mm，称重，记录并将其编号。按照一定顺序于45°暴晒架上按GB/T 3681—2011的要求进行暴露试验。第1次取样为自然暴露20d后，随后每隔一段时间取一次样，共取7次，每次每种膜材料取3块，用毛刷轻扫膜表面附着的灰尘。测定各指标变化情况。

②埋土试验。试验4月23日开始，9月14日结束。将不同类型、不同浓度和配比的21种自制膜材料剪成2cm×2cm的方块，每块膜厚度在0.1～0.3mm，编号、称重并记录。将同一时间取样的不同膜材料，埋入同一装好土壤的盆中，盆的口径为42cm，底径为23.5cm，高为38cm。土壤深度约为30cm。将2cm×2cm的膜材料称重后按照一定顺序埋入土中，膜材料距表层土壤约10cm。并且在塑料盆边缘标明膜材料的代号，以便日后准确取样。埋设10cm长的地温计，每3～5d记录一次温度，同时浇灌适量自来水保证土壤润湿，利用高精度土壤水分测量仪HH2测量土壤水分含量。当土壤水分含量小于10%时，浇灌的水量要大些，当测定值大于20时，可适当减少浇灌量，

保证土壤润湿即可。然后定期取出膜材料样品，每次每种膜材料取 3 块，共取 10 次。用去离子水轻轻冲去附着在其表面的泥土，并在 50℃ 左右的烘箱内烘至恒重，最后称重并测定其他指标。

除上述自制膜材料外，本研究还选用了日本膜材料 A、B 作为对照，与自制膜材料同时埋入已装好土壤的盆中，埋土时间和取样时间都与自制材料相同。每次随机取样，观察其外观变化，称重，以判断其在试验时间内的降解情况。

③田间试验。试验方法见包膜肥料田间试验方法，在田间试验结束 1 个月后，将养分已完全释放的包膜肥料空壳（即膜材料）从土壤中取出。用去离子水清洗膜表面，烘干，利用扫描电镜观察包膜材料的变化。

以万分之一精度的电子天平称量每个样品降解前后的质量，并利用其差值除以降解前的质量求得降解率。样品设 3 次重复，求其平均值。降解率计算公式如下：

$$D = \frac{M_1 - M_2}{M_1} \times 100\%$$

式中，D 为降解率（%），M_1 为膜材料原样的质量（g），M_2 为膜材料经自然暴露或埋土试验后的质量（g）。

用 DKHX 3-1 型傅里叶变换红光光谱仪（FTIR）绘出红外光谱图，并对降解前后膜材料的图谱进行比较。利用 SSX-550 型扫描电子显微镜（SEM）进行试验。取少量膜材料和包膜肥料样品黏在扫描电镜观察载样台上，用离子溅射仪在样品表面溅射喷涂金粉，而后进行扫描电镜观察，并记录扫描成像图。

3. 养分释放数学模型

包膜缓释肥料的养分释放机理因膜材料的不同而不同，常用的拟合养分释放特性的数学模型有 Fick 第一定律、一级动力学方程、Frundlich 方程、Richards 方程、Betalanffy 方程以及 Logistic 方程。本研究根据实测数据，选用一级动力学和 Logistic 方程进行拟合，表达式分别如下：

养分释放一级动力学方程：

$$-\frac{\mathrm{d}c}{\mathrm{d}t} = kc$$

$$-\int_0^c \frac{\mathrm{d}c}{c} = \int_0^t k \cdot \mathrm{d}t$$

当 $t=0$ 时反应物的浓度为 c_0，当 $t=t$ 时反应物的浓度为 c，将上式积分后得：

$$\ln \frac{c_0}{c} = kt$$

$$c = c_0 \exp(-kt)$$

包膜缓释肥料养分浓度与时间的关系为

$$N_0 - N_t = N_0 \exp(-kt)$$

$$N_t = N_0[1 - \exp(-kt)] \qquad (2-1)$$

式中，N_t 为 t 时间的释放率（%），N_0 为最大释放率（%），k 为释放速率常数，t 为时间（d）。

养分释放 Logistic 方程：

$$N_t = \frac{N_0}{1 + \exp(a - rt)} \qquad (2-2)$$

式中，N_t 为氮素累积释放率（氮素累积释放量/施入化肥总氮量，%），N_0 为氮素最大累积释放率（%），a 和 r 为常数，t 为淋洗时间（d）。

二、聚合物红外表征

采用溴化钾压片法分别测定环氧树脂、柠檬酸改性的聚乙烯醇聚合物的红外光谱，并与改性前聚乙烯醇的红外光谱进行比较，确认产物的化学结构。图 2-4、图 2-5、图 2-6 分别为聚乙烯醇与两种改性聚乙烯醇的红外光谱图。

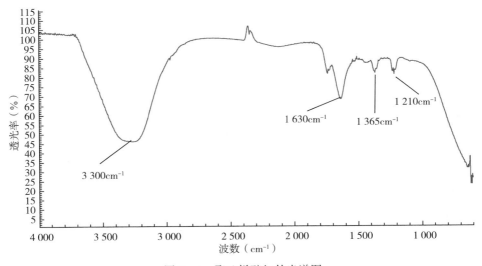

图 2-4 聚乙烯醇红外光谱图

由图 2-4 可以看到聚乙烯醇的几个特征吸收峰：3 300cm^{-1} 处的峰为醇羟基（氢键缔合状态）伸缩振动吸收峰；1 730cm^{-1}、1 715cm^{-1} 处有两个较弱的吸收峰，可能为羰基吸收峰，是由于聚乙烯醇中含有杂质而形成的；1 630cm^{-1} 处的峰为 C—C 的伸缩振动吸收峰，1 365cm^{-1} 处的峰为主链次甲基的弯曲振动吸收峰；1 210cm^{-1} 处的峰为 C—O 伸缩振动吸收峰。

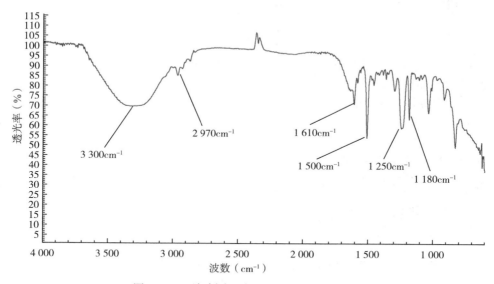

图 2-5　环氧树脂改性聚乙烯醇红外光谱图

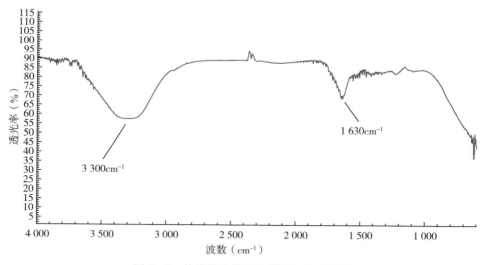

图 2-6　柠檬酸改性聚乙烯醇红外光谱图

图 2-5 为经环氧树脂改性后聚乙烯醇的红外光谱。与图 2-4 未改性的聚乙烯醇红外光谱相比有明显的变化：3 300cm^{-1} 处的羟基吸收峰明显减弱，这说明聚乙烯醇分子中的羟基与环氧树脂分子发生了化学反应，使羟基数量明显减少；在 2 970～2 850cm^{-1} 和 1 500～1 300cm^{-1} 处出现的吸收谱带是次甲基、亚甲基的官能团特征吸收峰；在 1 610cm^{-1}、1 580cm^{-1}、1 500cm^{-1}、

$1\,450\,cm^{-1}$处出现强度不等的 4 个吸收峰，说明改性产物中有苯环存在，因为改性使用的环氧树脂为双酚 A 型液体环氧树脂，含有苯环；$1\,250\,cm^{-1}$、$1\,030\,cm^{-1}$处分别是芳香醚的两个碳氧（C—O）伸缩振动吸收峰。$1\,180\,cm^{-1}$处有较强的脂肪醚的伸缩振动吸收峰，证明了环氧树脂中的环氧基团开环与聚乙烯醇中的羟基发生醚化反应，表明所得的产物为目标产物。分析经柠檬酸改性聚乙烯醇的红外光谱，如图 2-6 所示，可以看出 $3\,300\,cm^{-1}$处的羟基吸收峰与纯聚乙烯醇相比明显减弱，说明柠檬酸具有一定的改性效果，其主要官能团羧基能与聚乙烯醇中的活跃羟基发生反应，从而减少羟基的数量，达到减弱改性膜吸水性的目的。

三、优选改性聚乙烯醇膜合成的工艺条件

以改性 PVA 的吸水率为考察指标，按 $L_{16}(4^4)$ 进行正交试验，环氧树脂和柠檬酸改性 PVA 的试验结果分别见表 2-4、表 2-5。并利用 SPSS 软件对改性膜的吸水率进行方差分析。表 2-4、表 2-5 中的 A、B、C、D、E、F、G、H 分别与正交试验因素水平表（表 2-3、表 2-4）中的各代码相对应。

表 2-4　正交试验结果及分析

处理	A	B	C	D	$\overline{W}_1$（%）
1	1	1	1	1	160
2	1	2	2	2	220
3	1	3	3	3	181
4	1	4	4	4	234
5	2	1	2	3	115
6	2	2	1	4	151
7	2	3	4	1	167
8	2	4	3	2	135
9	3	1	3	4	161
10	3	2	4	3	162
11	3	3	1	2	158
12	3	4	2	1	145
13	4	1	4	2	158
14	4	2	3	1	140
15	4	3	2	4	159

（续）

处理	A	B	C	D	$\overline{W_1}$（%）
16	4	4	1	3	142
k_1	199	149	153	153	
k_2	142	169	160	168	
k_3	157	166	155	150	
k_4	150	164	180	176	
极差	57	20	28	26	

注：k_i（$i=1$、2、3、4）分别表示因素 A、B、C、D 在第 i 个水平所对应的吸水率的平均值。

表 2-5　正交试验结果与分析

处理	E	F	G	H	$\overline{W_2}$（%）
1	1	1	1	1	159
2	1	2	2	2	158
3	1	3	3	3	133
4	1	4	4	4	128
5	2	1	2	3	197
6	2	2	1	4	102
7	2	3	4	1	170
8	2	4	3	2	150
9	3	1	3	4	166
10	3	2	4	3	146
11	3	3	1	2	117
12	3	4	2	1	148
13	4	1	4	2	169
14	4	2	3	1	147
15	4	3	2	4	114
16	4	4	1	3	109
k_1	145	173	122	156	
k_2	155	139	154	149	
k_3	144	134	149	146	
k_4	135	134	153	128	
极差	20	39	32	28	

从表 2-4 的极差分析结果可以看出，影响环氧树脂改性聚乙烯醇膜吸水率的主次因素顺序为聚乙烯醇浓度＞反应温度＞反应时间＞环氧树脂加入量。

从表 2-5 中可以看出，影响柠檬酸改性聚乙烯醇膜吸水率的主次因素顺序为柠檬酸用量＞反应温度＞反应时间＞聚乙烯醇浓度，但是各个影响因素的作用并不突出。

改性聚合物成膜后吸水率越小，其耐水性越好。统计分析结果表明，环氧树脂醚化改性聚乙烯醇最佳方案应该为 $A_2B_1C_1D_3$，即聚乙烯醇浓度为 70g/kg，环氧树脂用量为 25g/kg，反应温度为 60℃，反应时间为 2h。

此外，通过单变量多因素方差分析（表 2-6）可知，浓度为 70g/kg 的聚乙烯醇改性膜的平均吸水率最低，且显著低于其他 3 个浓度。环氧树脂用量为 25g/kg 的改性膜的平均吸水率最低，且与其他 3 个加入量存在显著差异。反应温度 50℃、60℃、70℃ 3 个水平之间的平均吸水率无显著差异，且均较低；但 80℃ 与前三者存在显著差异，吸水率较高。反应时间为 1.5h 和 2h 的水平之间吸水率差异不显著，且均较低。因此，选择方案 $A_2B_1C_2D_1$ 合成改性膜材料，可能会得到吸水率低、耐水性较好、成本相对较低的膜，但如应用于实际生产，应该进行进一步验证。

表 2-6　Duncan 检验结果（1）

水平	因素			
	聚乙烯醇浓度 （g/kg）	环氧树脂用量 （g/kg）	温度 （℃）	时间 （h）
1	199a	149b	153b	153c
2	142c	169a	160b	168b
3	157b	166a	155b	150c
4	150b	164a	180a	176a

注：不同字母表示同一因素处理间差异达到 5% 显著水平。

而柠檬酸酯化改性聚乙烯醇最佳方案为 $E_4F_3G_1H_4$ 或 $E_4F_4G_1H_4$，而从节约原材料的角度考虑，柠檬酸的用量采用 24g/kg 而非 36g/kg，因此本试验条件下的最佳方案为 $E_4F_3G_1H_4$。即聚乙烯醇浓度为 70g/kg，柠檬酸用量为 24g/kg，反应温度为 60℃，反应时间为 2h。同时，利用 SPSS 软件进行单变量多因素方差分析（表 2-7），可以看出浓度为 70g/kg 的聚乙烯醇改性膜的平均吸水率最低，且显著低于其他 3 个浓度。柠檬酸的用量除最低用量 6g/kg 外，其他 3 个浓度之间不存在显著差异。反应温度 60℃ 与其他 3 个温度之间均存在显著差异。本试验条件下最长反应时间 2h 与其他 3 个设定的反应时间之间存在显著差异。综上所述，在考虑成本及原材料的用量时，选择方案 $E_4F_2G_1H_4$ 进行膜材料的合成，可能会得到吸水率低、耐水性较好的膜，但是，需要通过进一步的试验验证。

表 2-7　Duncan 检验结果（2）

水平	因素			
	聚乙烯醇浓度 （g/kg）	柠檬酸用量 （g/kg）	温度 （℃）	时间 （h）
1	145b	173a	122b	156a
2	155a	139b	154a	149ab
3	144b	134b	149a	146b
4	135c	134b	153a	128c

注：不同字母表示同一因素处理间差异达到 5% 显著水平。

从上述环氧树脂、柠檬酸两种物质改性聚乙烯醇的结果还可以看出，浓度为 70g/kg 的聚乙烯醇改性效果较好。这可能是因为当聚乙烯醇浓度较大（≥90g/kg）时，溶液流动性变差，黏度大，改性过程中加入的改性物质不容易均匀分散，一部分可能无法与聚乙烯醇发生反应，影响它们的交联程度。但是，聚乙烯醇的浓度较大时，未经改性聚乙烯醇膜的吸水性较其低浓度膜的差，即耐水性好，所以，虽然改性聚乙烯醇的交联程度受到影响，其吸水率仍然相对较低，膜的吸水率变化趋于平缓。同时，上述试验结果还表明，60℃ 的反应温度是比较适合的改性温度。这可能是因为温度较低时，反应速率较慢，如环氧树脂的环氧基团不容易开环断裂，从而导致聚乙烯醇的醚化度较低；而当温度过高时，易产生凝胶现象而不利于反应的进行。

四、不同浸水时间条件下环氧树脂改性膜材料的吸水规律

表 2-8 为不同浸水时间下 4 种环氧树脂改性聚乙烯醇膜材料的吸水率，这 4 种膜材料分别由表 2-4 中的 4 个处理制得，为处理 3、处理 5、处理 11、处理 13。从表 2-8 中可以看出，不同处理制备的环氧树脂改性聚乙烯醇膜材料的吸水率不同，且部分处理间存在显著差异。而同一处理不同浸水时间膜材料的吸水率不同。且除了处理 3，处理 5、处理 11、处理 13 所制得的膜，不同浸水时间下的吸水率均存在显著差异。处理 5 浸水时间为 24h 的膜的吸水率与其他浸水时间均存在显著差异，且其浸水 6h 和 10h 的膜的吸水率与浸水 8h 的膜的吸水率差异显著。处理 11 的膜浸水 24h 与浸水 4h、6h、10h 的吸水率间均存在显著差异。处理 13 与处理 5 相似，改性浸水 24h 的膜的吸水率与其

他各个浸水时间都存在显著差异。浸水 8h 的膜的吸水率与浸水 4h、6h、10h 的膜的吸水率均差异显著。综上所述，不同改性膜材料在不同浸水时间下，吸水率的变化规律不尽相同，但大部分膜材料不能在浸水 4h 后达到一个较稳定的吸水率，均会在以后延长的浸水时间（6h、8h、10h、12h、24h）中出现不同程度的升高或降低。此外，如表 2-8 所示，改性膜材料在浸水 4h 内大量吸水，而后吸水率变化均趋于平缓，且大部分的改性膜浸水 10h 以后吸水率呈现缓慢的下降趋势，这可能是因为膜材料吸水基本达到饱和。试验结果表明，所有处理的膜材料吸水率的变化趋势相似。因此，对于本研究制备的改性膜材料，将其浸水 24h 以判断其吸水率较合理。

表 2-8 不同浸水时间下吸水率的多重比较

浸水时间 （h）	膜 3 （%）	膜 5 （%）	膜 11 （%）	膜 13 （%）
4	228a	180ab	193a	161a
6	236a	172b	182b	158ab
8	240a	185a	180bc	153c
10	241a	174b	184b	158a
12	238a	178ab	179bc	153bc
24	236a	165c	176c	144d

注：不同字母表示同一处理所制备的膜材料不同浸水时间的膜的吸水率之间差异达到 5% 显著水平。

五、包膜尿素的氮素释放特性

1. 包膜尿素中 $NH_4^+ - N$ 的释放特性

图 2-7 为不同种类包膜缓释肥料 $NH_4^+ - N$ 累积淋出率变化曲线。从图中可以看出，日本的包膜肥料 LP40 的 $NH_4^+ - N$ 累积淋出率曲线是 S 形，为慢—快—慢的变速释放，实现了缓释的目的，且与作物的需求相符；而自制包膜肥料 HP 初期释放量较大，而后又比较平缓，基本是匀速释放。此外，土柱淋洗试验刚开始时，LP40 肥料的 $NH_4^+ - N$ 累积淋出率显著低于另 3 种肥料；20d 之后，LP40 肥料尿素的累积淋出率高于肥料 HP 而仍低于未包膜肥料 UR、CP，说明其在试验期内并没有完全释放，具有明显的缓释效果。同样，包膜肥料 HP 在试验期内，其 $NH_4^+ - N$ 累积淋出率也明显低于未包膜肥料 UR，且其在试验期内同样没有完全释放，说明包膜肥料 HP 也具有一定的缓释作用，只是其缓释效果较 LP40 差。包膜肥料 CP 在 0～40d 内的累积淋出率低于 UR，但高于 HP、UR。3 种包膜肥料 LP40、HP、CP 的累积淋出率相

差很大，尤其是 LP40 和 CP，差异极显著，缓释特性差别很大。这主要与 3 种包膜肥料不同膜材料的吸水性不同有关（郑圣先等，2006），包膜材料成分不同，吸水性不同，导致了 $NH_4^+ - N$ 释放特征的差异。

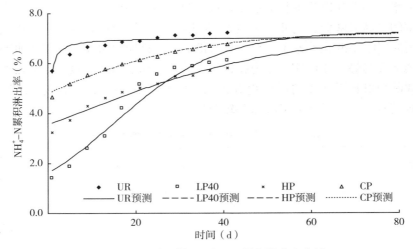

图 2 - 7　4 种肥料 $NH_4^+ - N$ 累积淋出率曲线

从图 2 - 7 中还可以看出，4 种肥料 $NH_4^+ - N$ 的累积淋出率随着时间的延长而增加。在 11 次淋出时间内，未包膜尿素 UR 的 $NH_4^+ - N$ 的累积淋出率是最大的。其次是 CP、LP40，最后为 HP。肥料 UR 在 9d 内氮素几乎全部释放，达到 93％以上；而 LP40、HP、CP 直到第 11 次淋洗结束，$NH_4^+ - N$ 淋出率分别为 85％、81％和 94％。同时，从图 2 - 7 中还可以看出 LP40、HP、CP 3 种包膜尿素均不存在氮素释放的滞后期。LP40 的初期 $NH_4^+ - N$ 淋出率最低，而经过 20d 后，其 $NH_4^+ - N$ 淋出率显著增加，这说明 LP40 的缓释性能最好，实现了养分的缓释。而自制的两种包膜尿素 HP 和 CP 的缓释性能较 LP40 差，它们最初的 $NH_4^+ - N$ 淋出率较大，但仍具有一定的缓释性能，且包膜尿素 HP 的缓释性能要好于 CP。

2. 氮素释放速率动力学模拟

包膜尿素 LP40 与 CP、HP 的氮素释放可分别用方程一级反应动力学方程和 Logistic 方程拟合。一级反应动力学方程可化为

$$\ln\left(\frac{N_0 - N_t}{N_0}\right) = -kt$$

式中，N_t 为 t 时间的释放率，N_0 为最大释放率，k 为释放速率常数，t 为释放时间。通过实测数据，建立 $\ln\left(\frac{N_0 - N_t}{N_0}\right)$ 与 t 之间关系的直线方程，其结果见

表 2 – 9。从表 2 – 9 中可以看出，这 3 种包膜肥料 LP40、HP 和 CP 的 $\ln\left(\dfrac{N_0 - N_t}{N_0}\right)$ 与 t 之间均具有极显著的直线关系，相关系数 r_1 分别为 —0.981、—0.992 和—0.998。但是用一级反应动力学方程拟合曲线，除包膜尿素 LP40 拟合得较好外，其他两种肥料 CP 和 HP 的实测数据与一级反应动力学方程预测数据相差较大。这说明一级反应动力学方程不适用于预测自制包膜尿素 HP、CP 的养分释放特性，但可以对日本包膜肥料 LP40 的养分释放特性进行预测和拟合。且采用该模型可求得氮素淋出率为 50% 时的培养天数（称为半时值 $t_{1/2}$），包膜肥料 LP40 的 $t_{1/2}$ 为 14.4d。

表 2 – 9 氮素释放速率的动力学方程及其参数

包膜肥料	LP40	HP	CP
一级反应动力学方程	$y = 7.2\,[1 - \exp(-0.047\,1x)]$	$y = 7.2\,[1 - \exp(-0.025\,4x)]$	$y = 7.2\,[1 - \exp(-0.042\,4x)]$
Logistic 方程	$y = \dfrac{7.2}{1 + \exp(1.260\,2 - 0.083\,3x)}$	$y = \dfrac{7.2}{1 + \exp(0.043\,7 - 0.038\,5x)}$	$y = \dfrac{7.2}{1 + \exp(0.680\,0 - 0.050\,6x)}$
k	0.047 1	0.025 4	0.042 4
r	0.083 3	0.038 5	0.050 6
a	1.260 2	0.043 7	—0.680 0
相关系数（r_1）	—0.981**	—0.992**	—0.998**
相关系数（r_2）	—0.969**	—0.981**	—0.997**

注：** 代表极显著水平（$P < 0.01$）。

将 Logistic 方程转化为 $\ln\left(\dfrac{N_0}{N_t} - 1\right) = a - rt$，其中 N_t 为 t 时间的释放率，N_0 为最大释放率，a 和 r 为常数，t 为释放时间。通过实测数据，建立 $\ln\left(\dfrac{N_0}{N_t} - 1\right)$ 与 t 之间关系的直线方程，计算出参数 a 和 r，见表 2 – 9。包膜肥料 LP40、HP、CP 的 $\ln\left(\dfrac{N_0}{N_t} - 1\right)$ 与 t 之间均具有极显著的负相关关系，其相关系数 r_2 分别为—0.969、—0.981 和—0.997，且实测数据与 Logistic 方程预测数据拟合较好（图 2 – 7）。由图 2 – 7 可以看出，用 Logistic 曲线可以较好地表达 3 种包膜缓释肥料的氮素累积释放率随时间的变化过程。

与包膜肥料不同，未包膜普通尿素在淋洗初始阶段，养分淋出速度很快，前 5d 累积淋出率达到了 88% 以上，以后增加缓慢，并逐渐趋近于一常量。从图中可以直观地看出，该肥料的养分释放过程符合 $y = ae^{b/t}$（$a > 0$，$b < 0$）型

曲线，为此用该曲线对未包膜尿素的氮素淋出率数据进行拟合，式中，a 为最大的淋出量，b 为淋出速率常数。拟合结果如下：$y = 7.014\mathrm{e}^{-0.223/t}$，该式的相关系数为 0.918，达到了极显著相关水平（$P < 0.01$）。

从图 2-7 中还可以看出，包膜肥料与普通尿素相比，一定程度上抑制了肥料氮素的淋失。包膜肥料氮素的释放过程是水分子进入包膜内使膜内肥料部分溶解、再透过膜材料进入外部溶液的过程，因此包膜尿素释放要较未包膜普通尿素释放缓慢。

六、包膜肥料的田间施用效果

从表 2-10 中可以看出，施用包膜肥料对玉米的生长发育有一定的促进作用。施用包膜肥料 HP 的玉米，其穗粒数最多，为 1 001 粒，与 CK 相比增加了 16.4%。而施用包膜肥料与未包膜尿素相比，玉米的百粒重有明显的增加，百粒重的增加幅度为 6.0%～8.8%。包膜肥料 LP40 的百粒重最高，为 38.71g，与 CK 相比增加了 9.4%。表 2-10 中不同施肥处理与未施肥处理之间，玉米的株高、茎粗、百粒重存在显著差异。而主要农艺性状，不同处理间的其他主要农艺性状（穗粒数、穗行数、穗长及穗粗）不存在显著差异。这可能与试验玉米株数较少有关。且因为是大田种植，玉米生长受到很多自然因素的影响，肥料仅是其中一部分，因此，各个处理间的差异并不显著。但从穗粒数的方差分析结果可以看出，同一处理 3 个平行间的差异较大。

表 2-10 几种肥料对玉米主要农艺性状的影响

处理	株高 （cm）	茎粗 （cm）	穗粒数 （粒）	穗行数 （行）	穗长 （cm）	穗粗 （cm）	百粒重 （g）
CK	240.4b	2.41c	860a	19a	23.5a	5.67a	35.39c
UR	250.8a	2.63b	913a	20a	22.6a	5.82a	35.57c
LP40	250.6a	2.66b	891a	20a	23.2a	5.79a	38.71a
HP	251.5a	2.78a	1 001a	19a	23.9a	5.72a	37.86b
CP	248.2a	2.72a	953a	20a	23.7a	5.79a	37.72b

注：不同字母表示不同处理间差异达到 5% 显著水平。

但是，从表 2-10 中还是可以看出一个趋势，施用包膜肥料对玉米生长起到一定的促进作用，并且单从评价玉米经济产量的重要指标百粒重来看，施用包膜肥料还是比施用未包膜肥料好，且差异显著。这也间接地说明了包膜肥料具有一定的缓释作用，且养分释放特性更符合玉米的生长需求。

七、膜材料降解性评价

1. 膜材料在不同培养条件下质量的变化

（1）自然暴露条件下膜材料质量的变化

表2-11为不同暴露时间条件下各种膜材料降解前后的质量变化情况，即降解率变化情况。由表2-11可以看出，随着暴露时间的延长，3种不同浓度的聚乙烯醇膜降解率呈现先升高再降低的趋势，且膜材料P2、P5、P8的降解率之间不存在显著的差异。聚乙烯醇膜材料在试验初期降解率较大，可能是因为试验用膜材料中残留的水分在光照和风力的作用下挥发，致使膜材料的质量较迅速地下降。随着暴露时间的延长，由于光氧降解的作用，材料中大分子链逐渐断裂为小分子，有部分小分子如CO_2气体就从材料中放出从而导致质量下降。但这个过程需要的时间往往较长，且氧化反应的速率较慢，因此膜材料质量下降的速度减缓。此外，在试验的135d内，膜材料的降解率还出现了小幅度的下降，这可能是因为膜材料在自然暴露的情况下，会附着一些灰尘等物质，经过长时间的接触，毛刷是无法将其完全清理干净的，也就残留在膜材料表面。而由于试验用膜材料原样质量较小，P2在0.0100~0.0200 g，P5在0.0200~0.0500 g，P8在0.0400~0.0800 g，少量的残留污垢都会对降解后膜的质量有较大影响，致使降解后的膜材料质量偏大，降解率偏小，也就表现出了降解率小幅度下降的趋势，且质量越小，影响越大，如P2。但是如果继续延长暴露时间，膜材料的质量变化趋势将大有不同。

表2-11 不同暴露时间条件下3种不同浓度PVA膜的降解率

样品	降解率（%）						
	20d	30d	45d	60d	75d	105d	135d
P2	6.50	8.75	9.33	17.02	12.66	10.00	5.80
P5	5.78	9.82	13.52	12.51	12.59	11.76	9.78
P8	6.72	10.03	11.57	12.18	13.48	10.23	9.30

（2）埋土条件下膜材料质量的变化

不同埋土时间条件下各种膜材料降解前后的质量变化情况可用降解率表示。由表2-12可以看出，随着埋土时间的延长，3种不同浓度的聚乙烯醇膜材料的降解率没有发生显著变化，且膜材料P2、P5、P8的降解率之间不存在显著的差异。说明纯聚乙烯醇膜埋土降解较慢，这可能是因为试验土壤中能降解聚乙烯醇的细菌、真菌数量较少。但是从表2-12中又可以看出，埋土初期的膜材料的降解率达到10%以上，这可能是因为埋土试验后膜材料需要先用去离子水清洗膜表面的泥土，而后烘干称重，这一过程可能造成了一定的误差。尤其是在样品质量较小的情况下，细微的质量变化都容易引起较大误差。所以，可以推测的是膜材料试验初期的降解率应该比实测值低，且其145d的降解率应该低于15%。

表2-12　不同埋土时间条件下3种不同浓度PVA膜的降解率

样品	降解率（%）									
	15d	25d	35d	45d	55d	65d	75d	85d	115d	145d
P2	12.64	10.36	10.52	15.55	18.59	13.07	12.99	12.95	15.25	14.63
P5	11.16	11.00	10.85	11.53	12.70	13.19	15.10	13.81	14.26	11.17
P8	10.24	9.51	9.38	11.08	9.75	13.18	13.73	14.00	11.71	13.23

除上述膜材料外，日本包膜肥料膜材料A、B，无论是外观还是质量，埋土前后均没有明显变化。经过145d的埋土培养，膜A、B仍然完整，说明膜材料A、B降解较慢。

综上所述，称量降解前后膜材料质量的变化情况，观察其变化规律，可以简单地评价膜材料的降解情况，反映膜材料的降解性能。

2. 膜材料在不同培养条件下红外吸收光谱的变化

（1）聚乙烯醇膜P5在不同培养条件下红外吸收光谱的变化

膜P5在不同培养条件下红外吸收光谱的变化情况见图2-8。从图2-8中可以看出在自然暴露、埋土培养条件下，培养前后P5膜材料主要的红外吸收峰的位置几乎没有发生变化。但是可以看出，经过自然暴露、埋土的膜材料的透光率有一定的提高，也就是说一些官能团的数量减少，膜P5发生了降解。3 500～3 000cm^{-1}处主要为羟基吸收峰，因为本研究的膜材料以聚乙烯醇为主体，聚乙烯醇中含有大量羟基，而膜材料在3 500～3 000cm^{-1}处的透光率几乎为零，说明膜P5中的羟基几乎没有发生降解，无论是自然暴露后的膜材料还是埋土后的膜材料均如此。而2 200cm^{-1}处为累积双键C＝C＝C的吸收峰，培养后膜材料在此处的透光率明显高于原样品，且埋土膜材料比自然暴露膜材料的透光率高，这说明聚乙烯醇中的双键数量减少，部分发生降解，且埋土培养比自然暴露培养对膜材料P5的降解作用要强。

（2）膜H在不同培养条件下红外吸收光谱的变化

膜H在不同培养条件下红外吸收光谱的变化情况见图2-9。从图2-9可

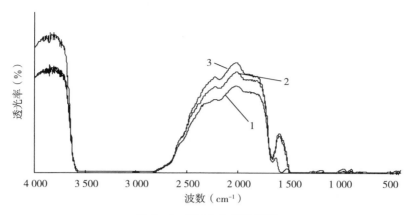

图 2-8 膜 P5 的红外光谱

1. 膜 P5 原样红外光谱　2. 膜 P5 经自然暴露后的红外光谱

3. 膜 P5 经埋土培养后的红外光谱

以看出膜 H 在自然暴露、埋土培养条件下，其前后主要的红外吸收峰位置没有发生明显变化。但经过自然暴露、埋土的膜材料透光率有一定的提高，尤其是自然暴露的膜材料，其透光率有较大的提高，这说明聚合物中官能团的数量减少，膜 H 发生了降解，且自然暴露比埋土对膜 H 的降解作用明显。$1\,900\sim$ $1\,780\,cm^{-1}$ 处有 1 个较明显的峰，为羰基的伸缩振动吸收峰，经自然暴露及土埋处理的膜 H 的透光率提高了，且自然暴露的膜 H 提高得更明显，其羰基数量减少得更多。同样可以看出，无论是自然暴露后的膜材料还是埋土后的材料，其红外光谱 $3\,500\sim2\,800\,cm^{-1}$ 处的透光率几乎为零，说明膜 H 中的羟基几乎没有发生降解。

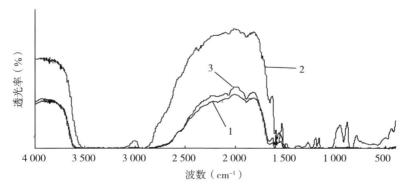

图 2-9 膜 H 的红外光谱

1. 膜 H 原样红外光谱　2. 膜 H 经自然暴露后的红外光谱

3. 膜 H 经埋土培养后的红外光谱

（3）膜 C 在不同培养条件下红外吸收光谱的变化

图 2-10 为膜 C 的红外光谱变化情况，可以看出膜 C 在经过自然暴露或埋土后，其主要基团红外吸收峰的位置基本没有改变，但是其透光率明显提高，即一些官能团的数量减少，膜 C 发生降解。此外，从图 2-10 中还可以看出，经埋土处理的膜材料的透光率比自然暴露的高，在一定程度上说明了对于膜材 C 而言，埋土试验的降解效果更好，这与膜 H 正好相反。1 900cm⁻¹处有 1 个小峰，为羰基的伸缩振动吸收峰，经自然暴露及土埋处理的膜 C 此处的透光率提高了，说明羰基发生了光氧化反应或者被微生物降解。

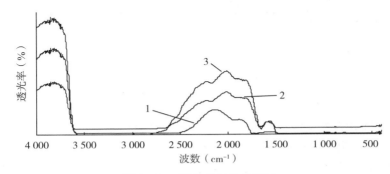

图 2-10　膜 C 的红外光谱图

1. 膜 C 原样红外光谱　2. 膜 C 经自然暴露后的红外光谱
3. 膜 C 经埋土培养后的红外光谱

综上所述，红外吸收光谱可以在一定程度上反映各个膜材料在不同培养条件下的降解情况，同时也进一步反映了膜中主要基团的变化情况，且相对于膜材料降解前后的质量变化情况，更能客观地反映膜材料的降解情况。

3. 膜材料在不同培养条件下表面微观结构的变化

图 2-11、图 2-12、图 2-13、图 2-14 分别为包膜肥料 HP 原样及其田间试验结束 1 个月后从土壤中取出的膜材料的表面电镜成像。而图 2-15、图 2-16、图 2-17、图 2-18 分别为包膜肥料 CP 原样及其田间试验结束 1 个月后从土壤中取出的膜材料的表面电镜成像。

图 2-11 和图 2-12 分别表示包膜肥料 HP 放大 49 倍和 2 000 倍所成的电镜图像，可以清晰地看到，包膜肥料表面的膜材料并不平整，有沟和凹陷，膜层薄厚不均，且放大 2 000 倍的图像可以看到许许多多的细小孔隙。这些细小孔隙和薄厚不均的涂层就是导致自制肥料 HP 的缓释效果较差的因素。从图 2-13 中可以看出，田间试验结束后 1 个月从土中取出的包膜肥料 HP 的膜材料，在 49 倍扫描电镜下观察发现，膜材料表面较粗糙，放大到 1 000 倍（图 2-14）能够观察到膜表面的较大的空洞，说明膜材料在土壤中

经过作物根系及微生物的共同作用其微观结构和形态发生了变化，有一定程度的降解。

图 2-11　包膜肥料 HP 膜材料表面
（×49）

图 2-12　包膜肥料 HP 膜材料表面
（×2 000）

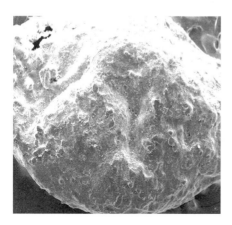

图 2-13　包膜肥料 HP 埋土后膜材料
表面（×49）

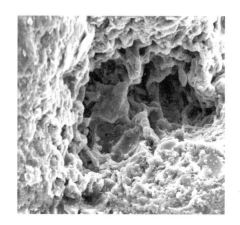

图 2-14　包膜肥料 HP 埋土后膜材料
表面（×1 000）

图 2-15、图 2-16 分别表示包膜尿素 CP 放大 100 倍和 2 000 倍所成的电镜图像，可以看出，肥料 CP 表面的膜材料较平整，薄厚较均匀，表面相对于肥料 HP 较光滑，有一些极小的孔隙及几条细小的裂缝（可能是由扫描电镜温度过高、膜材料不耐热造成的）。但是经过田间试验，由图 2-17、图 2-18 可以看出膜材料的微观结构发生了很大变化，膜表面变得粗糙，有许多孔洞，形似蜂窝。这说明膜材料被土壤中的微生物或作物根系分泌的一些物质降解。

图 2-15　包膜肥料 CP 膜材料表面
（×100）

图 2-16　包膜肥料 CP 膜材料表面
（×2 000）

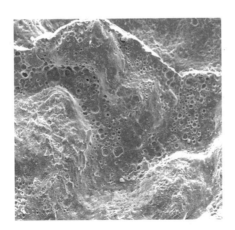

图 2-17　包膜肥料 CP 埋土后膜材料
表面（×100）

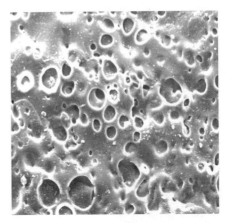

图 2-18　包膜肥料 CP 埋土后膜材料
表面（×500）

第四节　有机物改性聚乙烯醇包膜
材料的制备及改性机理

　　本节内容以能被生物降解的聚乙烯醇（PVA）为主要原料，通过添加草酸、海藻酸钠、壳聚糖等物质对其进行改性，制备改性聚乙烯醇膜材料。通过膜材料浸水试验、物理性能试验和红外光谱试验，探讨这 3 种有机物改性聚乙烯醇膜材料的改性机理。

一、试验材料与方法

1. 供试材料

（1）原料

聚乙烯醇（PVA），分析纯；草酸，分析纯；海藻酸钠，分析纯；壳聚糖，分析纯。

（2）仪器设备

主要包括有机高分子合成装置（三口瓶、电动搅拌器、冷凝管、恒温加热器），培养皿等，ATR（衰减全反射）附件德国布鲁克红外光谱仪。

2. 试验设计

将 3 种改性剂分别按照四因素四水平进行正交试验设计，其正交试验水平表分别如表 2-13、表 2-14、表 2-15 所示。

表 2-13　草酸正交试验的因素水平

水平	因素			
	聚乙烯醇浓度（g/kg）	草酸浓度（g/kg）	反应温度（℃）	反应时间（h）
1	55	8	60	1.0
2	70	16	70	1.5
3	85	24	80	2.0
4	100	32	90	2.5

表 2-14　海藻酸钠正交试验的因素水平

水平	因素			
	聚乙烯醇浓度（g/kg）	海藻酸钠浓度（g/kg）	反应温度（℃）	反应时间（h）
1	55	6	50	1.0
2	70	12	60	1.5
3	85	18	70	2.0
4	100	24	80	2.5

表 2-15　壳聚糖正交试验的因素水平

水平	因素			
	聚乙烯醇浓度（g/kg）	壳聚糖浓度（g/kg）	反应温度（℃）	反应时间（h）
1	55	8	50	1.0

（续）

水平	因素			
	聚乙烯醇浓度（g/kg）	壳聚糖浓度（g/kg）	反应温度（℃）	反应时间（h）
2	70	16	60	1.5
3	85	24	70	2.0
4	100	32	80	2.5

3. 试验方法

按照试验设计，取一定量的去离子水和聚乙烯醇加到装有电动搅拌器和回流装置的反应釜中。开动电动搅拌机，升温至 90℃，保温约 1h，使其完全溶解。降至反应温度，取一定量草酸（或海藻酸钠、壳聚糖）置于聚乙烯醇溶液中，恒温反应一定时间，即得到有机物改性聚乙烯醇溶液。取一定量相同体积的液体在玻璃培养皿上流延，自然成膜。此外，取相同重量的聚乙烯醇和水，搅拌，升温到 90℃，保温至完全溶解，配成相应浓度的纯聚乙烯醇溶液，再制备成膜，作为对照。

4. 测定项目与方法

（1）吸水率的测定

将膜切成 3cm×3cm 的方块，设 48 个处理，每个处理取 3 块，即重复 3 次。将膜完全浸置于常温下的去离子水中，浸泡 24h 后，用镊子取出，用滤纸吸干膜表面吸附的水，称重并计算吸水率，取平均值。吸水率计算公式如下：

$$W = \frac{G_2 - G_1}{G_1} \times 100\%$$

式中，W 代表吸水率（%），G_1 代表膜的干质量（g），G_2 代表膜的湿质量（g）。

（2）应力和伸缩率的测定

将膜剪成 9.0cm 长、0.8cm 宽的块状，记录其长 s、宽 w。将其一端固定，用数显拉力计缓慢测定直至膜断裂，记录拉力峰值 n 和断裂膜长度 s_1、s_2。每个处理重复 3 次。应力和伸缩率的公式分别如下：

$$\sigma = n/(s \times w)$$
$$h = (s_1 + s_2)/s$$

式中，σ 为应力（N/mm²），h 为伸缩率（%）。

（3）红外光谱的测定

用传统的溴化钾压片法测红外光谱对样品要求较高，需要磨样，并且结果中容易有水的吸收峰干扰。在实际试验中发现，合成的改性聚乙烯醇膜材料不易被磨碎，操作难度很大。所以本试验采用 ATR 附件来测红外光谱，将样品剪成小块之后去除表面的污渍，直接放在 ATR 附件中进行试验得到光谱图。

二、草酸改性聚乙烯醇膜材料的研究

　　吸水率、应力和伸缩率是改性聚乙烯醇膜材料的重要参数，大量研究表明，吸水率越低，包膜材料的缓释效果越好，也就是说其控制养分释放的能力越好。而应力和伸缩性越强，包膜材料越不容易被破坏，也相对地提高了缓释效果。此外，应力和伸缩率也在一定程度上影响着改性聚乙烯醇的成膜性。

　　表 2-16 中为按照四因素四水平正交试验设计得出的草酸改性聚乙烯醇膜材料的 3 个物理指标试验值，表 2-17 中为极差分析结果，表 2-18 中为纯聚乙烯醇膜材料的物理性状。从表中可知，影响草酸改性聚乙烯醇膜吸水率和应力的主次因素顺序相同：草酸浓度＞聚乙烯醇浓度＞反应温度＞反应时间；而影响草酸改性聚乙烯醇膜伸缩率的主次因素顺序为：聚乙烯醇浓度＞草酸浓度＞反应温度＞反应时间。进一步可知，影响草酸改性聚乙烯醇膜材料吸水率、应力和伸缩率的主要因素是聚乙烯醇浓度和草酸的浓度。其中吸水率最低的最佳改性条件为 $A_1B_4C_4D_4$，此时的吸水率仅为 63.1%，具体的工艺条件为聚乙烯醇 55g/kg，草酸 32g/kg，反应温度为 90℃，反应时间为 2.5h。但是考虑到成本因素，在实际应用中可以采用 $A_1B_2C_2D_2$ 和 $A_1B_3C_3D_3$ 作为理想改性条件，因为这两个处理的吸水率和 $A_1B_4C_4D_4$ 很接近，没有显著差异；应力最大的最佳改性条件为 $A_2B_1C_2D_3$，具体的工艺条件为聚乙烯醇 70g/kg，草酸 8g/kg，反应温度为 60℃，反应时间为 1.5h，可以看到添加了草酸的改性聚乙烯醇膜材料的应力下降，最大应力的处理也只是与纯聚乙烯醇膜材料的对照基本持平；伸缩率最大的改性条件为 $A_4B_2C_3D_1$，相应的伸缩率为 150.3%，具体为聚乙烯醇 100g/kg，草酸 16g/kg，反应温度为 80℃，反应时间为 1h。为了节约资源，在实际应用中可以采用伸缩率为 143.1% 的 $A_2B_1C_2D_3$ 和 145% 的 $A_2B_2C_1D_4$ 作为最优反应条件。

表 2-16　草酸改性聚乙烯醇膜材料的物理性状

处理	A	B	C	D	吸水率（%）	应力（N/mm²）	伸缩率（%）
1	1	1	1	1	125.3	33.1	114.6
2	1	2	2	2	69.1	37.5	107.8
3	1	3	3	3	63.9	25.2	108.6
4	1	4	4	4	63.1	22.3	105.9

（续）

处理	A	B	C	D	吸水率（%）	应力（N/mm²）	伸缩率（%）
5	2	1	2	3	127.1	43.9	143.1
6	2	2	1	4	106.9	34.4	145.0
7	2	3	4	1	83.5	35.5	105.2
8	2	4	3	2	84.8	27.0	111.2
9	3	1	3	4	112.8	36.0	138.5
10	3	2	4	3	111.4	29.2	133.6
11	3	3	1	2	158.0	27.0	127.4
12	3	4	2	1	98.4	22.8	105.0
13	4	1	4	2	82.1	33.1	132.3
14	4	2	3	1	80.2	21.6	150.3
15	4	3	2	4	108.7	26.9	134.8
16	4	4	1	3	67.7	14.5	133.5

注：A、B、C、D分别代表聚乙烯醇浓度（质量浓度）、草酸浓度、反应温度、反应时间，所在列的不同数字代表不同因素水平（表2-13）。余同。

表2-17　极差分析

	吸水率（%）				应力（N/mm²）				伸缩率（%）			
k_1	80.3	120.5	99.6	92.8	29.5	36.5	27.2	28.3	109.2	132.1	130.1	118.8
k_2	100.6	91.9	96.7	92.3	35.2	33.1	32.8	31.1	126.1	134.2	134.2	119.7
k_3	101.2	88.7	85.4	92.5	28.8	28.7	27.5	28.2	126.1	119.0	119.0	129.7
k_4	93.4	74.4	93.7	97.9	24.0	21.7	30.0	29.9	109.2	113.9	119.2	131.1
极差	20.8	46.1	14.2	5.6	11.2	14.8	5.6	2.9	28.5	20.3	15.2	12.3

表2-18　纯聚乙烯醇膜材料的物理性状

PVA浓度（g/kg）	吸水率（%）	应力（N/mm²）	伸缩率（%）
55	233.1	48.7	105.0
70	205.2	47.7	129.1
85	179.1	45.2	123.4
100	177.2	42.2	120.0

　　筛选对草酸改性聚乙烯醇膜材料物理指标影响较大的聚乙烯醇浓度和草酸浓度，对它们进行方差分析，结果如图2-19、图2-20、图2-21所示。由

图可知，聚乙烯醇浓度对 3 个物理指标具有显著的影响，而草酸浓度只对吸水率和应力有显著影响，对伸缩率没有显著影响。

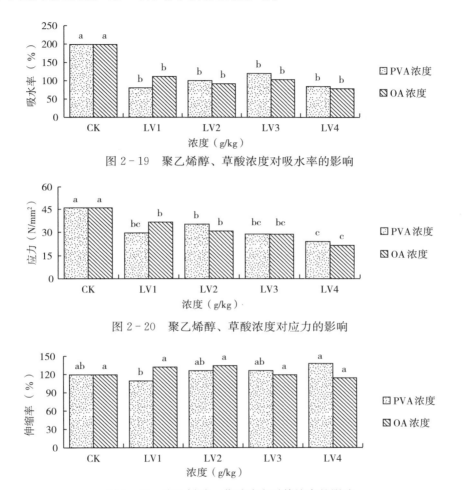

图 2-19　聚乙烯醇、草酸浓度对吸水率的影响

图 2-20　聚乙烯醇、草酸浓度对应力的影响

图 2-21　聚乙烯醇、草酸浓度对伸缩率的影响

　　在吸水率方面，增加聚乙烯醇和草酸浓度均使改性聚乙烯醇膜材料的吸水率显著下降，但是各个浓度水平之间并没有显著差异；在应力方面，各个浓度水平的聚乙烯醇和草酸均能使应力较对照显著地下降，并且高浓度水平的应力均较低浓度水平显著降低，说明在一定范围内，应力有随聚乙烯醇和草酸浓度的增加而降低的趋势；在伸缩率方面，虽然各个处理之间有大有小，但两种物质在各个浓度水平下均与对照没有显著差异，说明反应时间和反应温度也对伸缩率有着很大的影响，这与伸缩率极差分析时反应时间和反应温度的极差和聚乙烯醇和草酸浓度的极差相差不大的结果一致。

三、海藻酸钠改性聚乙烯醇膜材料的研究

海藻酸钠改性聚乙烯醇的四因素四水平正交试验结果如表 2-19 所示，其极差分析如表 2-20 所示。从表中可知，添加了海藻酸钠之后，改性聚乙烯醇膜材料的吸水率和伸缩率有了很大的增加，而应力变化不大。其中吸水率最低的是 $A_2E_1C_2D_3$，为 211.4%，较同等浓度下对照（205.2%）有所上升，但差别不大，具体的反应条件是聚乙烯醇 70g/kg，海藻酸钠 6g/kg，反应温度为 60℃，反应时间为 2h。在吸水率试验中发现，海藻酸钠改性聚乙烯醇膜材料在水中具有很大的溶胀性，可以吸收大量的水分，这与其吸水率高有着很大的关系。应力最高的是 $A_4E_2C_3D_1$，为 46.7N/mm²，较同浓度的对照有所增加，但差别不明显，考虑到成本，也可以采用应力为 46.6N/mm² 的 $A_2E_1C_2D_3$ 作为应力最大的最佳反应条件。伸缩率最大的处理是 $A_4E_1C_4D_2$，为 231.1%，是对照的 1.9 倍，其最佳反应条件为聚乙烯醇 100g/kg，海藻酸钠 6g/kg，反应温度为 80℃，反应时间为 1.5h。

表 2-19　海藻酸钠改性聚乙烯醇膜材料的正交试验结果

处理	A	E	C	D	吸水率（%）	应力（N/mm²）	伸缩率（%）
1	1	1	1	1	317.1	37.6	135.0
2	1	2	2	2	405.5	29..9	164.4
3	1	3	3	3	453.1	41.1	115.7
4	1	4	4	4	249.3	45.7	106.7
5	2	1	2	3	211.4	46.6	181.4
6	2	2	1	4	343.1	39.5	184.3
7	2	3	4	1	420.1	34.0	179.8
8	2	4	3	2	478.3	40.8	113.0
9	3	1	3	3	257.5	36.2	174.5
10	3	2	4	3	306.4	43.1	174.0
11	3	3	1	1	409.0	43.1	173.9
12	3	4	2	1	342.3	40.0	177.9
13	4	1	4	2	220.6	46.1	231.1
14	4	2	3	1	264.8	46.7	196.0
15	4	3	2	4	411.2	37.2	159.8
16	4	4	1	3	397.2	34.6	182.7

表 2 - 20　极差分析

	吸水率（%）				应力（N/mm²）				伸缩率（%）			
k_1	356.3	251.6	366.6	336.1	38.6	41.6	38.7	39.6	130.4	180.5	170.3	172.2
k_2	363.2	330.0	342.6	378.4	40.2	39.8	38.4	40.0	164.6	179.7	170.9	171.9
k_3	328.8	432.4	363.4	342.0	40.6	38.9	41.2	41.3	176.4	158.7	149.8	163.5
k_4	323.5	366.8	315.3	315.3	41.1	40.3	42.1	39.7	192.7	145.1	172.9	156.3
极差	39.7	180.8	51.3	63.1	2.5	2.7	3.7	1.7	62.3	35.4	23.1	15.9

通过极差分析，得到影响吸水率的主次因素顺序为海藻酸钠浓度＞反应时间＞反应温度＞聚乙烯醇浓度，且海藻酸钠浓度的影响明显大于其他 3 个因素；影响应力的 4 个因素极差基本相同，且很小，说明在试验范围内，4 个因素对应力的影响都很小，这与试验结果吻合；影响伸缩率的主次因素顺序为聚乙烯醇浓度＞海藻酸钠浓度＞反应温度＞反应时间，其中聚乙烯醇浓度的影响明显大于其他 3 个因素。

综合上述分析，单独对海藻酸钠浓度对吸水率的影响以及聚乙烯醇浓度对伸缩率的影响做方差分析，结果如图 2 - 22、图 2 - 23 所示。

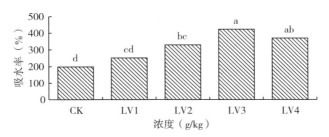

图 2 - 22　海藻酸钠浓度对改性聚乙烯醇膜吸水率的影响

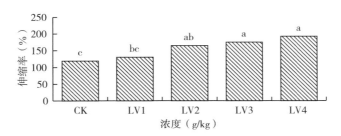

图 2 - 23　聚乙烯醇浓度对改性聚乙烯醇膜伸缩率的影响

由图 2 - 22 可知，随着海藻酸钠浓度的增加，改性聚乙烯醇膜材料的吸水率先增加后降低，并且都与对照纯聚乙烯醇膜材料有显著的差异，在海藻酸钠浓度为 18g/kg（LV3）时，吸水率达到最大值，这也与海藻酸钠浓度 LV1 和 LV2 有显著差异，说明在 LV3 条件以下，随着海藻酸钠浓度的增加，吸水率显著增加，而 LV3 到 LV4 时，吸水率较 LV3 有所下降，由此可以判断，继续增加海藻酸钠的浓度，改性聚乙烯醇膜材料的吸水率可能会降低。

由图 2-23 可知，随着聚乙烯醇浓度的增加，改性聚乙烯醇膜材料的伸缩率呈上升的趋势，并且自 LV2 开始与 CK 有显著差异。其伸缩率最大值出现在聚乙烯醇浓度最大值处，即 LV4 处。聚乙烯醇浓度 LV3 和 LV4 均与 LV1 存在着显著差异，说明较高浓度的聚乙烯醇可以显著地提高改性膜材料的伸缩率。

上述结果也与极差分析的结果吻合，说明相较于反应时间和反应温度，海藻酸钠浓度和聚乙烯醇浓度对改性聚乙烯醇膜材料的吸水率、伸缩率影响更大，在现实设计和使用中，要更加倾向于考虑这两个方面的影响，以研制出更好的膜材料。

四、壳聚糖改性聚乙烯醇膜材料的研究

表 2-21 是壳聚糖改性聚乙烯醇膜材料吸水率、应力和伸缩率的正交试验结果。由表可知，整体上，添加壳聚糖后改性聚乙烯醇膜材料的吸水率和应力下降了很多，而伸缩率变化不一，有降低的，也有增高的。壳聚糖改性聚乙烯醇膜材料比较脆，这与壳聚糖的性质有关，这也导致了应力较小，伸缩率也不高。

表 2-21　壳聚糖改性聚乙烯醇膜材料的正交试验结果

处理	A	F	C	D	吸水率（%）	应力（N/mm²）	伸缩率（%）
1	1	1	1	1	317.1	37.6	135.0
2	1	2	2	2	405.5	29..9	164.4
3	1	3	3	3	453.1	41.1	115.7
4	1	4	4	4	249.3	45.7	106.7
5	2	1	2	3	211.4	46.6	181.4
6	2	2	1	4	343.1	39.5	184.3
7	2	3	4	1	420.1	34.0	179.8
8	2	4	3	2	478.3	40.8	113.0
9	3	1	3	4	257.5	36.2	174.5
10	3	2	4	3	306.4	43.1	174.0
11	3	3	1	2	409.0	43.1	173.9
12	3	4	2	1	342.3	40.0	177.9

（续）

处理	A	F	C	D	吸水率（%）	应力（N/mm²）	伸缩率（%）
13	4	1	4	2	220.6	46.1	231.1
14	4	2	3	1	264.8	46.7	196.0
15	4	3	2	4	411.2	37.2	159.8
16	4	4	1	3	397.2	34.6	182.7

表 2-22 是极差分析，影响吸水率的主次因素顺序为聚乙烯醇浓度＞壳聚糖浓度＞反应温度＞反应时间。并且前两个因素的极差值明显大于后两个因素，这说明影响吸水率的主要因素是聚乙烯醇和壳聚糖的浓度。其中吸水率最低的处理是 $A_3F_2C_4D_3$，值为 92.5%，仅为对照吸水率的一半左右，所以最佳改性条件为聚乙烯醇 85g/kg，壳聚糖 16g/kg，反应温度为 80℃，反应时间为 2h。

表 2-22　极差分析

	吸水率（%）				应力（N/mm²）				伸缩率（%）			
k_1	164.9	149.2	133.9	133.1	29.4	31.2	25.4	25.5	106.7	139.1	109.6	110.2
k_2	126.1	130.4	131.9	131.9	26.2	26.8	25.4	27.4	117.7	118.6	119.6	111.8
k_3	115.0	134.8	138.7	129.2	24.8	26.5	27.6	24.7	128.4	104.9	118.7	132.2
k_4	117.5	109.0	119.0	129.2	25.2	21.1	27.2	28.0	117.8	107.4	122.8	116.4
极差	49.9	40.2	19.7	3.9	4.6	10.1	2.2	3.3	21.7	34.2	13.2	22.0

影响应力的主次因素顺序为壳聚糖浓度＞聚乙烯醇浓度＞反应时间＞反应温度。后三者的极差均较小，所以壳聚糖浓度是影响其应力的最重要因素。其中应力最大的处理是 $A_4F_1C_4D_2$，值为 32.3N/mm²，小于对照，具体反应条件为聚乙烯醇 100g/kg，壳聚糖 8g/kg，反应温度为 80℃，反应时间为 1.5h。

影响伸缩率的主次因素顺序为壳聚糖浓度＞反应时间＞聚乙烯醇浓度＞反应温度。其中伸缩率最大的处理是 $A_2F_1C_2D_3$，值为 159.6%，较对照提高了 23.6%，具体的反应条件为聚乙烯醇 70g/kg，壳聚糖 8g/kg，反应温度为 60℃，反应时间为 2h。

选择各个指标影响因素的前两项进行方差分析，结果如图 2-24、图 2-25、图 2-26 所示。

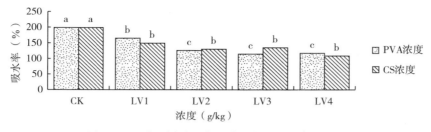

图 2-24　聚乙烯醇、壳聚糖浓度对吸水率的影响

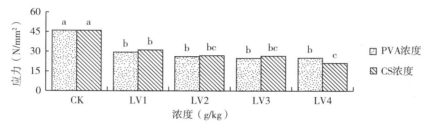

图 2-25　聚乙烯醇、壳聚糖浓度对应力的影响

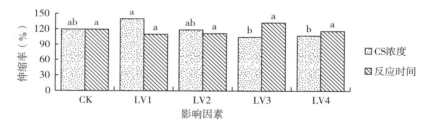

图 2-26　壳聚糖浓度、反应时间对伸缩率的影响

　　由图 2-24 可知，增加聚乙烯醇浓度或者壳聚糖浓度均能使改性聚乙烯醇膜材料的吸水率显著下降，其中聚乙烯醇浓度 LV1 与其他水平具有显著差异，而随着壳聚糖浓度的增加，吸水率呈降低的趋势，但是这种趋势并没有达到显著水平，所以在实际应用中，为了节省原料，不添加太多的壳聚糖即能达到降低改性聚乙烯醇吸水率的效果。

　　如图 2-25 所示，不同水平的聚乙烯醇和壳聚糖的应力均与对照有显著差异，并且随着浓度的增加，应力呈现下降的趋势，除了壳聚糖浓度 LV1 和 LV4 之间，别的水平之间均没有显著差异。为了使聚乙烯醇膜材料适合作为包膜材料，必须要求其应力达到一定的要求，所以在生产中必须要控制壳聚糖的使用量，以使包膜肥料拥有更好的缓释效果。

　　从图 2-26 中可以看出，无论是壳聚糖浓度各个水平的伸缩率还是反应时间各个水平的伸缩率，均与对照没有显著差异。但是两种因素都存在伸缩率大于对照的水平，其中壳聚糖对伸缩率的影响最大值出现在 LV1，其值为 139.8%；而反应时间对伸缩率的影响最大值出现在 LV3，其值为 132.2%。

五、有机物改性聚乙烯醇膜改性机理的研究

观察纯聚乙烯醇的红外光谱特征图（图 2-27），可以发现有几个特征峰：在 $3\,300cm^{-1}$ 处的峰为醇羟基的伸缩振动吸收峰；在 $2\,800\sim2\,900cm^{-1}$ 处的峰为烯醇式酮羟基的伸缩振动吸收峰，这说明有部分聚乙烯醇在反应接触空气中被氧化生成一定量的酮；在 $1\,650cm^{-1}$ 处形成的峰为 C—C 的伸缩振动峰；在 $1\,300cm^{-1}\sim1\,400cm^{-1}$ 处的峰为—CH_3 的弯曲振动吸收峰，在 $1\,090cm^{-1}$ 处的峰为—CH_2 的弯曲振动吸收峰；在 $1\,210$ 处的峰为 C—O 伸缩振动吸收峰；在 $900cm^{-1}\sim830cm^{-1}$ 处的峰可能是 C—H 的面外弯曲振动吸收峰，也可能是由聚乙烯醇中含有的部分杂质造成的（于洋，2012）。

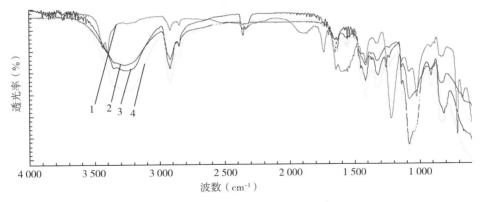

图 2-27　聚乙烯醇膜的红外光谱
1. 草酸-聚乙烯醇　2. 壳聚糖-聚乙烯醇
3. 纯聚乙烯醇　4. 海藻酸钠-聚乙烯醇

观察草酸改性聚乙烯醇的红外光谱吸收特征曲线，与对照相比某些峰值降低，也形成了新的吸收峰，具体为：在 $3\,300cm^{-1}$ 和 $2\,800\sim2\,900cm^{-1}$ 处的峰值变窄、降低，这说明经草酸改性后亲水基团羟基减少，聚合物的吸水率降低，这与前面草酸改性聚乙烯醇膜材料的研究的试验结果一致；在 $1\,730cm^{-1}$ 处形成新的峰，$1\,650cm^{-1}$ 左右的峰值增大，这都是羧酸中 C=O 的伸缩振动吸收峰造成的；$1\,200cm^{-1}$ 左右的峰为 C—O 的伸缩振动吸收峰（苏玉长，2013）。

观察海藻酸钠改性聚乙烯醇的红外光谱吸收特征曲线，发现有以下特征：在 $3\,300cm^{-1}$ 和 $2\,800\sim2\,900cm^{-1}$ 处的峰值增大，这说明经海藻酸钠改性后亲

水基团羟基增加，这与前面海藻酸钠改性聚乙烯醇膜材料的研究中海藻酸钠使得聚乙烯醇膜材料吸水率变大的结果一致；在 $1\,650cm^{-1}$ 处的峰值增大，这是由海藻酸钠中的 $C\!=\!O$ 伸缩振动吸收峰造成的；在 $1\,300cm^{-1}$、$1\,400cm^{-1}$、$1\,090cm^{-1}$ 等处的吸收峰峰值也有所增加，这是因为加入海藻酸钠引入了更多的—CH$_3$、—CH$_2$ 等基团（代旭明，2009）。

最后观察壳聚糖改性聚乙烯醇的红外光谱吸收特征曲线，可以发现：在 $3\,300cm^{-1}$ 和 $2\,800\sim2\,900cm^{-1}$ 处的峰值有所降低，这说明壳聚糖改性后亲水基团羟基减少，聚合物吸水率有所降低；在 $1\,650cm^{-1}$、$1\,400cm^{-1}$、$1\,300cm^{-1}$、$1\,090cm^{-1}$ 左右的峰值降低，说明壳聚糖的加入减弱了聚乙烯醇分子内和分子间的氢键，也破坏了聚乙烯醇分子链排列的规整性，降低了结晶度，而壳聚糖本身含量较低，因而其在 $1\,650cm^{-1}$ 和 $1\,375cm^{-1}$ 左右的乙酰氨基吸收峰均较弱，而被聚乙烯醇中的基团屏蔽（王康建，2009）。

参 考 文 献

代旭明，刘鑫，马敬红，2009. 聚（N-异丙基丙烯酰胺）/海藻酸钠/黏土复合水凝胶的制备及溶胀动力学研究 [J]. 合成技术及应用，24（1）：24-28.

郭培俊，2015. 控释肥料包膜材料的研究进展 [J]. 广东化工，42（6）：118-119.

刘义新，2001. 尿素再加工产品研究现状及展望 [J]. 华中农业大学学报，20（2）：192-198.

牛永生，牛晓玉，刘德峥，等，2000. 改性聚乙烯醇建筑涂料的研制 [J]. 化学工程师（8）：26-27.

苏玉长，陈宏艳，胡泽星，等，2013. 不同维度草酸亚铁的合成及其组织结构 [J]. 中南大学学报（自然科学版），44（6）：2237-2243.

王康建，但卫华，曾睿，等，2009. 壳聚糖/聚乙烯醇共混膜的结构表征及性能研究 [J]. 材料导报，23（5）：102-105.

王兴刚，吕少瑜，冯晨，等，2016. 包膜型多功能缓/控释肥料的研究现状及进展 [J]. 高分子通报（7）：9-22.

解玉洪，李曰鹏，2009. 国外缓控释肥产业化研究进展与前景 [J]. 磷肥与复肥，24（4）：87-89.

徐久凯，李絮花，杨相东，等，2016. 聚烯烃包膜控释肥膜层孔径测定方法研究 [J]. 植物营养与肥料学报，22（3）：794-801.

严瑞暄，2000. 水溶性高分子 [M]. 北京：化学工业出版社.

杨相东，曹一平，江荣风，等，2009. 聚乙烯溶液构成对控释肥料释放性能的影响 [J]. 化学工程，37（6）：44-47.

于洋，邹洪涛，王剑，等，2012. 肥料用改性聚乙烯醇包覆膜的制备及其性能的研究 [J]. 肥料营养与肥料科学，8（5）：1286-1292.

郑圣先，肖剑，易国英，2006. 旱地土壤条件下包膜控释肥料养分释放的试验与数学模拟

［J］. 磷肥与复肥，21（2）：16－21.

Jia C，Zhang X，Li Y F，et al. ，2018. Synthesis and characterization of bio－based PA/EP interpenetrating network polymer as coating material for controlled release fertilizers ［J］. Journal of Applied Polymer Science，135（13）：46052.

Li－X，Cao B，Sun Y M，et al. ，2016. Infrared spectrum studies of coatings under irradiation of sunlight and ultraviolet ［J］. Spectroscopy and Spectral Analysis，36（10）：3159－3162.

Seoane I T，Manfredi L B，Cyras V P，2018. Bilayer biocomposites based on coated cellulose paperboard with films of polyhydroxybutyrate/cellulose nanocrystals ［J］. Cellulose，25（4）：2419－2434.

Sharma C，Manepalli P H，Thatte A，et al. ，2017. Biodegradable starch/PVOH/laponite RD－based bionanocomposite films coated with graphene oxide：Preparation and perform-ance characterization for food packaging applications ［J］. Colloid and Polymer Science，295（9）：1－14.

Zhou Z，Du C，Li T，et al. ，2015. Thermal post－treatment alters nutrient release from a controlled－release fertilizer coated with a waterborne polymer ［J］. Scientific Reports（5）：13820.

第三章 有机-无机复合物包膜缓释肥料的制备及养分缓释机理

第一节 有机-无机复合物包膜肥料的研究进展

有机-无机复合包膜肥料是指采用一些具有土壤改性功能的无机物作为改性剂对有机高分子化合物进行改性，进而制备的具有相应功能的一类缓释肥料。

兰州大学王兴刚以无机矿物黏土坡缕石为基材，以尿素和微溶性的磷酸锌铵、聚磷酸铵等为肥料原料，以壳聚糖、甲基纤维素、醋酸丁酸纤维素以及生物质资源小麦秸秆等为原材料制备了具有保水、改良土壤功能的多功能缓释肥料。华南农业大学廖宗文等对造纸废液中的木质素进行化学改性，将微量营养元素锌和镁等引到大分子链上制备了木质素复合肥和有机微肥，并用高岭土和蒙脱土等黏土矿物作为包膜材料制备了新型缓控释肥料。陈金佩等（2011）采用溶液聚合法，以部分中和的丙烯酸单体为原料，添加海泡石、蒙脱石、凹凸棒土，制备了黏土-聚丙烯酸（钾）包膜复合肥。Fukushima 等采用有机改性蒙脱土与聚乳酸（PLA）混合，制成 PLA 纳米复合材料，并在堆肥中降解。研究发现，添加剂纳米蒙脱土提高了 PLA 的降解速率；地衣芽孢杆菌是堆肥中使 PLA 发生降解的主要细菌；蒙脱土通过其化学结构及对细菌的亲和力影响聚合物的细菌降解性能。

沈阳农业大学邹洪涛以硅藻土、沸石粉等为改性剂对聚乙烯醇-淀粉交联液进行改性，进而制备了具有保肥、控肥及改良土壤功能的有机-无机复合包膜肥料，并探究了温度水分等因素对养分释放的影响。还以聚乙烯醇、聚乙烯吡咯烷酮和生物炭为包膜材料制备了水基共聚物-生物炭包膜肥料，该肥料的缓释效果较好。在此基础上以聚乙烯醇-聚乙烯吡咯烷酮共混溶液为基础，依据仿生学原理，采用纳米二氧化硅和 FAS 对其进行疏水改性，制备了具有良好疏水效果的仿生改性水基共聚物包膜肥料，其疏水角由原来的 33.3°增加到

120.9°，缓释效果也大幅提升。除此之外，还以淀粉、聚乙烯醇、壳聚糖和羧甲基纤维素钠等为原料合成水基共聚物，并采用生物炭、火山灰和沸石粉等对其进行改性，获得了兼具土壤改良效果的新型水基共聚物包膜肥料。

郝建朝（2013）以三氯化铁为添加剂来研究其对膨润土膜材料的改性作用。周子军（2013）研究发现，聚丙烯酸酯经过生物炭改性后，成膜性得到了改善，在疏水性和力学性质方面也十分优秀，能够有效延长相应包膜肥料的养分控释期。牟林（2009）则采用土柱淋洗和盆栽两种试验方法，对滑石粉、蒙脱土、高岭土、硅粉和硅藻土 5 种无机添加物对包膜肥料的影响做了系统的研究。结果表明 5 种无机物材料均能改变包膜材料的耐水性能，减少包膜肥料的氮素养分淋溶损失，但是各个材料之间存在一定的差异；盆栽试验结果也表明，添加无机物之后包膜肥料的利用效率更高了，其中蒙脱土的效果最好，并且与其他处理的差异达到了显著水平。

第二节　无机矿物-改性聚乙烯醇-淀粉聚合物包膜尿素的制备及养分释放特征

本节内容选用廉价的、来源广泛的无机（矿）物和有机高分子材料进行共混处理，制成颗粒肥料的包膜材料。对其养分缓释机理、不同环境条件下包膜缓释肥料的养分释放动力学特征进行研究。并通过扫描电镜对不同包膜肥料膜结构进行观察，应用红外光谱对成膜机理进行分析，结合养分在不同条件下的溶出特性，揭示包膜缓释肥料的膜材料微观结构特征与养分释放的关系。

一、试验材料与方法

1. 供试原料

（1）聚乙烯醇-淀粉共混交联液（经尿素改性）

将经尿素改性的聚乙烯醇-淀粉共混交联液设成高（15%）、中（10%）、低（5%）3 个不同浓度，分别用代码 A、B、C 表示。

（2）无机矿物粉末

通过前期工作中对数种无机矿物的筛选，从对养分缓释性能、生产成本、环境友好性等方面考虑，已经初步找到了适合作为肥料包膜材料的无机矿物质的种类。无机矿物粉末为硅藻土或沸石粉（邹洪涛，2003）。

硅藻土是一种功能性填料，属非金属黏土矿物，主要成分为非晶体二氧化硅（或称无定形二氧化硅），伴有少量蒙脱石、高岭石、石英等黏土杂质；硅藻土具有显微多孔结构特征，具有堆密度小、比表面积大、吸附性能强、分散悬浮性能好、物化性能稳定、无毒无味等优异的性能。过 0.150mm 筛，用代码 G 表示。

沸石粉为一种多孔状铝硅酸盐，主要成分为二氧化硅、氧化铝。具有独特的吸附性、离子交换性和催化性等，而且含有一定量的磷、钾、铜、铁、镁、锰、钙、镍、钒等植物必需的大量和微量元素，是优良的土壤改良剂。过0.150mm 筛，用代码 F 表示。

（3）其他化学试剂

尿素、聚山梨酯-80、琼脂等各种助剂物质均为化学分析纯。

2. 供试肥料

土柱淋溶试验供试肥料为自制的 6 种有机-无机复合物包膜缓释尿素，含氮量为 42.3%，用 AG、BG、CG、AF、BF、CF 表示，还有普通尿素，含氮量为 46.2%，中国辽宁生产，用 CK 表示。

氮素溶出试验供试肥料为土柱淋溶试验中的 BG、BF、CK。

3. 供试膜材料

扫描电镜供试膜材料：①BG、BF 型包膜复合肥料的剖面；②BG、BF 型有机-无机复合物包膜材料的断面和表面；③BG 型包膜缓释肥料（尿素）在不同温度（10℃、25℃）水中静置培养 30d，其剖面和膜材料的断面、表面。

红外光谱试验供试膜材料：①聚乙烯醇-淀粉共混交联液；②经尿素改性的聚乙烯醇-淀粉共混交联液；③硅藻土；④有机-无机复合物包膜液体；⑤包膜缓释尿素的膜材料。

取有机-无机复合物包膜尿素（BG）10g 置于研钵中，用磨棒敲破其外膜，用蒸馏水洗净膜材料上黏附的肥料（尿素）粉末，于 50～55℃ 条件下通风干燥。取一部分膜材料样品研磨，过筛，备用。

4. 包膜设备

肥料包膜所需设备如下：①转鼓式糖衣包膜机；②空气压缩机，功率为 2 000W；③高压喷漆枪，喷料直径为 1.80mm；④电动搅拌机，功率为 40W；⑤有机高分子聚合物合成装置。

5. 供试土壤

供试土壤为典型棕壤，采自沈阳农业大学试验田，前茬作物为玉米，取样深度为 0～20cm。其基本理化性质见表 3-1。

表 3-1 供试土壤基本理化性质

pH	有机质（g/kg）	碱解氮（mg/kg）	速效磷（mg/kg）	速效钾（mg/kg）
6.64	14.70	84.60	18.90	118

6. 试验设计与方法

（1）包膜材料的制备

在装有电动搅拌器、冷凝器、温度计的三颈烧瓶中按比例加入一定量聚乙烯醇（PVA）粉末和蒸馏水，搅拌，加热到（96±2）℃，持续反应 1h，待聚乙烯醇完全溶解后，停止加热，加入一定量的糊化淀粉，继续加热、搅拌0.5h，得到聚乙烯醇-淀粉共混液；将共混液的温度控制在（50±2）℃的条件下，加入一定量的尿素及化学反应助剂，密封，放在（50±2）℃水浴振荡器上恒温反应 2.5h，冷却至室温，即得改性包膜液。将改性的聚乙烯醇-淀粉共混交联液设置 3 个浓度梯度（表 3-2）；在不同浓度的有机高分子共混液中，按占有机高分子共混交联液重量 8% 的比例加入一定量的无机矿物粉末，加热，高速搅拌 50～60min，即成有机-无机复合物包膜材料。

表 3-2　有机-无机复合物肥料包膜材料组合

聚乙烯醇-淀粉共混液	硅藻土（G）	沸石粉（F）
A（5%）	AG	AF
B（10%）	BG	BF
C（15%）	CG	CF

（2）包膜工艺及流程

将筛分后粒径均匀的尿素颗粒放入转动的转鼓中，进行预热处理，使肥料表面达到一定温度，用高压喷漆枪喷入包膜材料液体，加热使溶剂挥发，反复几次，即得产品。包膜材料用量占被包肥料重量的 6%。共研制 6 种包膜缓释尿素。其主要工艺流程如图 3-1 所示。

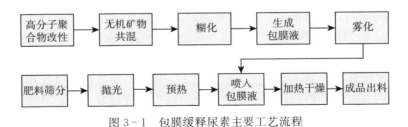

图 3-1　包膜缓释尿素主要工艺流程

（3）土柱淋洗试验

为筛选出经尿素改性的聚乙烯醇-淀粉共混交联液作为有机-无机复合物包膜材料的适宜浓度（用量），对研制的 6 种包膜缓释尿素进行土柱淋洗评价试验，从中筛选出两种缓释效果好的包膜缓释尿素。试验在室温下进行，温度在20～25℃，所用土柱内径为 4.72cm、长 15.24cm、底部有带有 0.150mm 筛网的 PVC 管，试验装置如图 3-2 所示。供试土壤为典型棕壤，其基本理化性质见表 3-1。供试肥料为 6 种自行研制的包膜缓释尿素，以土壤为淋洗介质，肥料用量为盆栽用量的 3 倍，即按每千克风干土 0.6g 氮的比例称取肥料；在 6 种包膜肥料之外，还设不施肥、未包膜的尿素处理，共 8 个处理。按 1.25g/cm³ 的容重均匀地装入 PVC 管内使之成柱。有肥料混入的土柱在填装时在管的底部先装入 30g 未混入肥料的风干土，余下的风干土与试验肥料充分混匀后再装入，装柱高度为 13.0cm。每一处理设 3 次重复。

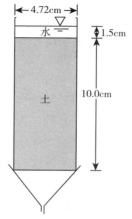

图 3-2　土柱淋洗装置示意图

　　土柱制成后先缓慢而多次地滴加蒸馏水以使土壤充分润湿，但不至于有过量的水自土柱渗出，静置 24h，然后往土柱内加水，淋洗过程正式开始。淋洗加水时将装有 100mL 蒸馏水的容量瓶倒置于土壤表面，柱面上形成厚约 1.5cm 的水层，以尽量保证每次淋洗用水量一致（100mL）、淋洗水头恒定均一。在土柱之下用三角瓶接收淋滤液，至不再有水滴出为止，1 次淋洗结束。取淋洗液测定其 $NH_4^+ - N$ 含量。每隔 3d 淋洗 1 次，一共淋洗 14 次。

　　（4）包膜缓释尿素氮素溶出试验

　　①不同温度条件下包膜缓释尿素氮素溶出试验。称取颗粒大小均一（0.40～0.45cm）、包膜完整的包膜缓释尿素 0.350 0g，放入大小为 3cm×3cm 的 0.250mm 纱布网袋中，封口，做好标记；再称取 70g 风干土（含水量为 2.6％）于自封塑料袋中，均匀洒入 15.5mL 蒸馏水，使土壤湿润均匀，土壤含水量达到田间持水量的 60％，扎紧袋口，分别置入 10℃、20℃、30℃恒温箱中静置培养 24h，再将装有包膜缓释尿素的纱布网袋埋入土中，培养开始，培养时间为 42d。经 3d、5d、7d、10d、14d、21d、28d、35d、42d 取出网袋中的包膜缓释尿素，用水小心洗去表面泥土，烘干，用硫酸消煮，用凯氏蒸馏法进行残留氮量的分析，计算氮素溶出率。每一处理重复 3 次。

　　②不同土壤含水量条件下包膜缓释尿素氮素溶出试验。称取颗粒大小均一（0.40～0.45cm）、包膜完整的包膜缓释尿素 0.350 0g，放入大小为 3cm×3cm 的 0.250mm 纱布网袋中，封口，做好标记；再称取 70g 风干土（重量含水量为 2.6％），加入一定量蒸馏水，使土壤含水量分别为田间持水量的 10％、40％（加水 7.7mL）、80％（加水 15.5mL）、100％（加水 19.4mL），封口，放入 25℃恒温箱中静置培养 24h。将装有包膜缓释尿素的纱布网袋埋入土中，扎紧袋口，培养开始，培养时间为 42d。经 3d、5d、7d、10d、14d、21d、28d、

35d、42d 取出网袋中的包膜缓释尿素，用蒸馏水小心洗去表面泥土，烘干，用硫酸消煮，用凯氏蒸馏法进行残留氮量的分析，计算氮素溶出率。每隔 1 周补充 1 次水分，每一处理重复 3 次。

　　③不同水蒸气压条件下包膜缓释尿素氮素溶出试验。称取肥料颗粒大小均一（0.40～0.45cm）、包膜完整的包膜缓释尿素 0.350 0g，放入大小为 3cm×3cm 的 0.250mm 纱布网袋中，封口，做好标记；取 1 000mL 广口瓶 12 个，在每一广口瓶底部放适量脱脂棉，再分别加入 200mL 蒸馏水、KH_2PO_4 饱和溶液、KCl 饱和溶液，并在脱脂棉上铺一滤纸，滤纸直径为 9cm；将装有肥料的尼龙网袋放在广口瓶里的滤纸上，再密封广口瓶，并将其放入 30℃ 恒温箱中静置培养。试验装置如图 3-3 所示。分别在培养的第 5 天、第 10 天、第 20 天、第 30 天取出肥料样品，烘干、称重，用硫酸消煮，用凯氏定氮法蒸馏、测定包膜缓释尿素中氮素的剩余量，并计算不同时间内的氮素溶出率。

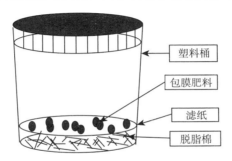

图 3-3　不同水蒸气压条件下 BG、BF 氮素淋出装置示意图

（5）包膜缓释尿素扫描电镜试验

①取样。肥料剖面：把肥料平放在实验台上，用切刀垂直切下，取在切刀作用下自然断开处的断面。

包膜缓释肥料膜表面：用切刀取包膜肥料的表面，用蒸馏水小心冲去膜内表面附着的肥料。

②方法。取少量膜材料和包膜肥料剖面样品黏在扫描电镜观察载样台上，使肥料颗粒剖面向上，用离子溅射仪在样品表面溅射喷涂铂金粉，然后用扫描电子显微镜（S-450，日立）观察，并记录其扫描成像图。

（6）包膜材料的红外光谱试验

将膜材料液体直接均匀涂在载样板上；固体膜质材料在 105℃ 恒温干燥 24h，置于干燥器内使其温度降至室温，将膜材料样品与溴化钾混合磨碎至 0.075mm，制成红外分析的薄片样品，放在红外载样池中进行光谱扫描，所用仪器为傅里叶变换红外光谱仪（550，美国），记录红外吸收光谱，扫描波数为 4 000～500cm^{-1}。

（7）养分释放数学模型

大量研究资料表明，有机聚合物包膜缓释肥料被放入水中或施入土壤中，首先是包膜物质被水浸润、膨胀使包膜产生微孔（包括分子水平），水分子通过微孔进入膜内使养分溶解，在膜内外产生蒸气压差和浓度梯度，在二者的作用下养分经微孔向膜外释放。随着包膜内养分溶液浓度的下降，包膜内外水蒸气压差逐渐变小，释放速度逐渐下降。可见，包膜缓释肥料养分释放速率与肥料浓度成正比，其定量关系可用一级反应动力学方程来描述，表达式如下：

$$-\frac{\mathrm{d}c}{\mathrm{d}t} = kc$$

$$-\int_{c_0}^{c} \frac{\mathrm{d}c}{c} = \int_{0}^{t} k \cdot \mathrm{d}t$$

当 $t=0$ 时反应物的浓度为 c_0，当 $t=t$ 时反应物的浓度为 c。

对上式积分后，得

$$\ln \frac{c_0}{c} = kt$$

$$c = c_0 \exp(-kt)$$

包膜缓释肥料养分浓度与时间的关系为

$$N_0 - N_t = N_0 \exp(-kt)$$

$$N_t = N_0[1 - \exp(-kt)] \tag{3-1}$$

式中，N_t 为 t 时的养分溶出率（%），N_0 为养分最大溶出率（%），k 为每天溶出速率常数，t 为养分溶出时间（d）。

包膜缓释肥料的养分释放速率遵循一级反应动力学方程。树脂型包膜缓释肥料养分释放速率与树脂膜材料的物理、化学变化和膜内外渗透压差密切相关，主要是无机化学的反应。包膜肥料被施到土壤或水中，都存在水分子透过膜材料、进入膜内溶解肥料、养分再溶出的过程，这一过程所经历时间的长短，因膜材料的组分和理化性质的不同而不同（石桥英二，1992），因此，包膜肥料养分释放存在滞后期。可以将一级反应动力学方程（3-1）变形，得出下式：

$$N_t = N_0\{1 - \exp[-k(t - t_0)]\} \tag{3-2}$$

式中，t_0 为养分溶出滞后期（d）。

二、包膜缓释尿素 $NH_4^+ - N$ 累积淋出率-时间曲线

各施肥处理的 $NH_4^+ - N$ 累积量（每次淋洗液中的 $NH_4^+ - N$ 含量之和）与未施肥处理（CK）的 $NH_4^+ - N$ 累积量（每次淋洗液中的 $NH_4^+ - N$ 含量之和）之差，其数值占各施肥处理氮素总量的比例，即各施肥处理氮素累积淋出率。各处理的每次淋洗 $NH_4^+ - N$ 量为每次淋洗液中 $NH_4^+ - N$ 浓度与淋洗液体积之

积。各施肥处理氮素累积淋出率曲线如图 3-4、图 3-5 所示。

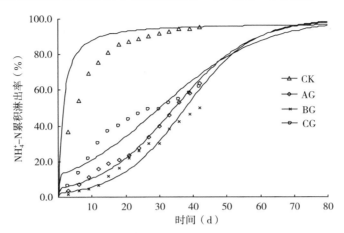

图 3-4 AG、BG、CG 型包膜缓释尿素 $NH_4^+ - N$ 累积淋出率曲线

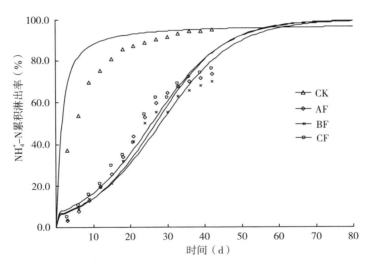

图 3-5 AF、BF、CF 型包膜尿素 $NH_4^+ - N$ 累积淋出率曲线

从图 3-4、图 3-5 可以看出，与 CK（未包膜）相比，尿素包膜后 $NH_4^+ - N$ 淋出速度明显变缓，且经历了一个先慢后快、再慢的变化过程。这样的养分释放过程可以用 Logistic 曲线来描述，该曲线的表达式为

$$y = \frac{k}{1 + e^{a - rt}} \tag{3-3}$$

式中，y 为 $NH_4^+ - N$ 累积淋出率（$NH_4^+ - N$ 累积淋出量/施入化肥总氮量），k 为 $NH_4^+ - N$ 最大累积淋出率（$k = 1$），a 和 r 为常数，t 为淋洗时间（d）。a 的

大小决定着 t 趋近于 0 时的 $NH_4^+ - N$ 淋出率 y 的大小，a 越大 y 越小，即淋洗之初累积淋出率越低，包膜越完整，膜材料透性越小，缓释效果越好，因此，可以认为该数值的大小反映了在初始状态下包膜的完整性；r 为淋出速度常数，它的大小反映了累积 $NH_4^+ - N$ 淋出率随时间变化的快慢，可以作为衡量包膜缓释尿素对养分缓效性的尺度。使用式（3-1）对供试包膜缓释尿素 $NH_4^+ - N$ 累积淋出率随时间的变化过程进行数值拟合，结果如图 3-4、图 3-5 所示。从图中可以直观地看出，Logistic 曲线能够表达 6 种包膜缓释尿素的 $NH_4^+ - N$ 累积淋出率随时间的变化过程。

表 3-3 中列出了 6 种包膜缓释尿素的累积 $NH_4^+ - N$ 淋出曲线常数 a、r 的拟合结果，从表中可以看出 6 种包膜肥料的 a 相差较大，a 越大说明该膜材料对颗粒肥料包膜越完整、越均匀，缓释效果越好。6 种涂膜材料包膜均能形成相对完整的膜而覆被于尿素颗粒之上。从表 3-3 中可以看出，a 的大小为 BG＞AG＞AF＞BF＞CF＞CG；这说明有机高分子聚合物的浓度为 10％时与硅藻土混合制成的包膜材料对肥料的缓释效果好于其他处理。而 r 的大小为 AF＞BF＞AG＞CF＞BG＞CG，随着聚乙烯醇-淀粉共混液的浓度的增加而依次减小，说明包膜尿素的缓释性增强。

表 3-3　包膜缓释尿素 $NH_4^+ - N$ 累积淋出率拟合 Logistic 方程参数

参数	包膜缓释尿素					
	AG	BG	CG	AF	BF	CF
a	3.020	3.784	1.975	2.812	2.907	2.645
r	0.100	0.087	0.065	0.108	0.102	0.099

酰胺态化学肥料尿素施入土壤后，水解生成 NH_4HCO_3、$(NH_4)_2CO_3$ 和 NH_4OH，对于包膜尿素来说这一过程应该是在尿素分子透过包膜、进入土壤后发生的；在自然土壤条件下，尿素施入土壤一星期后生成的 $NH_4^+ - N$ 才会大量地转变为硝酸根或其他形态，所以 $NH_4^+ - N$ 的淋出率及其随时间的变化可以反映包膜缓释尿素抑制氮素溶出的特征。

三、包膜缓释尿素 $NH_4^+ - N$ 的淋出速率

由图 3-6 或图 3-7 可以看出，未包膜尿素在淋洗到第 7 天时（第 2 次淋洗）氮素累积淋出率达到了 85％以上，说明一般尿素施入土壤后，在有足量的水分淋洗的条件下是十分易于移动的，难以稳定地供给作物利用。而包膜后其 $NH_4^+ - N$ 累积淋出率曲线接近 S 形，即养分释放都经历了慢—快—慢的过程，养分淋出速度变缓，这有利于稳定持续地为作物供应养分，从而可以提高

肥料的利用率。

累积淋出率函数的导函数即 $NH_4^+ - N$ 淋出速率曲线，对图 3-4 和图 3-5 所示的包膜缓释尿素的 $NH_4^+ - N$ 累积淋出率曲线求导，得图 3-6 和图 3-7。通过氮素淋出速率曲线能够得到养分淋出速率最大值及出现最大淋出速率的时间。从图 3-6、图 3-7 中可以看出，未包膜尿素第 1 天 $NH_4^+ - N$ 淋出速率达到了 36%，以后随着培养时间的延长而迅速下降，1 周以后就降低到了 1.46% 左右。包膜缓释尿素的 AG、BG 和 CG 的 $NH_4^+ - N$ 淋出速率的最大值分别为 2.2%、2.5% 和 1.6%，分别出现在淋洗开始后的第 34.6 天、第 37.8 天和第 30.2 天；而包膜缓释尿素的 AF、BF 和 CF 的 $NH_4^+ - N$ 淋出速率的最大值分别为每天 2.7%、2.4%、2.5%，分别出现在淋洗开始后的第 26.8 天、第 28.1 天和第 25.8 天。包膜缓释尿素 $NH_4^+ - N$ 淋出速率的这种变化主要是由于包膜组分中的有机高分子聚合物的浓度不同，导致膜材料与颗粒肥料结合的紧密程度、无机矿物粉末在有机共混液中的分散程度不同，尿素包覆完整性及与无机矿物粉末形成的包膜厚度不同，其透性、包膜抗生物分解能力也存在差异。

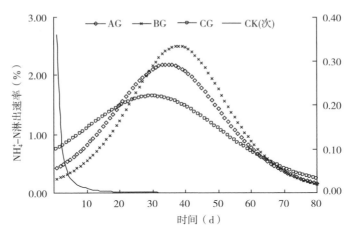

图 3-6　AG、BG、CG 型包膜尿素 $NH_4^+ - N$ 淋出速率曲线

四、温度对包膜缓释尿素氮素溶出规律的影响

1. 温度对包膜缓释尿素氮素溶出规律的影响

不同温度下两种供试肥料（BF、BG）氮素溶出率与时间的关系变化如图 3-8、图 3-9 所示。从图 3-8、图 3-9 中可以看出，供试的两种包膜缓释尿素的氮素溶出率均随着温度的升高而增大，说明温度是影响包膜缓释肥料氮素溶出速率最重要的因素之一。从图中还可以看出，不同膜材料制成的包膜缓释尿素氮素开始溶出的时间也不同；包膜缓释尿素 BG 比 BF 的氮素开始溶

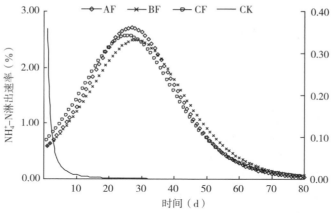

图 3-7 AF、BF、CF 型包膜尿素 $NH_4^+ - N$ 淋出速率曲线

出的时间滞后，而且滞后的时间随着温度的升高而逐渐缩短。这可能是因为组成 BG 型肥料包膜材料中的有机物与无机物间结合得较紧密，增强了膜材料的阻水能力，出现了氮素溶出的滞后期。而 BF 型包膜缓释尿素的氮素溶出不存在滞后期，即 BF 型包膜缓释尿素氮素开始溶出时间与培养温度无关。两种包膜缓释尿素的氮素溶出率为 50% 时需要的时间因培养温度的不同而不同，BF 型包膜缓释尿素需要 27.1d（10℃）、16.2d（20℃）和 13.5d（30℃），而 BG 型包膜缓释尿素需要 42.5d（10℃）、28.3d（20℃）和 16.8d（30℃），随着培养温度的升高，氮素溶出率为 50% 时所需天数明显缩短，表明培养温度越高，氮素溶出率越大。两种包膜缓释尿素相比，在同一温度下 BG 型氮素溶出 50% 时所需天数明显比 BF 型增加，表明 BG 型包膜缓释尿素对氮素的缓释效果好于 BF 型。这可能是因为 BG 型膜材料各组分间以及与尿素表面结合的紧密性要强于 BF 型包膜缓释尿素，提高了包膜缓释尿素对氮素的缓释效果。

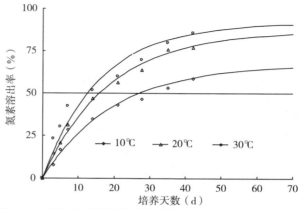

图 3-8 BF 型包膜缓释肥料不同温度下氮素溶出速率曲线

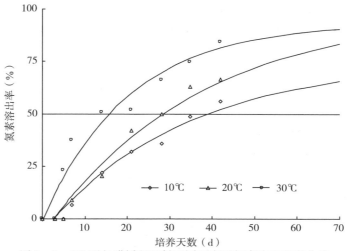

图 3 - 9　BG 型包膜缓释肥料不同温度下氮素溶出速率曲线

2. 一级反应动力学方程拟合

BF 型、BG 型包膜缓释尿素在不同培养温度条件下氮素溶出率与时间的关系（图 3 - 8、图 3 - 9）呈现出抛物线状，与一级化学反应动力学方程相符；从两种供试肥料的氮素溶出率变化曲线还可以看出，无论在哪一培养温度下，BF 型包膜缓释尿素施入土壤后氮素就开始溶出，表明氮素溶出无滞后期，用方程（3 - 1）拟合；而 BG 型包膜缓释尿素存在滞后期，用方程（3 - 2）拟合。一级反应动力学方程各参数拟合结果见表 3 - 4。由表 3 - 4 可以看出，两种包膜缓释尿素在不同培养温度下拟合曲线的相关系数均达 1‰ 显著水平（$P <$ 0.01），且标准误差均较小。不同温度下包膜缓释尿素的氮素溶出速率常数差异较大，随着培养温度的升高，氮素溶出速率常数增大，表明氮素溶出速率受温度影响较大。进一步说明，温度是影响包膜缓释尿素溶出率的主要因素，这是因为，温度的升高加快了水分透过膜的速率和增大了包膜内尿素的溶解度，也导致膜材料表面的孔隙增多（见扫描电镜试验），从而加快了氮素的溶出速率。

表 3 - 4　BF 型和 BG 型包膜缓释尿素氮素溶出率一级反应动力学方程拟合参数

培养温度	k		t_0		r		Se	
	BF	BG	BF	BG	BF	BG	BF	BG
10℃	0.033	0.019	0	2.73	0.991 8**	0.992 5**	0.125	0.033
20℃	0.053	0.026	0	2.68	0.981 6**	0.990 6**	0.130	0.073
30℃	0.062	0.046	0	0.21	0.993 7**	0.993 3**	0.123	0.085

从表 3-4 中还可以看出，BG 型包膜缓释尿素的溶出速率常数均小于 BF 型包膜缓释尿素，说明由 BG 型包膜材料制成的包膜缓释尿素显著增强了包膜缓释尿素对氮素的缓释性能；并且 BG 型包膜缓释尿素氮素溶出出现滞后期，说明该膜材料与尿素颗粒间结合得更加紧密，减缓了水分子对膜材料的浸入速度；培养温度的升高加快了水分子的运动速度，致使滞后期随着温度的升高而缩短。

3. 溶出速率常数与温度之间的关系

从前文的分析可知，包膜缓释尿素的氮素溶出速率常数受温度影响很大。包膜缓释肥料的养分溶出速率常数（k）与温度（T）之间的关系服从阿累尼乌斯经验公式，即

$$k = A\exp(-\frac{E_a}{RT}) \tag{3-3}$$

式中，k 为溶出速率常数，A 为常数，E_a 为反应的活化能（J/mol），R 为气体常数（8.314J/mol），T 为绝对温度（K）。

在阿累尼乌斯经验公式中，E_a 的大小对反应速度的影响很大（因为它出现在指数上）。E_a 越小，反应速度越大。从化学反应动力学角度考虑，活化能越低对反应越有利，也就是化学反应越容易进行（傅献彩，1979）。对于包膜缓释肥料养分溶出速率而言，活化能越低，养分溶出速率越快。由方程（3-3）可知，如果知道任意两个温度下的化学反应速率常数，就可以求出该化学反应的活化能 E_a，如下式：

$$\ln\frac{k_2}{k_1} = \frac{E_a}{R}\left(\frac{T_2 - T_1}{T_1 T_2}\right) \tag{3-4}$$

对于包膜缓释尿素的氮素溶出反应，在 10～30℃ 范围内，E_a 可视为常数，根据式（3-4）可求出 BF 型和 BG 型两种包膜缓释尿素的氮素溶出过程所需的活化能 E_a 分别为 4 016J/mol 和 5 963J/mol。由于 BF 型包膜缓释尿素氮素溶出的活化能比 BG 低，导致氮素溶出速率加快。因此，可以在理论上解释为何包膜缓释尿素 BF 型比 BG 型氮素溶出快。

4. 温度变换日数

为了掌握包膜缓释肥料施入土壤后养分的日溶出量，温度变换日数法是最为有效的方法。温度变换日数（DTS）是指将自然环境条件下包膜缓释尿素的氮素溶出日数转换成一定温度（20℃）下的溶出相同养分含量所需要的日数。例如，在任意温度（T_i）、溶出速率常数为 k_i 条件下的氮素日溶出量相当于在标准温度（T_s）、溶出速率常数为 k_s 条件下多长时间的溶出量。从图 3-8、图 3-9 和表 3-4 中可知，包膜缓释尿素氮素溶出率为 50% 时所需的培养日数与该温度下氮素溶出速率常数的乘积为定值，即

$$t_1 k_1 = t_2 k_2 = t_3 k_3 \qquad (3-5)$$

式中，t_1、t_2、t_3 分别为 10℃、20℃、30℃时氮素溶出速率为 50％时的培养日数，k_1、k_2、k_3 分别为 10℃、20℃、30℃时的氮素溶出速率常数。

由（3-5）式得

$$t_s = t_i k_i / k_s \qquad (3-6)$$

由（3-4）式得

$$\frac{k_i}{k_s} = \exp\left[\frac{E_a(T_i - T_s)}{RT_i T_s}\right] \qquad (3-7)$$

将（3-6）式与（3-7）式组合后得

$$t_s = t_i \exp\left[\frac{E_a(T_i - T_s)}{RT_i T_s}\right] \qquad (3-8)$$

根据温度变换日数法，分别将 10℃、30℃条件下氮素溶出的实际日数变换成在 20℃条件下溶出相同量氮素所需要的日数。将温度变换日数代入一级反应动力学方程（3-1）和（3-2），可以求出在不同温度条件下包膜缓释尿素的氮素溶出率，转换成 20℃条件下氮素的溶出率。图 3-10、图 3-11 为 BF 型和 BG 型包膜缓释尿素在不同培养温度下氮素溶出率与 20℃变换日数的时间曲线。从图中可以看出，10℃、30℃条件下的氮素溶出率变换日数的时间曲线与 20℃条件下的氮素溶出率变换日数的时间曲线基本重合。这一结果表明，以一级反应动力学为理论基础的温度变换日数法适用于预测包膜缓释肥料的氮素溶出过程，并可用这一理论预测包膜缓释肥料在任意温度下施入土壤后任意日数的氮素溶出量。

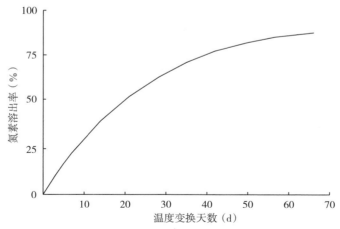

图 3-10　BF 型包膜缓释肥料不同培养温度氮素溶出率与 20℃变换日数的时间曲线

培养温度不同，氮素释放累积曲线也不同，随着培养温度的升高，氮素溶出速率加快。因此，包膜肥料氮素溶出速率与温度有关，如果养分溶出速率与

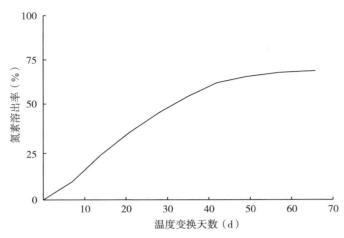

图 3-11　BG 型包膜缓释肥料不同培养温度氮素溶出率与 20℃变换日数的时间曲线

温度间的关系遵循阿累尼乌斯经验公式，就适合温度变换日数法则。大量资料表明，温度是影响包膜缓释肥料的养分溶出速率的关键因子。表观活化能反映温度对养分溶出速率的影响程度。从图 3-8 和表 3-4 中可以看出，BF 型包膜肥料不存在养分溶出的滞后期，氮素溶出速度常数为 0.053 7（20℃），表观活化能为 4 016J/mol；而 BG 型包膜肥料存在养分溶出滞后期，随着培养温度的升高，养分溶出滞后期逐渐变短，氮素溶出速率常数为 0.026 9（20℃），表观活化能为 5 936J/mol，与 BF 型包膜肥料相比，氮素溶出速率常数变小，表观活化能变大，氮素溶出缓慢。

5. 温度变换日数法预测氮素溶出的实例

将包膜缓释尿素施入土壤后，预测氮素溶出，基本步骤如下：

（1）掌握预测氮素溶出时期内日平均地温。

（2）将自然温度下的单位日数变换成标准日数（DTS），其计算式为

$$DTS = \exp\left[\frac{E_a(T_i - T_s)}{RT_iT_s}\right]$$

（3）计算累积温度变换日数（累积 DTS）。

（4）根据累积 DTS 计算氮素溶出率（％），其计算公式为

$$DTS_{(累积)} = \sum_{i=1}^{T} \exp\left[\frac{E_a(T_i - T_s)}{RT_iT_s}\right]$$

$$氮素溶出率(\%) = 100 \times [1 - \exp(-k)] \qquad (3-9)$$

式中，k 为累积溶出速率常数。

如果知道任一地区每日的地温，运用温度变换日数法论就可以预测包膜缓释尿素每天的氮素溶出率。以辽宁省阜新地区为例，4 月 15 日至 5 月 4 日的

地温变化如表 3-5 所示，如果在该地区旱田土壤上施用包膜缓释尿素（BG），按照上述步骤能预测每天的氮素溶出率，计算结果如表 3-5 所示。氮素溶出预测计算过程中，包膜缓释尿素（BG）氮素溶出特征值采用前面计算得出的结果，即 $k=0.026$，$E_a=5\,936\mathrm{J/mol}$，$A=100$，$R=8.314\mathrm{J/mol}$，标准温度 $(t_s)=20\,℃$。

表 3-5 包膜缓释尿素（BG）氮素溶出量的预测计算实例

时间（月-日）	地温（℃）	DTS（d）	累积 DTS（d）	溶出率（%）
4-15	15.3	0.96	0.97	0.00
4-16	15.5	0.96	1.94	0.00
4-17	16.0	0.97	2.90	0.78
4-18	16.3	0.97	3.87	3.25
4-19	17.0	0.98	4.85	5.68
4-20	17.3	0.98	5.83	8.04
4-21	17.7	0.98	6.81	10.36
4-22	18.3	0.99	7.79	12.63
4-23	18.4	0.99	8.78	14.84
4-24	18.6	0.99	9.77	17.00
4-25	19.0	0.99	10.76	19.11
4-26	19.4	1.00	11.75	21.18
4-27	19.5	1.00	12.75	23.19
4-28	20.4	1.00	13.75	25.17
4-29	20.8	1.01	14.76	27.10
4-30	21.3	1.01	15.77	29.00
5-1	21.0	1.01	16.78	30.83
5-2	21.3	1.01	17.79	32.63
5-3	21.5	1.01	18.80	34.38
5-4	21.8	1.01	19.82	36.09

五、土壤含水量对包膜缓释尿素氮素溶出规律的影响

1. 土壤含水量对包膜缓释尿素氮素溶出率的影响

本研究将土壤含水量设定为田间持水量的 10%、40%、80%、100% 4 个梯度，探讨在恒定温度（25℃）下土壤含水量对两种包膜缓释尿素（BG、BF）氮素溶出特性的影响。不同土壤含水量与包膜缓释尿素的氮素溶出率间的关系如图 3-12、图 3-13 所示。从图中可以看出，包膜缓释尿素的氮素溶出率与土壤水分含量密切相关。土壤含水量为田间持水量的 10% 时，氮素基

本不溶出；土壤含水量为田间持水量的 $40\%\sim100\%$ 时，包膜缓释尿素在各培养时期的氮素溶出率均随着土壤含水量的增加而增加。从图中还可以看出，两种包膜缓释尿素氮素溶出率为 50% 所需要的时间随着土壤含水量的增加而缩短；BG 型包膜缓释尿素氮素溶出率为 50% 所需要的时间依次为 21.8d、8.8d和 6.2d；而 BF 型氮素溶出率为 50% 所需要的时间分别为 17.2d、8.6d 和 5.3d。说明在低土壤含水量条件下，包膜缓释尿素的氮素溶出速率低。方差分析结果表明，在不同培养时间内土壤含水量对包膜缓释尿素的氮素溶出率的影响的差异达到了显著或极显著水平，分析结果见表 3-6 和表 3-7。

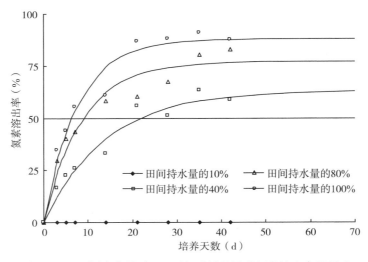

图 3-12 不同含水量对 BG 型包膜缓释尿素氮素溶出率的影响

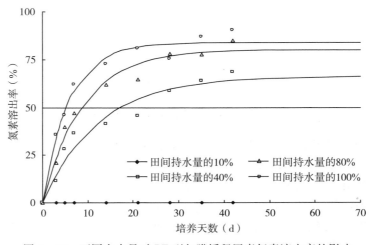

图 3-13 不同含水量对 BF 型包膜缓释尿素氮素溶出率的影响

表 3-6　不同土壤含水量对 BG 型包膜缓释尿素氮素溶出率的影响

土壤含水量	氮素溶出率（%）							
	第 3 天	第 5 天	第 7 天	第 14 天	第 21 天	第 28 天	第 35 天	第 42 天
100%	34.6aA	47.1aA	60.2aA	74.4aA	81.1aA	77.2aA	85.2aA	86.9aA
80%	22.0AB	37.3aAB	45.6bAB	63.0bA	68.7abA	77.4aAB	78.1bA	82.2aA
40%	12.8cB	25.1bB	32.7cB	43.3cB	50.0bA	59.0bB	63.2cB	66.3bA

表 3-7　不同土壤含水量对 BF 型包膜缓释尿素氮素溶出率的影响

土壤含水量	氮素溶出率（%）							
	第 3 天	第 5 天	第 7 天	第 14 天	第 21 天	第 28 天	第 35 天	第 42 天
100%	39.9aA	43.5aA	57.1aA	65.1aA	84.7aA	86.8aA	88.9aA	87.5aA
80%	26.3abA	37.4aA	43.7bA	60.5abA	65.7aA	83.6abA	83.6abA	82.2aA
40%	14.6A	20.8bB	25.5cB	36.7bA	65.7aA	78.0bA	78.0bA	68.4aA

从表中可以看出，在土壤含水量为田间持水量的 40% 时，BG 和 BF 在各培养时期内的氮素溶出率都比较低，在培养的第 42 天，氮素溶出率仅为 66.3% 和 68.4%；而在土壤含水量为田间持水量的 80%、100% 时，溶出率均达到了 80% 以上，表明在一定温度下，土壤含水量能够影响包膜缓释尿素的氮素溶出率。

2. 一级反应动力学方程拟合

BG 型、BF 型两种包膜缓释尿素在不同土壤含水量条件下的氮素溶出率随着培养时间的延长而增大，一定时间后趋于恒定，氮素溶出率与时间的关系呈抛物线状（图 3-12、图 3-13），该曲线可以用一级化学反应动力学方程进行拟合。从氮素溶出率与时间的关系曲线可以看出，两种包膜缓释尿素在一定土壤含水量条件下施入土壤后氮素就开始溶出，表明氮素溶出无滞后期，故可用方程 $N_t = N_0[1 - \exp(-kt)]$ 拟合，一级反应动力学方程拟合参数值见表 3-8。由表 3-8 可以看出，两种包膜缓释尿素在不同培养温度条件下拟合曲线的相关系数均达 1% 显著水平（$P < 0.01$），且标准误差也均较小。在一定温度、不同土壤含水量条件下包膜缓释尿素的氮素溶出速率常数大小差异较大，随着土壤含水量的增加，氮素溶出速率常数也增大，表明土壤含水量对包膜缓释尿素的氮素溶出速率影响较大。从表中还可以看出，BG 型包膜缓释尿素的氮素溶出速率常数小于 BF 型包膜缓释尿素，BG 型包膜材料的缓释效果

要好于 BF 型包膜材料。

表 3 - 8　BG 型和 BF 型包膜缓释尿素氮素溶出一级反应动力学方程拟合参数

土壤含水量	k		r		Se	
	BG	BF	BG	BF	BG	BF
40%	0.022 0	0.022 1	0.957 3**	0.975 7**	0.107 3	0.092 4
80%	0.025 5	0.040 9	0.971 2**	0.973 8**	0.087 5	0.154 2
100%	0.047 5	0.054 2	0.923 7**	0.949 3**	0.363 1	0.252 3

3. 土壤含水量对包膜缓释尿素氮素溶出影响机理的探讨

通过以上分析可知，在一定温度下，随着土壤含水量的降低，包膜缓释尿素的氮素溶出速率常数变小，在相同的时间内氮素溶出率也降低。其原因是土壤含水量少，土水势减小（图 3 - 14），土壤水蒸气压变小，水分子浸入膜材料的速度变慢，导致包膜缓释尿素养分溶出速率变慢。在常温下土水势与饱和水蒸气压的关系可用下式表示。

$$R = 10^{(\psi/322)}$$

式中，R 为饱和水蒸气压，ψ 为土水势（MPa）。

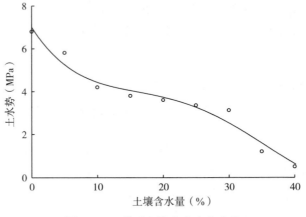

图 3 - 14　供试土壤水分变化曲线

六、水蒸气压对包膜缓释尿素氮素溶出规律的影响

1. 不同水蒸气压对包膜缓释尿素氮素溶出的影响

前人的研究结果表明，包膜缓释肥料的养分释放速率与温度密切相关。温度对养分释放速率的影响主要是使包膜内外产生水蒸气压差，进而引起养分的

释放。包膜内外水蒸气压差直接控制肥料养分的释放速度。小林新等认为，聚合物包膜缓释肥料养分释放由两步组成：第一步，膜质材料被水分子润湿产生微孔（包括分子水平的细微结构）；第二步，水分通过微孔进入膜内，肥料养分被溶解，在水蒸气压差作用下养分经微孔通道向膜外扩散。为了探讨水蒸气压差包膜缓释肥料养分释放速率的影响，本研究将温度固定，在不同水蒸气压下进行 BG、BF 型包膜缓释尿素氮素溶出的研究。在 30℃ 条件下，H_2O、KH_2PO_4 和 KCl 的饱和溶液与尿素饱和溶液的水蒸气压如表 3-9 所示。在不同水蒸气压条件下供试肥料的养分溶出率与时间的关系如图 3-15、图 3-16 所示。

表 3-9　饱和盐溶液种类及其 30℃ 下的水蒸气压

饱和盐溶液种类	水蒸气压（Pa）	与 CO（NH_2）$_2$ 饱和溶液的水蒸气压之差
H_2O	4 242	1 164
KH_2PO_4	3 946	868
KCl	3 566	488

注：30℃ CO（NH_2）$_2$ 饱和蒸气压为 3 078Pa。

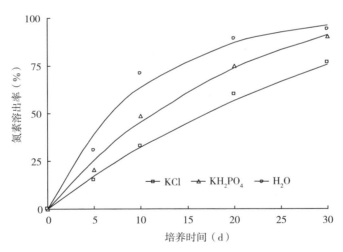

图 3-15　BG 型包膜缓释尿素在不同水蒸气压下的氮素溶出率曲线

从图 3-15、图 3-16 中可以看出，在同一蒸气压差下，包膜缓释尿素的氮素溶出率随着培养时间的延长而增大；在培养时间相等的条件下，氮素溶出率随着培养环境水蒸气压差的增大而增加，表现为 H_2O＞KH_2PO_4 饱和溶液＞KCl 饱和溶液。

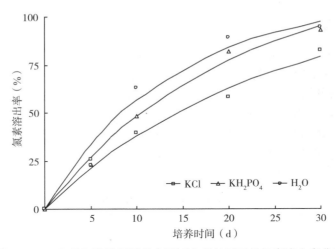

图 3-16　BF 型包膜缓释尿素在不同水蒸气压下的氮素溶出率曲线

从图中还可以看出，氮素溶出率与时间的关系曲线呈抛物线状，可以用一级反应动力学方程 $N_t = N_0[1 - \exp(-kt)]$ 拟合，其拟合结果见表 3-10。

表 3-10　BG 型和 BF 型包膜缓释尿素氮素溶出一级反应动力学方程拟合参数

饱和盐溶液种类	k		r		Se	
	BG	BF	BG	BF	BG	BF
KCl	0.047 6	0.054 5	0.999 5**	0.992 8**	0.076 4	0.138 4
KH$_2$PO$_4$	0.078 7	0.090 7	0.996 9**	0.996 5**	0.100 7	0.111 9
H$_2$O	0.098 5	0.101 1	0.989 2**	0.986 0**	0.098 5	0.197 1

从表 3-10 中可以看出，两种包膜缓释尿素的氮素溶出速率常数 k 随着水蒸气压差的增大而增大；在同一水蒸气压差下，BG 的溶出速率常数 k 小于 BF，说明 BG 的缓释效果好于 BF；到培养第 20 天时，比较氮素溶出率可知，BG 型包膜缓释尿素在水蒸气压差为 1 164Pa（H$_2$O）、868Pa（KH$_2$PO$_4$ 饱和溶液）、488Pa（KCl 饱和溶液）时的氮素溶出率分别为 88.9%、74.8% 和 55.6%，BF 型包膜缓释尿素的氮素溶出率分别为 89.0%、82.1% 和 57.8%。可见，水蒸气压差越低，包膜缓释尿素的氮素溶出率越小，反之越大。图 3-15 和图 3-16 显示，在不同的培养时间内包膜缓释尿素的氮素溶出率随着水蒸气压差的增大而增加，说明包膜缓释尿素的氮素溶出率与水蒸气压差间有密切的关系。其中的原因可能是随着水蒸气压差的增大，水分子向包膜内部的浸入速度加快，导致包膜肥料内部压力上升使包膜膨胀，产生微小孔隙，加

快了养分的溶出速度。小林新等关于树脂包膜缓释尿素的氮素溶出率与水蒸气压差间关系的研究，也得到了类似的结论。

2. 不同水蒸气压影响包膜缓释尿素氮素溶出速率机理的探讨

包膜缓释尿素的氮素溶出速率因包膜内外水蒸气压差的不同而不同。尿素饱和溶液与纯水的水蒸气压均随温度的上升而增加，两者的水蒸气压差随温度的上升而增大。在 10～40℃ 条件下水和尿素饱和溶液的水蒸气压差与温度间的关系如图 3-17 所示。

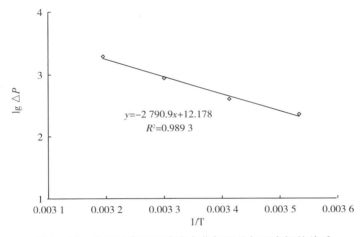

图 3-17　水和尿素饱和溶液水蒸气压差与温度间的关系

在 30℃ 下尿素饱和溶液的水蒸气压为 3 076Pa、与 KH_2PO_4 饱和溶液（3 942Pa）、Kcl 饱和溶液（3 564Pa）间的水蒸气压之差分别为 866Pa 和 488Pa。根据上图关系式可以换算为包膜缓释尿素的氮素在该水蒸气压差下养分的释放率相当于在水中达到相同释放率所需要的温度，分别为 29.0℃ 和 21.1℃。这一结果说明温度影响包膜缓释尿素氮素的溶出率，主要是因为温度的变化引起包膜缓释尿素膜内外溶液水蒸气压差的变化，进而影响氮素的溶出率。因此，可以认为，凡是能够引起包膜缓释尿素膜内外水蒸气压的变化的因素，都能影响养分的溶出速率，即包膜缓释尿素的饱和水蒸气压和周围的水蒸气压（通常称为水饱和蒸气压）之差控制着氮素的溶出率。

包膜缓释尿素的养分溶出过程是在包膜内外水蒸气压差的作用下，水分子透过包膜进入膜内溶解肥料，使膜内外产生浓度梯度，形成渗透压。养分溶出速率与渗透压的大小直接相关，如果渗透压力大，导致养分向外的扩散（溶出）力也随之增大。当膜内外渗透压相等时，养分就停止溶出。渗透压与溶液的水蒸气压可用下式表示：

$$\Pi V = RT\ln(P_0/P) \qquad (3-10)$$

式中，Π 为渗透压（Pa），V 为水分子摩尔体积（$18 \times 10^{-6}\,\mathrm{m^3/mol}$），$R$ 为气体常数 $[8.314\mathrm{J/(K \cdot mol)}]$，$T$ 为温度（K），P_0 为水蒸气压（Pa），P 为溶液的水蒸气压（Pa）。

利用上式可以计算出，在 30℃ 下尿素饱和溶液渗透压为 46MPa，KH_2PO_4 饱和溶液的渗透压为 10MPa，Kcl 饱和溶液的渗透压为 25MPa。尿素饱和溶液与 KH_2PO_4 饱和溶液、Kcl 饱和溶液的渗透压差分别为 36MPa、21MPa，这也是包膜缓释尿素在 KH_2PO_4 饱和溶液蒸气压条件下的氮素溶出率大于在 Kcl 饱和溶液蒸气压条件下的根本原因。

包膜缓释尿素的氮素溶出是一个物理过程，如图 3-18 所示，大致分为 3 步。包膜缓释肥料被放入水中或施入土壤后：①在各种因素作用下水分子先接触膜表面，包膜被水膨润致使包膜上产生微孔（包括分子水平的细微结构）；②水分子进入膜内，在肥料颗粒表面积聚，溶解养分形成饱和溶液；③在膜内外水蒸气压差（渗透压）的作用下养分经微孔通道向膜外扩散。随着包膜内的养分溶液浓度的下降，包膜内外水蒸气压逐渐变小，溶出速率逐渐下降。

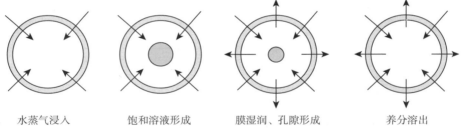

|水蒸气浸入|饱和溶液形成|膜湿润、孔隙形成|养分溶出|

图 3-18 包膜缓释尿素氮素溶出机理示意图

七、包膜缓释肥料微观结构特征对养分释放的影响

1. 不同膜材料制成的包膜缓释肥料微观结构形态特征的变化

利用扫描电镜对两种不同膜材料制成的包膜缓释肥料剖面和膜材料断面、表面进行微观结构分析，结果如图 3-19、图 3-20、图 3-21、图 3-22、图 3-23、图 3-24 所示。图 3-19、图 3-21 为包膜缓释肥料整体的剖面结构特征，从图中可以看出，包膜材料均能完整地覆盖在颗粒肥料的表面，并且有部分有机包膜物质渗透到肥料表面的孔隙中，使膜质材料与肥料颗粒结合得更紧密，形成一道坚实的壁垒将肥料包裹在中心。这是包膜过程中加入的黏性高聚物部分从固体粉末颗粒缝隙渗到表面后反应形成的，这层有机胶联膜成了水分子进入包膜肥料颗粒的屏障（毛小云，2006）。从包膜层的断面结构来看（膜层扩大 2 000 倍），BG 型包膜肥料的包膜层呈现的是片状物堆叠在一起

（图3-20），阻碍了水分子的浸入和肥料养分离子的溶出，BF 型包膜肥料的包膜层由一些絮状的堆积物构成，并且存在许多大小不一的孔隙（图 3-22），这说明硅藻土粉末在有机高分子聚合物中能够很好地分散，与聚合物的相容性要好于沸石粉末；再从包膜缓释肥料的膜外表面结构（图 3-23、图 3-24）上看，BG 型包膜肥料表面比较平滑，无孔隙，而 BF 型包膜肥料的表面比较松散，突起也比较多，还有许多大小不一的孔洞。两种膜材料微观结构的不同导致由各自形成的包膜肥料对养分的缓释性能的差异。这可能是由两种无机矿物本身的理化性质（化学组成、孔隙度、密度、吸附性等）不同造成的。硅藻土粉末与沸石粉相比密度小、吸附性强、黏结性强，有利于在有机聚合物中分散，提高相容性，使膜材料各组分间、膜材料与肥料间的结合更加紧密，能够更有效地抑制养分的释放，也就是 BG 型包膜肥料养分溶出速率小于 BF 型包膜肥料的最直接原因。

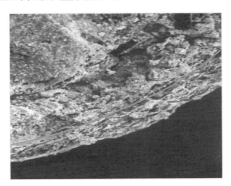

图 3-19　BG 型包膜肥料的剖面
（×200）

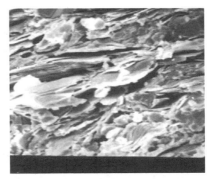

图 3-20　BG 型包膜肥料的膜断面
（×2 000）

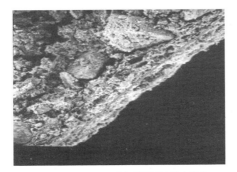

图 3-21　BF 型包膜肥料的剖面
（×200）

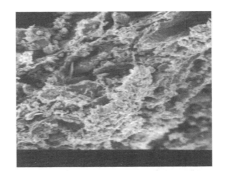

图 3-22　BF 型包膜肥料的膜断面
（×2 000）

2. 不同温度下包膜缓释肥料的膜材料微观结构特征

温度是影响包膜肥料养分释放最直接的因素（小林新，2003）。将 BG 型包

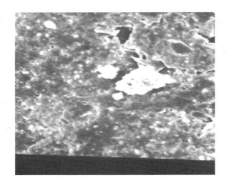

图 3 - 23 BG 型包膜肥料的膜外表面
（×2 000）

图 3 - 24 BF 型包膜肥料的膜外表面
（×2 000）

膜肥料分别放入 10℃、25℃的蒸馏水中，恒温静置培养 30d，取出肥料颗粒，自然风干。分别对包膜缓释肥料的剖面和膜材料断面、表面进行电镜扫描，结果如图 3 - 25、图 3 - 26、图 3 - 27、图 3 - 28、图 3 - 29、图 3 - 30 所示。

图 3 - 25 10℃包膜缓释肥料的剖面
（×200）

图 3 - 26 25℃包膜缓释肥料的剖面
（×200）

图 3 - 27 10℃包膜缓释肥料的膜
断面（×2 000）

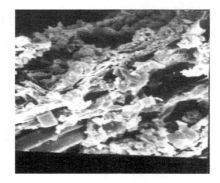

图 3 - 28 25℃包膜缓释肥料的膜
断面（×2 000）

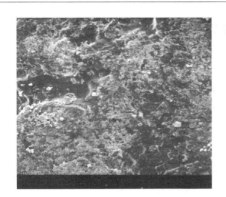 

图 3-29　10℃包膜缓释肥料的膜　　　　图 3-30　25℃包膜缓释肥料的膜
　　　　　　表面（×200）　　　　　　　　　　　　　　表面（×200）

　　从图 3-25 和图 3-26 中可以看出，BG 型包膜缓释肥料放入水中培养 30d 后，膜材料与肥料间还有接触，说明在包膜过程中部分膜材料已渗透到肥料表面的孔隙中，导致膜材料与颗粒肥料间的结合比较紧密。

　　从图 3-27 和图 3-28 中可以看出，不同温度下进行水中培养，膜材料结构也发生了变化，与图 3-20 对比可以看出，随着温度的升高，膜材料由堆叠的层状结构变成了絮团状，并形成了形态各异的孔隙和孔洞。随着温度的升高，形成的孔隙和孔洞变大。这可能是因为组成该包膜材料的有机物含有羟基，能够结合水分子，膜材料吸水溶胀。温度越高，溶胀的程度越大，导致膜结构发生变化。这也是温度升高、养分释放速率加快的主要原因。从图 3-29 和图 3-30 中也可以看出，包膜缓释肥料在水中静置培养，随着温度的升高，包膜缓释肥料的膜表面也发生了变化。在 25℃条件下膜表面的孔隙数量和孔径明显比在 10℃条件下增多、增大，这是因为温度的升高加快了水分子的运动速度，同时也加快了水分子与有机物中羟基的结合速度，使大量的水分子吸附在膜材料表面，导致膜材料中的无机物的溶解性和有机物成膜性降低，这样就会在膜表面产生大量的孔隙和孔道。

3. BG 型包膜缓释尿素的空壳断面及表面微观结构特征

　　图 3-31、图 3-32、图 3-33、图 3-34 分别是 BG 型包膜缓释尿素在 25℃水中静置培养 30d 后，包膜空壳的断面、残留尿素与膜材料间的缝隙、放入水中前后膜材料表面的扫描电镜观察图。从图 3-31 中可以看出，膜材料与尿素颗粒间结合得比较紧密，在放大 200 倍的情况下，只能看见一条缝隙，说明膜材料与尿素颗粒间的结合不是简单的物理包被，有可能在包膜过程中，膜材料中羟基与尿素分子的氨基发生了化学反应，或者两者间形成氢键，增强了膜材料与尿素分子间的结合强度。将尿素与膜材料间的缝隙放大 2 000 倍，如

图 3-32 所示，膜材料与尿素肥料是交织在一起的，可能形成了新的化学键。对比图 3-33 和图 3-34 可知，浸水培养后包膜表面放大 2 000 倍，可见到膜表面细小的孔隙和气泡（气泡在合成包膜材料的过程中形成，所以在合成膜材料的过程进行消泡处理是极其必要的）。这些孔隙的产生导致包膜缓释尿素的氮素的溶出，随着孔隙和孔道的增多养分的溶出速率增大。

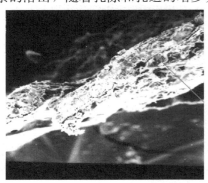

图 3-31　包膜缓释尿素的空壳断面
（×200）

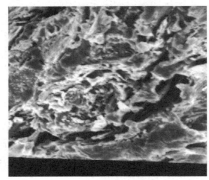

图 3-32　包膜缓释尿素膜与肥料间
的缝隙（×2 000）

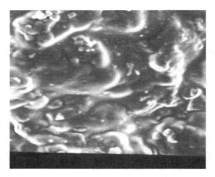

图 3-33　水培前包膜缓释尿素的膜
表面（×2 000）

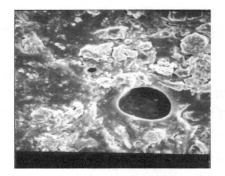

图 3-34　水培后包膜缓释尿素的膜
表面（×2 000）

八、包膜缓释肥料光谱分析

有机物的红外光谱能够提供丰富的物质结构信息，通过物质官能团红外光谱特征峰可以判断物质的化学结构，也可以通过化学结构的变化了解有机物之间是否发生了化学反应。然而一个物质的红外光谱一般具有多个吸收峰，不能对每一个吸收峰都给出解释，一般只对主要有机基团进行解释。红外光谱的 600～1 350 cm^{-1} 是物质红外光谱指纹区，指纹区峰形相同，表明处理前后是同一物质，没有发生化学反应；指纹区不同，表明处理前后不是同一物质，即发生了化学反应；指纹区的变化反映了处理前后物质化学结构的变化。虽然物质在红外光谱指纹区的特征吸收是物质整个分子或分子中一部分的特征，但可用于表征整个分子结构的变化。本研究分别对组成有机-无机复合物膜材料的原料、包膜缓释尿素的膜层材料进行了红外光谱分析。红外光谱图的横坐标是表示红外光的波数（cm^{-1}），纵坐标表示透光率。吸收强度越大，透光率就越小。

1. 聚乙烯醇-淀粉共混交联液改性前后的红外光谱图

从图 3-35 中可以看出，在波数为 3 300cm^{-1} 处出现一强吸收峰，为羟基（—OH）伸缩振动特征峰，透光率为 16%，说明共混交联液中含有大量的羟基；在波数为 1 630cm^{-1} 处，出现一肩峰，为杂环中的碳氧（C—O）键伸缩振动峰，其透光率为 42%；波数为 1 100cm^{-1} 处，出现一弱吸收峰，为非对称 C—O—C 键伸缩振动和 C—O 键伸缩及骨架振动吸收峰，透光率为 75%。采用尿素对聚乙烯醇-淀粉共混交联液进行改性，其改性后的红外光谱图见图 3-36。从图 3-36 中可以看出，与图 3-35 相比，在波数为 3 300cm^{-1} 处的羟基（—OH）伸缩振动特征峰变窄，吸收强度变小，透光率为 50%，透光率增加说明共混液中的羟基数量减少；在波数为 1 630cm^{-1} 处的杂环中的碳氧（C—O）键伸缩振动峰增大，透光率为 72%，波数为 1 100cm^{-1} 处的非对称 C—O—C 键伸缩振动和碳氧键伸缩及骨架振动吸收峰增大，透光率为 88%，说明碳氧（C—O）键数量减少；同时在波数为 1 420cm^{-1} 处出现一弱的吸收峰为氮氢（N—H）弯曲振动吸收峰，在 1 200cm^{-1}、1 300cm^{-1} 处出现较弱的峰为—CH$_2$OH 的—CH$_2$ 内部伸缩振动变形峰，波数为 1 050cm^{-1} 处出现一弱的吸收峰为碳氮（C—N）伸缩振动吸收峰；红外光谱图中峰形的变化和新峰的出现，都是物质内部结构发生变化的表现。结合提高膜材料耐水性的试验结果，进一步说明尿素聚乙烯醇-淀粉共混交联液能够提高耐水性。

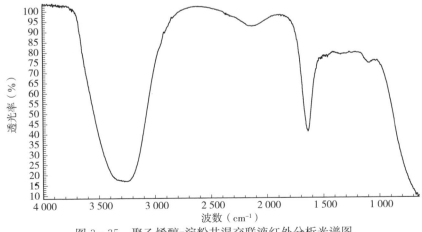

图 3-35　聚乙烯醇-淀粉共混交联液红外分析光谱图

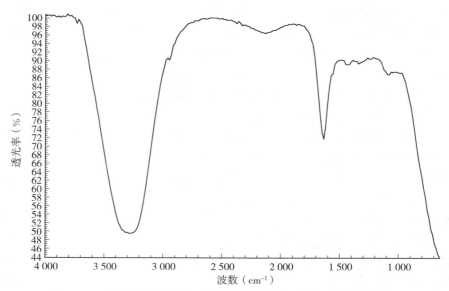

图 3-36　经尿素改性后聚乙烯醇-淀粉共混交联液红外分析光谱图

图 3-37 为硅藻土红外分析光谱图。

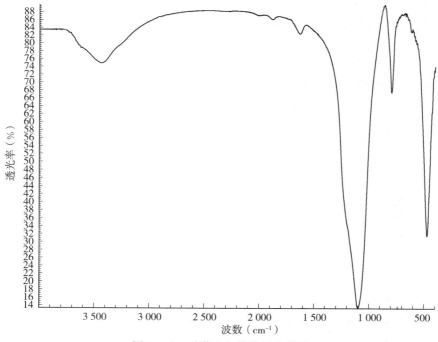

图 3-37　硅藻土红外分析光谱图

2. 包膜缓释尿素（BG）的膜材料红外光谱图

以波数为横坐标，以透光率为纵坐标得到的物质红外光吸收图谱，可以判读其分子的原子组成、空间分布及化学键的特性，也可以根据图谱的变化了解物质之间发生的化学反应（图3-38、图3-39）。

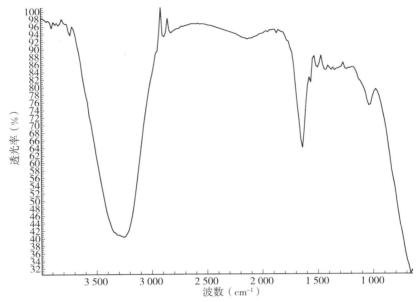

图3-38　有机-无机复合物包膜材料红外分析光谱图

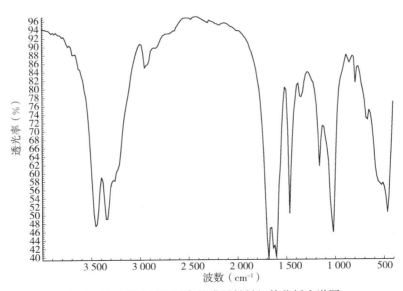

图3-39　包膜缓释尿素的膜层材料红外分析光谱图

将一定量的硅藻土加到改性后的聚乙烯醇-淀粉共混交联液中，制成有机-无机复合物包膜材料，其红外光谱图见图3-38。从图3-38中可以看出，该图不是图3-37（硅藻土红外光谱图）和图3-36的简单叠加，其峰形和峰高与原料均不同，说明两种物质在共混过程中发生了化学反应。在波数为2 800cm^{-1}处出现了一吸收峰，该峰为羟基受氢键作用而产生的吸收峰；共混后羟基的吸收峰增高，透光率下降为41%；与图3-36相比，透光率下降了8%，也是有机-无机共混后产生氢键的缘故，增强了膜材料中有机物和无机物的结合力，提高了膜材料的缓释性能。

从图3-38和图3-39中可以看出，两种肥料在指纹区（600～1 350cm^{-1}）的图谱特征完全不同，说明两者不是同一物质，即在肥料包膜过程中生成了新的化学键，产生了新的物质。有机-无机复合物中含有一定数量的羟基，被包肥料为尿素颗粒，其尿素中又含有大量的氨基，两者能够发生化学反应。也就是说，在肥料包膜的过程中，雾化后的包膜材料喷洒在尿素分子上后，两者发生了化学反应，产生了新的化学结构。

从图3-38、图3-39中还可以看出，有机-无机复合物包膜缓释尿素膜材料的红外光谱与有机-无机复合物膜材料相比，谱图变化明显，主要表现为新峰的出现和峰形的变化。在红外光谱中，波数3 422cm^{-1}处为羟基伸缩振动吸收峰；将有机-无机复合物材料包膜在尿素上，并对其膜层材料进行分析，发现在波数为3 422cm^{-1}处峰形变窄，强度变小，说明羟基数量在减少；在3 260cm^{-1}处又出现一新峰，为氨基的伸缩振动和氢键的伸缩振动峰，1 598cm^{-1}处的吸收峰归属于氨基的变形振动峰。在1 662cm^{-1}处和1 623cm^{-1}处新形成两个吸收峰，是酰胺基团和羰基的振动吸收峰，表明尿素分子中的部分官能团已经进入膜材料或与膜材料发生了化学反应，这些新峰的出现和峰强度的增强表明了膜材料与尿素分子在尿素颗粒表面发生了化学反应，使膜材料与尿素分子结合紧密，膜材料不易脱落，这是有机-无机复合物包膜尿素有效控制氮素释放的有力保证。

第三节　二氧化硅-改性聚乙烯醇包膜材料的制备及性能

聚乙烯醇经过3种有机物改性之后吸水率、应力、伸缩率有了改变，但是还不够理想，仍有很大的改善空间，而无机物经常被作为添加剂或者改性剂来影响聚合物膜材料的性能，并且一般少量的添加就能取得良好的效果。二氧化硅是一种常见的、天然的无机物，其来源广泛、价格低廉，逐渐被应用于膜材料的研究，所以本节内容主要研究引入无机物二氧化硅之后改性聚乙烯醇膜材料性能的变化。

一、试验材料与方法

1. 供试材料

（1）原料

二氧化硅，分析纯；聚乙烯醇（PVA），分析纯；草酸，分析纯；海藻酸钠，分析纯；壳聚糖，分析纯。

（2）试验膜材料

①纯聚乙烯醇膜材料，用 P 表示。

②草酸改性聚乙烯醇膜材料，用 O 表示。

③壳聚糖改性聚乙烯醇膜材料，用 C 表示。

④海藻酸钠改性聚乙烯醇膜材料，用 S 表示。

⑤二氧化硅-草酸-聚乙烯醇复合膜材料，用 Og 表示，按二氧化硅添加浓度（5g/kg、10g/kg、20g/kg）由低到高分为 3 种，分别用 Og1、Og2、Og3 表示。

⑥二氧化硅-壳聚糖-聚乙烯醇复合膜材料 Cg，按二氧化硅添加浓度（5g/kg、10g/kg、20g/kg）由低到高分为 3 种，分别用 Cg1、Cg2、Cg3 表示。

⑦二氧化硅-海藻酸钠-聚乙烯醇复合膜材料 Sg，按二氧化硅添加浓度（5g/kg、10g/kg、20g/kg）由低到高分为 3 种，分别用 Sg1、Sg2、Sg3 表示。

（3）仪器设备

主要包括有机高分子合成装置（三口瓶、电动搅拌器、冷凝管、恒温加热器），培养皿，ATR 附件德国布鲁克红外光谱仪、万分之一天平、扫描电子显微镜（SEM）SSX－550。

2. 试验方法

（1）膜材料的制备

取一定量的去离子水和聚乙烯醇加到装有电动搅拌器和回流装置的三口瓶中，开动搅拌，升温至 90℃，保温约 1h，使其完全溶解。降至反应温度，取一定量草酸（或海藻酸钠，或壳聚糖）置于聚乙烯醇溶液中，恒温反应一定时间，即得有机物改性聚乙烯醇溶液。在聚乙烯醇溶液中加入一定量的二氧化硅（5g/kg、10g/kg、20g/kg），在最优的恒温条件下反应一定时间，即得有机-无机物改性聚乙烯醇溶液。取一定量相同的溶液在玻璃培养皿上流延成膜。此外，取相同质量的聚乙烯醇和水，搅拌，升温到 90℃，保温至完全溶解，配成相应浓度的纯聚乙烯醇溶液，再制备成膜，作为对照。

（2）自然暴露试验

试验于 6 月 6 日至 10 月 5 日在沈阳农业大学实验室内进行。将上述不同类型的 13 种自制膜材料均剪成规格为 3cm×3cm 的方块，每块膜厚度在 0.1～0.3mm，称重，记录并将其编号。按照一定顺序于 45°暴晒架上进行暴露试验。每隔 15d 取样一次，共取 8 次，每次每种膜材料取 3 块，即重复 3 次，除去膜表面附着的灰尘，测定其质量变化情况。

（3）埋土试验

试验于 6 月 4 日至 10 月 3 日在沈阳农业大学试验大棚内进行。将上述不同类型的 13 种自制膜材料均剪成 3cm×3cm 的方块，每块膜厚度在 0.1～0.3mm，每个处理重复 3 次，编号，称重，记录。在同一时间，按照一定的顺序埋入预先做好准备的大棚土壤内，埋入土壤中的膜材料距离地面的深度大约为 10cm，用绳在土壤表面将每块膜材料隔开，以便日后取样时准确地分辨不同的膜材料。为保持土壤湿润，大约每隔 4～5d 浇水一次，每次以土壤完全湿润为宜，根据天气变化可适当调整浇水量。然后，按照顺序每隔 15d 取出一次膜材料，共 8 次，每个材料取 3 次重复。最后，用去离子水轻轻冲去附着在其表面的泥土，并在 50℃左右的烘箱中烘干至恒重，称重并测定其他指标。

3. 测定项目与方法

（1）吸水率的测定

将膜切成 3cm×3cm 的方块，设 48 个处理，每个处理取 3 块，即重复 3 次。将膜完全浸置于常温的去离子水中，浸泡 24h 后，用镊子取出，用滤纸吸干膜表面吸附的水，称重并计算吸水率，取平均值。吸水率计算公式如下：

$$W = \frac{G_2 - G_1}{G_1} \times 100\% \qquad (3-11)$$

式中，W 代表吸水率（%），G_1 代表膜的干质量（g），G_2 代表膜的湿质量（g）。

（2）应力和伸缩率的测定

将膜剪成约 9cm 长、0.8cm 宽的块状，记录其长 s、宽 w。将其一端固定，用数显拉力计缓慢测定直至膜断裂，记录拉力峰值 n 和断裂膜长度 s_1、s_2。每个处理重复 3 次。应力和伸缩率的公式分别如下：

$$\sigma = n/(s \times w) \qquad (3-12)$$
$$h = (s_1 + s_2)/s \qquad (3-13)$$

式中，σ 为应力（N/mm²），h 为伸缩率（%）。

（3）红外光谱的测定

采用 ATR 附件来测红外光谱，将样品剪成一小块之后去除表面的污渍，直接放在 ATR 附件中进行试验得到光谱图。

（4）质量变化的测定

用万分之一电子分析天平称量每个样品降解前后的质量，并利用其差值除以降解前质量求得降解率。样品设 3 次重复，求其平均值。降解率计算公式如下：

$$D = \frac{M_1 - M_2}{M_1} \times 100\% \qquad (3-14)$$

式中，D 为降解率（%），M_1 为膜材料原样的质量（g），M_2 为膜材料经自然暴露或埋土试验后的质量（g）。

（5）扫描电镜测试

取少量膜材料在扫描电镜观察载样台上，用离子溅射仪在样品表面溅射喷涂金粉，然后进行扫描电镜观察，记录扫描成像图，并比较降解前后膜材料表面的微观变化情况。

二、二氧化硅对吸水率的影响

表 3-11 是二氧化硅对吸水率影响的试验结果和方差分析。在草酸中加入二氧化硅使得改性的聚乙烯醇膜在水中浸泡后容易破裂分散，可知二氧化硅与草酸-聚乙烯醇结合较差，其黏结性变差，内部结构也发生了相应的变化，使得膜具有一定的不稳定性。

表 3-11　二氧化硅对吸水率的影响

处理	不同二氧化硅浓度下的吸水率（%）			
	0g/kg	5g/kg	10g/kg	20g/kg
$A_1B_3C_3D_3$	63.9	浸水破裂	浸水破裂	浸水破裂
$A_4B_2C_3D_1$	80.2	浸水破裂	浸水破裂	浸水破裂
$A_2B_1C_2D_3$	127.1	浸水破裂	浸水破裂	浸水破裂
$A_2E_1C_2D_3$	211.4	278.0**	264.2**	190.8
$A_4E_1C_4D_2$	220.6	307.2**	244.4	184.9
$A_4E_2C_3D_1$	264.8	281.5**	185.0**	184.8**
$A_3F_2C_4D_3$	92.5	110.7**	116.3**	97.2
$A_4F_1C_4D_2$	134.6	113.3	102.6*	115.0
$A_2F_1C_2D_3$	140.0	110.7**	107.6**	101.1**

注：**代表 1% 显著水平；*代表 5% 显著水平，下同。

分析海藻酸钠-聚乙烯醇添加二氧化硅的结果可知，吸水率均发生了变化，并且随着二氧化硅浓度的增加有先升高后降低的趋势，说明低浓度的二氧化硅使其吸水率增加，而高浓度的二氧化硅则能使其吸水率降低。由方差分析可知，吸水率较高的 $A_4E_2C_3D_1$ 在添加了 10g/kg 和 20g/kg 二氧化硅后吸水率下降最高，分别下降了 79.8% 和 80%，并且达到了显著水平，而其他吸水率下降的处理均没有显著差异。因为海藻酸钠改性聚乙烯醇本身吸水率很高，所以研究添加二氧化硅对其吸水率的影响有着重要的意义。

从表中可知，壳聚糖-聚乙烯醇添加二氧化硅后，吸水率受到了一定的影响，对于 $A_3F_2C_4D_3$ 处理，可能是因为其本身吸水率就只有 92.5%，所以添加了二氧化硅后其吸水率升高，根据方差分析结果可知，在二氧化硅浓度为 5g/kg、10g/kg 时，其差异到达了显著水平。而其他两个处理添加了二氧化硅后吸水率均下降了，并且在有些浓度下还达到了显著差异，特别是 $A_2F_1C_2D_3$ 处理，各个二氧化硅浓度水平的吸水率均与对照有显著差异，且二氧化硅浓度越高，吸水率越低。

三、二氧化硅对应力的影响

表 3-12 是二氧化硅对改性聚乙烯醇膜应力影响的试验结果和方差分析。从图中可知，除了个别处理外，引入二氧化硅均使膜材料的应力发生了显著变化，并且大部分的变化都是使应力降低。

表 3-12　二氧化硅对应力的影响

处理	不同二氧化硅浓度下改性聚乙烯醇膜的应力（N/mm²）			
	0g/kg	5g/kg	10g/kg	20g/kg
$A_1B_3C_3D_3$	25.2	17.7**	16.6**	19.5**
$A_4B_2C_3D_1$	21.6	35.3**	37.6**	25.4
$A_2B_1C_2D_3$	43.8	18.6**	21.9**	17.2**
$A_2E_1C_2D_3$	46.6	29.9**	22.2**	25.4**
$A_4E_1C_4D_2$	46.1	33.7**	25.8**	25.7**
$A_4E_2C_3D_1$	46.7	29.3**	15.3**	17.5**
$A_3F_2C_4D_3$	19.5	22.2*	19.3	17.4*
$A_4F_1C_4D_2$	32.8	19.6**	19.8**	18.8**
$A_2F_1C_2D_3$	32.5	17.8**	15.9**	14.2**

观察表中二氧化硅-草酸-聚乙烯醇膜的应力变化，对于 $A_1B_3C_3D_3$ 和 $A_2B_1C_2D_3$ 处理，二氧化硅的引入使得膜材料整体的应力下降，并且都达到了显著水平。而 $A_4B_2C_3D_1$ 处理，在 3 个不同的二氧化硅添加量下，应力均得到了提高，并且在 5g/kg 和 10g/kg 浓度条件下具有显著差异。说明不同于整体的趋势，在 $A_4B_2C_3D_1$ 的反应条件下，加入少量一定浓度的二氧化硅能够显著地增加改性聚乙烯醇膜的应力，以使其符合制作包膜肥料的要求。

分析表中二氧化硅-海藻酸钠-聚乙烯醇膜的应力变化情况可知，引入二氧化硅之后各个处理膜材料的应力都显著地下降了，其中 $A_4E_2C_3D_1$ 处理在添加 10g/kg 二氧化硅的条件下应力下降了 $31.4N/mm^2$，这是下降幅度最大的处理。这说明二氧化硅添加剂能够使海藻酸钠改性聚乙烯醇膜的应力显著地下降。

最后分析表中二氧化硅-壳聚糖-聚乙烯醇膜的应力变化。壳聚糖改性聚乙烯醇膜本身比较脆，应力较小。观察 $A_3F_2C_4D_3$ 处理，可以发现，添加了低浓度（5g/kg）的二氧化硅后，其膜的应力上升了 $2.7N/mm^2$，并且达到了 5% 的显著水平，说明添加低浓度的二氧化硅能够使本身应力较低的壳聚糖改性聚乙烯醇膜的应力有所上升。而另外两个应力相对较高的处理，在引入二氧化硅之后膜的应力均显著地下降了，并且二氧化硅浓度越高，应力越低。

四、二氧化硅对伸缩率的影响

二氧化硅对改性聚乙烯醇膜伸缩率的影响如表 3-13 所示。从表中可知，添加 10g/kg 和 20g/kg 的二氧化硅后，伸缩率均有所下降。二氧化硅-草酸-聚乙烯醇膜材料的伸缩率随着二氧化硅浓度的增加而降低，其中最大降低值是 45.5%，其处理是 $A_4B_2C_3D_1$。通过方差分析可知，除了 $A_1B_3C_3D_3$，其他两个处理添加二氧化硅后伸缩率均与没有添加二氧化硅的对照有显著差异。

表 3-13　二氧化硅对伸缩率的影响

处理	不同二氧化硅浓度下的伸缩率（%）			
	0g/kg	5g/kg	10g/kg	20g/kg
$A_1B_3C_3D_3$	108.6	105.1	104.5	103.5
$A_4B_2C_3D_1$	150.3	123.5**	118.4**	104.8**
$A_2B_1C_2D_3$	143.1	117.8**	115.3**	102.8**
$A_2E_1C_2D_3$	181.1	120.3**	108.4**	117.2**
$A_4E_1C_4D_2$	231.1	171.6*	184.7*	166.6*
$A_4E_2C_3D_1$	196.0	190.2	156.9*	157.9
$A_3F_2C_4D_3$	149.0	127.8	125.7	102.3*
$A_4F_1C_4D_2$	134.7	124.7	124.6	110.4**
$A_2F_1C_2D_3$	159.6	125.1**	129.3**	110.9**

分析表中二氧化硅-海藻酸钠-聚乙烯醇膜材料，从表中可知，二氧化硅使伸缩率均有所下降，其中下降最多的是 $A_2E_1C_2D_3$ 处理，最大值降低值为 72.7%，但是各个浓度间没有规律。通过方差分析可知，$A_2E_1C_2D_3$ 处理与对

照在 1‰水平上显著差异，$A_4E_1C_4D_2$ 处理与对照相比达到 5‰的显著性差异，而 $A_4E_2C_3D_1$ 处理与对照差异不显著。

分析二氧化硅-壳聚糖-聚乙烯醇膜材料的伸缩率，各个二氧化硅浓度水平下，伸缩率均有所下降，其中最大降低值为 $A_2F_1C_2D_3$ 处理的 48.7‰，各个二氧化硅浓度水平下伸缩率均与对照有显著差异；而其他两个处理，在 20g/kg 的二氧化硅浓度水平下伸缩率与对照有显著差异，但在其他两种浓度水平下，差异不显著。

五、二氧化硅对改性聚乙烯醇膜红外光谱的影响

图 3-40 是二氧化硅-草酸-聚乙烯醇的红外光谱特征曲线，从图中可以看出：加入二氧化硅之后复合膜材料在 $3\,300cm^{-1}$ 左右的峰值变化不大；在 $2\,800\sim2\,900cm^{-1}$ 处，除了二氧化硅浓度为 5g/kg 的膜峰值变大，其余均变化不大；在 $2\,300cm^{-1}$ 左右形成一个峰，分析应该是 Si—H 伸缩振动形成的吸收峰，这说明二氧化硅与聚乙烯醇发挥了一定的作用，有部分硅元素与聚乙烯醇结合改变了复合膜的结构，影响了聚乙烯醇分子之间和分子内的作用力，这也是图 3-39 红外吸收曲线变化的主要原因；在 $2\,300cm^{-1}$ 以下，各条吸收光谱带的峰位置基本没有变化，但是透光率发生变化，这也是添加了二氧化硅造成的（何乐年，2000）。

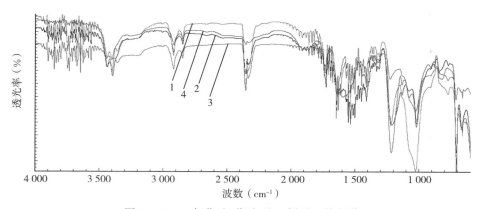

图 3-40　二氧化硅-草酸-聚乙烯醇红外光谱
1. 20g/kg 二氧化硅　2. 10g/kg 二氧化硅　3. 5g/kg 二氧化硅　4. 0g/kg 二氧化硅

图 3-41 是二氧化硅-海藻酸钠-聚乙烯醇红外光谱，通过观察分析发现引入二氧化硅基本没有改变海藻酸钠改性聚乙烯醇红外吸收峰的位置，但是光谱带的透光率和各个峰发生了明显的变化，说明引入二氧化硅影响了海藻酸钠改性聚乙烯醇分子之间和分子内的作用力，也使改性复合物的结构发生了变化。具体为引入二氧化硅后在 $3\,300cm^{-1}$、$2\,800\sim2\,900cm^{-1}$ 处的峰值稍微变低，

并且二氧化硅浓度越高，峰值越低；在 2 300cm^{-1} 处引入二氧化硅的处理因 Si—H 伸缩振动形成一个吸收峰；在 1 500～1 200cm^{-1} 范围内，引入二氧化硅处理的光谱带的透光率明显提高；在 1 090cm^{-1} 左右的峰变化不大。

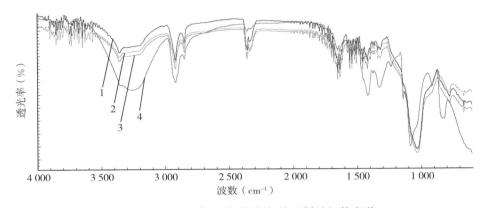

图 3-41　二氧化硅-海藻酸钠-聚乙烯醇红外光谱

1.20g/kg 二氧化硅　2.10g/kg 二氧化硅　3.5g/kg 二氧化硅　4.0g/kg 二氧化硅

　　图 3-42 是二氧化硅-壳聚糖-聚乙烯醇红外光谱，通过观察分析发现引入二氧化硅基本没有改变壳聚糖改性聚乙烯醇红外吸收峰的位置，光谱带的透光率发生变化，各个峰的大小也有所改变，但是变化幅度都不大，说明引入二氧化硅改变了壳聚糖改性聚乙烯醇复合膜的结构，但是相比于其他两种改性剂，影响程度不大。具体为引入二氧化硅后在 3 300cm^{-1}、2 800～2 900cm^{-1} 处的峰值稍微变低，并且二氧化硅浓度为 5g/kg 时，峰值最低；引入二氧化硅后在 2 300cm^{-1} 处形成一个峰，但是峰值很小；在 2 300cm^{-1} 以下位置各个光谱带相似，引入二氧化硅的处理透光率有少量增加，但是变化幅度不大。

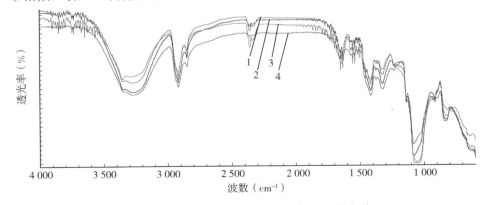

图 3-42　二氧化硅-壳聚糖-聚乙烯醇红外光谱

1.20g/kg 二氧化硅　2.10g/kg 二氧化硅　3.5g/kg 二氧化硅　4.0g/kg 二氧化硅

六、改性聚乙烯醇膜材料降解性评价

1. 膜材料经过不同条件培养后质量的变化

（1）自然暴露下膜材料质量的变化

图3-43为试验期内不同暴露时间下二氧化硅-草酸-聚乙烯醇复合膜材料的降解率。从图中可以看出，膜材料的降解率都呈现增加的趋势，其最大值都出现在第120天，说明随着时间的增加，聚乙烯醇膜材料的质量减小，降解率升高。比较膜O、膜Og和膜P可知，二氧化硅-草酸-聚乙烯醇复合膜材料的降解性较未改性的聚乙烯醇膜材料有了很大的提高。其中膜P的降解率最大值仅为6.06%，说明未改性的膜材料降解性较差。而膜O和膜Og降解率最大值分别为24.8%和21.5%，可以发现，添加了二氧化硅的膜Og相较于膜O降解率有所下降，说明二氧化硅的加入并没有提高草酸改性聚乙烯醇膜材料的降解性，这可能是由于二氧化硅使膜材料变得粗糙，致使灰尘等外来物质更容易附着于膜表面，很难清除，就会对降解后的膜材料造成较大影响；也有可能是二氧化硅起到了加固膜材料的作用，致使膜材料的降解性能变弱。

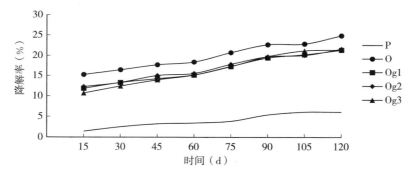

图3-43　不同暴露时间下二氧化硅-草酸-聚乙烯醇膜材料的降解率

图3-44为试验期内不同暴露时间下二氧化硅-海藻酸钠-聚乙烯醇复合膜材料的降解率。从图中可以看出，其规律与膜O系列相似，膜材料的降解率呈增加的趋势，其最大值也都出现在第120天，说明随着时间的增加，降解率升高，其最大值是膜S的17.7%。虽然膜S系列较对照降解率提高，但是低于膜O系列，并且在二氧化硅的各个浓度水平下，膜S系列的降解率均低于膜O系列。再观察膜S与膜Sg，可以发现，添加了二氧化硅的改性膜并没有提高降解性，而是降低了降解率，其中降解率最低的是膜Sg2的14.7%，较膜S降低了3%，达到了显著性差异水平，而各个二氧化硅水平下的改性膜降解率差异小，没有达到显著差异。综上所述，与膜O系列一样，二氧化硅的添加起到了加固膜材料的作用，也使得膜材料更易吸附外来物质，导致膜材料

的降解性降低，降解能力变差。

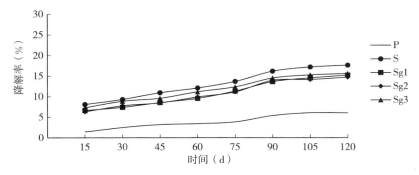

图 3-44　不同暴露时间下二氧化硅-海藻酸钠-聚乙烯醇膜材料的降解率

图 3-45 为试验期内不同暴露时间下二氧化硅-壳聚糖-聚乙烯醇复合膜材料的降解率。从图中可以看出，各个膜材料的降解率都随时间的增加而增加，最大值也都出现在第 120 天，但与膜 O 系列、膜 S 系列不同的是，从第 45 天开始，添加了二氧化硅的膜 Cg1 的降解率高于不添加二氧化硅的膜 C，并且在第 120 天达到了 20.3%，显著地高于膜 C 的 15.3%，但是膜 Cg2 和膜 Cg3 与膜 C 差别不大，这说明引入少量二氧化硅之后壳聚糖改性聚乙烯醇膜材料的降解性增强，这可能是由于少量二氧化硅的加入使得共混膜材料的紧密度降低，分子间作用力变弱，膜材料的降解性提高；而加入更多的二氧化硅膜材料的降解率虽然有所降低，但是差异不显著，说明二氧化硅提高壳聚糖改性聚乙烯醇膜材料降解率的作用是有限的，不是越多越好，而应该适量。

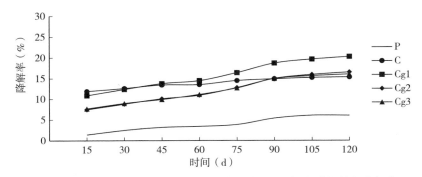

图 3-45　不同暴露时间下二氧化硅-壳聚糖-聚乙烯醇膜材料的降解率

（2）埋土试验条件下膜材料质量的变化

不同埋土时间条件下膜材料的降解率也可以由质量变化来反映，图 3-46 所示为二氧化硅-草酸-聚乙烯醇复合膜材料的降解率变化情况。首先观察对照膜 P，可以发现膜 P 的降解率随着时间的变化有所改变，但是整体的趋势还是随着时间的增加，降解率上升，其最大降解率出现在试验第120天（15.9%），降解率较低，说明纯聚乙烯醇膜材料在土壤中的降解能力差，降解速度较缓慢。但是从图3-46中又可以看出，埋土第15天时膜P的降解率就达到7.9%，这是因为进行埋土试验后膜材料上会附着很多土和杂质，需要先用去离子水清洗，之后再烘干称重，这一过程必然会造成一定的误差，尤其是在样品质量较小的情况下，细微的质量差异都容易引起较大误差。所以可以肯定的是在实际情况下，对照膜P在试验初期并没有这么高的降解率。

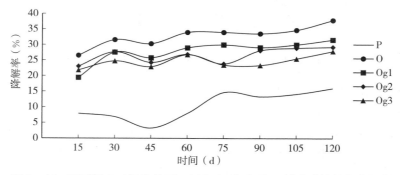

图3-46　不同埋土时间条件下二氧化硅-草酸-聚乙烯醇膜材料的降解率

从图3-46中还可以看出，膜O和膜Og系列均发生了降解，并且随着埋土时间的增加，降解率会出现一定的波动。但是整体的趋势还是与对照相似，随着时间的增加，降解率呈现上升的趋势，并且在试验最后一次取样时达到最大，其中膜O的最大降解率为37.8%，膜Og系列的最大降解率为Og1的31.5%。这说明改性之后，二氧化硅-草酸-聚乙烯醇复合膜材料的降解率较对照有了很大的提高，这可能是由于在土壤中存活着一定的微生物，而改性膜材料中引入了多种基团，如羧基可促进溶菌酶在膜表面的吸附，从而有利于溶菌酶发挥其生物降解性能，从而促进了生物对膜材料的利用，这就增加了膜材料的降解率（赵劲彤，2009）。比较膜O和膜Og系列，可以发现，膜O的降解率高于膜Og系列，这说明引入二氧化硅并没有提高膜材料的降解率，这与暴露试验的结果一致，这可能是因为二氧化硅使得膜材料更加坚固，而表面的二氧化硅也阻碍了微生物利用膜材料进行代谢活动，这也从一方面降低了膜材料的降解率。比较膜Og1、膜Og2、膜Og3，可以发现从埋土第30天开始，膜Og1降解率最高，膜Og2次之，膜Og3最差，这说明在试验条件下，二氧化硅浓度越大，复合膜材料的降解率越低，这也从另一个角度反映了二氧化硅降低了草酸改性聚乙烯醇复合膜材料的降解率。

二氧化硅-海藻酸钠-聚乙烯醇膜材料在不同埋土时间条件下的降解率变化情况如图3-47所示。分析图3-47可知，二氧化硅-海藻酸钠-聚乙烯醇膜材料的降解率优于未改性的纯聚乙烯醇膜材料，这说明复合膜材料的降解性能提高了。从图 3-47 中还可以看出，膜 S、膜 Sg 系列与膜 O、膜 Og 系列降解率的变化规律类似，也是随着时间的增加呈上升的趋势，并且在第 120 天达到最大值，其中膜 S 的最大降解率为 33.9%，膜 Sg1、Sg2、Sg3 的最大降解率分别为 25.6%、25.3%、27.6%。膜材料降解率的提高，可能是因为海藻酸钠与聚乙烯醇发生化学反应，改变了膜材料的结构和性质，也可能是因为海藻酸钠引入了大量的基团，包括羰基，促进了微生物的生命活动，促进微生物利用膜材料进行代谢活动，从而提高了膜材料的降解性。比较膜 S 和膜 Sg 系列可知，未添加二氧化硅的膜材料降解率较高，这说明引入二氧化硅使得膜材料的降解性能降低了，这与暴露试验的结果相一致，可能是由于二氧化硅加固了膜材料，对膜材料形成保护，不利于微生物的分解利用。

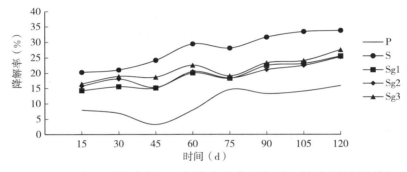

图 3-47　不同埋土时间条件下二氧化硅-海藻酸钠-聚乙烯醇膜材料的降解率

　　二氧化硅-壳聚糖-聚乙烯醇膜材料在不同埋土时间条件下的降解率变化情况如图 3-48 所示。从图 3-48 中可以直观地看出，二氧化硅-壳聚糖-聚乙烯醇膜复合材料的降解率要优于未改性的纯聚乙烯醇膜材料 P，并且随着时间的增加，降解率呈现上升的趋势。与草酸、海藻酸钠改性聚乙烯醇膜材料降解率不同的是，添加了 5g/kg 二氧化硅的膜 Cg1 的降解率达到了 31.8%，远高于未添加二氧化硅的膜 C 的 22.4%，说明添加了少量二氧化硅的壳聚糖改性聚乙烯醇膜材料的降解能力增强，这可能是因为二氧化硅的引入使得共混膜的结构发生变化，膜材料变得更加的松散，分子间作用力减弱，从而使复合膜材料的降解性能得到增强。

　　而添加 10g/kg 和 20g/kg 的膜 Cg2、膜 Cg3 的降解率与膜 C 相差不大，这可能是由于过量的二氧化硅附着在膜表面，大大阻碍了微生物分解利用膜材料，当这种阻碍作用大于二氧化硅对降解性能的促进作用时，改性复合膜材料的降解率反而降低了，这也是膜 C 的降解率高于膜 Cg3 而低于膜 Cg2 的原因。综上所述，与暴露试验的结果相似，引入少量的二氧化硅可以提高壳聚糖改性聚乙烯醇膜材料的降解性能，但是过量的二氧化硅则会降低膜材料的降解性

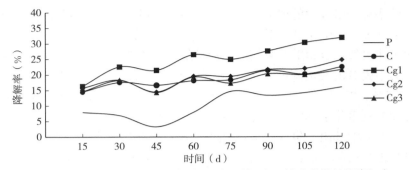

图 3-48　不同埋土时间下二氧化硅-壳聚糖-聚乙烯醇膜材料的降解率

能，所以在实际的应用中必须综合考虑，在二氧化硅的引入中要做到既增强降解性能，又节约物资。

2. 膜材料经过不同条件培养后红外吸收光谱的变化

（1）膜 O 和膜 Og2 在不同培养条件下红外吸收光谱的变化

膜 O 经过暴露试验和埋土试验后红外吸收光谱的变化情况如图 3-49 所示，从图 3-49 可以看出膜 O 在自然暴露、埋土培养条件下，培养前后主要的红外吸收峰位置几乎没有发生变化，但是经过自然暴露、埋土后，膜材料的透光率有一定的提高，也就是说一些官能团的数量减少，膜 O 发生了降解，且埋土比自然暴露对膜 O 的降解作用更明显。在 3 300cm^{-1} 和 2 800～2 900cm^{-1} 处的峰为羟基的伸缩振动吸收峰，经过埋土和自然暴露后，其峰值明显降低，说明羟基发生了降解。1 750cm^{-1} 处的峰为 C＝O 的伸缩振动峰，发现经过埋土试验和自然暴露后这个峰基本消失，说明 C＝O 减少了很多，这是由发生降解时的氧化作用和微生物作用导致的，而 1 650cm^{-1} 处和 1 200cm^{-1} 左右的峰值的降低也是由这两个作用导致的。

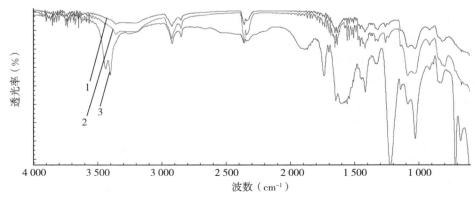

图 3-49　膜 O 的红外光谱

1. 膜 O 经埋土培养后的红外光谱　2. 膜 O 经自然暴露后的红外光谱　3. 膜 O 原样红外光谱

图 3-50 是膜 Og2 经过暴露试验和埋土试验后的红外光谱变化情况。由图可知，与膜 O 类似，经过自然暴露和埋土后，红外光谱图显示吸收峰的位置基本不变，但膜材料的透光率提高，说明膜 Og2 发生了降解。经过自然暴露和埋土后在 3 300cm⁻¹ 和 2 800～2 900cm⁻¹ 处的吸收峰显著降低，说明羟基官能团发生了降解，但是与膜 O 不同，两种降解方式的下降程度差异不大。在 2 300cm⁻¹ 左右处的峰值也大大降低，说明 Si—H 键断裂，部分硅元素脱离了聚乙烯醇分子，这是由自然暴露的光解或者埋土时候微生物的作用造成的。在 2 300cm⁻¹ 以下的光谱带，膜 Og2 与膜 O 类似，经过试验后各个峰值降低，透光率提高，并且在提高程度上，埋土试验高于自然暴露试验。

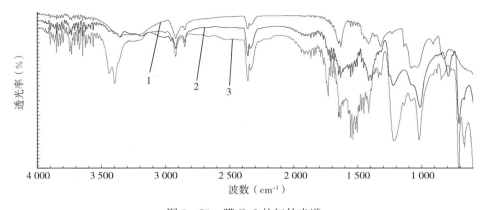

图 3-50　膜 Og2 的红外光谱
1. 膜 Og2 经埋土培养后的红外光谱　2. 膜 Og2 经自然暴露后的红外光谱　3. 膜 Og2 原样红外光谱

（2）膜 S 和膜 Sg2 在不同培养条件下红外吸收光谱的变化

膜 S 经过自然暴露和埋土试验后的红外光谱如图 3-51 所示。可以看出膜 S 经过自然暴露和埋土后，其主要基团红外吸收峰的位置基本没有发生改变，但是透光率明显提高了，说明某些官能团的数量减少了，即膜 S 发生降解。从图中还可以看出，经过埋土试验的膜材料的透光率比经过自然暴露试验的膜材料要好，这在一定程度上说明了对于膜 S，埋土试验降解率要高于自然暴露试验。在 3 300cm⁻¹ 和 2 800～2 900cm⁻¹ 处的峰值下降，说明羟基减少。在 1 650cm⁻¹、1 400cm⁻¹ 左右的峰值均下降，说明 C—O、—CH₃ 的数量减少，这说明膜 S 发生了光氧化反应或者被微生物利用降解了。

图 3-52 是膜 Sg2 经过暴露试验和埋土试验后的红外光谱变化情况。从图中可以看出，膜 Sg2 经过自然暴露和埋土后，主要基团的红外吸收峰位置基本没有变化，有些峰值降低了，但是有些没有改变，整体而言，红外光谱的透光率增强了，说明膜 Sg2 发生了一定的降解。在 3 300cm⁻¹、2 800～2 900cm⁻¹、

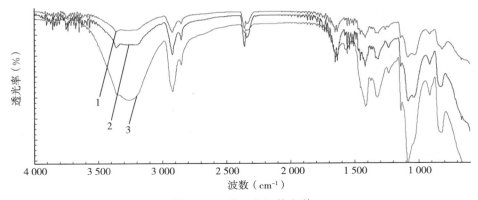

图 3-51 膜 S 的红外光谱

1. 膜 S 经埋土培养后的红外光谱 2. 膜 S 经自然暴露后的红外光谱 3. 膜 S 原样红外光谱

$1\,400\text{cm}^{-1}$、$1\,300\text{cm}^{-1}$左右的峰值都降低了，说明羟基、—CH₃ 等基团的数量减少了，膜 Sg2 在阳光和土壤以及微生物的作用下发生了部分降解。而在 $2\,300\text{cm}^{-1}$左右处的峰基本没有变化，说明膜 Sg2 中的硅元素基本没有降解。

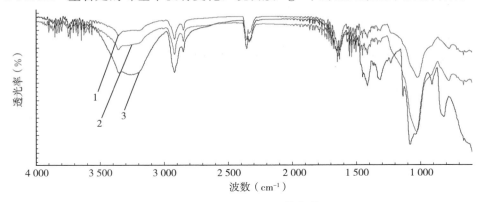

图 3-52 膜 Sg2 的红外光谱

1. 膜 Sg2 经埋土培养后的红外光谱 2. 膜 Sg2 经自然暴露后的红外光谱

3. 膜 Sg2 原样红外光谱

（3）膜 C 和膜 Cg2 在不同培养条件下红外吸收光谱的变化

膜 C 经过自然暴露和埋土试验后的红外光谱如图 3-53 所示。分析可知，膜 C 经过自然暴露和埋土试验后，其主要红外吸收峰的位置没有发生变化，但是峰值的大小和透光率发生了波动。自然暴露和埋土试验后，在 $3\,300\text{cm}^{-1}$处的峰值变小，在 $2\,800\sim2\,900\text{cm}^{-1}$处的峰值没有变化，说明部分羟基减少，膜 C 发生了降解；在 $2\,300\text{cm}^{-1}$左右和 $1\,650\text{cm}^{-1}$处的峰值变大，这可能是样品被污染或者空气中的二氧化碳所导致的；在大于 $1\,500\text{cm}^{-1}$的波段，经过自然暴露和埋土试验后膜 C 的透光率均大于原样，这也说明膜 C 发生了一定的降解。

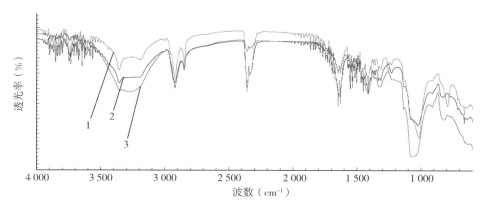

图 3 - 53　膜 C 的红外光谱

1. 膜 C 经埋土培养后的红外光谱　2. 膜 C 经自然暴露后的红外光谱　3. 膜 C 原样红外光谱

　　图 3 - 54 是膜 Cg2 经过暴露试验和埋土试验后的红外变化情况。从图中可以看出，经过埋土试验后膜 Cg2 的透光率最大，自然暴露试验次之，原样最小，并且各个处理膜 Cg2 峰的位置基本没有变化，只是峰值变了。与膜 C 不同的是，经过自然暴露和埋土试验后，在 3 300cm^{-1}、2 800～2 900cm^{-1}、2 300cm^{-1}、1 650cm^{-1} 等处的峰值均下降了，这说明羟基、Si—H、C＝O 等官能团的数量均有所减少，即膜 Cg2 发生了降解，说明引入二氧化硅之后膜 Cg2 的降解性能好了，这可能是由于二氧化硅使壳聚糖和聚乙烯醇共混膜变得更加松散，出现部分孔隙，有利于微生物的侵蚀和分解，提高了膜的降解率（李萍，2008）。上述试验结果也与质量变化试验中的结果一致。

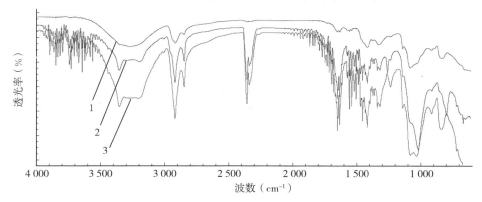

图 3 - 54　膜 Cg2 的红外光谱

1. 膜 Cg2 经埋土培养后的红外光谱　2. 膜 Cg2 经自然暴露后的红外光谱　3. 膜 Cg2 原样红外光谱

3. 膜材料经过埋土试验后表面微观结构的变化

（1）膜 O 和膜 Og2 经过埋土试验后表面微观结构的变化

图 3-55、图 3-56 是膜 O 和膜 Og2 放大 1000 倍后的表面微观结构。由图 3-55A 可知膜 O 原样表面较为光滑、平整、仅有少量突起物。而由图 3-55B 可知，经过 120d 埋土试验后膜 O 表面出现裂缝，变得粗糙、凹凸不平，并且组织结构松散，这说明膜 O 确实发生了降解。再观察图 3-56，可以发现，膜 Og2 原样较膜 O 原样表面多了很多片状物质，但还较为平整，并没有大量凸起物质，这是由二氧化硅附着在表面造成的。经过 120d 埋土试验的膜 Og2 表面也出现部分凸起，但是没有裂缝，粗糙程度也不如与膜 O 埋土后的情况，这说明膜 Og2 发生了降解，但是降解程度不如膜 O。

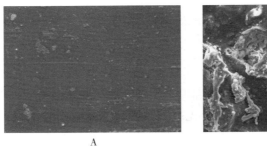

A   B

图 3-55　膜 O 表面微观结构

A. 膜 O 原样表面微观结构（×1000）　B. 膜 O 埋土后微观结构（×1000）

A   B

图 3-56　膜 Og2 表面微观结构

A. 膜 Og2 原样表面微观结构（×1000）　　B. 膜 Og2 埋土后微观结构（×1000）

（2）膜 S 和膜 Sg2 经过埋土试验后表面微观结构的变化

图 3-57 是膜 S 放大 1000 倍之后的表面微观结构，图 3-57A 是膜 S 原样，图 3-57B 是经过 120d 埋土试验的膜 S。分析图 3-57 可知，膜 S 原样表面光滑，仅有少量凸起物，说明海藻酸钠与聚乙烯醇反应较为完全，得到了目标产物，而经过 120d 土埋试验后，膜 S 表面变粗糙，并出现一些凸起物，但

是程度不大，也没有出现裂缝或者孔隙。

A　　　　　　　　　　　　　B

图 3-57　膜 S 表面微观结构

A. 膜 S 原样表面微观结构（×1 000）　B. 膜 S 埋土后微观结构（×1 000）

图 3-58 是引入了二氧化硅的膜 Sg2 放大 1 000 倍之后的表面微观结构，其中图 3-58A 是 Sg2 原样，而图 3-58B 是 120d 土埋试验后的膜 Sg2。观察比较图 3-57A 和图 3-58A 可知，膜 Sg2 原样较膜 S 原样表面变得粗糙，也出现了大量凸起物，但是没有裂缝，整体结构也较为紧密，这说明引入二氧化硅后海藻酸钠改性聚乙烯醇结构发生改变，并且有大量的二氧化硅紧密附着在复合物膜的表面，使得膜表面积增大，膜表面变粗糙。比较图 3-58A 和图 3-58B 可知，经过 120d 埋土试验后膜 Sg2 表面变得更加凹凸不平，并且在凸起物之间也出现了一些孔洞，但是不明显，在粗糙度上与原样相比也变化不大，说明膜 Sg2 发生了一定的降解，但是降解的程度不大，也处于降解的初级阶段。

A　　　　　　　　　　　　　B

图 3-58　膜 Sg2 表面微观结构

A. 膜 Sg2 原样表面微观结构（×1 000）　B. 膜 Sg2 埋土后微观结构（×1 000）

（3）膜 C 和膜 Cg2 经过埋土试验后表面微观结构的变化

膜 C 放大 1 000 倍之后的表面微观结构如图 3-59 所示，由图中可知，膜 C 原样表面极为光滑，几乎没有凸起物，而经过 120d 埋土试验后的膜 C 表面变得粗糙，并且有大量凸起物，说明膜 C 发生了一定的降解。

图 3-60 是膜 Cg2 放大 1 000 倍之后的表面微观结构，分析比较图 3-60A 和图 3-59A 可知，膜 Cg2 原样表面较为光滑，但是有少量凸起物，这是由引入的二氧化硅附着在膜表面导致的。经过 120d 埋土降解后的膜 Cg2 表面变得极为粗糙，出现很多大大小小的凸起物，各个凸起物之间出现很多孔隙，与图 3-59B 比较，膜 Cg2 的粗糙程度更大，孔隙、凸起物更多，整体结构也更加松散，因此推断膜 Cg2 经过 120d 埋土后发生了降解，并且降解的程度（即降解率）要高于膜 C，这个结果与前一部分质量变化和红外光谱分析的研究结果一致。

A   B

图 3-59 膜 C 表面微观结构

A. 膜 C 原样表面微观结构（×1 000）   B. 膜 C 埋土后微观结构（×1 000）

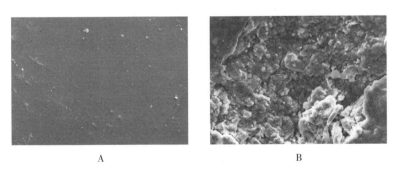

A   B

图 3-60 膜 Cg2 表面微观结构

A. 膜 Cg2 原样表面微观结构（×1 000）   B. 膜 Cg2 埋土后微观结构（×1 000）

第四节　硅藻土-改性聚乙烯醇包膜材料的制备及降解性

本节内容研究了将硅藻土分别加入环氧树脂、柠檬酸改性的聚乙烯醇溶液制备的膜材料。通过膜材料浸水试验研究了硅藻土对膜材料耐水性的影响，通过自然环境暴露试验、埋土试验及田间试验探讨膜材料的降解性，并利用红外光谱和扫描电镜对其表面微观结构变化进行分析。

一、试验材料与方法

1. 供试材料

（1）原料

聚乙烯醇，聚合度为 1 750，化学分析纯，天津市科密欧化学试剂有限公司生产；环氧树脂，型号为 WSR 6101，化学分析纯，蓝星化工新材料股份有限公司无锡树脂厂生产；一水合柠檬酸，化学分析纯，国药集团化学试剂有限公司生产；硅藻土，过 0.150mm 筛。

（2）试验膜材料

①一种柠檬酸改性聚乙烯醇膜材料 C。

②一种环氧树脂改性聚乙烯醇膜材料 H。

③柠檬酸-聚乙烯醇-硅藻土复合膜材料 Cg，其为以不同浓度和配比制备的膜材料，可用 7 种，分别用 Cg1、Cg2、Cg4、Cg6、Cg7、Cg8、Cg9 表示。

④环氧树脂-聚乙烯醇-硅藻土复合膜材料 Hg，其同样为以不同浓度和配比制成的膜材料，共用 9 种，分别用 Hg1～Hg9 表示。

（3）仪器设备

有机高分子聚合物合成装置，包括三口瓶、电动搅拌器、冷凝管、恒温水浴锅、恒温加热器。高精度土壤水分测量仪 HH2，北京澳作生态仪器有限公司生产；傅里叶变换红外光谱仪（FTIR）DKHX 3 - 1；万分之一天平；扫描电子显微镜（SEM）SSX - 550，日本岛津公司生产。

2. 试验设计与方法

（1）膜材料的制备

根据改性聚乙烯醇的最佳方案，配制 3 种不同浓度的改性聚乙烯醇溶液，用改性聚乙烯醇和硅藻土以不同配比合成复合膜材料。按照 L_9（3^2）完全组合设计进行试验。

取一定量聚乙烯醇和去离子水，将其分别加到装有电动搅拌器和回流装置的三口瓶中。开动搅拌，升温至 90℃，保温至其完全溶解，约 1h 左右，即得一定浓度聚乙烯醇溶液。降温至反应温度，加快搅拌速度，取一定量环氧树脂（或柠檬酸）置于聚乙烯醇溶液中，如果采用柠檬酸作为改性物质，搅拌速度控制在 150r/min，如果采用环氧树脂作为改性剂，搅拌速度控制在 200r/min，恒温反应一定时间，即得改性聚乙烯醇溶液。继续对制得的 2%、5%、8% 3 种低、中、高浓度的改性聚乙烯醇溶液进行搅拌，并加入一定量的硅藻土，其中向环氧树脂改性聚乙烯醇溶液中添加的硅藻土量分别为 0.8%、1.6%、3.2%（按聚乙烯醇溶液质量计），而向柠檬酸改性聚乙烯醇溶液中添加的硅藻土的量分别为 0.5%、1.5%、2.5%（按聚乙烯醇溶液质量计）。而后再反应约1h，制成有机-无机共混液，并将其流延成膜，经环氧树脂改性的聚乙烯醇溶液添加硅藻土制备的有机-无机复合膜，用代号 Hg 表示；经柠檬酸改性的聚乙烯醇溶液添加硅藻土制备的有机-无机复合膜，用代号 Cg 表示。此外，环氧树脂改性聚乙烯醇膜材料用代号 H 表示，柠檬酸改性聚乙烯醇膜材料用 C 表示。

（2）自然暴露试验

试验于 5 月 17 日至 9 月 30 日在沈阳农业大学科研基地进行。将不同类型、不同浓度和配比的 21 种自制膜材料均剪成 2cm×2cm 的方块，每块膜厚度为 0.1～0.3mm，编号，称重，记录。按照一定顺序于 45°暴晒架上按GB/T 3681—2011 进行暴露试验。第一次取样为自然暴露 20d 后，随后每隔一段时间取一次样，共取 7 次，每次每种膜材料取 3 块，用毛刷轻扫膜表面附着的灰尘。测定各指标变化情况。

（3）埋土试验

试验于 4 月 23 日开始，9 月 14 日结束。将不同类型、不同浓度和配比的 21 种自制膜材料剪成 2cm×2cm 的方块，每块膜厚度在 0.1～0.3mm，编号，称重，记录。将同一时间取样的不同膜材料埋入同一预先装好土壤的盆中，其口径为 42cm，底径为 23.5cm，高为 38cm。土壤深度约为 30cm。将 2cm×2cm 的膜材料称重后按照一定顺序埋入土中，膜材料距表层土壤约 10cm。并且在塑料盆边缘标明膜材料的代号，以便日后准确取样。埋设 10cm 长的地温计，每 3～5d 记录一次温度，同时浇灌适量自来水保证土壤润湿，利用高精度土壤水分测量仪 HH2 测量土壤水分含量。当土壤含水量小于 10% 时，浇灌的水量要大些，当测定值大于 20 时，可适当减少浇灌量，保证土壤润湿即可。然后定期取出膜材料样品，每次每种膜材料取 3 块，共取 10 次。用去离子水轻轻冲去附着在其表面的泥土，并在 50℃ 左右的烘箱中烘干至恒重，最后称重并测定其他指标。

3. 测定项目与方法

（1）膜材料吸水性的测定

参照 GB/T 1034—2008，将膜完全浸置于（20±2）℃的去离子水中，浸泡 24h 后，用镊子小心取出，用滤纸吸干膜表面吸附的水，称重并计算吸水率。每一处理重复 3 次，取平均值，吸水率计算公式如下：

$$W = \frac{G_2 - G_1}{G_1} \times 100\% \qquad (3-15)$$

式中，W 为吸水率（%），G_1 为膜的干质量（g），G_2 为膜的湿质量（g）。

（2）外观

肉眼观察或用照相机拍摄不同时间的膜材料的外观。

（3）质量

用万分之一电子分析天平称量。称量每个样品降解前后的质量，并利用其差值除以降解前质量求得降解率。样品设 3 次重复，求其平均值。降解率计算公式如下：

$$D = \frac{M_1 - M_2}{M_1} \times 100\% \qquad (3-16)$$

式中，D 为降解率（%），M_1 为膜材料原样的质量（g），M_2 为膜材料自然暴露或埋土试验后的质量（g）。

（4）红外光谱测试

用 DKHX 3-1 型傅里叶变换红光光谱仪（FT-IR）绘出红外光谱图，并对降解前后膜材料的图谱进行比较。

（5）扫描电镜测试

利用 SSX-550 型扫描电子显微镜（SEM）进行试验。取少量膜材料和包膜肥料样品粘在扫描电镜观察载样台上，用离子溅射仪在样品表面溅射喷涂金粉，而后进行扫描电镜观察，并记录扫描成像图。

二、膜材料吸水性研究

以改性聚乙烯醇-硅藻土复合膜的吸水率为考察指标，按照 L_9（3^2）完全组合设计进行试验，研究结果如表 3-14 所示。利用 SPSS 软件对环氧树脂-聚乙烯醇-硅藻土复合膜 Hg 的吸水率 $\overline{W_1}$ 及柠檬酸-聚乙烯醇-硅藻土复合膜材 Cg 的吸水率 $\overline{W_2}$ 进行单因素方差分析。

表 3-14 合成改性聚乙烯醇-硅藻土复合膜材料试验方案和结果

试验号	改性聚乙烯醇浓度（%）	硅藻土用量（%）	$\overline{W_1}$（%）	$\overline{W_2}$（%）
1	1（高）	1（高）	114g	117b
2	1（高）	-1（低）	138e	133a
3	-1（低）	1（高）	—	—
4	-1（低）	-1（低）	232a	123b
5	-1（低）	0（中）	205b	—
6	1（高）	0（中）	144e	108c
7	0（中）	-1（低）	176c	135a
8	0（中）	1（高）	155d	76d
9	0（中）	0（中）	128f	108c

注："—"表示不存在；不同字母表示不同处理间差异达到 5% 显著水平。

从表 3-14 中可以看出，除了处理 2 和处理 6 之间差异不显著，复合膜 Hg 系列中其他所有膜材料的吸水率间均存在显著差异，且膜材料 Hg1 的吸水率最低，为 114%。不同浓度和硅藻土添加量的复合膜材料 Hg 的吸水率不同，且差异较大。改性 PVA 浓度相同，硅藻土添加量不同，复合膜材料 Hg 的吸水率差异明显；不同浓度的改性 PVA 溶液，相同的硅藻土添加量，膜材料 Hg 的吸水率差异显著。同时，对于高浓度（8%）的改性 PVA，复合膜材料 Hg 的吸水率随硅藻土用量的增加呈现先升高再降低的趋势，且在硅藻土的含量最高时，吸水率最低。而对于浓度为 5% 的改性 PVA，复合膜的吸水率随硅藻土的增加呈现先降低再升高的趋势。低浓度（2%）PVA 的复合膜吸水率的变化与中等浓度的相似。这是由于一定量的硅藻土可以起到交联剂的作用，使吸水性降低。但是，随着硅藻土添加量的增加，因其表面富含羟基（—OH）、羧酸钠基（—COONa）及羧基（—COOH）等基团，而这些基团的协同作用会增大膜材料的吸水率，因此膜材料 Hg 的吸水率有一定的提高。然而随着硅藻土添加量的继续增加，其网格点大大增加，交联密度进一步提高，抑制了由羧基阴离子排斥所引起的分子扩张，使膜材料吸水率下降，因而吸水率又随硅藻土的增加而下降。但是，如果硅藻土的添加量占比过大，共混液中的主要成分就变成了硅藻土，膜材料的吸水性再次提高，这也是中、低浓度复合膜吸水率变化趋势的影响因素。

另外，对于中、低浓度的改性 PVA 溶液，硅藻土的添加量较大时，膜材料难以从表面皿上揭下，且即便是取下膜，培养皿上也会残留少量的膜。此外，改性液浓度为 2%、硅藻土添加量为 3.2% 的膜材料 Hg2，取样浸水后大部分溶解，无法取出完整的复合膜，即不能计算出膜材料的吸水率。

由表 3-14 还可以看出，复合膜 Cg 多数处理间的吸水率均存在显著差异，且膜 Cg8 即处理 8 的吸水率最低，为 76%。对于浓度为 8% 的改性 PVA，膜材料的吸水率随硅藻土添加量的增加而呈现先降低再升高的趋势；而对于浓度为 5% 的改性 PVA，其吸水率随硅藻土添加量的增加呈现下降的趋势，且 0.5% 与 2.5% 的硅藻土添加量间吸水率相差 59%；2% 的柠檬酸酯化改性 PVA 溶液，仅有添加 0.5% 硅藻土的处理可以取得膜材料样品，1.5%、2.5% 硅藻土添加量的膜，无法从培养皿表面取下，因此无法测定处理 3 和处理 5 的吸水率。此外，还可以发现，对于膜材料 Cg，有机改性聚乙烯醇溶液浓度的高低对复合膜材料吸水率的影响较小，硅藻土的添加量对其影响较大。

三、膜材料在不同培养条件下外观的变化

1. 自然暴露条件下膜材料的外观变化

随着自然暴露试验的进行，各种试验膜材料因光照、风蚀等自然作用而变

干、变脆。膜材料表面附着许多灰尘，有些用毛刷也无法清除，膜材料的光泽度、透明度降低。在试验期间，膜材料并没有破碎成小块，而是较完整地呈现在暴露架上。此外，从外观上来看，各种膜材料之间均没有显著差异。以环氧树脂-聚乙烯醇-硅藻土复合膜材料系列中 Hg7 原样与其自然暴露 135d 后的图像为例，呈现试验前后膜材料降解情况（图 3 - 61、图 3 - 62）。

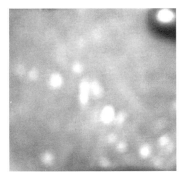

图 3 - 61　复合膜材料 Hg7 原样　图 3 - 62　自然暴露试验进行 135d 后的膜材料 Hg7

2. 埋土培养条件下膜材料的外观变化

埋土试验中，各种膜材料的外观随着试验时间的延长变化均不明显。膜材料没有出现裂缝或者破碎，其光泽度略有下降。部分柠檬酸-聚乙烯醇-硅藻土复合膜材料被植物的根系穿过，但从外观上来看，并没有比其他未被植物根系穿过的膜降解得好。以柠檬酸-聚乙烯醇-硅藻土复合膜材料系列中 Cg7 的原样及其埋土试验 145d 后的图像为例，呈现试验前后膜材料的降解情况（图 3 - 63、图 3 - 64）。

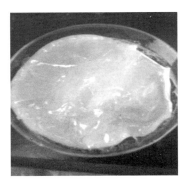

图 3 - 63　复合膜材料 Cg7 原样　图 3 - 64　埋土试验进行 145d 后的膜材料 Cg7

综上所述，根据外观可粗略了解膜材料的降解情况，可在粗略评价膜材料降解性能时作为参考，而具体的降解情况及降解程度还需通过其他指标进一步分析讨论。

四、膜材料在不同培养条件下质量的变化

1. 自然暴露条件下膜材料质量的变化

表 3-15、表 3-16 分别为不同暴露时间下各种膜材料降解前后的质量变化情况，即降解率变化情况。

表 3-15　不同暴露时间下环氧树脂-PVA 膜及环氧树脂-PVA-硅藻土复合膜的降解率

样品	降解率（%）						
	20d	30d	45d	60d	75d	105d	135d
H	4.90	6.87	5.89	10.99	12.03	11.93	15.92
Hg1	5.23	6.35	10.89	10.16	12.81	10.06	14.21
Hg2	5.98	10.62	15.90	20.59	22.26	24.98	21.10
Hg3	5.04	3.77	8.35	5.57	6.18	6.68	5.90
Hg4	6.66	6.47	3.80	6.74	9.94	7.27	9.06
Hg5	8.00	5.95	5.08	8.13	16.93	6.19	5.08
Hg6	4.44	9.60	8.80	10.46	12.34	11.74	11.31
Hg7	13.50	10.12	13.92	13.58	11.21	8.78	9.43
Hg8	5.62	5.83	7.81	8.56	5.88	5.84	5.85
Hg9	8.10	7.40	10.03	6.52	9.49	7.95	7.93

表 3-16　不同暴露时间下柠檬酸-PVA 膜及柠檬酸-PVA-硅藻土复合膜的降解率

样品	降解率（%）						
	20d	30d	45d	60d	75d	105d	135d
C	15.47	17.57	20.57	25.75	26.53	25.57	28.73
Cg1	19.34	22.56	26.82	33.76	35.64	35.50	25.12
Cg2	25.89	28.40	31.53	40.95	40.49	41.52	38.53
Cg4	13.38	16.97	24.69	37.89	37.65	38.89	39.52
Cg6	23.26	26.02	33.07	31.21	33.77	34.72	34.26
Cg7	23.36	27.79	30.11	38.71	39.13	39.10	37.28
Cg8	19.04	21.38	25.41	30.06	25.95	28.46	27.52
Cg9	20.54	31.93	34.91	33.26	37.70	35.13	31.74

表 3-15 为试验期内环氧树脂有机改性聚乙烯醇膜材料及环氧树脂-聚乙烯醇（PVA）-硅藻土有机-无机共混膜材料暴露试验前后质量变化情况。可

以看出，试验 135d 内，膜材料的降解率大都呈现上下波动的态势，但其大趋势仍然表现为降解率升高，膜材料质量下降。观察膜 H 降解率的数值变化情况，可以发现：与纯聚乙烯醇膜相似，膜 H 在试验初期的降解率较高，而到了 45d 后，其值出现了下降，这可能是由试验膜材料上附着的污垢所造成的，也有可能是因为发生光氧降解，膜材料的分子中增加了氧，降解膜的质量增加，降解率降低。而后膜 H 的降解率基本上呈现不断上升的趋势。与膜 H 相比，在试验期内，添加了硅藻土的有机-无机复合膜 Hg 的降解率变化更复杂，表现出了升高-降低-升高的循环过程。这可能是因为有机-无机共混膜的表面比有机膜 H 粗糙，致使灰尘等外来物质更容易附着于膜表面，且更难清除，就会对降解后的膜质量造成较大影响。此外，从表 3-15 中还可以看出，除了膜材料 Hg2 外，所有添加了硅藻土的改性膜，其 135d 内的降解率均低于膜材料 H。这说明硅藻土的加入，并没有显著提高有机-无机复合膜的降解率，反而是硅藻土起到了加固膜材料的作用，也就是说，在一定程度上，硅藻土的加入降低了膜材料的降解性。另外，添加了硅藻土的膜材料相对于膜材料 H 来说通常要厚一些，这也可能是其降解速度较慢、降解率较低的原因。同时，通过本试验还可以发现，对大多数复合膜材料来说，硅藻土的添加量越低，其降解率越高。

表 3-16 为柠檬酸有机改性聚乙烯醇膜材料 C 及柠檬酸-聚乙烯醇（PVA）-硅藻土有机-无机共混膜材料 Cg 暴露试验前后质量的变化情况。其变化趋势与表 3-16 中膜材料的降解趋势相似，但是规律性更强，且降解率更大，在试验 20d 后降解率就高达 13.38％～25.89％，这可能是膜材料中残留的水分升华造成的质量锐减，也有可能是因为柠檬酸酯化改性聚乙烯醇时并没有完全反应，反应液中残留柠檬酸单体，而利用其流延成膜制备的膜材料中就存在柠檬酸单体。柠檬酸在自然暴露条件下，由于光照等因素的影响，极有可能分解为 CO_2 和 H_2O 分子，膜材料的质量降低，膜材料的降解率加大。从表 3-16 中还可以看出，与表 3-15 中膜材料相似的是，Cg 系列膜中硅藻土的添加量较小时，其降解率较大。这也充分说明了硅藻土的加入，并没有显著提高有机-无机复合膜的降解率，反而加固了膜材料。此外，C 和 Cg 系列膜的降解性能几乎不受聚乙烯醇浓度的影响。

2. 埋土条件下膜材料质量的变化

从表 3-17 中可以看出，随着埋土时间的不断增加，H 及 Hg 系列膜材料发生了降解，其降解率呈现不断增大的趋势，且膜材料 H 的降解率最高，为 20.70％。但是，与 P 系列膜材料一样，从土壤中取出的膜材料都要经过清洗和烘干，这样就致使膜材料有一部分损失，降低了降解后膜的质量，提高了降解率。所以说埋土 15d 后的膜材料质量差异较大，且大部分降解率较高。但是随着时间的延长，可以明显地看出膜材料的质量降低了，即使把第一次取样后测得的降解率全部当作清洗损失，利用以后每次取样所测之值减去第一次取样的降解率，仍然可以得到一个不断增大的降解率趋势。对于膜材料 H 来说，最后一次取样的降解率值减去第一次取样的值可为 15.91%。改性后的膜材料相对于改性前的纯聚乙烯醇膜材料的降解率有所提高，这可能是因为改性膜材料中引入了多种基团，如羰基可促进溶菌酶在膜表面的吸附，从而有利于溶菌酶发挥其生物降解性能，提高生物的降解性。而对于 Hg 系列膜材料，其降解性同样好于纯聚乙烯醇膜材料，但比膜材料 H 要差。这是因为 Hg 系列同样引入了很多官能团，其中也包括羰基，有利于生物降解；但同时，因膜材料中引入了硅藻土，其对复合膜起到固定作用，减缓了降解过程，一定程度上又降低了降解率。对于聚乙烯醇浓度为 5%、8% 的复合膜，硅藻土的添加量越低，降解率越高；但聚乙烯醇浓度为 2% 的复合膜，降解率和硅藻土添加量没有显著的相关性，这可能是因为低浓度的复合膜质量较小、误差较大、规律性不明显。

表 3-17　不同埋土时间下环氧树脂-PVA 膜及环氧树脂-PVA-硅藻土复合膜的降解率

样品	降解率（%）									
	15d	25d	35d	45d	55d	65d	75d	85d	115d	145d
H	4.79	7.70	9.13	11.45	11.69	11.71	14.18	17.06	19.33	20.70
Hg1	6.39	7.83	10.16	8.93	7.16	8.55	9.75	10.70	8.98	10.25
Hg2	7.32	8.33	9.99	10.59	8.87	10.48	7.62	13.58	12.08	15.04
Hg3	1.94	2.46	6.87	4.02	3.70	4.24	4.11	4.89	4.34	14.50
Hg4	3.29	5.11	6.41	8.81	11.06	12.31	8.85	9.20	9.26	12.10
Hg5	8.36	9.69	8.55	9.31	11.23	13.61	13.74	10.53	17.73	16.71
Hg6	7.48	9.29	10.19	10.46	9.85	13.91	13.40	11.67	12.25	14.11
Hg7	9.05	10.86	12.35	12.33	14.36	15.51	14.46	16.51	14.58	17.15
Hg8	5.92	5.15	6.74	5.91	6.69	7.09	5.47	6.72	7.42	11.82
Hg9	7.07	7.00	8.86	8.79	8.62	10.55	8.31	12.01	10.22	11.86

从表 3-18 中可以看出，随着埋土时间的不断增加，C 及 Cg 系列膜材料的降解率也随之增大，且其降解性能好于纯聚乙烯醇膜材料。有关研究表明，聚合物主链的特殊基团可促进微生物在其附近的生长和聚集，改性膜材料中引入了多种基团，因此降解率较高。此外，还可以发现，膜材料埋土初期，迅速发生降解，除膜 Cg8 外，其他膜材料 15d 内的降解率均达到 30% 以上，Cg8 也达到了 27.69%。但随后其降解率变化逐渐平缓，埋土 25～145d，各个膜材料的降解率增长不超过 8%，有些膜甚至 120d 的降解率增长不到 3%。这可能是因为试验土壤中的微生物种群对柠檬酸酯化改性聚乙烯醇膜及柠檬酸-聚乙

烯醇（PVA）-硅藻土复合膜中的一些分子或基团比较喜好，例如羧基、羰基等，细菌或真菌能将其迅速降解。但是当这部分易被微生物降解的基团被消耗掉时，其他基团又不被大部分微生物所喜好，降解速度就变得极其缓慢了。此外，还有一部分原因可能是膜材料表面的一些物质随着清洗污泥而损失，这部分误差应该被考虑在内，也就是说膜材料埋土 15d 降解率为 30％ 左右，其中应该有一部分是由误差造成的，其实际降解率应该低于 30％。同时，从表 3-18 中我们还可以发现，Cg 系列复合膜的降解率略高于 C 系列，也就是说，添加适量硅藻土可能更有利于 C 系列的降解，这与添加硅藻土对膜 H 及 Hg 系列复合膜的影响不同。

表 3-18　不同埋土时间下柠檬酸-PVA 膜及柠檬酸-PVA-硅藻土复合膜的降解率

样品	降解率（％）									
	15d	25d	35d	45d	55d	65d	75d	85d	115d	145d
C	30.66	30.71	31.75	33.21	33.02	33.16	31.41	32.77	33.80	35.02
Cg1	31.81	34.05	34.52	37.95	38.19	38.92	35.92	38.67	38.63	39.44
Cg2	36.50	37.27	36.78	38.52	38.08	37.72	40.18	40.36	39.82	40.28
Cg4	38.48	39.58	38.61	39.89	40.35	40.01	41.53	41.29	40.15	41.93
Cg6	34.39	34.56	35.70	35.41	35.07	35.83	36.12	36.91	36.79	37.17
Cg7	37.29	38.84	38.42	38.88	38.23	39.81	39.61	39.91	41.20	41.64
Cg8	27.69	28.09	28.52	29.88	31.08	31.43	33.02	38.10	34.96	35.45
Cg9	35.72	35.57	36.68	36.71	38.20	37.13	37.89	38.63	38.23	40.23

综上所述，称量降解前后膜材料的质量，观察其变化规律，可以简单地评价膜材料的降解情况，反映膜材料的降解性能。

五、膜材料在不同培养条件下红外吸收光谱的变化

1. 膜 Hg4 在不同培养条件下红外吸收光谱的变化

图 3-65 为膜 Hg4 红外光谱的变化情况，可以看出膜 Hg 在经过自然暴露或埋土后，其红外图谱发生了较明显的变化，但吸收峰的位置基本没有改变；膜材料的透光率提高，与膜 H 类似，自然暴露对膜的降解效果更明显。从图中可以清晰地看到，经不同培养后的膜 $1\,750\sim1\,600cm^{-1}$ 处的透光率明显提高，$1\,750\sim1\,600cm^{-1}$ 可能为 $C=O$ 或者 $C=C$ 的吸收峰，$C=O$ 或 $C=C$ 的数量减少都说明了膜材料发生了氧化或微生物降解。此外，与膜 H 不同的是，其 $3\,500\sim3\,000cm^{-1}$ 处的羟基的透光率也有一定提高，尤其是自然暴露的膜材料，膜中的羟基可能发生一定降解。

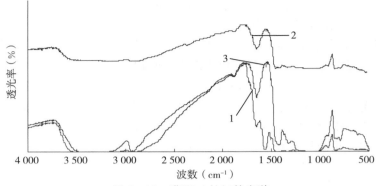

图 3-65　膜 Hg4 的红外光谱

1. 膜 Hg4 原样的红外光谱　2. 膜 Hg4 经自然暴露后的红外光谱　3. 膜 Hg4 经埋土培养后的红外光谱

2. 膜 Cg4 在不同培养条件下红外吸收光谱的变化

膜材 Cg4 在不同培养条件下红外吸收图谱的变化情况见图 3-66。从图中可以看到经过自然暴露或埋土后，膜材料的红外吸收图谱并没有发生较大的变化。但是 $1\,900\text{cm}^{-1}$ 和 $1\,700\text{cm}^{-1}$ 及指纹区 900cm^{-1}、800cm^{-1} 处几个小峰，透光率出现了增加，基团数量有一定减少，即膜材 Cg4 发生降解。$1\,900\text{cm}^{-1}$ 处为羰基伸缩振动吸收峰，$1\,700\text{cm}^{-1}$ 处为 C＝C 伸缩振动吸收峰，指纹区 900cm^{-1} 和 800cm^{-1} 可能分别为 C—H 变形振动和—COOH 变形振动。综上所述，红外吸收图谱可以在一定程度上反映各个膜材料在不同培养条件下的降解情况，同时也进一步反映了膜中主要基团的变化情况，且相对于膜材料降解前后质量变化情况来说，更能客观地反映膜材料的降解情况。

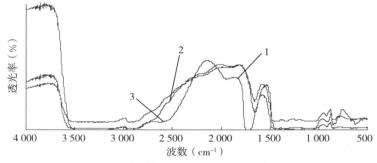

图 3-66　膜 Cg4 的红外光谱

1. 膜 Cg4 原样的红外光谱　2. 膜 Cg4 经自然暴露后的红外光谱　3. 膜 Cg4 经埋土培养后的红外光谱

六、膜材料在不同培养条件下表面微观结构的变化

1. 膜材料 Hg4

图 3-67 为膜材料 Hg4 的表面微观结构，将膜材料放大 $1\,000$ 倍。从

图 3-67A 中可以看出，膜材料原样大部分较光滑、平整，仅有少量凸起物。而图 3-67B 中是膜材料经过自然暴露 135d 后，其表面变得较粗糙，而且块状凸起物也变得松散，这说明膜材料 Hg4 发生降解。图 3-67C 中埋土 145d 后膜材料表面变粗糙、凹凸不平，且其表面凸起物变少且松散，但是没有出现裂痕或孔隙。这说明膜材料发生降解，但降解还处于较初级的阶段。

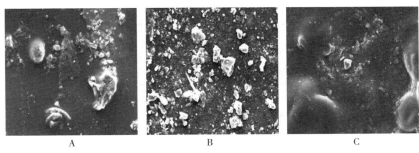

图 3-67　膜 Hg4 表面微观结构

A. 膜 Hg4 原样的表面微观结构（×1 000）　B. 膜 Hg4 自然暴露后的表面微观结构（×1 000）

C. 膜 Hg4 埋土后的微观结构（×1 000）

2. 膜材料 Cg4

图 3-68 为膜材料 Cg4 的表面微观结构，从图 3-68A 中可以看出，膜材料较光滑、平整，而图 3-68B 是膜材料自然暴露 135d 后的表面微观结构，其表面变得较粗糙，存在许多凹陷和一些凸起，可能是由膜表面的一些物质脱落造成的。因此推断膜材料 Cg4 发生一定的降解，其膜材料的质量应该有所减少。图 3-68C 为埋土 145d 后，膜材料 Cg4 放大 1 000 倍的微观结构，其膜表面同自然暴露膜材料一样变得粗糙，但是没有自然暴露膜材料变化明显，且膜表面无明显凸起和凹陷，这说明膜材料有降解的趋势，但降解缓慢。膜材料 Cg4 经自然暴露和埋土培养后，其表面没有明显的孔隙和裂痕，这表明膜材料的降解仍处于较初级的阶段。

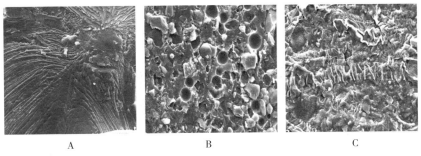

图 3-68　膜 Cg4 表面微观结构

A. 膜 Cg4 原样的表面微观结构（×1 000）　B. 膜 Cg4 自然暴露后的表面微观结构（×500）

C. 膜 Cg4 埋土后的表面微观结构（×1 000）

第五节 环境友好型水基共聚物-生物炭复合包膜氮肥制备及其缓释性能

本节内容以聚乙烯吡咯烷酮、聚乙烯醇为原料，以生物炭为填充剂，根据有机高分子共聚理论及溶液共混技术制备水基共聚物-生物炭复合包膜材料及包膜尿素。通过对水基共聚物-生物炭膜材料吸水性、透水性、铵的渗透性的测定研究其适宜改性条件；利用膜材料红外光谱特性、扫描电镜分析和埋土试验探讨了膜材料的改性及降解机理；同时通过红外光谱测定、扫描电镜分析以及土柱淋溶试验研究不同处理条件下包膜尿素的微观结构及其氮素释放特性。

一、试验材料与方法

1. 供试材料

（1）原料

所用试剂均为分析纯，聚乙烯醇（相对分子质量为 1 750，纯度大于 90％，国药集团化学试剂有限公司生产），聚乙烯吡咯烷酮（国药集团化学试剂有限公司生产），硫酸铵（相对分子质量为 132.14，国药集团化学试剂有限公司生产），变色硅胶（水分含量小于 5％，上海新火硅胶厂生产）。

（2）降解试验供试膜材料

①3 种水平下的水基共聚物膜材料，分别用 6％、8％、10％表示。

②用玉米基生物炭制备的水基共聚物-生物炭膜材料，分别为 Y1、Y2、Y8。

③用水稻基生物炭制备的水基共聚物-生物炭膜材料，分别为 S5、S8、S9。

④用枯枝落叶基生物炭制备的水基共聚物-生物炭膜材料，分别为 K1、K2、K6、K7。

2. 试验仪器

有机高分子合成装置（电动搅拌器、冷凝管、恒温加热器、三口瓶），万分之一天平，美国赛默飞尼高力红外光谱仪 Nicolet iS50、德国蔡司公司生产的 Ultra Plua 型扫描电镜。

3. 试验设计与方法

（1）生物炭的制备

玉米（Y）、水稻秸秆（S）样品采自常规大田，枯枝落叶（K）采自沈阳农业大学后山林地，将样品晾干后剪成小段，于 70℃条件下烘干，然后用粉样机粉碎，过 0.425mm 筛，在使用前再进行一次烘干处理。称取粉碎好的原料 20g 放入瓷坩埚中，置于马弗炉内，升温速率为 15℃/min，直至 500℃，持续时间为 2h。加热结束后，将坩埚冷却至室温，根据不同试验处理将其研磨，过 0.250mm、0.150mm、0.075mm 筛，然后分别将其置于密封袋中备用。

　　分别对玉米秸秆基生物炭（Y）、水稻基生物炭（S）、枯枝落叶基生物炭（K）进行三因素三水平 L9（3³）正交试验设计，获得的处理分别标为 Y1、Y2、Y3、Y4、Y5、Y6、Y7、Y8、Y9、S1、S2、S3、S4、S5、S6、S7、S8、S9、K1、K2、K3、K4、K5、K6、K7、K8、K9；同时以共聚物浓度 6%、8%、10% 分别作为等梯度对照，共计 30 个处理（表 3-19）。

表 3-19　水基共聚物-生物炭复合膜材料试验设计

试验号	水基共聚物浓度（%）	生物炭用量（%）	生物炭粒级（mm）
1	6.0	3.0	0.250～0.150
2	6.0	5.0	0.150～0.075
3	6.0	7.0	<0.075
4	8.0	3.0	0.150～0.075
5	8.0	5.0	<0.075
6	8.0	7.0	0.250～0.150
7	10.0	3.0	<0.075
8	10.0	5.0	0.250～0.150
9	10.0	7.0	0.150～0.075

　　（2）水基共聚物-生物炭复合膜材料的制备

　　向装有搅拌器、冷凝器、温度计的三颈磨口烧瓶中加聚乙烯醇及一定量的蒸馏水，加热至 90℃ 直至聚乙烯醇完全溶解，然后降温至 60℃，加入聚乙烯吡咯烷酮及丁醇 0.5g（防止泡沫的产生）恒温搅拌 2h，待完全混合均匀为水基共聚物，然后将不同粒级、含量的生物炭加入水基共聚物中，保持 60℃ 1h。取一定量的包膜液于培养皿中流延成膜。

　　①水基共聚物-生物炭复合包膜材料吸水率的测定。将膜裁剪成 3cm×3cm 的小片，于蒸馏水中浸泡 3h 直至充分饱和。用镊子将膜取出，用滤纸吸去膜上残留的水分，此时对饱和的膜进行称重并计算其吸水性能。吸水率计算公式如下：

$$WA = \frac{M_1}{M_2} \times 100\% \qquad (3-17)$$

式中，WA 为吸水率，M_1 为饱和的膜的重量，M_2 为干燥的膜的重量（Kim et al.，2002）。

②水分渗透率。所选膜的水分渗透率用内含 10.000 0g 变色硅胶的直径为 3cm 的塑料桶测定，塑料桶用所选膜材料密封。然后置于烧杯中，于 25℃条件下储存 24h，记录硅胶的重量。水分渗透率的计算公式如下：

$$WP = \frac{\Delta m}{tS} \qquad (3-18)$$

式中，Δm 为变色硅胶重量的变化，t 为储存时间，$S = 0.706\ 5 \times 10^{-3}\ m^2$（Cinelli et al.，2003）。

③NH_4^+ 渗透率。NH_4^+ 渗透率用内含（NH_4）$_2SO_4$（20mL，浓度为 7 500mg/L）液体的 3cm 直径塑料桶测定，塑料桶用所选膜密封。将杯子置于含 50mL 蒸馏水的烧杯中，在 25℃环境中放置 2h。蒸馏水中的 NH_4^+ 浓度用 AA3 流动分析仪测定。计算方法如下：

$$NP = \frac{C}{tS} \qquad (3-19)$$

式中，C 为所测 NH_4^+ 浓度，t 为放置时间，$S = 0.706\ 5 \times 10^{-3}\ m^2$。

④水基共聚物-生物炭复合包膜材料红外光谱测定。水基共聚物包膜材料的交联结合及各处理间的差异采用美国赛默飞尼高力红外光谱仪 Nicolet iS50 测定。

（3）水基共聚物-生物炭复合包膜材料降解试验

①自然暴晒试验。试验于 6 月 4 日至 10 月 3 日在沈阳农业大学土地与环境学院实验室内进行。将上述不同种类的自制膜材料均匀剪成 3cm×3cm 的方块，每块的厚度为 0.1～0.3mm，编号称重并记录。按照一定的次序整齐地排列在 45°的暴晒架上进行暴晒试验。每隔 15d 称重一次，每次 3 个重复，共计 8 次。

②埋土试验。试验于 6 月 4 日至 10 月 3 日在沈阳农业大学温室大棚内进行。将上述不同处理的自制膜材料均匀剪成 3cm×3cm 的方块，每块的厚度为 0.1～0.3mm，编号称重并记录。在同一时间按照一定的次序埋入土壤内，埋土深度约为 10cm，为保持土壤润湿，每 4～5d 浇水一次，以土壤完全湿润为宜。每隔 15d 取出一次膜材料，每次 3 个重复，然后将其带回实验室用去离子水轻轻冲去附着于膜材料表面的泥土，并于 50℃左右的烘箱内烘干至恒重，称重并记录，共计 8 次。

③质量变化。用万分之一电子分析天平对每次所取样品的质量进行测定，并根据其质量变化计算其降解率。降解率计算公式如下：

$$D = \frac{M_1 - M_2}{M_1} \times 100\% \qquad (3-20)$$

式中，D 为降解率（%），M_1 为膜材料原样的质量（g），M_2 为取样时膜材料的质量（g）（Zou et al.，2015）。

④红外光谱测定。采用美国赛默飞尼高力红外光谱仪 Nicolet iS50 测绘出各个样品的红外光谱,并比较降解前后红外光谱的变化。

⑤扫描电镜测定。取少量膜材料置于扫描电镜载样台上,用离子溅射仪在样品表面喷涂金粉,然后进行扫描电镜观察拍照,并比较降解前后膜材料表面微结构的变化情况。

(4)水基共聚物-生物炭复合包膜尿素研究试验

①水基共聚物-生物炭包膜尿素扫描电镜试验。随机选取包膜尿素若干粒,用解剖刀把包膜尿素切成两半,切口向上的肥料用于膜断面的观察,切口向下的用于表面形貌的观察;将样品在真空 IB5.0 离子喷镀仪上喷金,然后用扫描电镜选择适宜的倍率对包膜尿素表面及断面进行拍照,判定膜层结构和表面特征(吕静等,2012)。

②水基共聚物-生物炭包膜尿素红外光谱试验。各个样品的红外光谱及各处理间红外光谱的变化采用美国赛默飞尼高力红外光谱仪 Nicolet iS50 测绘出。

(5)水基共聚物-生物炭包膜尿素土柱淋溶试验

土壤采自沈阳农业大学后山科研基地,供试土壤为典型的棕壤,质地为黏土,试验地年降水量为 574～684mm,属于温带湿润、半湿润季风气候。基本理化性质如表 3-20 所示。

表 3-20 供试土壤基本理化性质

有机质 (g/kg)	全氮 (g/kg)	全磷 (g/kg)	全钾 (g/kg)	碱解氮 (mg/kg)	速效磷 (mg/kg)	速效钾 (mg/kg)	pH
13.83	0.8	0.380	20.1	105.5	6.5	97.9	6.5

本试验在室温条件下进行,所采用的土柱为底部带有 0.150mm 筛网的 PVC 管,试验装置如图 3-69 所示,土柱内径为 4.7cm,长为 15.2cm。以土壤为淋洗介质,按每千克土 0.218g 尿素的比例称取等氮量尿素与土壤混合;同时设不施肥处理为对照。根据 $1.35g/cm^3$ 的容重均匀地装入 PVC 管中使其成柱。首先在土柱底部填入 30g 未混入肥料的风干土,然后将肥料与剩余风干土充分均匀地混合后装入土柱,装柱高度为 10cm,每个处理重复 3 次。土柱制成之后,先缓慢而多次地滴加蒸馏水使土柱内土壤得以充分润湿,但不致有过量的水自土柱中渗出,然后静置 24h,随后将装满

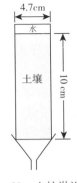

图 3-69 土柱淋洗装置

100mL 蒸馏水的容量瓶置于土柱上方，缓慢而稳定地往土柱内注水，淋洗过程正式开始，并保证柱内土面上形成厚度约为 1.5cm 的水层，同时尽量保证每次淋洗用水量一致（100mL）、淋洗水头恒定、均一。在土柱下方用三角瓶接收滤液，直至不再有水滴出，本次淋洗结束。淋洗液中全氮含量的测定用凯式定氮仪（FOSS Kjeltec TM 8100）测定。每隔 3d 淋一次，共计淋洗 8 次。

二、水基共聚物-生物炭膜材料吸水率的测定

图 3-70 为水基共聚物膜材料的吸水率，由图可知，随着水基共聚物浓度的增加，吸水率有降低的趋势，6％处理的吸水率显著高于其余处理，8％和10％处理间吸水率差异不显著。

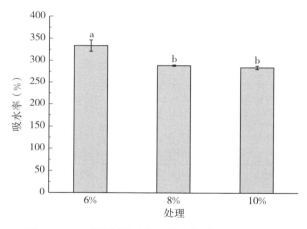

图 3-70　不同水平下水基共聚物膜材料的吸水率

由图 3-71 可以看出，不同碳基、膜材料配比制备的膜材料吸水率变化较大。在图 3-71A 中，处理 Y7 的吸水率最高，达到了 306.11％，与同梯度对照相比，吸水率升高了 5.59％，处理 Y8 吸水率最低，为 208.36％，与同梯度对照相比吸水率降低了 27.89％，处理 Y1、Y2 吸水率与同梯度对照相比降低了 35.27％、37.30％，且 3 个处理间吸水率无显著差异。在图 3-71B 中，处理 S4 吸水率最高，为 269.07％，与同梯度对照相比降低了 6.90％，处理 S8 吸水率最低，为 204.24％，与同梯度对照相比降低了 28.19％，处理 S5、S9 吸水率与 S8 吸水率无显著差异，与同梯度对照相比，吸水率则分别降低了29.02％、27.12％。在图 3-71C 中，处理 K4 的吸水率最高，为 301.61％，与同梯度对照相比升高了 4.18％，处理 K1 的吸水率最低，为 206.14％，与同梯度对照相比降低了 38.19％，处理 K2、K6、K7 的吸水率与同梯度对照相

比分别降低了 35.15％、12.00％、26.06％，但 4 个处理间吸水率无显著差异。

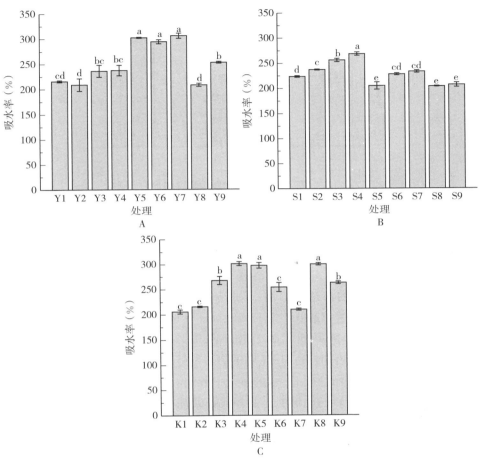

图 3 - 71　3 种碳基水平下水基共聚物-生物炭复合膜材料的吸水率
注：A 为玉米基生物炭（Y）处理，B 为水稻基生物炭（S）处理，
C 为枯枝落叶基生物炭（K）处理，下同。

三、水基共聚物-生物炭膜材料的渗透性

1. 水基共聚物-生物炭膜材料水的渗透性

图 3 - 72 为不同水平下水基共聚物膜材料水的渗透性，由图可知，8％水平下水基共聚物膜材料的渗透率最大，为 20.64g/（m² · h），6％水平下水基共聚物膜材料水的渗透率最低，为 17.97g/（m² · h），但 3 个水平间水的渗透率差异不显著。

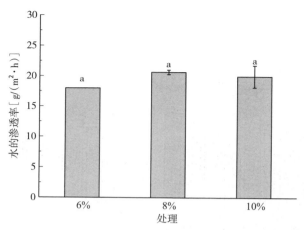

图 3-72 不同水平下水基共聚物膜材料水的渗透性

图 3-73 为不同生物炭种类下水基共聚物-生物炭膜材料水的渗透率。由图 3-73A 可以看出,处理 Y8 水的渗透率最大,为 21.20%,显著高于 Y1、Y2 处理,而处理 Y1、Y2 间差异不显著;与同梯度对照相比,处理 Y8 水的渗透率升高了 5.96%,处理 Y1、Y2 水的渗透率降低了 29.36%、41.57%。由图 3-73B 可知,S8 处理水的渗透率最高,为 25.91g/(m² · h),显著高于处理 S5、S9,而处理 S5 水的渗透率最低,为 17.58g/(m² · h);与同梯度对照相比,处理 S5、S9 水的渗透率分别降低了 3.19%、41.90%,S8 水的渗透率则升高了 23.01%。由图 3-73C 可知,处理 K7 水的渗透率最高,达到了 16.85g/(m² · h),且显著高于其余处理,而处理 K2 水的渗透率最低,为 10.21g/(m² · h),但与处理 K1、K6 无显著差异;与同梯度对照相比,处理 K1、K2、K6、K7 水的渗透率分别降低了 33.32%、43.17%、38.87%、15.46%。

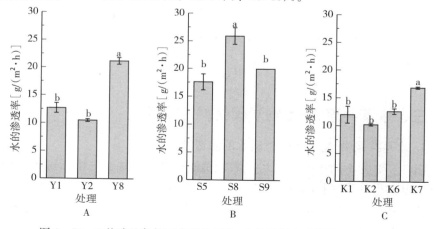

图 3-73 3 种碳基条件下水基共聚物-生物炭复合膜材料水的渗透性

2. 水基共聚物-生物炭膜材料铵的渗透性

由图 3-74 可知，不同水平下水基共聚物膜材料铵的渗透率有较大的差异，随着水基共聚物浓度的增加，膜材料铵的渗透率逐渐下降，在 6% 水平下水基共聚物膜材料铵的渗透率最大，达到了 0.331 9g/(L·cm²·h)，显著高于其余水平下膜材料铵的渗透率，在 10% 水平下水基共聚物膜材料铵的渗透率最小，为 0.167 0g/(L·cm²·h)。

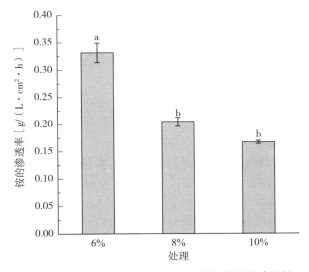

图 3-74 不同水平下水基共聚物膜材料铵的渗透性

图 3-75 为不同碳基下水基共聚物-生物炭膜材料铵的渗透率，由图 3-75A 可知，处理 Y2 铵的渗透率最高，达到了 0.173 3g/(L·cm²·h)，显著高于处理 Y1、Y8，而处理 Y8 铵的渗透率最低，为 0.098 3g/(L·cm²·h)，与 Y1 间无显著差异；与同梯度对照相比，处理 Y1、Y2、Y8 水的渗透率分别降低了 62.28%、47.79%、41.14%。由图 3-75B 可知，处理 S8 铵的渗透率最高，为 0.138 0g/(L·cm²·h)，处理 S5 铵的渗透率最低，为 0.111 8g/(L·cm²·h)，但 3 个处理间无显著差异；与同梯度对照相比，处理 S5、S8、S9 铵的渗透率分别降低了 45.34%、17.34%、25.03%。由图 3-75C 可知，4 种配比下膜材料铵的渗透率有着较大的差距，处理 K7 铵的渗透率最高，为 0.238 4g/(L·cm²·h)，但与处理 Y2 铵的渗透率无显著差异，处理 K6 铵的渗透率最低，为 0.130 2g/(L·cm²·h)，但与 Y1 处理间无显著差异；与同梯度对照相比，处理 K1、K2、K6 铵的渗透性分别降低了 54.82%、39.89%、36.34%，处理 K7 铵的渗透率则增加了 29.98%。

膜材料的吸水性、渗透性是评价膜材料性质的重要指标，大量研究表明，

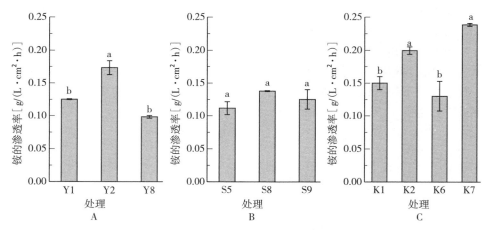

图 3 - 75　不同处理下水基共聚物-生物炭膜材料铵的渗透性

吸水率越低，其包膜肥料的缓释效果越好（周子军等，2013），同时，吸水率在一定程度上影响着膜材料的降解性，水的渗透性及铵的渗透性也是影响膜材料性质的重要因素（Han et al.，2009），生物炭的加入使膜材料具有较低的吸水性和渗透性，这表明能够通过生物炭的添加来改善膜材料的性质，这与前人的研究结果一致（周子军等，2013），这可能是因为生物炭的孔隙很多，比表面积较大，其中绝大多数的碳元素以稳定的芳香环的形式存在（胡学玉等，2012），亲水性较差，在与高分子聚合物共混后，生物炭粒子中的链状结构受到水基高分子聚合物的影响，在高分子材料中相互接触形成网络（黄英等，2010），从而改变了膜材料的性质，导致其吸水率和渗透性降低。

四、水基共聚物-生物炭膜材料的红外光谱特征

图 3 - 76 为不同水平下水基共聚物膜材料的红外光谱图，由图可知，在 $3\,300cm^{-1}$、$1\,400cm^{-1}$ 处的强吸收峰是由羟基的伸缩振动及 CH—OH 的弯曲振动所引起的羟基特征峰（Bhajantri et al.，2006）；在 $2\,900cm^{-1}$、$1\,300cm^{-1}$ 处形成的峰为分别为碳氢对称伸缩振动、碳氢面内弯曲振动引起的碳链特征峰（王康建等，2009），在 $1\,440cm^{-1}$ 处为—CH_2 特征峰、$1\,260cm^{-1}$ 为 C—N 伸缩振动吸收峰。3 种水平的水基共聚物包膜材料相比，在 $3\,300cm^{-1}$ 处 8% 水平下的透光率最低，而其余两个水平间的差异不明显。由图 3 - 77 可以看出添加生物炭后膜材料的红外光谱发生了较大的变化，3 种生物碳基处理 Y1、S5、K6 在 $3\,500cm^{-1}$ 处的透光率最大，说明在这3 种处理条件下膜材料的亲水基团羟基较少，聚合物吸水率下降，在 $2\,800\sim2\,900cm^{-1}$ 处波峰降低或消失。

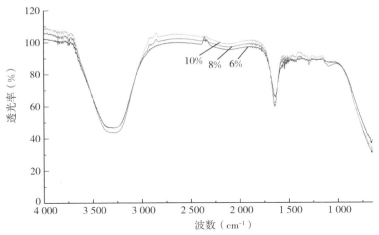

图 3 - 76　不同水平下水基共聚物膜材料的红外光谱特征

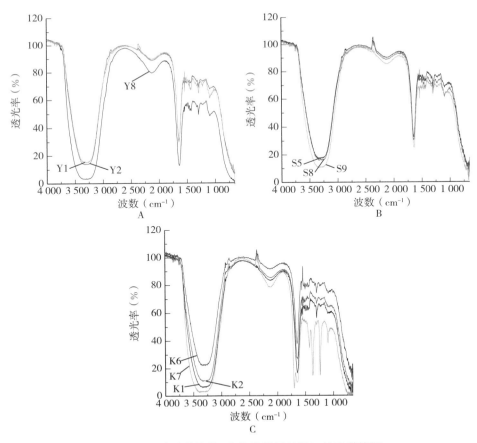

图 3 - 77　水基共聚物-生物炭膜材料的红外光谱特征

红外光谱是研究氢键和相容性的常用手段，从红外光谱图可以观察到氢键作用的强度及氢键的归属（王康建等，2009），PVP的相对分子质量较PVA低，且羰基比羟基拥有更高的氢键形成能力，能够与PVA形成氢键复合，削弱了氢键作用（赵彩霞等，2011），因而水基共聚物比纯聚乙烯醇有着较高的透光率，随着生物炭的添加，生物炭粒子中的链状结构能够与水基共聚物相互接触，使得包膜材料的亲水基团羟基进一步地减少，致使膜材料的红外光谱透光率降低明显。

五、水基共聚物-生物炭膜材料的降解性

1. 水基共聚物-生物炭膜材料在暴晒条件下的降解性

图3-78为自然暴晒条件下水基共聚物膜材料的降解率，由图可知，在第15天时，3种梯度下膜材料的降解率无明显差异，随着时间的增加，10%水平下的膜材料的降解率明显大于其余处理，但到第90天时，8%水平下的膜材料的降解率与10%水平下的膜材料的降解率则相差无几，直至培养结束。在第120天时，10%水平下的膜材料的降解率最大，为10.88%。

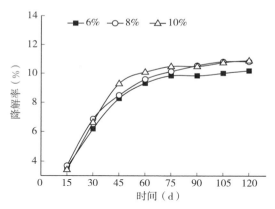

图3-78 暴晒条件下水基共聚物膜材料的降解性

图3-79为不同碳基下水基共聚物-生物炭膜材料的降解率，由图3-79A可知，在暴晒培养15d时，处理Y8的降解率最高，为6.05%，随着暴晒时间的增加，处理Y1的降解率增加明显，在第60天时降解率与处理Y8相差无几，而随着培养时间的再次增加，处理Y1的降解率则逐渐高于其余处理，在第120天时达到最大值，为12.28%，与同梯度对照相比，处理Y1、Y2、Y8的降解率增加了17.21%、10.29%、6.80%。由图3-79B可知，在培养前60d内，膜材料的降解率S9>S8>S5，但到第60天时，处理S5的降解率与S9无明显差异，再随着培养时间的增加，处理S5的降解率则略高于S9，在

第 120 天达到最大值，为 12.59％；与同梯度对照相比，处理 S5、S8、S9 的降解率分别增加了 14.14％、4.62％、12.59％。由图 3-79C 可知，处理 K6 在整个培养期内降解率明显高于其余处理，在第 120 天时，降解率达到了 13.04％，显著高于其余处理；与同梯度对照相比，K1、K2、K6、K7 的降解率分别增加了 1.81％、9.83％、18.77％、13.53％。

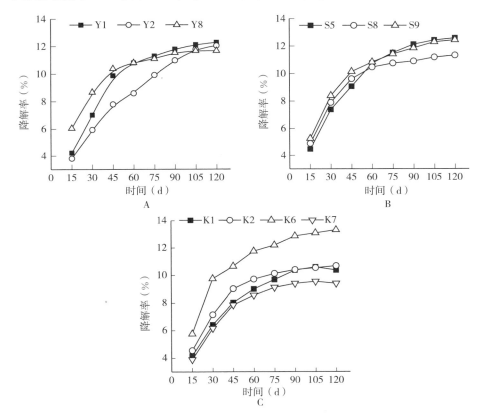

图 3-79　暴晒条件下水基共聚物-生物炭膜材料的降解性
A. 玉米基生物炭（Y）处理　B. 水稻基生物炭（S）处理
C. 枯枝落叶基生物炭（K）处理

2. 水基共聚物-生物炭膜材料在埋土条件下的降解性

由图 3-80 可知，随着埋土时间的增加，膜材料的降解率逐渐增加，在第 120 天时达到了最大值。在前 45d 内，6％处理下膜材料的降解率略高于其余处理，从第 60 天开始，10％处理下膜材料的降解率则逐渐高于其余处理，在第 120 天时，10％处理与 8％处理膜材料的降解率相差无几，分别为 18.55％、18.25％，但明显高于 6％处理。

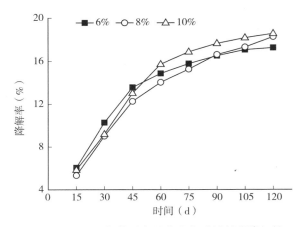

图 3 - 80　埋土条件下水基共聚物膜材料的降解性

由图 3 - 81A 可知，在前 45d，处理 Y8 的降解率明显高于 Y1、Y2，45d 后，处理 Y1 的降解率则逐渐增大，明显高于其余两个处理，在第 120 天时达到了 32.44%，与同梯度对照相比降解率增加了 46.82%，而处理 Y2、Y8 与同梯度对照相比降解率则增加了 40.55%、37.91%。由图 3 - 81B 可以看出，3 种处理下膜材料的降解率差异较为明显，从第 15 天开始，处理 S5 的降解率明显高于其余处理，最高达到了 32.94%，与同梯度对照相比降解率增加了 44.60%，明显高于处理 S8、S9 增加的 36.6%、34.12%。由图 3 - 81C 可知，在第 120 天时，处理 K6 的降解率最高，为 33.88%，与同梯度对照相比降解率增加了 46.13%，而处理 K1 与处理 K6 相比，降解率在 120d 内互有高低，但明显高于处理 K2、K7。

环境友好型包膜材料的研究是今后包膜缓释肥研究的发展方向。包膜材料的降解性是评价环境友好型包膜材料优劣的重要指标（赵彩霞等，2011），而暴晒及埋土培养是膜材料降解性评价的常用方法，能够较好地反映膜材料的降解性能，在本试验条件下，水基共聚物有一定的降解性，但效果不理想。随着生物炭的加入，膜材料的降解率有了进一步的提高，生物炭的种类、粒级、用量都影响着膜材料的降解率，经埋土培养后，在玉米基生物炭中，膜 Y1 的降解率达到了 32.44%，添加水稻基生物炭后，膜 S5 的降解率最高，为 32.94%，而添加枯枝落叶基生物炭后，膜 K6 的降解率最高，为 33.88%，与同梯度水基共聚物膜材料的降解率相比分别增加了 46.82%、44.60%、46.13%。这说明 3 种生物炭改性的膜材料都具有良好的降解性，这可能是因为生物炭的添加使膜材料能够吸附土壤微生物，进而改变了膜材料的降解性能（何绪生等，2006；谢祖彬等，2011）。

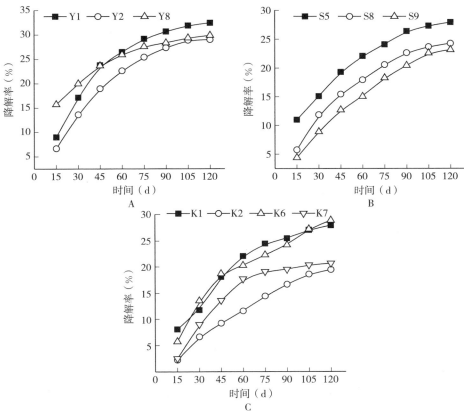

图 3 - 81　埋土条件下水基共聚物-生物炭复合膜材料的降解性
A. 玉米基生物炭（Y）处理　B. 水稻基生物炭（S）处理　C. 枯枝落叶基生物炭（K）处理

六、培养前后水基共聚物-生物炭膜材料的红外光谱变化

1. 膜材料 Y1 在培养前后的红外光谱变化

膜材料 Y1 经暴晒及埋土培养后的红外光谱变化如图 3 - 82 所示，从图 3 - 82可以看出膜材料 Y1 在自然暴晒、埋土培养条件下的红外光谱发生了较大的变化，经自然暴晒及埋土后膜材料的透光率有了一定的提高，这说明培养后一些官能团的数量减少，膜材料发生了降解。如 3 300 cm⁻¹ 处为羟基吸收峰和羰基倍频吸收峰叠加而成的峰，在培养后透光率明显增强（刘兴斌等，2010），这表明羟基发生了降解；在 2 800～2 900 cm⁻¹ 处，培养后的膜材料产生了新的吸收峰，这是 C—H 伸缩振形成的红外吸收峰，这表明在经过 120 d 的培养后膜材料 Y1 的主体结构发生了变化，但埋土后变化更为显著，这可能是因为自然光培养条件只受温度和光照变化的影响，而埋土后还受土壤生物学活性的影响；在 1 650 cm⁻¹ 处的峰为 C═O 的伸缩振动，经过培养后，峰值发

生了明显的变化，暴晒后，峰值变小且透光率变大，而埋土后膜材料峰值由向下变为向上，这说明 C=O 基团减少或发生了反应，这是由降解时的氧化作用和微生物的作用所致的。

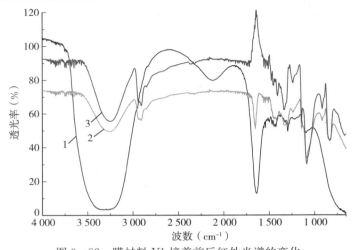

图 3-82　膜材料 Y1 培养前后红外光谱的变化
1. 膜材料 Y1 原样　2. 膜材料 Y1 暴晒后　3. 膜材料 Y1 埋土后

2. 膜材料 S5 在培养前后的红外光谱变化

图 3-83 为膜材料 S5 在培养前后膜材料红外光谱的变化，由图可知，膜材料 S5 在经过自然暴晒及埋土培养后，其主要官能团的位置没有发生明显的变化，但是其透光率却明显提高，这说明某些官能团的数量发生了变化，即膜材料 S5 发生了降解。从图中可以看出，经埋土培养后膜材料的透光率高于自然暴晒，这也在一定程度上说明了埋土条件下膜材料的降解效果更好。在 3 300cm⁻¹ 处透光率变大，说明羟基官能团的数量减少，在 2 800～2 900cm⁻¹ 处产生了 C—H 伸缩振动形成的波峰，这意味着膜材料 S5 的主体结构发生了变化，而 1 650cm⁻¹ 处波峰降低或变为向上的峰，这表明膜材料 S5 发生光解或被微生物降解利用。

3. 膜材料 K6 在培养前后的红外光谱变化

图 3-84 为膜材料 K6 培养前后膜材料红外光谱的变化，由图可知，膜材料 K6 在培养后的光谱变化与膜材料 S5 相似，在培养后，膜材料的主要官能团位置没有发生较大的变化，但膜材料的透光率增加，波峰变小，这表明膜材料发生了降解。在 3 300cm⁻¹ 处透光率升高，表明在自然暴晒或埋土培养后膜材料 K6 的—OH 官能团数量减少，在 2 800～2 900cm⁻¹ 处产生了新的波峰，这是C—H伸缩振动形成的波峰，这说明膜材料 K6 的主体结构发生了变化，而 1 650cm⁻¹ 处波峰降低或变为向上的峰，这表明膜材料 K6 发生光解或被微

生物降解利用。

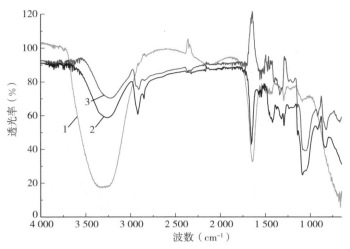

图 3-83　膜材料 S5 培养前后红外光谱的变化

1. 膜材料 S5 原样　2. 膜材料 S5 暴晒后　3. 膜材料 S5 埋土后

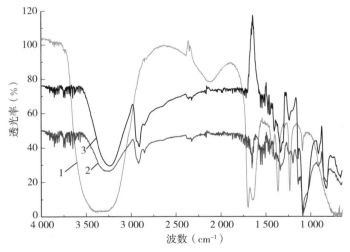

图 3-84　膜材料 K6 处理培养前后红外光谱的变化

1. 膜材料 K6 原样　2. 膜材料 K6 暴晒后　3. 膜材料 K6 埋土后

七、培养前后水基共聚物-生物炭膜材料表面微观结构的变化

1. 膜材料 Y1 在埋土前后表面微观结构的变化

图 3-85 为膜材料 Y1 在埋土前后膜表面微观结构的电镜扫描图像，由图 3-85A 可以看出，膜材料 Y1 表面有着大量的凸起，且分布相对均匀，这

表明生物炭在加入水基共聚物后与之均匀混合，形成了相对均一的共混物，电镜图像中表面的凸起是 0.250mm 玉米基生物炭的添加造成的。而图 3-85B则是 Y1 膜材料在埋土 120d 后膜材料的电镜扫描图像，由图像可以看出，埋土培养后膜材料表面变得更加凹凸不平，表面比培养前更加粗糙，并且组织结构松散，同时还能看到埋土培养后膜材料 Y1 表面还出现了小的裂缝，这表明膜材料 Y1 在土壤中发生了降解。

A   B

图 3-85　膜材料 Y1 降解前后表面微观结构的变化（×1 000）

A. 降解前　B. 降解后

2. 膜材料 S5 在埋土前后表面微观结构的变化

图 3-86 是膜材料 S5 放大 1 000 倍后的表面微观结构图，图 3-86A 为膜材料 S5 埋土培养前的表面微观结构，由图可以看出膜表面较为光滑，仅有的少量凸起物是生物炭的添加造成的，这表明 0.075mm 的水稻基生物炭与水基共聚物能够较为均匀地混合，而经过 120d 的埋土试验后，膜材料 S5 表面变得凹凸不平，表面极为粗糙，并且能够明显地看到裂缝。这是因为膜材料 S5 表面接触土壤的部分先发生了降解，同时膜材料还保持原有轮廓，这表明随着埋土时间的继续增加，膜材料还会发生进一步的降解。

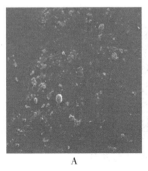

A   B

图 3-86　膜材料 S5 降解前后表面微观结构的变化（×1 000）

A. 降解前　B. 降解后

3. 膜材料 K6 在埋土前后表面微观结构的变化

图 3 - 87 为膜材料 K6 在放大 1 000 倍后的扫描电镜图像，由图 3 - 87A 可以看出，膜表面有大量且较为均匀的凸起，这是由 0.250mm 枯枝落叶基生物炭的添加造成的，说明枯枝落叶基生物炭能够与水基共聚物较好地混合，混合后，生物炭均匀地分布于膜材料的表面，经过 120d 的埋土培养后，膜材料的表面发生了较大的变化，由图 3 - 87B 可以明显看出膜材料表面先接触土壤的部分在土壤微生物的作用下发生了氧化，从图 3 - 87B 中可以明显地看到膜表面有脱落的小碎片，这表明膜材料 K6 在土壤中发生了明显的降解，并且随着时间的增加，膜材料的降解程度会进一步增加。

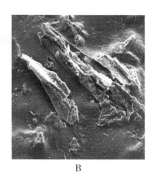

| A | B |

图 3 - 87　膜材料 K6 降解前后表面微观结构的变化（×1 000）

A. 降解前　B. 降解后

通过扫描电镜能够直观地看到包膜材料在降解前后的变化（Ni et al.，2009），试验结果表明，埋土培养前膜材料表面相对光滑致密，在埋土培养后，接触到了种植土壤的膜材料表面在分解酶和水分及微生物的作用下先被侵蚀（Ni et al.，2011），膜表面变得较为松散，出现孔洞，而随着埋土时间的增加，膜材料的降解率更高，结合膜材料在土壤中的质量损失率发现，膜材料在土壤环境中的降解效果良好，不会对种植土壤造成污染。

八、包膜尿素膜表面微观结构特征

包膜尿素表面微观结构特征（图 3 - 88A 至图 3 - 88C）的研究结果显示，3 种包膜尿素表面均覆盖着一层较为均匀的块状或粒状物质，这是在包膜过程中加入的水基共聚物-生物炭膜材料在尿素颗粒表面流延形成的，这表明生物炭与水基共聚物均匀混合且较为完整地覆盖于尿素颗粒表面，并由部分包膜物质渗透到尿素颗粒表面的孔隙中，使得膜材料与尿素结合得更为紧密，形成水分子进入包膜尿素的一道屏障。通过 3 种包膜尿素的表面电镜图像可以看出，3 种包膜尿素表面均有大小不一的孔隙，这是由包膜材料的特性所致，这些孔隙导致包膜尿素氮素的释放，随着孔隙和孔道的增多，养分的释放加速。包膜尿素 Y1 和 K6 表面比包膜尿素 S5 有更多的孔隙和孔道，这与包膜材料中生物炭的粒级有关，粒级越大，包膜尿素表面可能会更为致密，有更少的孔隙、孔道。

将包膜尿素断面放大 3 000 倍后如图 3-88D 至图 3-88F 所示，包膜层紧紧覆于尿素表面，形成了一道坚实的屏障。从包膜尿素横断面的基本结构来看，膜间孔隙排列复杂曲折，这些孔隙形成了水分进入和养分溶出膜的通道。因此，包膜层的厚度也影响着养分的释放及水分的进入速率。因生物炭粒级的影响，包膜材料 Y1 和 K6 中包膜材料多呈不规则的块状堆叠，而 S5 中则多为相对光滑的致密膜层，这也影响着包膜尿素养分的释放。

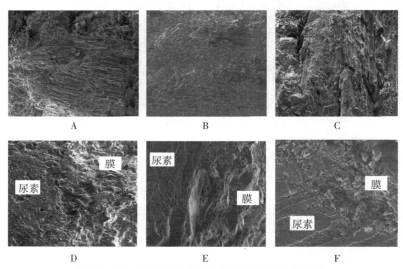

图 3-88　包膜尿素表面及断面的扫描电镜图像

A. 包膜尿素 Y1 表面微观结构（×1 000）　　B. 包膜尿素 S5 表面微观结构（×1 000）

C. 包膜尿素 K6 表面微观结构（×1 000）　　D. 包膜尿素 Y1 断面微观结构（×3 000）

E. 包膜尿素 S5 断面微观结构（×3 000）　　F. 包膜尿素 K6 断面微观结构（×3 000）

九、包膜尿素表面膜红外光谱特性

红外吸收光谱主要是通过研究物质吸收红外辐射的光谱现象来研究其化学组分及结构的一种常用方法（刘兴斌等，2009）。在不同波段的红外线的照射下分子中的化学键吸收了同波段的红外光能，使得分子中的转动能级或振动能级发生了跃迁从而产生一种吸收谱，它能够反映物质的原子、分子的振动。当化学键或基团所处的化学环境改变时，特征吸收强度及频率也会随之改变，因此，可以通过研究物质红外光谱的吸收强度及频率来获取化学键或基团所处环境的变化情况（毛小云等，2004）。

由红外光谱吸收特征曲线可知，包膜尿素表面主要红外光谱吸收谱在 $3\,300\mathrm{cm^{-1}}$、$2\,900\mathrm{cm^{-1}}$、$1\,650\mathrm{cm^{-1}}$、$1\,440\mathrm{cm^{-1}}$、$1\,100\mathrm{cm^{-1}}$处，在 $3\,300\mathrm{cm^{-1}}$ 左右为—OH 的伸缩振动，与其余两种包膜尿素相比，S5 包膜尿素在此处的伸缩振动向高频方向漂移至 $3\,500\mathrm{cm^{-1}}$ 处，漂移了 $200\mathrm{cm^{-1}}$；在 $2\,900\mathrm{cm^{-1}}$ 处的特征峰强度 $3>2>1$；而在 $2\,300\mathrm{cm^{-1}}$ 处的特征峰强度 $1>2>3$；在 $1\,650\mathrm{cm^{-1}}$ 处的特征峰强度 $1>2>3$，并略有向高频漂移的趋势；这表明添加生物炭对膜材料的改性效果明显，且在不同膜材料的配比下，包膜肥料表面的红外光谱有着不同的变化，总体来说，包膜尿素 S5 表面红外光谱拥有较高的透光率（图 3-89）。

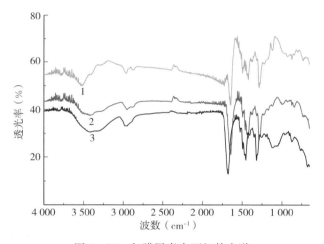

图 3-89　包膜尿素表面红外光谱
1. S5 包膜尿素表面红外光谱　2. K6 包膜尿素红外光谱　3. Y1 包膜尿素红外光谱

十、包膜尿素的土壤淋溶试验

由图 3-90 可知，第 1 次淋溶，包膜尿素 Y1、S5、K6、X、U 的氮素淋出率分别为 15.23%、12.95%、16.68%、13.30%、31.49%，随着淋溶次数的增加，普通尿素 U 的养分释放速率明显快于其余处理。在第 13 天时，U 的氮素淋出率就达到了 89.83%，其余处理的氮素释放规律相近，后期养分释放也较慢。在第 22 天时，包膜处理的氮素释放量最高的为 69.16%，最低的为 65.28%，在淋洗的前 13d，X 包膜尿素的氮素释放量一直低于其余处理，而在 13d 后，S5 包膜尿素的氮素释放量与 X 相差无几。在本试验中，包膜处理拥有较好的缓释性能以及淋溶末期氮素还有较为平稳的释放趋势表明了其会有更长的缓释期。

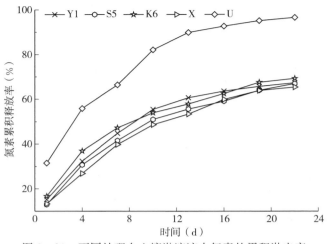

图 3-90　不同处理在土壤淋溶液中氮素的累积淋出率
X. 心连心包膜尿素　U. 常规尿素

十一、包膜尿素微观结构与养分释放机理的相关性分析

提高包膜肥料缓释性能是目前研究的热点之一，国内外的大量研究主要集中于包膜材料、设备及工艺方面，并取得了巨大的进展（段路路等，2009），而扫描电镜的应用为研究缓释肥料养分释放机理提供了重要的依据（毛小云等，2004）。由电镜扫描图像可以看出，包膜尿素包膜层表面有大小不一的孔隙，这是因为生物炭的添加改变了膜材料的性质，同时生物炭的粒级也影响着膜材料的性质，由 S5 包膜尿素表面电镜图像可以看出当生物炭粒级为 200 目时，包膜尿素表面表现得更为致密，这与前面 3 种包膜尿素的红外光谱分析相一致，同时这些孔隙还是养分释放及水分进入的重要通道。有研究表明，包膜层越厚，包膜肥料养分的溶出速率越慢（杨越超等，2007）。因此，改变包膜层的厚度可以改变养分溶出速率，在本试验条件下，3 种包膜尿素的包膜材料用量一致，因此，包膜层厚度对包膜尿素缓释性能的影响可以忽略。而包膜尿素养分释放特性的评价方法主要为静态水溶法（杨相东等，2005；张玉凤等，2003），肥料养分残差法（施卫省等，2009），土柱淋溶法（汤德源等，2008；谢银旦等，2007）。但静态水溶法的测定与肥料施入土壤后的实际情况相差较大；残差法为间接的评价方法，误差较大；多数研究者认为土柱淋溶法能够较好地反映肥料施入土壤后的变化（谢银旦等，2007）。而包膜缓释肥要求肥料的初始溶出率不超过 15%（吕静等，2012），在本试验条件下，包膜尿素 Y1、S5、K6、X 的初期溶出率分别为 15.23%、12.95%、16.68%、13.30%，包膜尿素 Y1、K6 的初期溶出率略大于 15%，这是因为淋溶过程持续 2～3h，导致实

际淋溶时间大于24h，这与吕静等的研究相似（吕静等，2012），两者间可作参比。因此，以聚乙烯醇、聚乙烯吡咯烷酮和生物炭为原料制备包膜缓释氮肥的方法是可行的。同时，3种包膜肥料相比，S5具有较低的初始溶出率，同时，具有较低的养分释放量，这与电镜扫描结果及红外光谱研究相一致。

第六节　无机物改性水基共聚物包膜尿素的制备及养分缓释机理

本节内容以聚乙烯醇、可溶性淀粉、壳聚糖、羧甲基纤维素钠4种来源广泛、价格低廉、可降解的高分子聚合物为原料，通过水溶液聚合法制备水基共聚物膜材料；并选用不同粒径和量的沸石粉、火山灰、生物炭对水基共聚物进行改性，提高疏水性，从中选出无机物、水基共聚物的适宜配比，制备无机物改性水基共聚物包膜尿素；通过土壤培养试验，研究了不同种类无机物改性水基共聚物包膜尿素的养分释放特性；采用水接触角、傅里叶变换红外光谱、X射线衍射、热重和差示扫描量热、原子力显微镜以及扫描电子显微镜等分析技术探讨膜材料对养分的缓释机理。

一、试验材料与方法

1. 供试材料

聚乙烯醇（99.0%，聚合度为1 750±50，相对分子质量为75 000～80 000，国药集团化学试剂有限公司生产）。可溶性淀粉（相对分子质量为155 520，国药集团化学试剂有限公司生产）。壳聚糖（脱乙酰度为80.0%～95.0%，国药集团化学试剂有限公司生产）。羧甲基纤维素钠（国药集团化学试剂有限公司生产）。乙醇（99.7%，天津市富宇精细化工有限公司生产）。丙三醇（99.0%，国药集团化学试剂有限公司生产）。戊二醛（25%～28%，国药集团化学试剂有限公司生产）。冰乙酸（国药集团化学试剂有限公司生产）。所有使用的试剂均为分析纯。

2. 供试土壤

供试土壤为典型棕壤，取自辽宁省沈阳市沈阳农业大学后山试验田0～20cm表层土。风干后过2mm筛备用。土壤的基本理化性质如表3-21所示。

表3-21　供试土壤的基本理化性质

pH	全氮(mg/kg)	硝态氮(mg/kg)	铵态氮(mg/kg)	碱解氮(mg/kg)	速效钾(mg/kg)	速效磷(mg/kg)	有机质(g/kg)
6.6	738	12.6	5.15	98.3	78.8	26.1	7.03

3. 供试肥料

供试肥料中氮肥为普通大颗粒尿素（N 含量为 46%），水基共聚物包膜尿素（N 含量为 43%），沸石粉改性水基共聚物包膜尿素（N 含量为 43%），火山灰改性水基共聚物包膜尿素（N 含量为 43%），生物炭改性水基共聚物包膜尿素（N 含量为 43%），硫包膜尿素（N 含量为 37%）；磷肥为过磷酸钙（P_2O_5 含量为 12%）；钾肥为硫酸钾（K_2O 含量为 50%）。

4. 试验设计与方法

（1）膜材料的制备

将一定量的壳聚糖、去离子水置于三角瓶中，将混合物摇匀后，边摇动边加入 0.2% 的冰乙酸，在 60℃ 条件下超声 30min 使其完全溶解，待用。

与此同时将一定质量的聚乙烯醇、可溶性淀粉、去离子水置于带机械搅拌器、冷凝管和温度计的 500mL 圆底玻璃三颈瓶中，95℃ 条件下机械搅拌，使其完全溶解，得到透明溶液。

温度降至 70℃ 后加入一定量的羧甲基纤维素钠，完全溶解后搅拌 10min；再将制备好的壳聚糖溶液加入三颈瓶中混匀，依次加入 5% 乙醇（消泡剂）、1% 丙三醇（增塑剂）、0.005% 戊二醛（交联剂），90℃ 条件下搅拌 30min，所得混合液为水基共聚物混合液。

将水基共聚物混合液从三颈瓶中倒出用于制备水基共聚物膜材料。取一定量溶液在玻璃片上流延成膜并风干，即水基共聚物膜材料，并将膜材料避湿、避光、避热保存以便进行下一步的分析。试验设计如表 3-22 所示。

表 3-22 水基共聚物膜材料试验设计

处理	聚乙烯醇（%）	可溶性淀粉（%）	壳聚糖（%）
1-1	4.5	1.75	0.5
1-2	4.5	1.75	0.75
1-3	4.5	1.75	1.0
1-4	4.5	2.0	0.5
1-5	4.5	2.0	0.75
1-6	4.5	2.0	1.0
1-7	4.5	2.25	0.5
1-8	4.5	2.25	0.75
1-9	4.5	2.25	1.0
2-1	4.0	1.75	0.5
2-2	4.0	1.75	0.75
2-3	4.0	1.75	1.0

（续）

处理	聚乙烯醇（%）	可溶性淀粉（%）	壳聚糖（%）
2－4	4.0	2.0	0.5
2－5	4.0	2.0	0.75
2－6	4.0	2.0	1.0
2－7	4.0	2.25	0.5
2－8	4.0	2.25	0.75
2－9	4.0	2.25	1.0
3－1	3.5	1.75	0.5
3－2	3.5	1.75	0.75
3－3	3.5	1.75	1.0
3－4	3.5	2.0	0.5
3－5	3.5	2.0	0.75
3－6	3.5	2.0	1.0
3－7	3.5	2.25	0.5
3－8	3.5	2.25	0.75
3－9	3.5	2.25	1.0

注：各处理中羧甲基纤维素钠的含量均为 0.25%。

　　选取所制备的水基共聚物膜材料中性能最好的一种制备无机物改性水基共聚物膜材料。将制备好的水基共聚物混合液倒入带有机械搅拌器、冷凝器和温度计的 500mL 圆底玻璃三颈瓶中，将其在搅拌条件下加热到 80℃。将制备好的 0.250mm、0.150mm、0.075mm 无机物（沸石粉、火山灰、生物炭）按照 1%、2% 和 3% 的浓度分别加到水基共聚物混合液中，在 80℃ 条件下搅拌 30min。

　　将无机物改性水基共聚物混合液从三颈瓶中倒出，用于制备无机物改性水基共聚物膜材料。取一定量混合液在玻璃片上流延成膜并风干，即得无机物改性水基共聚物膜材料，并将膜材料避湿、避光、避热保存，以便进行下一步的分析。试验设计如表 3－23 所示。

表 3－23　无机物改性水基共聚物膜材料试验设计

处理	无机物种类	无机物含量（%）	无机物粒级（mm）
CK	—	0	—
F－60－1	沸石粉	1.0	0.250

(续)

处理	无机物种类	无机物含量（%）	无机物粒级（mm）
F－60－2	沸石粉	2.0	0.250
F－60－3	沸石粉	3.0	0.250
F－100－1	沸石粉	1.0	0.150
F－100－2	沸石粉	2.0	0.150
F－100－3	沸石粉	3.0	0.150
F－200－1	沸石粉	1.0	0.075
F－200－2	沸石粉	2.0	0.075
F－200－3	沸石粉	3.0	0.075
H－60－1	火山灰	1.0	0.250
H－60－2	火山灰	2.0	0.250
H－60－3	火山灰	3.0	0.250
H－100－1	火山灰	1.0	0.150
H－100－2	火山灰	2.0	0.150
H－100－3	火山灰	3.0	0.150
H－200－1	火山灰	1.0	0.075
H－200－2	火山灰	2.0	0.075
H－200－3	火山灰	3.0	0.075
S－60－1	生物炭	1.0	0.250
S－60－2	生物炭	2.0	0.250
S－60－3	生物炭	3.0	0.250
S－100－1	生物炭	1.0	0.150
S－100－2	生物炭	2.0	0.150
S－100－3	生物炭	3.0	0.150
S－200－1	生物炭	1.0	0.075
S－200－2	生物炭	2.0	0.075
S－200－3	生物炭	3.0	0.075

（2）膜材料吸水率的测定

将膜材料裁成 3cm×3cm 的小片，在 50℃烘箱中烘 24h 后放入干燥器中冷却后立即称重（W_0）。然后将膜材料在室温条件下完全浸泡在去离子水中直至吸收平衡（24h）。用镊子将膜材料取出，用滤纸吸去膜材料表面残留的水分，再次称重（W_1）并计算其吸水性能。吸水率计算公式如下：

$$WAC(\%) = \frac{W_1 - W_0}{W_0} \times 100\% \qquad (3-21)$$

式中，WAC 为吸水率（%），W_0 为浸泡前膜材料的烘干重量（g），W_1 为吸收平衡时膜材料的重量（g）。

（3）膜材料水蒸气渗透率的测定

用制备的膜材料将填满变色硅胶的长 50mm、内径为 30mm 的圆柱形塑料盒密封后称重（W_0），置于恒温恒湿箱内（Memmert，德国），温度为 25℃，湿度为 90%，分别于 1h、2h、3h、4h、5h、6h、8h、24h、48h、72h、96h、168h 时测定其重量（W_t），计算水蒸气渗透率。计算公式如下：

$$WAP(mg/cm^2) = \frac{W_t - W_0}{S} \times 100\% \qquad (3-22)$$

式中，WAP 为水蒸气渗透率（mg/cm^2），W_0 为放入恒温恒湿箱前的重量（g），W_t 为放入恒温恒湿箱后不同时间的重量（g），S 为膜材料的接触面积 7.065cm^2。

（4）膜材料水分子渗透率的测定

将长 50mm、内径为 30mm 的圆柱形塑料盒填满已知重量变色硅胶（W_0）后用制备的膜材料将其密封，倒置于装有 50mL 去离子水的 100mL 烧杯中。24h 后，取出塑料盒内的变色硅胶，测定其重量（W_1），计算水分子渗透率，计算公式如下：

$$WP[g/(cm^2 \cdot h)] = \frac{W_1 - W_0}{t \cdot S} \qquad (3-23)$$

式中，WP 为水分子渗透率 [g（$cm^2 \cdot h$）]，W_0 为变色硅胶的重量（g），W_1 为 24h 后变色硅胶的重量（g），t 为浸泡时间（h），S 为膜材料的接触面积 7.065cm^2。

（5）膜材料 NN_4^+ 渗透率的测定

在长 50mm、内径为 30mm 的圆柱形塑料盒中装入 20mL 氯化铵溶液（浓度为 40mg/L），用制备的膜材料将其密封后倒置于装有 50mL 去离子水的 100mL 烧杯中。24h 后，用 AA3 自动分析仪（Seal，德国）测定烧杯中溶液的浓度，并计算 NH_4^+ 渗透率。计算公式如下：

$$NP[mg/(cm^2 \cdot h)] = \frac{C \cdot V}{t \cdot S \cdot 1\,000} \qquad (3-24)$$

式中，NP 为 NH_4^+ 的渗透率 [$mg/(cm^2 \cdot h)$]，C 为烧杯中溶液浓度（mg·L^{-1}），V 为烧杯中溶液体积（mL），t 为浸泡时间（h），S 为膜材料的接触面积 7.065cm^2。

（6）膜材料 NH_4^+ 吸附量的测定

将膜材料裁剪成 3cm×3cm 的小片后置于 150mL 锥形瓶中。一部分加入氯化铵溶液 50mL（浓度为 10mg/L），在 25℃条件下，150r/min 在振荡器上振荡。分别在第 5 分钟、第 10 分钟、第 30 分钟、第 60 分钟、第 90 分钟、第 120 分钟、第 180 分钟时取出锥形瓶内的膜材料，测定溶液中 NH_4^+ 的浓度；另一部分加入氯化铵溶液 50mL，浓度分别为 5mg/L、10mg/L、15mg/L、20mg/L、25mg/L。在 25℃条件下，以 150r/min 的速率在水浴振荡器上振荡 180min 后取出膜材料。用 AA3 自动分析仪（Seal，德国）测定锥形瓶中溶液的浓度，并计算 NH_4^+ 吸附量。计算公式如下：

$$Q_e(mg/g) = \frac{(C_0 - C_e) \cdot V}{m} \qquad (3-25)$$

式中，Q_e 为膜材料对 NH_4^+ 的吸附量（mg/g），C_0 为初始溶液中 NH_4^+ 的浓度（mg/L），C_e 为吸附后溶液中 NH_4^+ 的浓度（mg/L），V 为溶液的体积（L），m 为膜材料的质量（g）。

为了研究吸附量随时间的变化及吸附动力学特性，运用准一级动力学和准二级动力学模型对膜材料的 NH_4^+ 吸附过程进行拟合。准一级动力学和准二级动力学模型公式如下：

$$准一级动力学模型：\ln(q_e - q_t) = \ln q_e - k_1 t \qquad (3-26)$$

$$准二级动力学模型：\frac{t}{q_t} = \frac{1}{k_2 q_e^2} + \frac{t}{q_e} \qquad (3-27)$$

式中，q_e 为吸附平衡时膜材料对 NH_4^+ 的吸附量（mg/g），q_t 为时间为 t 时膜材料对 NH_4^+ 的吸附量（mg/g），t 为吸附时间（min），k_1 为准一级动力学速率常数，k_2 为准二级动力学速率常数 [g/(mg·min)]。

（7）膜材料水接触角（WCAs）分析

膜材料的表面疏水性（水接触角）用 Easy Drop 接触角仪（Krüss，德国）进行测定。

（8）聚物膜材料红外光谱（FTIR）分析

用带有 ATR 附件的 Nicolet iS50 傅里叶变换红外光谱仪（Thermo，美国）进行红外光谱分析，波数范围为 4 000~400cm^{-1}，分辨率为 4cm^{-1}，扫描次数为 32 次。沸石粉、火山灰和生物炭通过 KBr 压片技术进行测定。沸石粉、火山灰、生物炭分别按照与 KBr 粉末质量比为 1∶100（沸石粉∶KBr、火山灰∶KBr 或者生物炭∶KBr）的比例混合后，用压片机制成透明、质地均匀的 KBr 压片以供分析。膜材料直接用衰减全反射法（ATR）在样品表面进行测定。

（9）膜材料 X 射线衍射（XRD）分析

沸石粉、火山灰、生物炭和膜材料的 X 射线衍射分析用 X' Pert Powder X 射线衍射仪（Panalytical，荷兰）进行测定。扫描速度为 0.112 8（°）/s，角度（2θ）的扫描范围为 5°~90°。

（10）膜材料热重（TG）和差示扫描量热（DSC）的测定

沸石粉、火山灰、生物炭和膜材料的热分析图和热降解过程用 STA449F3 同步热分析仪（Netzsch，德国）进行测定。样品在 40mL/min 的氮气氛围下从室温加热到 600℃，升温速率为 10℃/min。

（11）膜材料原子力显微镜（AFM）分析

膜材料的表面粗糙度用 Dimension Icon 原子力显微镜（Bruker，美国）在轻敲模式下进行分析。样品分析条件为峰值力振幅 150nm，峰值力频率为 2kHz，起升高度为 72.0nm。

（12）膜材料扫描电子显微镜（SEM）分析

膜材料的外观形态用 Regulus 8100 场发射扫描电子显微镜（Hitachi，日本）在 10.0kV 加速电压下进行观察。在扫描前用铂金喷裹膜材料。

（13）膜材料自然暴晒降解性的测定

将膜材料裁剪成 3cm×3cm 的小片称重（W_0）后置于培养皿中，放置在光照充足的地方进行暴晒。分别于第 20 天、第 40 天、第 60 天、第 80 天、第 100 天、第 120 天、第 140 天、第 160 天、第 180 天、第 200 天、第 220 天、第 240 天、第 260 天、第 280 天、第 300 天、第 320 天进行称重（W_t），测定无机物改性水基共聚物膜材料的质量。无机物改性水基共聚物膜材料的质量损失率计算公式如下：

$$DM(\%) = \frac{W_0 - W_t}{W_0} \times 100\% \qquad (3-28)$$

式中，DM 为自然暴晒质量损失率（%），W_0 为无机物改性水基共聚物膜材料的初始重量（g），W_t 为无机物改性水基共聚物膜材料不同时间暴晒后的重量（g）。

（14）膜材料在土壤中的降解性的测定

将无机物改性水基共聚物膜材料裁剪成 3cm×3cm 的小片称重（W_0）后埋于沈阳农业大学田间试验基地。土壤类型为棕壤。埋膜深度为距离土壤表层 10cm，埋膜间距至少 2cm。分别于第 20 天、第 40 天、第 60 天、第 80 天、第 100 天、第 120 天、第 140 天、第 160 天、第 180 天取出，用去离子水冲净表面泥土后烘干，称重（W_1）并计算其质量损失率。质量损失率计算公式如下：

$$DMS(\%) = \frac{W_0 - W_t}{W_0} \times 100\% \qquad (3-29)$$

式中，DMS 为无机物改性水基共聚物膜材料在土壤中的质量损失率（%），W_0 为无机物改性水基共聚物膜材料的初始重量（g），W_t 为无机物改性水基共聚物膜材料埋在土壤中不同时间的重量（g）。

（15）包膜尿素的制备

将一定质量的粒径均匀的大颗粒尿素加入 DLP-mini 流化床制粒包衣机（智阳，中国）中，引风频率设置为 49Hz，底端温度设为 100℃，炉内温度为

65℃，预热 10min 后，加入制备好的无机物改性水基共聚物混合液，采用底端喷雾的模式，喷枪压力设为 0.2MPa，蠕动泵速率为 1.1。无机物改性水基共聚物包膜尿素试验设计如表 3-24 所示。

表 3-24　无机物改性水基共聚物包膜尿素试验设计

处理	包膜材料种类	包膜材料含量（%）
CK-3	CK	3%
CK-5	CK	5%
CK-7	CK	7%
F-3	F-200-3	3%
F-5	F-200-3	5%
F-7	F-200-3	7%
H-3	H-60-2	3%
H-5	H-60-2	5%
H-7	H-60-2	7%
S-3	S-200-3	3%
S-5	S-200-3	5%
S-7	S-200-3	7%

（16）无机物改性水基共聚物包膜尿素养分释放的测定

将一定质量（W_0）的无机物改性水基共聚物包膜尿素置于 4cm×4cm 的 0.150mm 的纱布袋中后，封好袋口。将过 0.250mm 筛的 100g 土壤放入自封袋中，土壤含水率分别为 5.5%、9.5%、13.5%。将装有包膜尿素的纱布袋置于土壤中后，再放入 100g 土壤封好自封袋。将装有含水率为 5.5%、9.5%、13.5% 的土壤的自封袋放置于 25℃恒温培养箱中，将装有土壤含水率为 9.5% 的土壤的自封袋分别放置于 15℃、25℃ 和 35℃ 的恒温培养箱中，分别于第 1 天、第 3 天、第 5 天、第 7 天、第 10 天、第 14 天、第 21 天、第 28 天、第 35 天、第 42 天取出自封袋。将自封袋内的纱布袋取出后，先除净附着在纱布上的土，然后称量纱布袋内的无机物改性水基共聚物包膜尿素的质量（W_1）。称取一定质量（W_2）土埋后的无机物改性水基共聚物包膜尿素，用浓硫酸消煮后，用 UDK 169 高通量全自动凯式定氮仪（VELP，意大利）测定全氮含量。计算无机物改性水基共聚物包膜尿素的养分释放率。计算公式如下：

$$NR(\%) = \frac{W_0 - C \cdot \dfrac{W_1}{W_2}}{W_0} \times 100\% \qquad (3-30)$$

式中，NR 为无机物改性水基共聚物包膜尿素的养分释放率（%），C 为测得的全氮含量（mg），W_0 为土埋前无机物改性水基共聚物包膜尿素的重量

（mg），W_1 为土埋后无机物改性水基共聚物包膜尿素的重量（mg），W_2 为用于消煮的土埋后无机物改性水基共聚物包膜尿素的重量（mg）。

（17）无机物改性水基共聚物包膜尿素表面形态和剖面形态的测定

包膜尿素养分释放前后包膜层的表面形态和剖面形态用 Regulus 8100 冷场发射扫描电子显微镜（日立，日本）在 10.0kV 加速电压下进行观察。在扫描前用铂金喷裹膜材料。

二、水基共聚物膜材料性能分析与筛选

1. 水基共聚物膜材料吸水率分析

水基共聚物膜材料吸水率测定结果如图 3-91 所示。在所制备的 27 种水基共聚物膜材料中，2-1 的吸水率最低，为 130％。其次是 1-7 和 2-4，吸水率分别为 186％和 197％；然后是 1-1、2-7、3-7，吸水率分别为 200％、206％、208％。吸水率较低的这 6 种水基聚合物包膜材料中，壳聚糖的含量均为 0.5％，聚乙烯醇和可溶性淀粉的含量则 3 个浓度都有，可见本研究中壳聚糖的含量对水基聚合物吸水率的影响较大。在所选择的 3 个浓度中，壳聚糖含量越低，吸水率越低。吸水率是影响包膜材料性能的主要因素。膜材料的吸水率越低，其疏水性就越好，越有利于提高养分的缓释效果。因此，根据水基共聚物膜材料吸水率的测定结果，选择吸水率最低的 2-1、1-7 和 2-4 进行进一步的性能分析，最后从中选择最适合制备包膜材料的一种水基共聚物制备无机物改性水基共聚物膜材料。

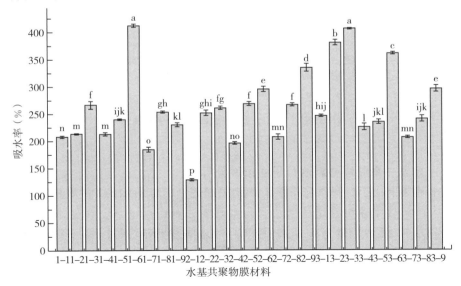

图 3-91　水基共聚物膜材料吸水率

2. 水基共聚物膜材料水蒸气渗透率分析

水基共聚物膜材料水蒸气渗透率如图 3 - 92 所示。从图 3 - 92 中可以看出，随着时间的增加水基共聚物膜材料水蒸气渗透率逐渐增大。6～8h 时间段水蒸气渗透率增加速率最大，之后随着时间的增加，水蒸气渗透率的增加速率逐渐变缓。在这 3 种水基共聚物膜材料中 2 - 1 的水蒸气渗透率最低，1 - 7 和 2 - 4 的水蒸气渗透率比较接近，2 - 4 的水蒸气渗透率最大。2 - 1 中聚乙烯醇和可溶性淀粉的用量比为 16∶7。1 - 7 中聚乙烯醇和可溶性淀粉的用量比为 2∶1。2 - 4 中聚乙烯醇和可溶性淀粉的用量比为 2∶1。2 - 4 中聚乙烯醇的用量和 2 - 1 是一样的，但是可溶性淀粉的用量大；1 - 7 中可溶性淀粉的用量虽然最大，但聚乙烯醇的用量也最大。所以，2 - 4 的水蒸气渗透率最高可能是由可溶性淀粉过量、未完全与聚乙烯醇反应所致。水蒸气渗透率越低，说明膜材料阻碍水蒸气渗透的能力越强，越有利于减缓包膜肥料内部养分溶解的速率。因此，这 3 种水基共聚物膜材料中 2 - 1 更适合用来制备包膜肥料。

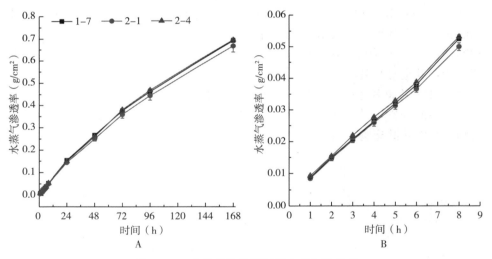

图 3 - 92　水基共聚物膜材料水蒸气渗透率
A. 试验时间为 168h　B. 试验时间为 8h

3. 水基共聚物膜材料水分子渗透率分析

水基共聚物膜材料水分子渗透率结果如图 3 - 93 所示。3 种水基共聚物膜材料中，2 - 1 的水分渗透率最小，为 0.023g/（cm² · h），2 - 4 的水分子渗透最大，为 0.027g/（cm² · h）。2 - 1 和 2 - 4 之间差异显著，且 2 - 1 的水分子渗透率与 2 - 4 和 1 - 7 相比分别降低了 15.9% 和 10.8%。这说明 2 - 1 的膜结构密实程度更好，所以水分子渗透率较低。在包膜肥料施用过程中，当周围环境含水率较高时或在淹水状态下，包膜肥料水分子渗透率低可以有效增强包膜肥料的缓释效果，因此，这3种水基共聚物膜材料中2-1更适合用来制备包膜肥料。

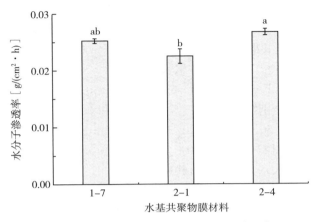

图3-93 水基共聚物膜材料水分子渗透率

4. 水基共聚物膜材料 NH_4^+ 渗透率分析

水基共聚物膜材料 NH_4^+ 渗透率结果如图3-94所示。3种水基共聚物膜材料中，2-1的 NH_4^+ 渗透率最小，显著低于1-7和2-4，为0.0018mg/（ cm^2 · h）。2-4的 NH_4^+ 渗透率最大，为0.0027mg/（ cm^2 · h）。2-1的 NH_4^+ 渗透率与1-7和2-4相比分别降低了30.0%和32.6%。这可能是由2-1中各材料交联程度更好、比1-7和2-4膜材料密实程度更高所致。 NH_4^+ 渗透率越小，说明膜材料阻碍 NH_4^+ 渗透能力越强，越有利于减缓包膜肥料养分释放的速率。因此，这3种水基共聚物膜材料中2-1更适合用来制备包膜肥料。

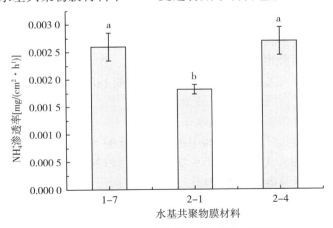

图3-94 水基共聚物膜材料 NH_4^+ 渗透率

三、无机物改性水基共聚物膜材料制备及性能

1. 无机物改性水基共聚物膜材料吸水率分析

无机物改性水基共聚物膜材料的吸水率如图 3-95 所示。从图中可以看出所有无机物改性水基共聚物膜材料与 CK 相比，F-60-1、F-60-2、F-200-3、H-60-2、S-60-2、S-60-3、S-100-2、S-100-3、S-200-3 的吸水率低于 CK。其中 F-60-2、H-60-2 和 S-60-2 的吸水率显著低于其他处理，与 CK 相比分别降低了 42.8%、50.0% 和 39.0%。在沸石粉改性水基共聚物膜材料中 F-60-2、F-200-3 和 F-60-1 的吸水率最低；在火山灰改性水基共聚物膜材料中，H-60-2、H-60-3 和 H-200-3 的吸水率最低；在生物炭改性水基共聚物膜材料中，S-60-2、S-60-3 和 S-200-3 的吸水率最低。吸水率低的膜材料大多集中在无机物的粒径为 60 目和 200 目、无机物的含量为 2% 和 3% 的膜材料中。这可能是由于水基共聚物膜材料中有大小不一的孔洞，粒径为 60 目的无机物中粒径范围分布较广，可以更好地填充这些孔洞，增加了膜材料的密实程度，增强了包膜材料的界面结合力，所以每种无机物改性水基共聚物膜材料中均是粒径为 60 目、含量为 2% 的材料吸水率最低。无机物含量越多，膜材料的密实程度越好。但是随着粒径为 60 目的无机物含量的增加，粗颗粒的含量也随着增加，这就会导致膜材料内部产生更多的裂纹，这些裂纹会导致水分更易进入和存储在膜材料中，所以无机物的粒径为 60 目的膜材料中，含量为 3% 的膜材料的吸水率高于含量为 2% 的膜材料的吸水率。而无机物的粒径为 200 目、含量为 3% 的膜材料的吸水率也较低，一方面是因为无机物含量最多，另一方面是因为粒径为 200 目的无机物粒径最小，以细颗粒为主，减少了膜材料内部产生的裂纹。

膜材料的吸水率越低，其疏水性就越好，越有利于减缓包膜肥料中养分的溶出，从而实现缓释的目的。F-60-2、H-60-2 和 S-60-2 这 3 种膜材料的吸水率最低且无机物含量和粒径一致，因此，接下来的性能试验选择这 3 种膜材料进行不同种类无机物改性水基共聚包膜材料间的性能比较。选择沸石粉改性水基共聚物膜材料中吸水率最低的 F-60-2、F-200-3 和 F-60-1，火山灰改性水基共聚物膜材料中吸水率最低的 H-60-2、H-60-3 和 H-200-3，生物炭改性水基共聚物膜材料中吸水率最低的 S-60-2、S-60-3 和 S-200-3 分别进行每种无机物改性水基共聚物膜材料内的性能比较，从中选择性能最好的膜材料制备成包膜肥料。

2. 无机物改性水基共聚物膜材料红外光谱（FTIR）分析

通过傅里叶红外光谱图可以观察膜材料官能团的组成和变化。无机物和无机物改性水基共聚物膜材料的红外光谱如图 3-96 所示。图中 3 258cm^{-1} 附近

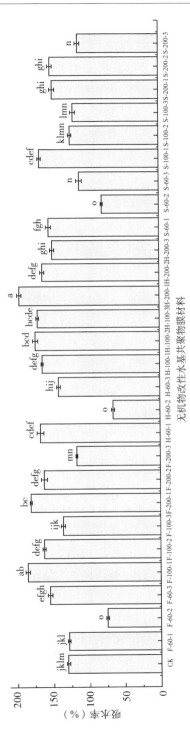

图3□95　无机物改性水基共聚物膜材料吸水率

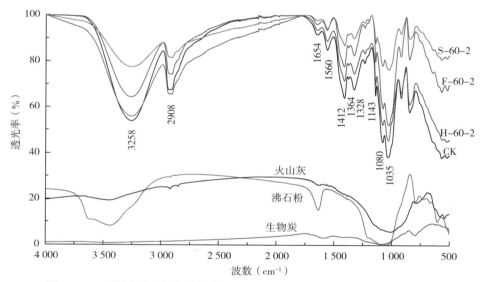

的吸收峰归属于羟基的伸缩振动吸收峰（Santos et al.，2018）；通过
1 412cm⁻¹和1 364cm⁻¹附近的肩峰确定2 908cm⁻¹附近的吸收峰归属于C—H
伸缩振动吸收峰，1 412cm⁻¹和1 364cm⁻¹附近的吸收峰对应的是该键的不对称
和对称弯曲振动（Araújo et al.，2017）；1 654cm⁻¹和1 560cm⁻¹附近的吸收
峰分别归属于C＝O的伸缩振动吸收峰和氨基的N—H弯曲振动吸收峰
（Rattanamanee et al.，2014）；1 328cm⁻¹附近的吸收峰归属于酰胺基中C—N
的伸缩振动吸收峰（Qin et al.，2006）；1 080cm⁻¹附近的强峰和1 143cm⁻¹附
近的肩峰表明这两个吸收峰归属于葡萄糖环中的C—O—C的对称和不对称伸
缩振动（Chabbi et al.，2018；Staroszczyk et al.，2014）；1 035cm⁻¹附近的
吸收峰归属于C—O伸缩振动吸收峰（Lü et al.，2014）。

图3-96　不同种类无机物改性水基共聚物膜材料和无机物傅里叶红外光谱

　　从图3-96中可以看出，不同处理的膜材料的官能团组成并未发生变化，
但是可以看出加入无机物后，膜材料吸收峰的位置与未加无机物之前相比有了
小范围的偏移，且官能团的强度发生了变化。—OH是具有较强亲水性的官能
团，图中—OH强度越小，说明—OH数量越少，膜材料的疏水性就越强。
F-60-2、H-60-2、S-60-2处理中的—OH强度均低于CK，且S-60-2
中—OH数量减少得最多。因为膜材料的官能团组成并没有发生改变，而膜材
料的官能团强度却发生了变化，所以这可能是由于无机物在膜材料中起到了稀
释作用。同沸石粉和火山灰相比，在相同质量的情况下，因为生物炭的质量最
轻，所以生物炭的体积最大，导致S-60-2中—OH数量减少得最多。因此
根据FTIR结果可知，无机物加入水基共聚物中后，提高了F-60-2、H-60-2、

S-60-2 的疏水性。

3. 无机物改性水基共聚物膜材料 X 射线衍射（XRD）分析

利用 X 射线衍射可以进行物体的物相分析和晶体结构分析。不同种类无机物改性水基共聚物膜材料和无机物的 XRD 衍射图谱如图 3-97 所示。对无机物和其相对应的无机物改性水基共聚物膜材料的 XRD 衍射图谱进行比较，发现无机物改性后的水基共聚物膜材料中部分无机物的结晶峰消失了，且膜材料中的结晶峰强度与无机物相比变小了，这说明无机物与水基共聚物不是单纯地混合在一起的，而是两者之间发生了反应（Rashidzadeh et al.，2014）。沸石粉、火山灰、生物炭的结晶度分别为 70%、74.5% 和 52.8%。CK 只在 2θ 为 19.6°处有一个特征结晶峰，结晶度为 50.5%。F-60-2 和 H-60-2 除了在 2θ 为 19.6°处有一个特征结晶峰外，还有许多其他的结晶峰，它们在 19.6°处的结晶度分别为 57.9% 和 64.2%。而 S-60-2 也只在 2θ 为 19.6°处有一个特征结晶峰，结晶度为 52.0%。这是因为沸石粉和火山灰中含有很多晶体，所以水基共聚物用无机物改性后，F-60-2 和 H-60-2 中结晶峰增加。因为生物炭中含有微晶碳，在 2θ 为 15°～30°范围内可以发现一个较宽的衍射峰，称为 d_{002} 衍射峰（郑庆福等，2016）。S-60-2 中 2θ 为 19.6°处的结晶峰受到了 d_{002} 衍射峰的影响，导致 S-60-2 中 2θ 为 19.6°处的半峰宽大于 CK 中 2θ 为 19.6°处的半峰宽。水基共聚物膜材料用无机物改性后，F-60-2、H-60-2、S-60-2 的结晶度均高于 CK，F-60-2 和 H-60-2 的结晶度变化较大。

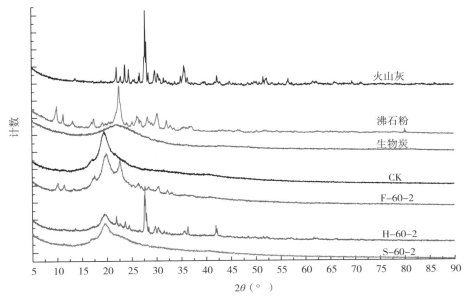

图 3-97　不同种类无机物改性水基共聚物膜材料和无机物的 X 射线衍射图谱

4. 无机物改性水基共聚物膜材料热重（TG）和差示扫描量热（DSC）分析

不同种类膜材料和无机物的热重分析结果如图 3-98 和图 3-99 所示。3 种无机物材料中，火山灰的质量损失最小，残碳量为 99%；其次是生物炭，残碳量为 93%；沸石粉的质量损失最大，残碳量为 84%。

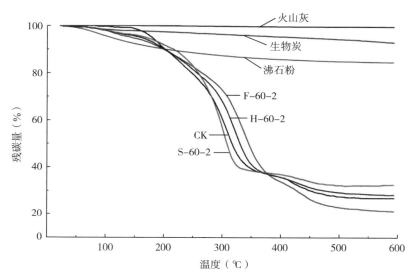

图 3-98　不同种类无机物改性水基共聚物膜材料和无机物 TGA 曲线

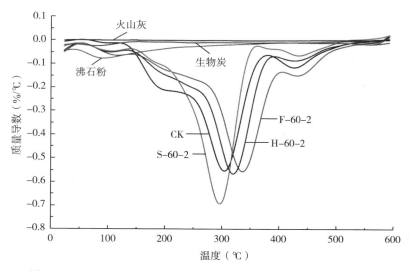

图 3-99　不同种类无机物改性水基共聚膜材料和无机物 DTG 曲线

从 TGA 和 DTG 曲线的结果可知，CK 的质量损失过程大致分为四个阶段。第一阶段的温度范围为 T≤123℃，质量损失约 1%；123～195℃ 温度范围内为第二阶段，质量损失约 8%；195～379℃ 温度范围内为第三阶段，质量损失约 55%，最大质量损失温度为 304℃；第四阶段的温度范围为 T≥379℃，质量损失约 9%，最终残碳量约为 27%。

从 TGA 和 DTG 曲线的结果可知，无机物改性水基共聚物膜材料质量损失过程大致分为三个阶段。第一阶段质量损失 F‐60‐2 的温度范围为 T≤140℃，质量损失约 5%；H‐60‐2 的温度范围为 T≤132℃，质量损失约 4%；S‐60‐2 的温度范围为 T≤138℃，质量损失约 4%。这一阶段的质量损失是由易挥发物质的蒸发所致（Alharbi et al.，2018），主要是共混膜中结合水和结晶水的热分解损失。F‐200‐2、H‐60‐2、S‐60‐2 的热分解温度和质量损失量均高于 CK。

第二阶段质量损失 F‐60‐2 的温度范围为 140～405℃，质量损失约 62%，336℃ 是最大质量损失温度；H‐60‐2 的温度范围为 132～390℃，质量损失约 60%，320℃ 是最大质量损失温度；S‐60‐2 的温度范围为 138～361℃，质量损失约 58%，296℃ 是最大质量损失温度。这一阶段主要是聚乙烯醇的侧基的消除，壳聚糖的解聚作用，羧甲基纤维素钠的分解以及葡萄糖环羟基的快速脱水和分解（包括 C—C—H、C—O 和 C—C 键发生断裂以及主链断裂）（França et al.，2018；Mukherjee，2005；Santos et al.，2015）。研究表明，起始热解温度越高，说明热稳定性越高（Lu et al.，2018）。F‐60‐2、H‐60‐2、S‐60‐2 的起始热解温度均高于 CK。F‐60‐2 的最大质量损失热解温度最高，H‐60‐2 次之，S‐60‐2 处理的最大质量损失热解温度最低。这说明水基共聚物膜材料用无机物改性后增加了膜材料的热稳定性，这可能是由无机物改性水基共聚物膜材料结晶度增加所致（Perez et al.，2016）。沸石粉改性水基共聚物膜材料和火山灰改性水基共聚物膜材料的热稳定性效果更好。

第三阶段质量损失 F‐60‐2 的温度范围为 T≥405℃，质量损失约 12%，最终残碳量为 21%；H‐60‐2 的温度范围为 T≥390℃，质量损失约 8%，最终残碳量为 28%；S‐60‐2 的温度范围为 T≥361℃，质量损失约 5%，最终残碳量为 33%。这一阶段主要由是聚乙烯醇分子链的分解、壳聚糖的热解和淀粉分解后中间产物分解以及羧甲基纤维素钠进一步降解所致。各包膜材料残碳量的顺序为 S‐60‐2＞H‐60‐2＞CK＞F‐60‐2。残碳量的不同应该与无机物的残碳量大小有关（Santos et al.，2015）。

不同种类无机物改性水基共聚物膜材料和无机物的 DSC 热分析结果如图 3‐100 所示。在无机物的 DSC 曲线中没有显著的峰。在无机物改性水基共聚物膜材料中有两个主要的吸热峰，第一个吸热峰在 150℃ 范围内，主要是由水分和易挥发物质挥发所致，第二个吸热峰在 250～300℃ 范围内，是无机物改性水基共聚物膜材料分解的特征峰。在 300～350℃ 范围内有一个主要放热峰，是无机物改性水基共聚物膜材料的结晶峰。CK 的结晶峰的温度低于 F-60-2 和 H-60-2，但是高于 S-60-2，这与 TGA 曲线结果一致。

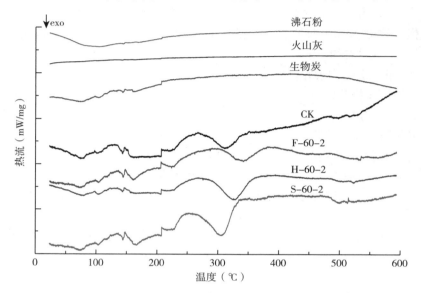

图 3-100 　不同种类无机物改性水基共聚物膜材料和无机物 DSC 曲线

注：图中 exo 表示放热峰，箭头所指方向的峰为放热峰。

从 TGA 和 DSC 的分析结果来看，无机物改性水基共聚物膜材料提高了膜材料的热稳定性。沸石粉改性水基共聚物膜材料和火山灰改性水基共聚物膜材料的热稳定性效果更好。

5. 无机物改性水基共聚物膜材料原子力显微镜（AFM）分析

原子力显微镜图可以表征膜材料表面的粗糙程度。图 3-101 所示为不同种类无机物改性水基共聚物膜材料的原子力显微镜图。在膜材料表面均能观察到纳米级凸起，其中 CK、F-60-2、H-60-2 的凸起较多较密，而 S-60-2 的凸起较少且高。从 AFM 的结果可知，无机物改性水基共聚物膜材料的表面均方根粗糙度分别为 10.3nm（CK）、22.0nm（F-60-2）、13.1nm（H-60-2）、42.8nm（S-60-2）。F-60-2、H-60-2、S-60-2 表面的粗糙度均大于 CK。表面粗糙度决定了表面能的大小，膜材料表面越粗糙，膜材料的表面能越低，膜材料的疏水性就越好（Xie et al.，2017；Zhang et al.，2017）。因此，F-60-2、H-60-2 和 S-60-2 的疏水性优于 CK。

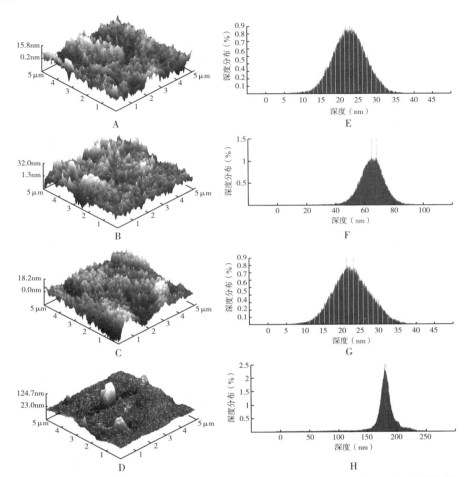

图3-101　不同种类无机物改性水基共聚物膜材料的原子力显微镜图和深度分布图

A～D. CK、F-60-2、H-60-20、S-60-2的原子力显微镜图

E～H. CK、F-60-2、H-60-2、S-60-2的深度分布图

　　结合无机物改性水基共聚物膜材料的深度分布图，可知S-60-2表面有几个很高的凸起，其余部分深度比较一致，导致S-60-2的均方根粗糙度最大，但其实S-60-2表面比较光滑。因此，结合无机物改性水基共聚物膜材料表面的均方根粗糙度及深度分布图，可知沸石粉改性水基共聚物膜材料和火山灰改性水基共聚物膜材料疏水性应好于生物炭改性水基共聚物膜材料。

6. 无机物改性水基共聚物膜材料表面形态（SEM）分析

　　通过扫描电镜图像可以观察膜材料表面的形态。图3-102所示为无机物改性水基共聚物膜材料的扫描电镜图。比较4种膜材料扫描电镜图像，可以看出4种膜材料的表面都布满了小颗粒且都有不同程度的起伏。CK的小颗粒粒径最小且分布均匀、间距很小，膜材料表面有少量的大块凸起。F-60-2、H-60-2、S-60-2表面的小颗粒粒径较大。其中H-60-2表面的小颗粒虽然分布也很均匀，但是间距较大，膜材料表面有少量的小块凸起；F-60-2表面小颗粒分布不均匀，出现聚堆的现象，膜材料表面有大量的小块凸起；S-60-2表面的小颗粒也同样出现了分布不均匀且聚堆的现象，但是没有F-60-2显著，膜材料表面既有大块的凸起，又有小块的凸起。这可能是由于3种无机物虽然都是由相同孔径的筛子制得，但粒径分布仍存在较大差异。生物炭是由大颗粒研磨制得，质量很轻；沸石粉和火山灰本身就是粉末状，且火山灰的粒径比沸石粉更小，质量更重。因此制得的无机物中生物炭的粒径变化范围较小，粗颗粒较多；火山灰的粒径变化范围较大，细颗粒较多；沸石粉居中，从而导致无机物改性水基共聚物膜材料表面出现不同程度的凸起和聚堆现象。

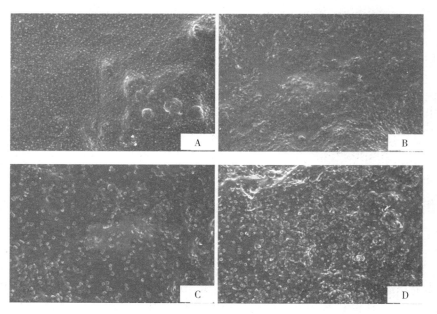

图3-102　不同种类无机物改性水基共聚物膜材料扫描电镜图（×500）
A. CK　B. F-60-2　C. H-30-2　D. S-60-2

7. 无机物改性水基共聚物膜材料水接触角（WCAs）分析

水接触角能够表示膜材料的表面疏水性能。不同种类无机物改性水基共聚物膜材料水接触角如图3-103所示。CK的水接触角约为59.8°，F-60-2、H-60-2、S-60-2的水接触角分别约为64.6°、68.5°和81.6°。与CK相比，F-60-2、H-60-2、S-60-2的水接触角更大，分别增大了8.0%、14.5%和36.5%。这说明F-60-2、H-60-2、S-60-2的疏水性提高了。一方面是因为F-60-2、H-60-2、S-60-2中—OH的强度降低了，—OH的数量减少增加了膜材料的疏水性能；另一方面是因为F-60-2、H-60-2、S-60-2的表面粗糙度增加了，也提高了膜材料的表面疏水性能，其中S-60-2的表面疏水性最好。但是结合图3-95分析，S-60-2的水接触角大于F-60-2和H-60-2，而吸水率也大于F-60-2和H-60-2。这可能是因为生物炭的表面具有很好的疏水性能，而生物炭的内部则是多孔结构。当测定吸水率时，虽然S-60-2表面的水分被去除了，但是在S-60-2内部的孔洞结构中依然有水分残留，因此S-60-2的水接触角值较好，而吸水率值却较差。

沸石粉改性水基共聚物膜材料F-60-1、F-60-2、F-200-3的水接触角分别约为60.4°、64.6°和70.4°。与CK相比较，沸石粉改性水基共聚物膜材料F-60-1、F-60-2、F-200-3的水接触角均增大了，分别增加了1.0%、8.2%和17.7%。这说明沸石粉改性水基聚合物膜材料F-60-1、F-60-2、F-200-3提高了膜材料的表面疏水性，其中F-200-3的表面疏水性最好。

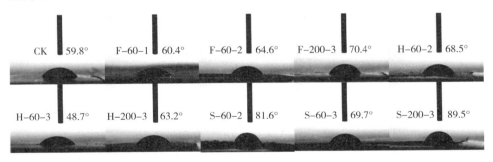

图3-103　不同种类无机物改性水基共聚物膜材料的水接触角

火山灰改性水基共聚物膜材料H-60-2、H-60-3、H-200-3的水接触角分别约为68.5°、48.7°和63.2°。与CK相比较，火山灰改性水基共聚物膜材料H-60-2和H-200-3的水接触角分别增加了14.5%和5.7%；H-60-3的水接触角则降低了18.6%。这说明火山灰改性水基共聚物膜材料H-60-2和H-200-3提高了膜材料的表面疏水性，其中H-60-2的表面疏水性最好。

生物炭改性水基共聚物膜材料S-60-2、S-60-3、S-200-3的水接触角值分别约为81.6°、69.7°和89.5°。与CK相比较，生物炭改性水基共聚物膜材料S-60-2、S-60-3、S-200-3的水接触角均增大了，分别增加了

36.5％、16.6％和49.7％。这说明生物炭改性水基共聚物膜材料 S－60－2、S－60－3、S－200－3 提高了膜材料的表面疏水性，其中 S－200－3 的表面疏水性最好。

8. 无机物改性水基共聚物膜材料水蒸气渗透率分析

膜材料的水蒸气渗透率可以表示膜材料阻碍水蒸气渗透的能力。不同种类无机物改性水基共聚物膜材料的水蒸气渗透率如图 3－104A 所示。从图中可以看出，F－60－2、H－60－2、S－60－2 的水蒸气渗透率均低于 CK。随着时间的增加，F－60－2、H－60－2、S－60－2 的水蒸气渗透率与 CK 之间的差值逐渐增大。无机物改性水基共聚物膜材料各处理之间相比较，在 24～48h 时间段内，F－60－2 的水蒸气渗透率最低，其余时段均是 H－60－2 的水蒸气渗透率最低。这应该是由于无机物改性水基共聚物膜材料中无机物所含有的细颗粒填充了水基共聚物膜材料中的孔隙，增加了膜材料的密实程度和迁曲度，进而增强了膜材料阻碍水蒸气渗透的能力。生物炭的粒径分布范围较小，粗颗粒含量相对较多，沸石粉和火山灰的粒径分布范围更大，火山灰中细颗粒含量相对较多。无机物中细颗粒含量越多，水基共聚物膜材料中被填充的孔洞就越多，膜材料阻碍液体流过的能力就越强，从而增加了无机物改性水基共聚物膜材料的迁曲度。所以火山灰和沸石粉改性的水基共聚物膜材料的密实程度和迁曲度大于生物炭改性的水基共聚物膜材料。试验结果可以说明，F－60－2、H－60－2、S－60－2 与 CK 相比，提高了膜材料阻碍水蒸气渗透的能力，其中 H－60－2 的效果最好。

沸石粉改性水基共聚物膜材料的水蒸气渗透率如图 3－104B 所示。从图中可以看出，F－60－1、F－60－2 和 F－200－3 的水蒸气渗透率均低于 CK。随着时间的增加，F－60－1、F－60－2 和 F－200－3 的水蒸气渗透率与 CK 之间的差值逐渐增大。沸石粉改性水基共聚物膜材料之间相比较，F－200－3 的水蒸气渗透率最低。因此，F－200－3 阻碍水蒸气渗透的能力最强。

火山灰改性水基共聚物膜材料的水蒸气渗透率如图 3－104C 所示。从图中可以看出，H－60－2、H－60－3 和 H－200－3 的水蒸气渗透率均低于 CK。随着时间的增加，H－60－2、H－60－3 和 H－200－3 的水蒸气渗透率与 CK 之间的差值逐渐增大。火山灰改性水基共聚物膜材料之间相比较，除了 24～48h 时间段 H－60－3 的水蒸气渗透率最低外，其余时段均是 H－60－2 的水蒸气渗透率最低。因此，H－60－2 阻碍水蒸气渗透的能力最强。

生物炭改性水基共聚物膜材料的水蒸气渗透率如图 3－104D 所示。从图中可以看出，除了在最初的 2h 内，S－60－3 的水蒸气渗透率高于 CK 外，

S‐60‐2、S‐60‐3和S‐200‐3的水蒸气渗透率均低于CK。随着时间的增加，S‐60‐2、S‐60‐3和S‐200‐3的水蒸气渗透率与CK之间的差值逐渐增大。生物炭改性水基共聚物膜材料之间相比较，在最初的24h内S‐200‐3的水蒸气渗透率最低，24h后S‐60‐2的水蒸气渗透率最低。因此，S‐200‐3和S‐60‐2阻碍水蒸气渗透的能力更强。

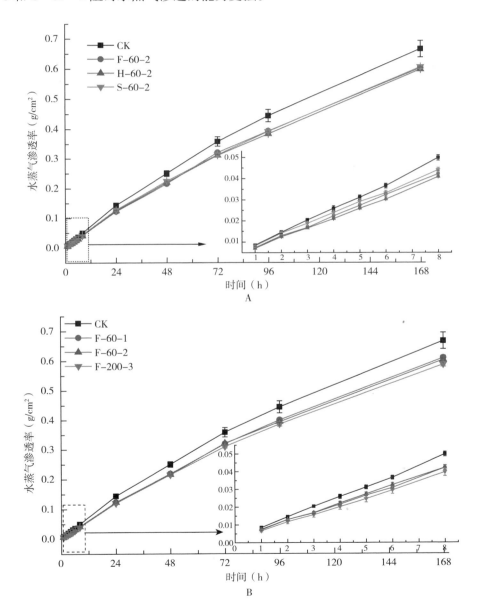

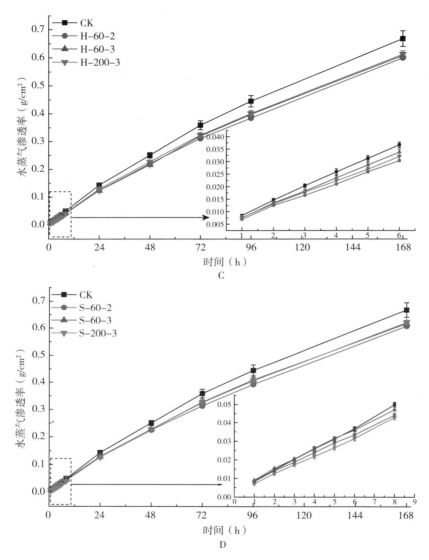

图 3 - 104 不同种类无机物改性水基共聚物膜材料水蒸气渗透率
A. 不同种类无机物改性水基共聚物膜材料 B. 沸石粉改性水基共聚物膜材料
C. 火山灰改性水基共聚物膜材料 D. 生物炭改性水基共聚物膜材料

9. 无机物改性水基共聚物膜材料 NH_4^+ 渗透率分析

膜材料的 NH_4^+ 渗透率可以表示膜材料阻碍 NH_4^+ 渗透的能力。不同种类无机物改性水基共聚物膜材料的 NH_4^+ 渗透率如图 3 - 105 所示。通过对不同种类无机物改性水基共聚物膜材料 F - 60 - 2、H - 60 - 2 和 S - 60 - 2 与 CK 相比较可以看出 F-60-2、H-60-2 和 S-60-2 的 NH_4^+ 渗透率与 CK 相比均有所降低，分别降低了 53.0%、12.1% 和 1.1%。这应该是由于无机物改性水基共聚物膜材料中无机物含有的细颗粒填充了水基共聚物包膜材料中的孔隙，增加了膜材料的密实程度，进而增强了膜材料阻碍 NH_4^+ 渗透的能力。F-60-2 的 NH_4^+ 渗透率最低，且与其他处理之间差异显著。F-60-2 与 H-60-2 和 S-60-2 相比 NH_4^+ 渗透率分别降低了 46.5% 和 52.4%，这是因为沸石粉是架状结构的多孔铝硅酸盐矿物，具有吸附性能，所以导致一部分 NH_4^+ 被吸附在了膜材料里，从而降低了 NH_4^+ 的渗透能力。因此，用无机物改性的水基共聚物膜材料 F-60-2、H-60-2 和 S-60-2 与水基共聚物膜材料 CK 相比提高了膜材料阻碍 NH_4^+ 渗透的能力，用沸石粉改性的水基共聚物膜材料 F-60-2 效果最好。

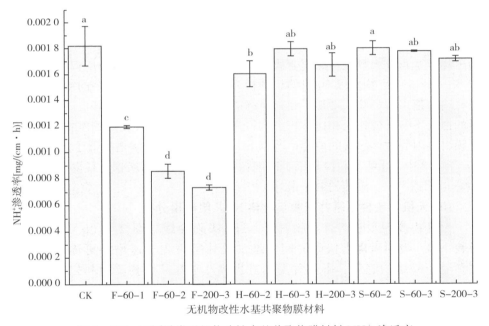

图 3-105　不同种类无机物改性水基共聚物膜材料 NH_4^+ 渗透率

沸石粉改性水基共聚物膜材料 F-60-1、F-60-2、F-200-3 的 NH_4^+ 渗透率均显著低于 CK，与 CK 相比分别降低了 34.5%、53.0% 和 59.8%。F-60-1、F-60-2、F-200-3 的 NH_4^+ 渗透率随着沸石粉含量的增加呈现逐渐降低的趋势。因为沸石粉具有吸附性能，所以膜材料中沸石粉含量越高，相同条件下吸附的 NH_4^+ 就越多。F-200-3 的 NH_4^+ 渗透率最低，阻碍 NH_4^+ 渗透的效果最好。

火山灰改性水基共聚物膜材料 H-60-2、H-60-3、H-200-3 的 NH_4^+ 渗透率均低于 CK，与 CK 相比分别降低了 12.1%、1.1% 和 8.2%。H-60-2 的 NH_4^+ 渗透率最低。这可能是由于火山灰的粒径很小，与沸石粉和生物炭相比，相同粒径的情况下，火山灰里含有更多的细颗粒，粒径范围分布更广。H-60-2 中火山灰的含量和粒径分布范围与水基共聚物中的孔洞更适合，有效地增强了 H-60-2 的密实程度。H-60-3 中火山灰的含量比 H-60-2 高，粗颗粒数量的增加有可能导致 H-60-3 的内部出现裂纹，反而破坏了包膜材料的紧密结构，所以 NH_4^+ 渗透率最大。H-200-3 中火山灰的含量虽然也高，但是火山灰的粒径很细，降低了 H-200-3 内部出现裂纹的程度，所以 H-200-3 的 NH_4^+ 渗透率在 H-60-2 和 H-60-3 之间。因此，H-60-2 阻碍 NH_4^+ 渗透的效果最好。

生物炭改性水基共聚物膜材料 S-60-2、S-60-3、S-200-3 的 NH_4^+ 渗透率均低于 CK，与 CK 相比分别降低了 1.1%、2.2% 和 5.5%。其中 S-200-3 的 NH_4^+ 渗透率最低。S-60-2 的 NH_4^+ 渗透率最高。这可能是因为生物炭本身是大颗粒，需要更多次的研磨才能得到细颗粒，所以 S-60-2 和 S-60-3 中生物炭以 60 目的粗颗粒为主，细颗粒很少，多余的粗颗粒会使膜材料内部出现裂纹，增加了膜材料的渗透率。但是生物炭很轻，所以相同质量的情况下与其他物质相比体积更大，大量的表面疏水性较好的生物炭也增强了膜材料阻碍液体渗透的能力，所以 S-60-3 的 NH_4^+ 渗透率低于 S-60-2。S-200-3 中，生物炭粒径最细，以细颗粒为主，且生物炭含量最高，所以 S-200-3 阻碍 NH_4^+ 渗透的效果最好。

10. 无机物改性水基共聚物膜材料 NH_4^+ 吸附量分析

无机物改性水基共聚物膜材料 NH_4^+ 吸附曲线如图 3-106A 所示。膜材料 NH_4^+ 吸附量随着吸附时间的增加总体呈现先迅速增加再逐渐变缓再逐渐趋于平缓的趋势。不同种类无机物改性水基共聚物膜材料之间的比较结果如图 3-106A 所示。F-60-2 的 NH_4^+ 吸附量高于 CK，H-60-2 和 S-60-2 的 NH_4^+ 吸附量低于 CK，且 H-60-2 和 S-60-2 的 NH_4^+ 吸附量非常接近。这是由于沸石粉具有良好的吸附性能，所以 F-60-2 的 NH_4^+ 吸附量最高。

沸石粉改性水基共聚物膜材料 NH_4^+ 吸附曲线如图 3-106B 所示。F-60-1、F-60-2、F-200-3 的 NH_4^+ 吸附量均高于 CK 的 NH_4^+ 吸附量。在 0～60min 内，F-60-1 的 NH_4^+ 吸附量最大，F-60-2 和 F-200-3 的 NH_4^+ 吸附量基本一致；60～120min 内，F-200-3 的 NH_4^+ 吸附量最大；120min 后，F-60-1 的 NH_4^+ 吸附量又逐渐超过 F-200-3 的 NH_4^+ 吸附量。

火山灰改性水基共聚物膜材料的 NH_4^+ 吸附曲线如图 3-106C 所示。

H-60-2、H-60-3、H-200-3 的 NH_4^+ 吸附量均低于 CK 的 NH_4^+ 吸附量。在 NH_4^+ 吸附初期，H-60-2、H-60-3 和 H-200-3 的 NH_4^+ 吸附量相差不大。在 10～90min 内，H-60-2 的 NH_4^+ 吸附量最大，90～180min 内 H-200-3 的 NH_4^+ 吸附量最大。

生物炭改性水基共聚物膜材料 NH_4^+ 吸附曲线如图 3-106D 所示。S-60-2、S-60-3、S-200-3 的 NH_4^+ 吸附量均低于 CK 的 NH_4^+ 吸附量。S-60-2、S-60-3、S-200-3 膜材料中 S-60-2 的 NH_4^+ 吸附量最高。

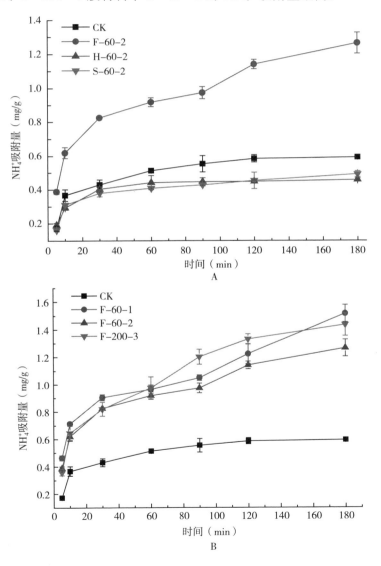

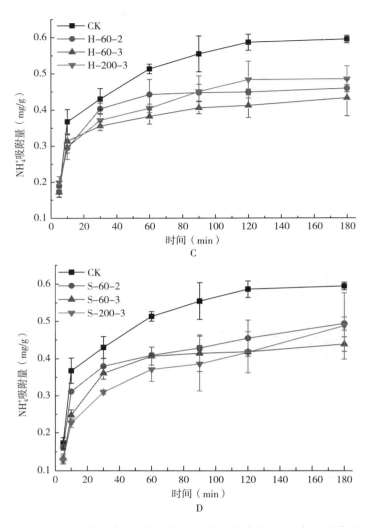

图 3 - 106　不同种类无机物改性水基共聚物膜材料 NH$_4^+$ 吸附曲线
A. 不同种类无机物改性水基共聚物膜材料　B. 沸石粉改性水基共聚物膜材料
C. 火山灰改性水基共聚物膜材料　D. 生物炭改性水基共聚物膜材料

　　为了研究吸附过程的时间相关性，并进一步研究吸附机理，用准一级动力学和准二级动力学方程拟合无机物改性水基共聚物膜材料 NH$_4^+$ 吸附量，拟合的吸附曲线如图 3 - 107 和图 3 - 108 所示。无机物改性水基共聚物膜材料 NH$_4^+$ 吸附动力学方程的拟合参数如表 3 - 25 所示。根据准一级动力学模型和准二级动力学模型拟合的无机物改性水基共聚物膜材料 NH$_4^+$ 平衡吸附量结果可知，不同种类无机物改性水基共聚物膜材料 F - 60 - 2、H - 60 - 2、S - 60 - 2

中，F-60-2 的 NH_4^+ 吸附量最大。沸石粉改性水基共聚物膜材料中，F-200-3 的 NH_4^+ 吸附量最大。火山灰改性水基共聚物膜材料中，H-60-2 的 NH_4^+ 吸附量最大。生物炭改性水基共聚物膜材料中，S-60-2 的 NH_4^+ 吸附量最大。通过对比准一级动力学方程和准二级动力学方程相关系数来确定适合膜材料的 NH_4^+ 吸附过程模型。结合表 3-25，通过显著性检验发现准一级动力学方程的相关系数均≥0.923 5，准二级动力学方程的相关系数均≥0.984 5。这表明，无机物改性水基共聚物膜材料 NH_4^+ 的吸附过程能够较好地用准一级吸附动力学模型和准二级吸附动力学模型拟合。由此可见，膜材料对 NH_4^+ 的吸附不但受扩散步骤的限制，也受化学吸附作用的影响。

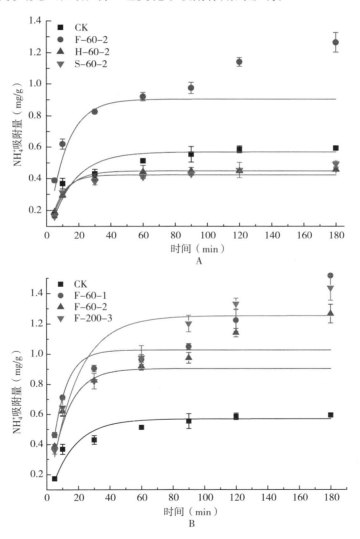

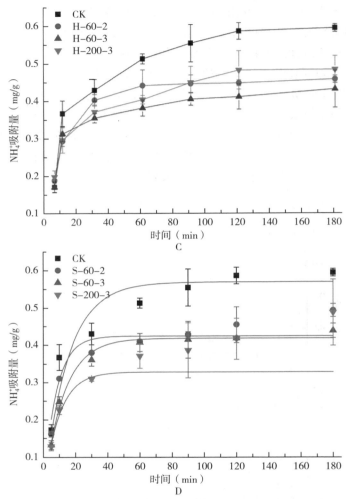

图 3-107　不同种类无机物改性水基共聚物膜材料 NH_4^+ 吸附准一级动力学吸附曲线

A. 不同种类无机物改性水基共聚物膜材料　B. 沸石粉改性水基共聚物膜材料

C. 火山灰改性水基共聚物膜材料　D. 生物炭改性水基共聚物膜材料

表 3-25　不同种类无机物改性水基共聚物膜材料 NH_4^+ 吸附动力学方程拟合参数

	准一级动力学模型				准二级动力学模型			
	q_e (mg/g)	k_1 (min^{-1})	r	标准误差	q_e (mg/g)	k_2 [g (mg·min)]	r	RSME
CK	0.569	0.066 8	0.969 6	0.931 1	0.627	0.134 6	0.997 6	1.277 7
F-60-1	1.027	0.118 5	0.928 8	1.625 2	1.208	0.118 0	0.984 5	3.673 2

（续）

	准一级动力学模型				准二级动力学模型			
	q_e (mg/g)	k_1 (min^{-1})	r	标准误差	q_e (mg/g)	k_2 [g (mg·min)]	r	RSME
F-60-2	0.904	0.089 0	0.923 5	2.108 0	1.127	0.084 0	0.993 8	2.558 9
F-200-3	1.254	0.058 2	0.962 2	1.116 5	1.465	0.043 4	0.993 0	1.559 3
H-60-2	0.449	0.106 1	0.994 4	0.354 1	0.477	0.312 6	0.999 6	0.616 9
H-60-3	0.386	0.127 8	0.966 6	0.529 4	0.436	0.418 8	0.992 2	1.223 0
H-200-3	0.410	0.128 8	0.955 0	0.532 4	0.449	0.377 1	0.992 2	1.457 5
S-60-2	0.424	0.129 1	0.966 6	1.229 4	0.446	0.500 7	0.994 2	3.020 5
S-60-3	0.418	0.081 2	0.995 5	0.349 7	0.438	0.256 2	0.998 8	1.202 9
S-200-3	0.329	0.104 7	0.975 1	0.543 2	0.330	0.543 7	0.992 4	2.133 4

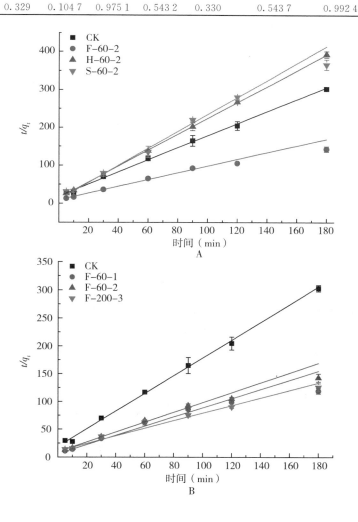

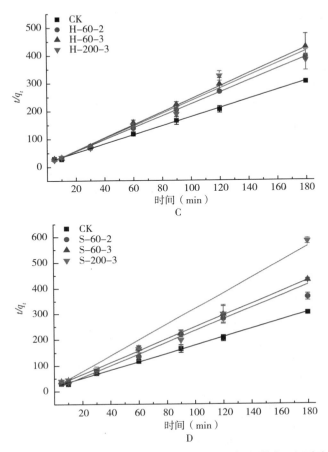

图 3 - 108　不同种类无机物改性水基共聚物膜材料 NH_4^+ 吸附准二级动力学吸附曲线
A. 不同种类无机物改性水基共聚物膜材料　B. 沸石粉改性水基共聚物膜材料
C. 火山灰改性水基共聚物膜材料　D. 生物炭改性水基共聚物膜材料

　　无机物改性水基共聚物膜材料在 25℃ 条件下的 NH_4^+ 吸附量随着 NH_4^+ 初始浓度的增加呈现先增加后降低的趋势（图 3 - 109）。不同种类无机物改性水基共聚物膜材料之间的比较结果如图 3 - 109A 所示。F - 60 - 2 的 NH_4^+ 吸附量高于 CK，H - 60 - 2 和 S - 60 - 2 的 NH_4^+ 吸附量低于 CK，且 H - 60 - 2 和 S - 60 - 2 NH_4^+ 吸附量非常接近。在不同 NH_4^+ 初始浓度条件下，NH_4^+ 初始浓度为 10mg/L 时，CK、H - 60 - 2 和 S - 60 - 2 的 NH_4^+ 吸附量最大；NH_4^+ 初始浓度为 15mg/L 时，F - 60 - 2 的 NH_4^+ 吸附量最大。这可能是因为包膜材料具有一定的吸水性，随着 NH_4^+ 初始浓度的增加，在膜材料内外形成的浓度梯度增大，促进膜材料对 NH_4^+ 的吸附，但当浓度增加到一定程度时，膜材料内达到饱和，从而 NH_4^+ 吸附量不再变化甚至出现降低的趋势。

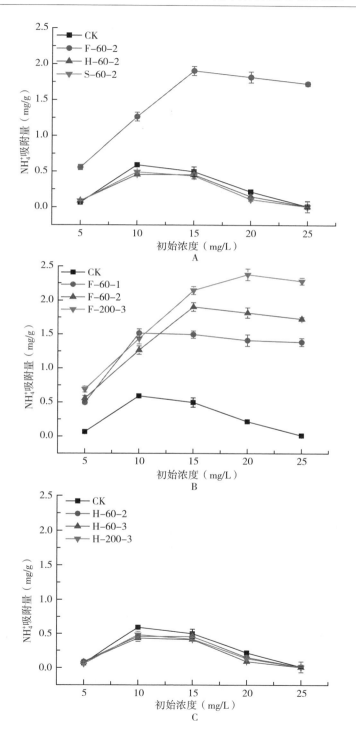

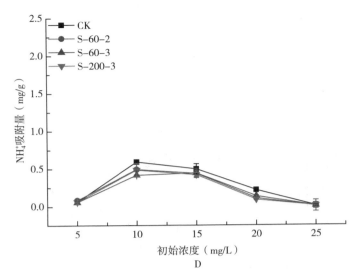

图 3－109　不同种类无机物改性水基共聚物膜材料
NH_4^+ 平衡吸附量与初始浓度的关系

A. 不同种类无机物改性水基共聚物膜材料　B. 沸石粉改性水基共聚物膜材料
C. 火山灰改性水基共聚物膜材料　D. 生物炭改性水基共聚物膜材料

沸石粉改性水基共聚物膜材料 NH_4^+ 平衡吸附量试验结果如图 3－109B 所示。F－60－1、F－60－2 和 F－200－3 的 NH_4^+ 吸附量均高于 CK。除了 NH_4^+ 初始浓度为 10mg/L 时，F－60－1 的 NH_4^+ 吸附量最大外，其余初始浓度均符合 F－200－3 的 NH_4^+ 吸附量＞F－60－2 的 NH_4^+ 吸附量＞F－60－1 的 NH_4^+ 吸附量。在不同 NH_4^+ 初始浓度条件下，F－60－1 的 NH_4^+ 吸附量在 NH_4^+ 初始浓度为 10mg/L 时最大；F－60－2 的 NH_4^+ 吸附量在 NH_4^+ 初始浓度为 15mg/L 时最大；F－200－3 的 NH_4^+ 吸附量在 NH_4^+ 初始浓度为 20mg/L 时最大。可见，沸石粉改性水基共聚物膜材料的吸附能力越强，其 NH_4^+ 平衡吸附量最大值对应的 NH_4^+ 初始浓度越高。

火山灰改性水基共聚物膜材料 NH_4^+ 平衡吸附量试验结果如图 3－109C 所示。H－60－2、H－60－3 和 H－200－3 的 NH_4^+ 吸附量均低于 CK。除了 NH_4^+ 初始浓度为 10mg/L 时，H－200－3 的 NH_4^+ 吸附量最大外，其余初始浓度均符合 H－60－2 的 NH_4^+ 吸附量＞H－200－3 的 NH_4^+ 吸附量＞H－60－3 的 NH_4^+ 吸附量。在不同 NH_4^+ 初始浓度条件下，H－60－2、H－60－3 和 H－200－3 的 NH_4^+ 吸附量均在 NH_4^+ 初始浓度为 10mg/L 时最大。

生物炭改性水基共聚物膜材料 NH_4^+ 平衡吸附量试验结果如图 3－109D 所示。S－60－2、S－60－3 和 S－200－3 的 NH_4^+ 吸附量均低于 CK。NH_4^+ 初始浓度为 5mg/L 和 10mg/L 时，S-60-2 的 NH_4^+ 吸附量＞S-200-3 的 NH_4^+ 吸附量＞S-60-3 的 NH_4^+ 吸附量；NH_4^+ 初始浓度为 15mg/L 和 20mg/L 时，S-60-3 的 NH_4^+ 吸附量＞S-60-2 的 NH_4^+ 吸附量＞S-200-3 的 NH_4^+ 吸附量；NH_4^+ 初始浓度为 25mg/L 时，S-200-3 的 NH_4^+ 吸附量＞S-60-3 的 NH_4^+ 吸附量＞S-60-2 的 NH_4^+ 吸附量。在不同 NH_4^+ 初始浓度条件下，S-60-2 和 S-200-3 的 NH_4^+ 吸附量在 NH_4^+ 初始浓度为 10mg/L 时最大；S-60-3 的 NH_4^+ 吸附量在 NH_4^+ 初始浓度为 15mg/L 时最大。

膜材料 NH_4^+ 吸附量低说明 NH_4^+ 容易透过膜材料进入土壤中，导致缓释性能变差。所以，应选择 NH_4^+ 吸附量高的膜材料，以提高缓释效果。因此，不同种类无机物改性水基共聚物膜材料之间，沸石粉改性水基共聚物膜材料的 NH_4^+ 吸附效果更好；沸石粉改性水基共聚物膜材料之间，F-200-3 的 NH_4^+ 吸附效果更好；火山灰改性水基共聚物膜材料之间，H-60-2 的 NH_4^+ 吸附效果更好；生物炭改性水基共聚物膜材料之间，S-60-2 的 NH_4^+ 吸附效果更好。

四、无机物改性水基共聚物膜材料降解性分析

1. 无机物改性水基共聚物膜材料自然暴晒降解性分析

无机物改性水基共聚物膜材料在自然暴晒条件下的质量降解率试验结果如图 3-110 所示。膜材料的降解率随着自然暴晒时间的增加而增加，这说明无机物改性水基共聚物膜材料在自然暴晒的条件下均具有降解性。在第 120～140 天这段时间，无机物改性水基共聚物膜材料的降解率变化最大。这可能是由于这段时间正值盛夏，日照时间较长，日照强度较大，从而促进了膜材料的降解。不同种类无机物改性水基共聚物膜材料之间相比较（图3-110A），除了 S-60-2 在第 60～80 天的降解率高于 CK 外，F-60-2、H-60-2 和 S-60-2 的降解率均低于 CK。无机物改性水基共聚物膜材料之间，S-60-2 的降解率最大，F-60-2 的降解率最小。这应该是受到了所添加的无机物的影响。生物炭降解较快，而沸石粉属于矿物，降解很慢，火山灰介于两者之间，所以 S-60-2 的降解率最大，F-60-2 的降解率最小。

沸石粉改性水基共聚物膜材料之间相比较，F-60-1、F-60-2 和 F-200-3的降解率均低于 CK。F-60-1、F-60-2 和 F-200-3 中，F-60-1 的降解率最大，F-200-3 的降解率最小。F-60-2 的降解率介于 F-60-1 和 F-200-3 之间，但是和 F-60-1 更接近。这应该是受到沸石粉的影响，沸石粉含量越高，沸石粉改性水基共聚物膜材料的降解率越低。

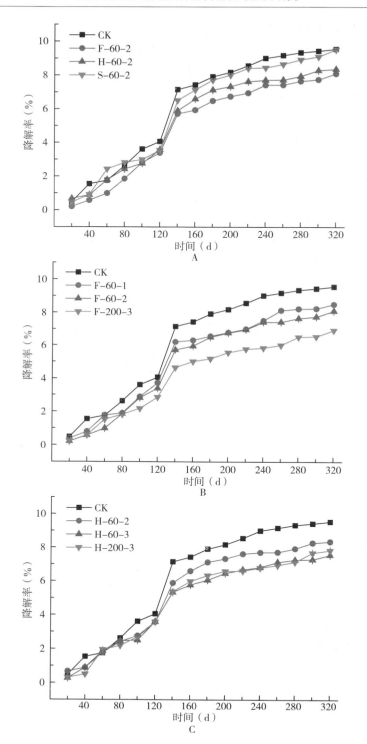

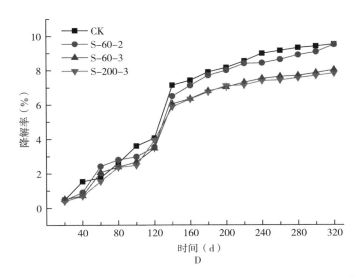

图 3-110　不同种类无机物改性水基共聚物膜材料自然暴晒条件下的降解性
A. 不同种类无机物改性水基共聚物膜材料　B. 沸石粉改性水基共聚物膜材料
C. 火山灰改性水基共聚物膜材料　D. 生物炭改性水基共聚物膜材料

火山灰改性水基共聚物膜材料之间相比较，除了 H-60-3 和 H-200-3 在第 60 天的降解率高于 CK 外，H-60-2、H-60-3 和 H-200-3 的降解率均低于 CK。由于 H-60-3 和 H-200-3 中火山灰含量相同，且大于 H-60-2 中火山灰的含量，所以 H-60-2、H-60-3 和 H-200-3 中，H-60-2 的降解率最大，H-60-3 和 H-200-3 的降解率基本相同。

生物炭改性水基共聚物膜材料之间相比较，除了 S-60-3 在第 60 天、S-60-2 在第 60～80 天降解率高于 CK 外，S-60-2、S-60-3 和 S-200-3 的降解率均低于 CK。由于 S-60-3 和 S-200-3 中生物炭含量相同，且大于 S-60-2 中生物炭的含量，所以 S-60-2、S-60-3 和 S-200-3 中，S-60-3 和 S-200-3 的降解率基本相同，S-60-2 的降解率最大且和 CK 的降解率很接近。

2. 无机物改性水基共聚物膜材料在土壤中的降解性分析

膜材料的降解性可以反映膜材料的降解能力。本试验的土埋降解试验是自然环境下的降解试验，在大田作物播种的同时将膜材料埋在大田里，整个试验期间的日平均温度、降水量和每次取样时的土壤含水量变化如图 3-111 所示。不同种类无机物改性水基共聚物膜材料在土壤中的质量变化如图 3-112 所示。所有无机物改性水基共聚物膜材料的降解率均低于 CK，这是由于无机物在土壤中的降解率低于水基共聚物的降解率，所以无机物改性水基共聚物膜材料的降解率低。不同种类无机物改性水基共聚物膜材料的降解率均随着时间的增加逐渐增大。试验开始后最初的 20d，所有处理的膜材料的降解速率均达到了最大值，初期降解速率大应该是由于初期主要降解的是膜材料中的水分，所以降解速率较快。之后降解速率变小，降解率变化相对稳定。但是在第 60～80 天和第 100～120 天时间段内膜材料降解率变化较大，这可能是由于在第 60 天前后降雨较多且其中一次降雨是全年最强的一次，而且从第 60 多天开始气温持续升高逐渐接近全年最高温，虽然第 90 天左右气温开始下降，但是第 90～120 天这段时间内降雨比较密集且降雨强度也较大，这说明温度和湿度是包膜材料在土壤中降解的主要影响因素之一。无机物改性水基共聚物膜材料在土壤中的降解过程可以分为两个阶段，第 1 个阶段是水分子扩散到膜材料里，导致膜材料溶胀，为微生物在膜材料上生长提供了更多的机会。第 2 个阶段是酶和其他分泌物导致膜材料的质量损失并破坏膜材料表面结构。除此之外，水基共聚物的亲水特性、导致的水基共聚物及其部分降解产物的溶解可能也是质量损失的因素之一（Guohua et al.，2006）。

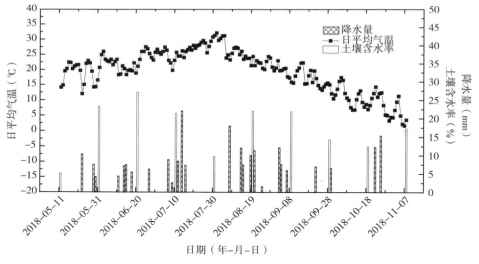

图 3-111　土壤降解性试验环境条件

不同种类无机物改性水基共聚物膜材料 F-60-2、H-60-2、S-60-2 中（图 3-112A），H-60-2 的降解率最大，在前 80d，F-60-2 的降解率高于 S-60-2，80d 后，S-60-2 的降解率逐渐高于 F-60-2，但相差不大，在第 180 天时，F-60-2 的降解率略高于 S-60-2。这主要是由不同种类无机物降解速率不同所致。

沸石粉改性水基共聚物膜材料 F-60-1、F-60-2 和 F-200-3 中（图 3-

112B)，F-60-1的降解率最大，F-200-3的降解率最小，F-60-2的降解率介于F-60-1和F-200-3之间。这是因为沸石粉改性水基共聚物膜材料的降解性受到了沸石粉含量的影响，沸石粉属于矿物，在土壤中降解得非常缓慢，所以沸石粉含量越高，沸石粉改性水基共聚物膜材料的降解率越低。

火山灰改性水基共聚物膜材料H-60-2、H-60-3和H-200-2中（图3-113C），H-60-2的降解率最大，H-200-3的降解率最小，H-60-3的降解率在前60d与H-200-3基本一致，60d后降解率介于H-200-3和H-60-2之间，其中第80～140天H-60-3的降解率与H-60-2的降解率更接近。这是因为火山改性水基共聚物膜材料的降解受到了火山灰含量的影响，火山灰含量越高，降解率越低。H-60-3和H-200-3中火山灰的含量相同，所以前期降解率基本一致，但是由于H-60-3和H-200-3中火山灰的粒径不同，所以导致后期H-60-3和H-200-3的降解率出现了差异。

生物炭改性水基共聚物膜材料S-60-2、S-60-3和S-200-3中（图3-112D），前90d，S-60-3的降解率最大，S-60-2的降解率最小，90d后，S-200-3的降解率最大，S-60-2的降解率最小。生物炭改性水基共聚物膜材料的降解率和另外两种无机物改性水基共聚物膜材料的降解率的变化规律不同，生物炭改性水基共聚物膜材料的降解率的大小并未受到生物炭含量的影响。除了第40～60天这段时间内S-60-2明显低于S-60-3和S-200-3外，其余时间段S-60-2、S-60-3和S-200-3之间的降解率十分接近，而且生物炭改性水基共聚物膜材料中生物炭含量越高，粒径越小，降解率相对越高。

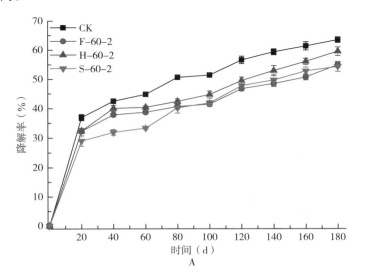

A

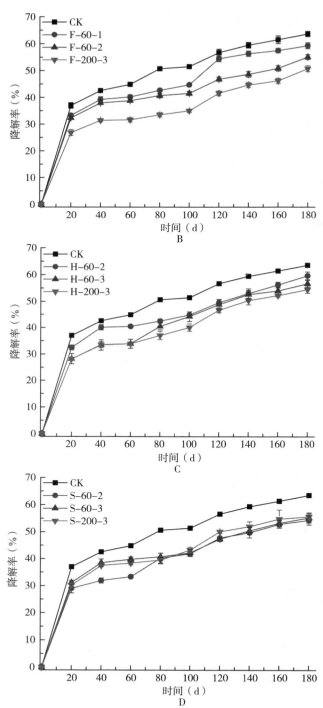

图 3-112　不同种类无机物改性水基共聚物膜材料在土壤中的降解性

3. 无机物改性水基共聚物膜材料降解性红外光谱分析

无机物改性水基共聚物膜材料降解前后的红外光谱如图 3-113 所示。从图中可以看出，无论是在自然暴晒条件下，还是在土壤中培养，无机物改性水基共聚物膜材料的官能团的强度都降低了，这说明无机物改性水基共聚物膜材料降解了。从红外光谱结果可知，无机物改性水基共聚物膜材料在土壤中培养 180d 的降解率均高于自然暴晒 320d 的降解率。这可能是因为自然暴晒条件主要受温度和光照强度的影响，而土壤培养条件却受温度、湿度还有土壤生物的影响。

不同种类无机物改性水基共聚物膜材料 F-60-2、H-60-2 和 S-60-2 之间相比较，经过 320d 自然暴晒后，F-60-2-E 的官能团的强度变化最大，H-60-2-E 的官能团的强度变化最小。在土壤中培养 180d 后，也是 F-60-2-S 的官能团的强度变化最大，但是官能团强度变化最小的是 S-60-2-S。其中官能团变化比较显著的是在 3258cm^{-1} 附近的 O—H 伸缩振动吸收峰，还有 1412cm^{-1} 和 1364cm^{-1} 附近的 C—H 不对称和对称弯曲振动吸收峰，F-60-2-S 的变化非常显著。

沸石粉改性水基共聚物膜材料 F-60-1、F-60-2 和 F-200-3 之间相比较，经过 320d 自然暴晒后，F-60-2-E 的官能团的强度变化最大，F-200-3-E 的官能团的强度变化最小，F-60-1-E、F-60-2-E 和 F-200-3-E 在 1560cm^{-1} 处的 N—H 弯曲振动吸收峰消失了。在土壤中培养 180d 后，F-60-1-S、F-60-2-S 和 F-200-3-S 的官能团的强度变化均很大。在 F-60-1-S 中，在 3258cm^{-1} 附近的 O—H 伸缩振动吸收峰、在 2908cm^{-1} 附近的 C—H 伸缩振动吸收峰、1412cm^{-1} 和 1364cm^{-1} 附近的 C—H 不对称和对称弯曲振动吸收峰以及在 1560cm^{-1} 处的 N—H 弯曲振动吸收峰均消失了，这些吸收峰在 F-60-2-S 和 F-200-3-S 中的强度也非常小。

火山灰改性水基共聚物膜材料 H-60-2、H-60-3 和 H-200-3 之间相比较，经过 320d 自然暴晒后，H-60-3-E 的官能团的强度变化最大，H-60-2-E 和 H-200-3-E 的官能团强度变化相差不大。H-60-2-E、H-60-3-E 和 H-200-3-E 的官能团只是强度变小了，吸收峰并没有消失。在土壤中培养 180d 后，H-60-3-S 的官能团的强度变化最大，官能团强度变化最小的是 H-200-3-S。在 H-60-2-S、H-60-3-S 和 H-200-3-S 中，1560cm^{-1} 处的 N—H 弯曲振动吸收峰消失了。在 H-60-3-S 中，3258cm^{-1} 附近的 O—H 伸缩振动吸收峰、2908cm^{-1} 附近的 C—H 伸缩振动吸收峰、1412cm^{-1} 和 1364cm^{-1} 附近的 C—H 不对称和对称弯曲振动吸收峰、1328cm^{-1} 附近的 C—N 的伸缩振动吸收峰以及 1080cm^{-1} 和 1143cm^{-1} 附近的葡萄糖环中的 C—O—C 的对称和不对称伸缩振动吸收峰均消失了。这些在 H-60-3-S 中消失的吸收峰，在 H-60-2-S 和 H-200-3-S 中的强度也变得非常小。

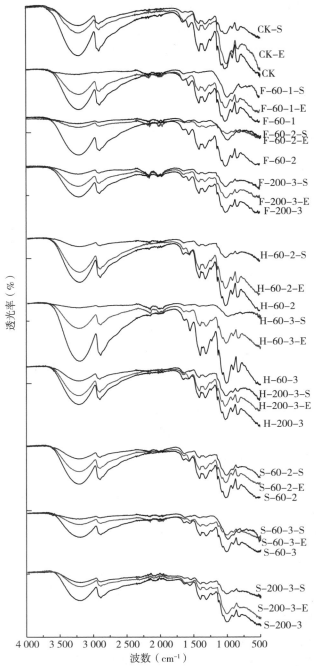

图 3 - 113　不同种类无机物改性水基共聚物膜材料降解后的红外光谱图

S. 在土壤中降解 180d 后的无机物改性水基共聚物膜材料

E. 自然暴晒 320d 后的无机物改性水基共聚物膜材料

生物炭改性水基共聚物膜材料S-60-2、S-60-3和S-200-3之间相比较，经过320d自然暴晒后，S-60-2-E的官能团的强度变化最大，S-60-3-E的官能团的强度变化最小。S-200-3-E中，除了1560cm^{-1}处的N—H弯曲振动吸收峰和1080cm^{-1}附近的葡萄糖环中的C—O—C的对称伸缩振动吸收峰消失外，S-60-2-E、S-60-3-E和S-200-3-E的官能团只是强度变小了，吸收峰并没有消失。在土壤中培养180d后，S-60-2-S的官能团的强度变化最大，官能团强度变化最小的是S-60-3-S。在S-60-2-S和S-60-3-S中，1560cm^{-1}处的N—H弯曲振动吸收峰以及1080cm^{-1}和1143cm^{-1}附近的葡萄糖环中的C—O—C的对称和不对称伸缩振动吸收峰均消失了。在S-200-3-S中这些吸收峰的强度也很小。

4. 无机物改性水基共聚物膜材料降解性扫描电镜分析

无机物改性水基共聚物膜材料在土壤中培养180d后的电子扫描电镜图像如图3-114所示。无机物改性水共聚物膜材料的原始电子扫描电镜图像如图3-115所示。无机物改性水基共聚物膜材料在土壤中经过180d培养后均出现了不同程度的破坏，说明无机物改性水基共聚物膜材料发生了降解。从降解后的无机物改性水基共聚物膜材料的电子扫描电镜图像可以看出，膜材料以小颗粒为中心向四周扩散降解。包膜材料中均是小颗粒最先降解，CK降解后虽然表面布满了小洞，但是膜材料表面还保持着较好的连续性；无机物改性水基共聚物膜材料F-60-2、H-60-2和S-60-2降解后出现的小洞较大，且可以看出膜材料的表面是一层层降解的，F-60-2表面只有一部分具有较好的连续性；S-60-2表面连续性较差，基本都是上一层连着下一层；H-60-2只有小部分具有连续性，其余都是断开的状态。除S-60-2的表面孔洞比较浅外，其余处理CK、F-60-2和H-60-2的表面均有很深的孔洞，其中CK的孔洞既小又深，H-60-2和F-60-2的孔洞又大又深。由此可见，电子扫描电镜图像的结果与土埋降解率的试验结果基本是一致的。

五、无机物改性水基共聚物包膜尿素的制备及养分释放特性

1. 无机物改性水基共聚物包膜尿素的养分释放特性

无机物改性水基共聚物包膜尿素在土壤中的累积氮素释放曲线如图3-116所示。包膜含量为3％的包膜尿素初期养分释放率（24h）如下：CK-3为9.6％、F-3为5.6％、H-3为4.0％、S-3为6.4％；包膜含量为5％的包膜尿素初期养分释放率（24h）CK-5为6.8％、F-5为3.4％、H-5为2.2％、S-5为3.6％；包膜含量为7％的包膜尿素初期养分释放率（24h）CK-7为3.1％、F-7为1.4％、H-7为1.1％、S-7为1.3％。培养28d后，包膜尿素累积氮素释放率分别为CK-3达到97.4％、CK-5达到

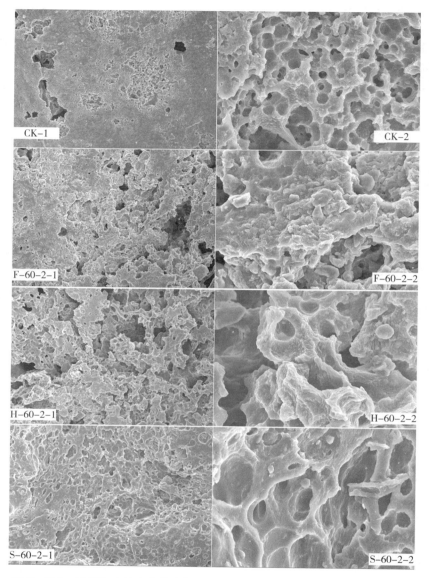

图3-114　无机物改性水基共聚物膜材料在土壤中降解后电子扫描电镜图像

注：图中各编号末尾的"-1"为放大500倍，"-2"为放大3 000倍。

90.5%、CK-7达到75.8%；F-3达到91.1%、F-5达到80.8%、F-7达到65.2%；H-3达到90.0%、H-5达到81.5%、H-7达到65.2%；S-3达到92.5%、S-5达到82.1%、S-7达到67.3%。培养42d后，包膜尿素累积氮素释放率分别为CK-3达到99.5%、CK-5达到94.3%、CK-7达到

84.6％；F-3 达到 93.5％、F-5 达到 87.5％、F-7 达到 75.9％；H-3 达到 92.3％、H-5 达到 85.9％、H-7 达到 73.0％；S-3 达到 94.2％、S-5 达到 89.6％、S-7 达到 77.1％。F-3、F-5、F-7 的 42d 累积养分释放率比 CK-3、CK-5、CK-7 分别降低了 6％、7％和 10％；H-3、H-5、H-7 的 42d 累积养分释放率比 CK-3、CK-5、CK-7 分别降低了 7％、9％和 14％；S-3、S-5、S-7 的 42d 累积养分释放率比 CK-3、CK-5、CK-7 分别降低了 5％、5％和 9％。由此可见，无机物改性水基共聚物包膜尿素的养分释放率比水基共聚物包膜尿素的养分释放率更低，缓释效果更好。其中，火山灰改性水基共聚物包膜尿素的养分缓释效果最好。

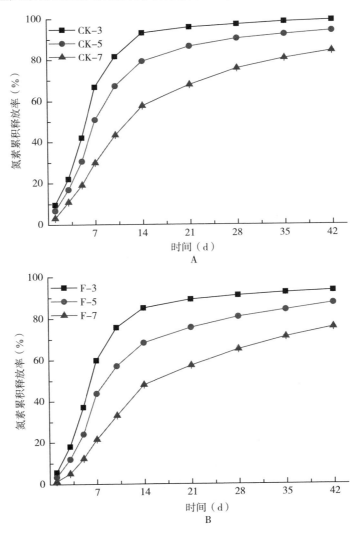

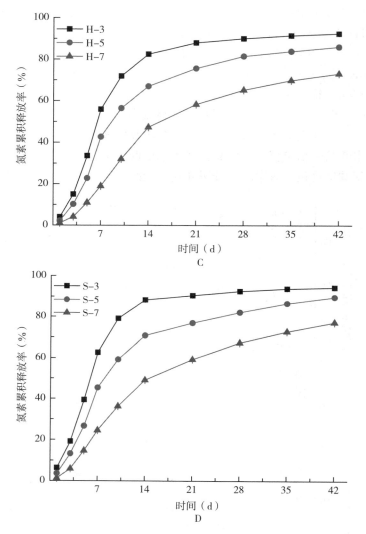

图 3-115　不同种类无机物改性水基共聚物包膜尿素在 25℃ 条件下的
土壤（含水率为 9.5％）中的养分释放特性
A. 水基共聚物包膜尿素　B. 沸石粉改性水基共聚物包膜尿素
C. 火山灰改性水基共聚物包膜尿素　D. 生物炭改性水基共聚物包膜尿素

　　此外，无机物改性水基共聚物包膜尿素的养分释放率也受到了包膜含量
的影响。水基共聚物包膜尿素和无机物改性水基共聚物包膜尿素的累积氮素
释放率都随着包膜含量的增加而呈现降低的趋势。包膜含量从 3％ 增加到
5％ 再增加到 7％，水基共聚物包膜尿素的氮素释放周期从 10d 增加到 15d
再增加到 34d；沸石粉改性水基共聚物包膜尿素的氮素释放周期从 12d 增加

到28d再增加到超过42d；火山灰改性水基共聚物包膜尿素的氮素释放周期从13.2d增加到26.6d再增加到超过42d；生物炭改性水基共聚物包膜尿素的氮素释放周期从10.4d增加到25.1d再增加到超过42d。而且包膜尿素的累积氮素释放曲线从L形逐渐变为C形。这说明，包膜越厚，氮素释放越缓慢。无机物改性水基共聚物包膜尿素的氮素释放周期长于水基共聚物包膜尿素的氮素释放周期。火山灰改性水基共聚物包膜尿素和沸石粉改性水基共聚物包膜尿素的氮素释放周期长于生物炭改性水基共聚物包膜尿素的氮素释放周期。

2. 无机物改性水基共聚物包膜尿素在同一湿度不同温度条件下的养分释放特性

不同种类无机物改性水基共聚物包膜尿素在同一湿度不同温度条件下的养分累积释放曲线如图3-116所示。从图3-116中可以看出，当包膜含量为3%时，包膜尿素初期养分释放率（24h）如下：在15℃条件下，CK-3为7.2%、F-3为3.6%、H-3为2.4%、S-3为4.3%；在25℃条件下，CK-3为9.6%、F-3为5.6%、H-3为4.0%、S-3为6.4%；在35℃条件下，CK-3为10.5%、F-3为8.2%、H-3为8.1%、S-3为8.6%。培养28d后，包膜尿素累积氮素释放率如下：在15℃条件下，CK-3达到87.6%、F-3达到82.1%、H-3达到79.2%、S-3达到83.5%；在25℃条件下，CK-3达到97.4%、F-3达到91.1%、H-3达到90.0%、S-3达到92.5%；在35℃条件下，CK-3达到99.3%、F-3达到97.1%、H-3达到96.5%、S-3达到97.4%。培养42d后，包膜尿素累积氮素释放率如下：在15℃条件下，CK-3达到94.6%、F-3达到90.0%、H-3达到87.2%、S-3达到89.1%；在25℃条件下，CK-3达到99.5%、F-3达到93.5%、H-3达到92.3%、S-3达到94.25%；在35℃条件下，CK-3达到99.7%、F-3达到98.8%、H-3达到98.8%、S-3达到98.9%。

当包膜含量为5%时，包膜尿素初期养分释放率（24h）如下：在15℃条件下，CK-5为4.7%、F-5为2.2%、H-5为1.8%、S-5为1.8%；在25℃条件下，CK-5为6.8%、F-5为3.4%、H-5为2.2%、S-5为3.6%；在35℃条件下，CK-5为8.8%、F-5为6.7%、H-5为5.9%、S-5为6.9%。培养28d后，包膜尿素累积氮素释放率如下：在15℃条件下，CK-5达到76.6%、F-5达到68.8%、H-5达到68.4%、S-5达到69.6%；在25℃条件下，CK-5达到90.5%、F-5达到80.8%、H-5达到81.5%、S-5达到82.1%；在35℃条件下，CK-5达到95.2%、F-5达到94.5%、H-5达到92.7%、S-5达到93.1%。培养42d后，包膜尿素累积氮素释放率如下：在15℃条件下，CK-5达到84.4%、F-5达到

77.4%、H-5 达到 76.3%、S-5 达到 79.1%；在 25℃ 条件下，CK-5 达到 94.3%、F-5 达到 87.5%、H-5 达到 85.9%、S-5 达到 89.6%；在 35℃ 条件下，CK-5 达到 98.6%、F-5 达到 98.8%、H-5 达到 97.7%、S-5 达到 97.4%。

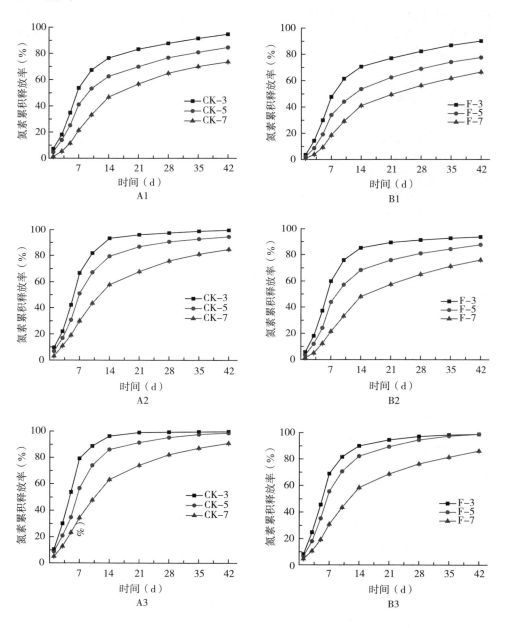

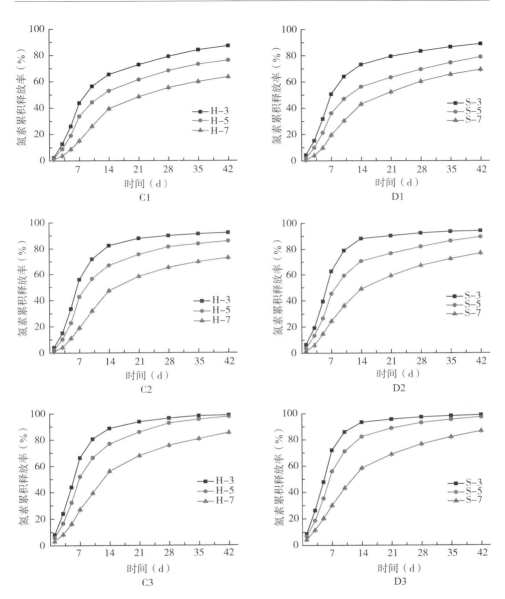

图 3 - 116　不同种类无机物改性水基共聚物包膜尿素在不同温度条件下的
土壤（含水率为 9.5%）中的养分释放特性

注：图中字母 A 为水基共聚物包膜尿素，B 为沸石粉改性水基共聚物包膜尿素，C 为火山灰
改性水基共聚物包膜尿素，D 为生物炭改性水基共聚物包膜尿素；数字 1 表示温度为 15℃，
2 表示温度为 25℃，3 表示温度为 35℃。

当包膜含量为 7% 时，包膜尿素的初始养分释放率（24h）如下：在 15℃

条件下，CK－7 为 1.3％、F－7 为 0.9％、H－7 为 0.8％、S－7 为 0.6％；在 25℃条件下，CK－7 为 3.1％、F－7 为 1.4％、H－7 为 1.1％、S－7 为 1.3％；在 35℃条件下，CK－7 为 5.1％、F－7 为 4.6％、H－7 为 3.1％、S－7 为 4.3％。培养 28d 后，包膜尿素累积氮素释放率如下：在 15℃条件下，CK－7 达到 64.8％、F－7 达到 56.3％、H－7 达到 55.4％、S－7 达到 60.4％；在 25℃条件下，CK－7 达到 75.8％、F－7 达到 65.2％、H－7 达到 65.2％、S－7 达到 67.3％；在 35℃条件下，CK－7 达到 82.1％、F－7 达到 76.3％、H－7 达到 75.7％、S－7 达到 76.7％。培养 42d 后，包膜尿素累积氮素释放率如下：在 15℃条件下，CK－7 达到 73.4％、F－7 达到 66.4％、H－7 达到 63.6％、S－7 达到 69.4％；在 25℃条件下，CK－7 达到 84.6％、F－7 达到 75.9％、H－7 达到 73.0％、S－7 达到 77.1％；在 35℃条件下，CK－7 达到 90.9％、F－7 达到 86.1％、H－7 达到 85.3％、S－7 达到 86.7％。

由此可见，15℃条件下的无机物改性水基共聚物包膜尿素的养分累积释放率低于 25℃条件下的无机物改性水基共聚物包膜尿素的养分累积释放率，低于 35℃条件下的无机物改性水基共聚物包膜尿素的养分累积释放率。因此，随着温度的升高无机物改性水基共聚物包膜尿素的养分释放速率逐渐加快。

3. 无机物改性水基共聚物包膜尿素在同一温度不同湿度条件下的养分释放特性

不同种类无机物改性水基共聚物包膜尿素在同一温度不同湿度条件下的养分累积释放曲线如图 3－117 所示。从图 3－117 中可以看出，当包膜含量为 3％时，包膜尿素初始养分释放率（24h）如下：在土壤含水量为 5.5％的条件下，CK－3 为 6.5％、F－3 为 3.1％、H－3 为 2.8％、S－3 为 3.3％；在土壤含水量为 9.5％的条件下，CK－3 为 9.6％、F－3 为 5.6％、H－3 为 4.0％、S－3 为 6.4％；在土壤含水量为 13.5％的条件下，CK－3 为 14.9％、F－3 为 12.4％、H－3 为 10.9％、S－3 为 13.8％。培养 28d 后，包膜尿素累积氮素释放率如下：在土壤含水量为 5.5％条件下，CK－3 达到 83.3％、F－3 达到 76.5％、H－3 达到 74.7％、S－3 达到 77.5％；在土壤含水量为 9.5％条件下，CK－3 达到 97.4％、F－3 达到 91.1％、H－3 达到 90.0％、S－3 达到 92.5％；在土壤含水量为 13.5％条件下，CK－3 达到 99.6％、F－3 达到 98.3％、H－3 达到 98.0％、S－3 达到 98.6％。培养 42d 后，包膜尿素累积氮素释放率如下：在土壤含水量为 5.5％的条件下，CK－3 达到 90.1％、F－3 达到 82.4％、H－3 达到 81.2％、S－3 达到 83.3％；在土壤含水量为 9.5％的条件下，CK－3 达到 99.5％、F－3 达到 93.5％、H－3 达到 92.3％、S－3 达到 94.25％；在土壤含水量为 13.5％的条件下，CK－3 达到 99.9％、F－3 达到 99.9％、H－3 达到 99.9％、S－3 达到 99.9％。

当包膜含量为 5％时，包膜尿素初期养分释放率（24h）如下：在土壤含水量为 5.5％的条件下，CK-5 为 3.6％、F-5 为 1.2％、H-5 为 1.2％、S-5 为 1.4％；在土壤含水量为 9.5％的条件下，CK-5 为 6.8％、F-5 为 3.4％、H-5 为 2.2％、S-5 为 3.6％；在土壤含水量为 13.5％的条件下，CK-5 为 12.8％、F-5 为 10.1％、H-5 为 9.8％、S-5 为 11.6％。培养 28d 后，包膜尿素累积氮素释放率如下：在土壤含水量为 5.5％的条件下分别为 CK-5 达到 71.2％、F-5 达到 64.2％、H-5 达到 63.2％、S-5 达到

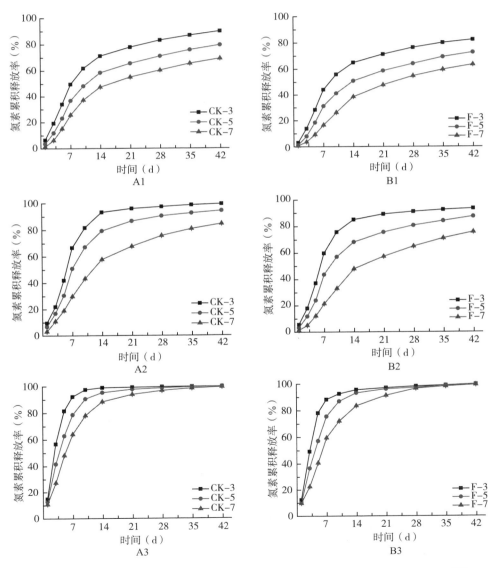

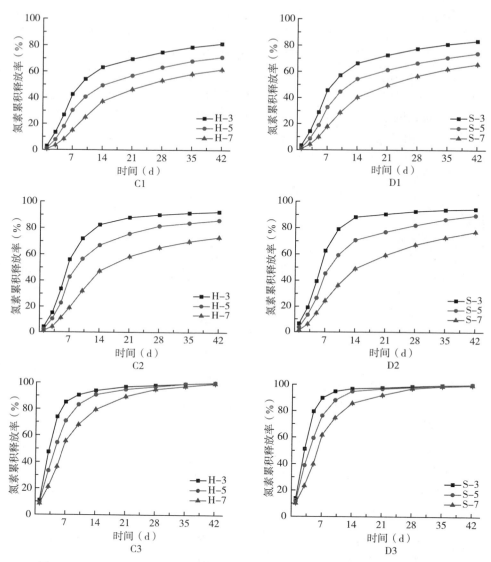

图 3-117 不同种类无机物改性水基共聚物包膜尿素在 25℃、不同土壤含水量
条件下的养分释放特性

注：图中字母 A 为水基共聚物包膜尿素，B 为沸石粉改性水基共聚物包膜尿素，C 为火山灰
改性水基共聚物包膜尿素，D 为生物炭改性水基共聚物包膜尿素；数字 1 表示含水率为
5.5%，2 表示含水率为 9.5%，3 表示含水率为 13.5%。

66.5%；在土壤含水量为 9.5% 的条件下分别为 CK-5 达到 90.5%、F-5 达
到 80.8%、H-5 达到 81.5%、S-5 达到 82.1%；在土壤含水量为 13.5% 的
条件下分别为 CK-5 达到 98.7%、F-5 达到 97.3%、H-5 达到 97.0%、

S-5达到98.0%。培养42d后，包膜尿素的累积氮素释放率分别为CK-5达到79.6%、F-5达到72.8%、H-5达到71.0%、S-5达到74.0%；在土壤含水量为9.5%的条件下分别为CK-5达到94.3%、F-5达到87.5%、H-5达到85.9%、S-5达到89.6%；在土壤含水量为13.5%的条件下分别为CK-5达到99.9%、F-5达到99.8%、H-5达到99.9%、S-5达到99.9%。

当包膜含量为7%时，包膜尿素初期养分释放率（24h）在土壤含水量为5.5%条件下，CK-7为1.2%、F-7为0.7%、H-7为0.6%、S-7为0.8%；在土壤含水量为9.5%的条件下，CK-7为3.1%、F-7为1.4%、H-7为1.1%、S-7为1.3%；在土壤含水量为13.5%的条件下，CK-7为10.8%、F-7为9.8%、H-7为8.5%、S-7为10.1%。培养28d后，包膜尿素累积氮素释放率在土壤含水量为5.5%的条件下分别为CK-7达到60.5%、F-7达到54.8%、H-7达到53.2%、S-7达到56.7%；在土壤含水量为9.5%的条件下分别为CK-7达到75.8%、F-7达到65.2%、H-7达到65.2%、S-7达到67.3%；在土壤含水量为13.5%的条件下分别为CK-7达到96.7%、F-7达到96.6%、H-7达到94.9%、S-7达到97.0%。培养42d后，包膜尿素累积氮素释放率分别为CK-7达到69.3%、F-7达到63.5%、H-7达到61.6%、S-7达到65.7%；在土壤含水量为9.5%的条件下分别为CK-7达到84.6%、F-7达到75.9%、H-7达到73.0%、S-7达到77.1%；在土壤含水量为13.5%的条件下分别为CK-7达到99.4%、F-7达到99.3%、H-7达到99.3%、S-7达到99.4%。

由此可见，土壤含水量为5.5%条件下的无机物改性水基共聚物包膜尿素的养分累积释放率低于土壤含水量为9.5%条件下的无机物改性水基共聚物包膜尿素，低于土壤含水量为13.5%条件下的无机物改性水基共聚物包膜尿素。因此，随着土壤含水率的增大无机物改性水基共聚物包膜尿素的养分释放速率加快。

4. 无机物改性水基共聚物包膜尿素微观结构分析

不同种类无机物改性水基共聚物包膜尿素养分释放试验结束后，对剩余的膜壳用电子扫描电镜进行了进一步的观察，并和未进行养分释放试验的无机物改性水基共聚物包膜尿素的膜壳进行对比（图3-118）。比较图3-118中的CK1、F1、H1和S1可以发现，包膜尿素的表面都分布着条形物质，沸石粉改性水基共聚物包膜尿素和火山灰改性水基共聚物包膜尿素表面的条形物质最大，数量相对较少，都有聚堆现象。水基共聚物包膜尿素表面的条形物质小一些，但是数量较大。生物炭改性水基共聚物包膜尿素表面的条形物质最小，数量最多。比较图3-118中的CK2、F2、H2和S2可以发现，虽然包膜尿素的剖面结构受到扫描电镜制样时的切割刀痕的影响，但是依然可以看出水基共聚物包膜尿素的剖面结构比较松散，有大小不一的孔洞，从沸石粉改性水基共聚物包膜尿素的剖面结构可以观察到一些孔洞被沸石粉填充了，而且从被较大颗粒沸石粉填充的层面还能观察到裂纹。火山灰改性水基共聚物包膜尿素的剖面结构虽然也有孔洞存在，但是孔洞的数量明显减少，而且膜的结构看起来更紧密、更均匀。生物炭改性水基共聚物包膜尿素的剖面结构中也有孔洞存在，膜的结构虽然看起来比较均匀，但是要比火山灰改性水基共聚物包膜尿素的松散。因为火山灰改性水基共聚物包膜尿素剖面的刀痕是将包膜材料压实在了一起，而生物炭改性水基共聚物包膜尿素剖面的刀痕是将包膜材料在原位置向刀切的方向拉伸了。由此可以看出，无机物填充了水基共聚物包膜材料的孔洞，增强了水基共聚物包膜材料的密实程度，因此提升了包膜尿素的缓释效果。

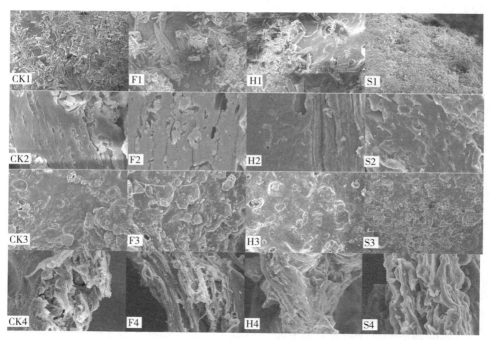

图 3 - 118　不同种类无机物改性水基共聚物包膜尿素
养分释放前后膜壳的电子扫描电镜图像

注：图中数字 1 为包膜尿素膜壳表面形态（×500），2 为包膜尿素膜壳剖面形态（×3 000），
3 为包膜尿素养分释放后膜壳表面形态（×500），4 为包膜尿素养分释放后膜壳剖面形
态（×3 000）。

比较图 3 - 118 中 CK3、F3、H3 和 S3 可以发现，养分释放后包膜尿素的膜壳表面的条形物质均消失了且变得凹凸不平，表面均分布着大小不一的孔洞。膜壳表面的平整度按照从大到小的顺序排列，依次为水基共聚物膜壳表面、火山灰改性水基共聚物膜壳表面、沸石粉改性水基共聚物膜壳表面、生物

炭改性水基共聚物膜壳表面。比较图 3 - 119 中 CK4、F4、H4 和 S4 可以发现，养分释放后在无机物改性水基共聚物包膜尿素膜壳的剖面可以清晰地观察到层状结构，而在水基共聚物包膜尿素膜壳的剖面则没有观察到层状结构，基本都是断开的状态。在火山灰改性水基共聚物包膜尿素和沸石粉改性水基共聚物包膜尿素的膜壳剖面可以观察到完整的连续的层状结构，但是沸石粉改性水基共聚物包膜尿素的膜壳剖面的一侧是断开的结构，另一侧是完整的连续的层状结构。生物炭改性水基共聚物包膜尿素的膜壳剖面的层状结构则是一段一段的，虽然分层但是不连续。因此，从包膜尿素养分释放后的膜壳结构可以看出，火山灰改性水基共聚物包膜尿素和沸石粉改性水基共聚物包膜尿素的养分缓释效果要优于生物炭改性水基共聚物包膜尿素的养分缓释效果。

5. 无机物改性水基共聚物包膜尿素的养分释放机理

根据以上的试验内容，可知无机物改性水基共聚物包膜尿素主要从以下 3 个方面对养分释放产生影响：①由于无机物填充了水基共聚物中的孔洞，从而增加了包膜材料的密实程度及迁曲度，还增强了包膜材料的界面结合力，进而减缓了水蒸气渗透进入包膜材料的速率，减慢了包膜内尿素的溶解速率。同时，包膜尿素内的尿素溶解后，也同样减缓了包膜尿素内的尿素向外释放的速率。②包膜材料中易水解的组分会影响氮素的释放。随着施用时间的增加，包膜材料中部分亲水物质的水解会导致包膜材料的紧密结构被部分破坏，进而加速氮素的释放。无机物改性水基共聚物包膜材料减少了亲水基团的数量，降低了包膜结构的破坏程度，而且还增加了包膜材料表面的粗糙度，从而减缓了氮素的释放速率。③沸石粉具有吸附性能，在包膜尿素内的养分逐渐向外渗透的过程中，先将养分吸附在包膜材料内。随着包膜尿素内尿素的溶解，养分的浓度不断增加，包膜材料的吸附量增加，当达到一定浓度时包膜材料吸附量达到饱和后再逐渐向膜外释放养分，从而增强了沸石粉改性水基共聚物包膜尿素的缓释效果。此外，无机物改性水基共聚物包膜尿素的养分释放速率也受外界环境条件（土壤温度、湿度）和包膜厚度的影响，土壤温度越低、土壤含水量越低、包膜越厚，包膜尿素的养分释放速率越慢。综上所述，无机物改性水基共聚物包膜尿素提高了水基共聚物包膜尿素的缓释效果，具有较好的缓释特性。

第七节　纳米二氧化硅-聚乙烯醇-γ-聚谷氨酸复合物包膜肥料研制及其养分缓释机理

本节内容利用有机高分子聚合法制备了纳米二氧化硅-聚乙烯醇-γ-聚谷氨酸复合膜材料，探讨了添加不同比例纳米二氧化硅（Nano - SiO$_2$）、肥料增

效剂 γ-PGA 和交联剂戊二醛对聚乙烯醇（PVA）复合膜材料吸水性、渗透性能的影响，筛选出最优原料配比，并通过分析膜材料的红外光谱特征和表面微观结构变化，探讨其改性成膜机理。采用流化床包衣和自组装改性技术制备改性纳米二氧化硅-聚乙烯醇-γ-聚谷氨酸复合物包膜肥料。利用红外光谱仪和电子扫描电镜探究了包膜肥料的缓释机理，通过土柱淋溶和土壤培养试验研究了改性包膜肥料的氮素释放特征。

一、试验材料与方法

1. 供试材料

聚乙烯醇（PVA），相对分子质量为 1 750，分析纯度大于 90%；戊二醛，25% 水溶液，生化试剂；硫酸铵，相对分子质量为 132.14；无水乙醇。

γ-聚谷氨酸（γ-PGA），相对分子质量为 1 100 000，含量为 93.4%；疏水气相纳米二氧化硅（Nano-SiO$_2$），含量为 99.8%，粒径为 7~40nm，比表面积为 260m^2/g，由阿拉丁科技（中国）有限公司生产；变色硅胶，水分含量小于 5%。

2H-全氟癸基三氯硅烷（PFDS）采购自沈阳莱博科贸有限公司，含量为 95%；硅藻土粒径为 6.5μm；硅酸钠，含 19.3% Na$_2$O 和 22.8% SiO$_2$；大颗粒尿素（Urea），由河北省东光化工有限责任公司生产，含氮量为 46.2%，过 2mm 筛，待用；直径为 4.7cm、高 55.0cm，下端用尼龙纱布封口的 PVC 圆柱管若干。

2. 试验仪器

有机高分子合成装置主要包括能恒温加热的带有电动搅拌器和冷凝管的三颈烧瓶，其他常用分析化学仪器等。包膜肥料的制备采用多功能流化床包衣机，由智阳机械设备有限公司生产；其他指标的测定采用全自动定氮仪、Bran+LuebbeAA3 流动分析仪等。

3. 供试土壤

供试土壤为沈阳农业大学科研试验基地表层土壤，土壤类型为棕壤，剔除土壤中的杂质，风干，过 0.850mm 筛待用，其基本理化性质如表 3-26 所示。试验均在土壤改良与农业节水团队实验室进行。

表 3-26　土壤的基本理化性质

pH	有机质 (g/kg)	田间持水量（%）	全氮 (g/kg)	全磷 (g/kg)	全钾 (g/kg)	碱解氮 (mg/kg)	速效磷 (mg/kg)	速效钾 (mg/kg)
6.93	19.75	25.1	1.21	0.39	20.1	106.2	24.46	159.14

4. 供试肥料

大颗粒尿素。

5. 试验设计与方法

（1）交联改性 PVA-γ-PGA 复合包膜材料的制备

取一定量的去离子水和 PVA 加入带有电动搅拌器和冷凝管的三颈烧瓶中，（90±2）℃保温 1h 左右至其完全溶解。降温至 60℃，按比例加入 γ-PGA 与戊二醛，恒温反应 1.5h，制成包膜溶液 a，将溶液 a 平铺在洁净的玻璃板上，厚度约为 0.2mm，流延成膜。揭膜，裁剪成边长为 3cm 的正方形，待用。

在包膜溶液 a 中分别加入一定量的纳米二氧化硅和少量无水乙醇，搅拌均匀，超声波分散处理 2h 并脱气泡，制成包膜溶液 b，在洁净的玻璃板上流延成膜。揭膜，将制成的复合膜裁剪成边长为 3cm 的正方形，厚度约为 0.2mm，待用。

交联改性复合膜材料试验（Ⅰ）采用三因素三水平 L_9（3^4）正交设计。因素 A：PVA 浓度为 4%（A1）、6%（A2）、8%（A3）。因素 B：γ-PGA 用量以与 PVA 的质量比表示，为 0.8:3（B1）、1:3（B2）、1.2:3（B3）。因素 C：交联剂戊二醛用量以反应体系的体积分数表示，为 0.1%（C1）、0.2%（C2）、0.3%（C3）。同时以不加戊二醛的 A、B 两因素完全组合的 9 个处理作为对照，此时戊二醛浓度用 C0 表示。纳米改性试验（Ⅱ）在（Ⅰ）筛选出的复合膜材料吸水率较低的处理中继续加入纳米二氧化硅，添加量分别为 5g/kg、10g/kg、20g/kg。

（2）复合膜材料性状测定

①吸水性。取方块复合膜材料于 105℃条件下干燥至恒重，记录样品质量为 m_1，然后将该复合膜材料完全浸泡在常温蒸馏水中 3h，取出，用滤纸擦去表面水分，称得其重量为 m_2，吸水率（W）用下式计算（周斌，2003），重复 3 次，取平均值。

$$W = \frac{m_2 - m_1}{m_1} \times 100\% \qquad (3-31)$$

②渗透性。NH_4^+ 渗透率用直径为 3cm、高 4cm 的塑料杯测定。塑料杯内装有 20mL、浓度 C 为 7 500mg/L 的 $(NH_4)_2SO_4$ 溶液。杯口用待测的膜材料封好（待测膜面积等于测定杯口面积 S，即 $S=7.065cm^2$），将塑料杯置于装有 50mL 蒸馏水的 500mL 烧杯中，25℃放置时间为 T（取 T=2h）。此后，采集杯中蒸馏水用 AA3 流动分析仪测定 NH_4^+ 浓度，膜材料的 NH_4^+ 渗透率用下式计算（陈松岭，2017），NH_4^+ 渗透率（NP）的单位为 mg/(L·cm²·h)。

$$NP = \frac{C}{T \times S} \qquad (3-32)$$

水分渗透率用直径为 3cm、高 4cm 的塑料杯测定。在塑料杯内装入

10.00g 干燥的变色硅胶。测定杯杯口用待测膜材料密封，置于 100mL 烧杯中，25℃放置时间 T（取 $T=24h$），称得硅胶改变的重量为 Δm，待测膜面积 $S=7.065cm^2$，根据硅胶重量变化用下式计算膜的水分渗透率（陈松岭，2017），水分渗透率（WP）的单位为 g/($m^2 \cdot h$)。

$$WP = \frac{\Delta m}{T \times S} \qquad (3-33)$$

③膜的特征官能团分析。将待测膜样品用美国赛默飞尼高力红外光谱仪 Nicolet Is50 测绘出其光谱图。各个参数分别设置为：波长范围为 4 000～400cm^{-1}、分辨率为 4cm^{-1}、扫描频率为 32 次/s。

④膜表面微观结构分析。膜表面微观结构观察分析用 Regulus8 100 型扫描电镜完成。操作方法为取待测样品置于观察载样台上，用离子溅射仪在样品表面瓣射喷涂铂金粉，而后进行电镜扫描，得扫描成像图。使用成像图观察膜材料表面微观特征（肖小明，2017）。

（3）纳米二氧化硅-聚乙烯醇-γ-聚谷氨酸复合物包膜肥料的制备

取 20 g 聚乙烯醇加入有机高分子反应装置，于 90℃条件下加热 1h 左右至其完全溶解于 470.5mL 去离子水中。再加入 8g γ-聚合氨酸与 1.5mL 戊二醛在 60℃条件下恒温反应 1.5h，制成包膜溶液 a，在多功能流化床包衣机中，将溶液 a 均匀喷在尿素表面，包液量为 5%，反应温度为 100℃，转速为 2.5mL/min，制成聚乙烯醇-γ-聚谷氨酸包膜肥料（F）；在溶液 a 中加入 20g/kg 的纳米二氧化硅和少量无水乙醇，搅拌均匀，超声波处理 2h 分散并脱气泡，制成纳米二氧化硅-聚乙烯醇-γ-聚谷氨酸复合物包膜肥料（RF）。

（4）自组装改性包膜肥料的制备

首先，用浓盐酸溶液调节硅酸钠溶液（10g/L）的酸碱度，在磁力搅拌下直到混合溶液的 pH 达到 8～9 合成纳米二氧化硅溶胶。将 100mL 制备的纳米二氧化硅加到 100mL 含有 1g 微米级硅藻土颗粒的硅藻土水溶胶中，在超声波振荡下剧烈机械搅拌 2h，得到均匀分散的纳米二氧化硅-硅藻土水溶胶。然后，将纳米二氧化硅-硅藻土水溶胶（10mL）均匀地喷雾到 RF 包膜肥料（0.8kg）的表面上。最后，在 100℃条件下热固化 1h 后，将肥料在 60℃条件下浸入 PFDS 浓度为 0.5% 的 PFDS-正己烷溶液中 1h，100℃热固化反应 1h 后制成自组装改性包膜肥料（SRF）（Xie et al., 2017）。

（5）表面微观结构

随机取若干包膜肥料切成两半，切面向上的观察膜与肥料交界处和膜断面，切面向下的观察肥料表面，将样品放于 Regulus 8100 型扫描电镜观察载样台上，用离子溅射仪在样品表面瓣射喷涂铂金粉，而后进行电镜扫描，记录扫描成像图，观察膜材料表面的微观特征。

（6）红外光谱特征

取少量包膜肥料在 25℃ 条件下溶于水，将尿素与膜材料分离，采用美国赛默飞尼高力红外光谱仪 Nicolet Is50 测绘出各个膜材料样品的红外光谱图，波长范围为 4 000～400cm^{-1}、分辨率为 4cm^{-1}、扫描频率为 32 次/s。

（7）土柱淋溶试验

试验共设尿素（U）、聚乙烯醇-γ-聚谷氨酸包膜肥料（F）、纳米 SiO$_2$-聚乙烯醇-γ-聚谷氨酸复合物包膜肥料（RF）和改性纳米 SiO$_2$-聚乙烯醇-γ-聚谷氨酸复合物包膜肥料（SRF）4 个处理，每个处理3 个重复。试验具体操作为：在 PVC 圆柱管中，先装入 155g 土，准确称取 5.000g 包膜肥料与 770g 土混匀后置于 PVC 圆柱中，土壤表层距离圆柱顶端5cm（图 3-119）。用滤纸将表层土壤覆盖后，倒入蒸馏水将土壤全部湿润，但不能有水流出，25℃ 条件下培养 24h。分别于第 1 天、第 3 天、第 5 天、第 7 天、第 10 天、第 14 天、第 21 天、第 28 天、第 35 天在土柱顶端加入 50mL 蒸馏水，在下端收集滤液，用凯式定氮法测定滤液中的全氮含量（徐和昌等，1994）。

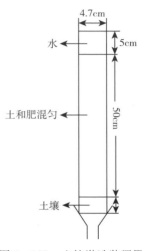

图 3-119　土柱淋洗装置图

（8）包膜肥料培养试验

采用网袋土埋法测定。准确称取 2.000g 包膜肥料装入尼龙网袋中，即肥料初始时重量 W，置于含有 50g 土壤的自封袋中，准确加入不同量的蒸馏水，使土壤含水量分别为田间持水量的 40%、60% 和 80%，分别置于 15℃、25℃和 35℃ 的培养箱中，共 9 个处理，每个处理 3 次重复。依次在培养的第 1 天、第 3 天、第 4 天、第 5 天、第 7 天、第 10 天、第 14 天、第 21 天时取出网袋，拆开，先用蒸馏水轻轻冲洗肥料表面 3 次，再用吸水纸将表面水分吸干，于60℃ 烘箱中干燥 24h，冷却后，称量培养 xd 后的肥料残余重量 W_x。并测定各个时期培养土壤的铵态氮（NH$_4^+$）、硝态氮（NO$_3^-$）含量。包膜肥料累积氮素释放率的计算公式如下（段路路等，2009）：

$$累积养分释放率 = 1 - \frac{W_x - W \times W_i}{W - W \times W_i} \tag{3-34}$$

式中，W_i 代表第 i 天包膜壳含量（%）。

二、交联剂改性聚乙烯醇-γ-聚谷氨酸膜材料的物理性能

1. 吸水性

图 3-120 为不加戊二醛的对照处理聚乙烯醇-γ-聚谷氨酸复合膜材料吸

水率的变化。从图中可以看出，聚乙烯醇（PVA）与 γ-聚谷氨酸（γ-PGA）的配比对复合膜的吸水率有显著影响。其中，A3B2 处理的吸水率最高，为 1 070%；A1B3 的吸水率最低，为 125%。添加戊二醛后，各个处理膜的吸水率均低于对照，降低到 7%～894%（表 3-27）。由交联改性聚乙烯醇-γ-聚谷氨酸复合膜材料吸水率的极差分析结果可知（表 3-28），3 种因素对膜材料吸水率的影响大小顺序为：聚乙烯醇浓度＞交联剂用量＞γ-聚谷氨酸用量；复合膜材料的吸水率越低，缓释性能越好，为此优化组合为 A1B3C3，即聚乙烯醇浓度为 4%，γ-聚谷氨酸与聚乙烯醇的质量比为 1.2∶3，戊二醛的体积分数为 0.3%。但处理 A1B1C1、A1B3C3、A2B2C3 和 A2B3C1 之间吸水率的差异不显著，因此将这 4 个处理进行下一步的渗透率比较和改性处理。

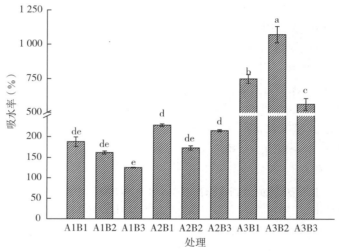

图 3-120　聚乙烯醇-γ-聚谷氨酸复合膜材料的吸水率

注：A1～A3 表示聚乙烯醇浓度为 4%、6%、8%，B1～B3 表示 γ-聚谷氨酸用量与聚乙烯醇质量比为 0.8∶3、1∶3、1.2∶3；图柱上不同小写字母表示不同处理间差异显著（$P < 0.05$）。下同。

表 3-27　交联改性复合膜材料的吸水性

处理	吸水率（%）
A1B1C1	118.64d
A1B2C2	144.17c
A1B3C3	118.07d
A2B1C2	198.07a
A2B2C3	116.83d
A2B3C1	108.63d

（续）

处理	吸水率（％）
A3B1C3	162.31bc
A3B2C1	175.77b
A3B3C2	161.90bc

注：A1～A3 表示聚乙烯醇浓度为 4％、6％、8％，B1～B3 表示 γ-聚谷氨酸用量与聚乙烯醇质量比为 0.8∶3、1∶3、1.2∶3，C1～C3 表示戊二醛浓度为 0.1％、0.2％、0.3％。下同。

表 3－28　交联改性复合膜吸水性的极差分析

项目	A（％）	B（g/g）	C（％）
k_1	127	160	134
k_2	141	146	168
k_3	167	130	132
极差	39.7	30.1	33.7

注：A 为聚乙烯醇，B 为 γ-聚谷氨酸与聚乙烯醇的质量比，C 为戊二醛；k_i（i＝1、2、3）分别表示因素 A、B、C 在第 i 个水平所对应的吸水率的平均值，R 为同一列中最大值与最小值的差。

2. 渗透性

如图 3－121 所示，与不加交联剂的 A1B3C0 处理相比，添加戊二醛降低了各处理复合膜材料的 NH_4^+ 渗透率和水的渗透率，分别降低了 0.90％～46.8％和 3.13％～23.0％。其中，A1B3C3 处理的 NH_4^+ 渗透率和水的渗透率均为最低，分别为 0.19mg/（L·cm²·h）和 8.70g/（m²·h）。A2B2C3 处理的 NH_4^+ 渗透率为 0.22mg/（L·cm²·h），与 A1B3C3 处理间差异不显著，与对照相比，显著降低了 39.1％。A1B1C1 和 A2B3C1 处理与 A1B3C0 处理的 NH_4^+ 渗透率无显著差异。除了 A1B3C3 处理，其他处理间水的渗透率差异不显著。

三、纳米二氧化硅对交联改性复合膜材料特征的影响

1. 吸水性

添加纳米二氧化硅后，各处理膜材料的吸水率都发生了变化（图 3－122）。除了 A1B1C1 处理复合膜材料的吸水率在添加 10g/kg 纳米二氧化硅时最高，A1B3C3、A2B2C3 和 A2B3C1 处理复合膜材料的吸水率，均是当纳米二氧化硅的添加量为 5g/kg 时最高，而后降低，总体呈先上升后下降的变化趋势；其中，A1B1C1 处理和 A1B3C3 处理在纳米二氧化硅添加量为 20g/kg 时，吸水率分别为 75.4％和 99.7％，与不添加纳米二氧化硅相比，显著降低

了36.4%和15.6%。而同一处理在添加5g/kg或10g/kg纳米二氧化硅时，其吸水率差异不显著。

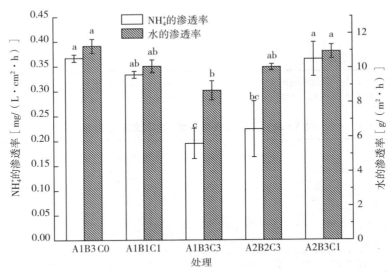

图3-121 交联剂改性处理复合膜材料的渗透率

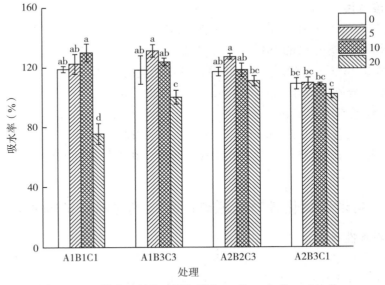

图3-122 纳米二氧化硅添加量为0g/kg、5g/kg、10g/kg、
20g/kg时复合膜材料的吸水率

2. 渗透性

由图3-123可以看出，复合膜材料的NH_4^+渗透率和水的渗透率曲线随

纳米二氧化硅的添加波动明显，说明纳米二氧化硅的添加量对复合膜材料的渗透性有较大影响。除个别处理 NH_4^+ 渗透率增加外，其他处理的 NH_4^+ 渗透率均随着纳米二氧化硅添加量的增加而降低，并且纳米二氧化硅添加得越多，NH_4^+ 渗透率降低得越多。而水的渗透率随纳米二氧化硅浓度的增加呈现先降低再升高的趋势。添加 20g/kg 纳米二氧化硅的 A1B3C3 处理的 NH_4^+ 渗透率最低，为 $0.08mg/(L \cdot cm^2 \cdot h)$，与不加纳米二氧化硅相比降低了 56.8%，水的渗透率为 $8.31g/(m^2 \cdot h)$，与不加纳米二氧化硅相比无显著差异。

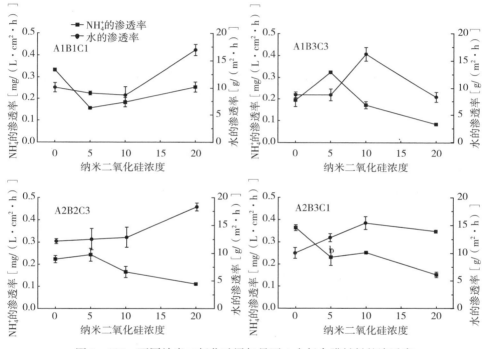

图 3-123　不同纳米二氧化硅添加量下 4 个复合膜材料的渗透率

包膜材料的吸水性、水的渗透性及 NH_4^+ 的渗透性是评价包膜材料性质的主要指标，膜材料的吸水率和渗透率越低，说明包膜肥料的缓释效果越好（Han et al.，2009）。加入戊二醛后复合膜材料的吸水率、渗透率明显降低，这可能是由于聚乙烯醇-γ-聚谷氨酸复合膜具有吸水溶胀作用（马霞等，2016），而戊二醛具有两个活泼醛基和特殊的物理性质，有很高的活性（王可等，2013），它能分布到分子间使分子间的空隙减小，破坏复合膜原来分子内和分子间的氢键，少量添加有助于成膜阻水阻湿性能的提高，宏观表现为吸水率和渗透率达到最小值（梁花兰等，2010）。添加 5g/kg 和 10g/kg 纳米二氧化硅时，复合膜材料的吸水率和渗透率与对照相比增加。而添加量为 20g/kg

时各个处理的吸水率和渗透率均降低，一方面可能是纳米二氧化硅由于表面缺氧，偏离了稳定的硅氧结构，表面存在大量不饱和残键及不同键合状态的羟基（张玉龙等，2002），少量添加使其易与复合膜中残留的羟基之间形成较强的氢键，增加亲水基团的数目，使吸水率和渗透率略有提高；当纳米二氧化硅的浓度继续增加时，可能使纳米二氧化硅分子易进到聚乙烯醇或γ-聚谷氨酸高分子链的孔隙中，与大分子互相结合成为致密立体的网状结构，因此提高了复合膜材料分子间的键力；另一方面纳米二氧化硅的加入可能增强了聚乙烯醇与γ-聚谷氨酸、戊二醛分子间的物理结合作用，促进了聚乙烯醇与戊二醛之间的酯化、交联反应，改善了膜材料的耐水性，进而延长了包膜材料的养分释放期，此结果与Tang等（2010）的研究结果一致。

四、纳米改性聚乙烯醇-γ-聚谷氨酸膜材料的红外光谱特征

通过比较复合膜材料的吸水率和渗透率得出，A1B3C3处理复合膜材料综合物理性能最好。为了进一步表征添加不同量纳米二氧化硅后复合膜发生的变化，使用ATR-FTIR观察A1B3C3处理添加0g/kg、5g/kg、10g/kg、20g/kg纳米二氧化硅后，复合膜材料特征官能团的变化。如图3-124所示，不同处理的复合膜具有相似的吸收特征，主要红外光谱吸收峰在3 220cm^{-1}、2 900cm^{-1}、1 580cm^{-1}、1 400cm^{-1}、1 080cm^{-1}处，但各吸收峰的相对吸收强度有显著差异。

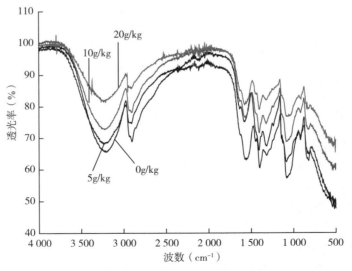

图3-124　添加0g/kg、5g/kg、10g/kg、20g/kg纳米
二氧化硅后复合膜的红外光谱特征

对于不加纳米二氧化硅的处理，3 208cm^{-1} 为分子间 O—H 的伸缩振动（马霞，2016）；2 902cm^{-1} 为—CH$_2$ 和—CH$_3$ 的不对称伸缩振动（Brugnerotto et al.，2001），且—CH$_2$ 多于—CH$_3$；1 580cm^{-1} 可能是 N—H 的弯曲振动与 C—N 的伸缩振动耦合Ⅱ带吸收峰；1 403cm^{-1} 为 γ-聚谷氨酸的羧酸负离子—COO—中的—C ═O 键的伸缩振动，表明生成物中仍残留部分 γ-聚谷氨酸（鞠蕾等，2011）。添加纳米二氧化硅后，1 081cm^{-1} 处出现 Si—O—Si 的反对称伸缩振动（林巧佳等，2005）；除添加 10g/kg 纳米二氧化硅处理外，随纳米二氧化硅添加量的增加，—OH 伸缩振动峰变宽，透光率增加；酰胺吸收带振动明显，且羧酸负离子—COO—的峰值下降；吸收谱 1 080cm^{-1} 向低频方向漂移至1 032cm^{-1}，漂移幅度达 48cm^{-1}。添加 20g/kg 纳米二氧化硅的处理在 3 700cm^{-1} 左右出现了硅羟基 Si—OH，同时也含有 Si—OR。

红外光谱可用来分析官能团结构和化学组成（常建华等，2001）。A1B3C3 膜出现了脂肪醚的一个强吸收峰，可能是聚乙烯醇分子中的羟基与 γ-聚谷氨酸分子中的羧基发生了酯化反应，［RCOOH］+［OH$^-$］→［RCOO$^-$］+H$_2$O（Lee et al.，2010），戊二醛分子中的醛基和聚乙烯醇分子中的羟基也可能发生羟醛缩合反应，具体反应过程有待进一步研究。添加 5g/kg 和 20g/kg 纳米二氧化硅处理的—OH、—NH 伸缩振动峰变宽并且透光率增加，说明复合膜材料的羟基和氨基数量减少；同时，出现了 Si—O—Si 桥氧结构，证明纳米二氧化硅已与其他物质反应并形成了新的化学键。从官能团结构分析得出，生成物中仍含有未反应的 γ-聚谷氨酸，因此，仍可能发挥肥料增效剂的作用。

五、交联和纳米改性复合膜的微观结构特征

由图 3-125 可以看出，未加入纳米二氧化硅的膜表面在放大 500 倍的条件下粗糙不平，放大 3 000 倍可以看出膜上存在许多大大小小不规则的凸起物和凹陷；而加入 20g/kg 纳米二氧化硅后，膜材料表面则较光滑，致密均一（500 倍），仅有少量小块状的规则的微米级凸起（3 000 倍）。

扫描电镜结果显示，不添加纳米二氧化硅的 A1B3C3 处理膜材料表面存在许多小凸起和孔洞，这可能是反应过程中反应不均匀等因素造成的。水可以透过膜表面的孔隙，进入肥料内部溶解并释放氮素，导致养分释放期缩短（Ma et al.，2018）。而加入纳米二氧化硅的浓度为 20g/kg 时，膜的表面则变得更为致密，纳米二氧化硅与复合材料具有较好的相容性，可以与聚乙烯醇的氢键作用形成某种物理性的缠结结构，降低复合膜的成膜透光率和吸水率（Hayes et al.，1999），进而减缓养分的释放。

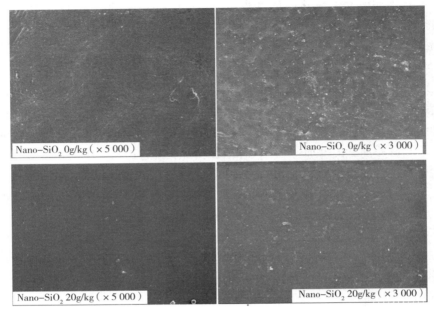

图 3-125　不同处理复合膜的微观结构特征

六、纳米二氧化硅-聚乙烯醇-γ-聚谷氨酸复合物包膜肥料膜表面微观结构特征

图 3-126 分别为聚乙烯醇-γ-聚谷氨酸包膜肥料（F）、纳米二氧化硅-聚乙烯醇-γ-聚谷氨酸复合物包膜肥料（RF）和自组装改性的纳米二氧化硅-聚乙烯醇-γ-聚谷氨酸复合物包膜肥料（SRF）膜表面的微观结构图。可以看出，F 型包膜肥料的尿素与膜材料之间有明显交界面，且断面结构松散，存在较多孔隙，膜表面不平整、粗糙，有较明显的团聚和相分离现象发生。RF 型包膜肥料的膜层间呈块状分布，膜材料表面有卵状的凸起和白色小颗粒，未见明显的团聚或相分离现象发生；SRF 型包膜肥料表面的基本特征为不规则叠加层状排布，分层明显，叠层间和叠层内孔隙缩小，并且膜表面存在很多白色球状结晶体，有大量颗粒物凸出。

聚乙烯醇-γ-聚谷氨酸包膜肥料的尿素和包膜材料之间存在缝隙，未能完全结合；膜表面存在许多孔径大小不一的孔隙，这些孔隙可能是在膜制备过程中掺入气体形成，或尿素溶出时由小孔隙周围固体颗粒脱落形成的（杜建军等，2007）。膜肥间连接不紧密和膜表面存在孔隙为尿素溶出提供了通道，也是聚乙烯醇-γ-聚谷氨酸包膜肥料缓释性能较差的原因。添加纳米二氧化硅之后，相分离现象减弱，这是由于纳米二氧化硅尺寸小，比表面积大，一方面可以镶嵌入膜中填补缝隙，另一方面可以增加膜材料和尿素之间的结合面积，使包膜肥料的结构更加紧密。自组装改性后，膜肥间连接更加致密，这与 Xie 等（2017）的研究结果一致，硅藻土和纳米二氧化硅喷到涂层后，填充了孔隙，并在膜表面交联形成化学键，提高了大分子链的强度，进一步增强了分子之间的作用力，形成微纳结构，提高了粗糙度，因此提高了膜材料表面的疏水性。

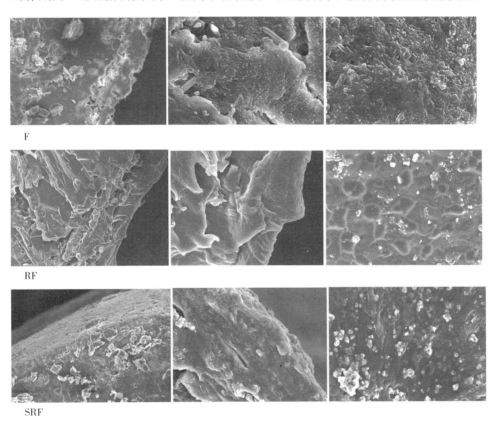

图 3-126　不同包膜肥料表面及断面的微观结构

注：F、RF、SRF 从左到右依次为×500 倍下肥料切面上膜与肥料交界处的微观结构、膜断面×3 000 倍的微观结构、肥料表面×3 000 倍的微观结构。

七、纳米二氧化硅-聚乙烯醇-γ-聚谷氨酸复合物包膜肥料红外光谱特征

如图 3-127 所示，包膜肥料 F、RF 和 SRF 的红外光谱变化明显，但各处理间变化规律相似。各处理均在 3 200cm^{-1}附近出现了分子间氢键的伸缩振动，其中，SRF 处理的吸收峰最平缓，透光率最大，为 87%，表明其羟基含

量最低。2 902cm⁻¹处为—CH₂—吸收峰；1 595cm⁻¹和1 411cm⁻¹处为多电子共轭体系的两个C—O键的伸缩振动，显示反对称和对称的两个谱带，说明γ-聚谷氨酸分子中的羧酸负离子—COO—已成盐，并且两个—C—O不再有单键和双键之分（Dong et al.，2014）；1 594cm⁻¹和826cm⁻¹处为伯胺的N—H吸收峰，RF的吸收强度更大，说明RF型肥料的分子链最长。F和RF处理在波数为2 370～2 000cm⁻¹处的分离度较差，并在1 685～1 260cm⁻¹处出现许多重叠峰，其他峰位分离度较好。SRF肥料的谱图在1 197cm⁻¹、1 143cm⁻¹处出现由碳氢键伸缩振动产生的较强谱带（王星等，2011），1 068cm⁻¹、1 046cm⁻¹处为Si—O—Si的伸缩振动吸收峰（蔡元峰等，2005）。

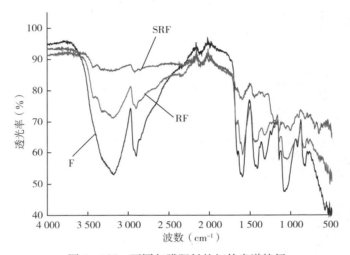

图3-127　不同包膜肥料的红外光谱特征

　　根据红外光谱结果，将纳米二氧化硅加入复合膜材料后，包膜肥料的化学结构发生了变化，新出现了Si—O吸收峰（陈立军等，2000）。自组装改性处理后，肥料表面新形成两个由碳氢键伸缩振动产生的较强谱带，且出现了Si—O—Si的摇摆振动。前者可能是Si—O键的增加或尿素分子与膜材料间发生了反应，形成新的化学键，增强了膜材料间的紧密度，使膜材料与尿素分子之间的结合更加紧密，不易脱落，进而减少了孔隙的产生，减缓了水分渗入；后者是PFDS分子中的硅氧烷水解形成Si—OH，与Nano-SiO₂之间发生缩水反应形成Si—O—Si，或者Si—OH自身也发生一定程度的缩聚反应，形成Si—O—Si基团（Yun et al.，2014），从而使PFDS分子接枝在纳米二氧化硅颗粒表面，形成疏水改性涂层。同时，自组装改性后的羟基含量降低，携带亲水基团数目降低，包膜肥料的疏水性提高，这也是包膜肥料控制氮素释放的有力基础和保障。

八、不同包膜肥料的氮素淋溶特征

图 3 - 128 可以看出，第 1 次淋洗土柱时（第 1 天），U 处理氮素释放较多，氮素释放率达到了 30.3%；而包膜肥料处理释放氮素均较少，为 5% 左右，且包膜处理间没有差异。第 2 次淋洗（第 3 天），U、F、RF、SRF 处理氮素分别释放了 35.6%、15.0%、18.5% 和 10.6%，包膜处理较 U 处理降低了 17.1%~25%。前 15d 氮素释放较快，而后逐渐趋于平缓；随着淋洗次数的增加，不同处理之间累积氮素释放率的差距增大，顺序为 U＞F＞RF＞SRF；淋溶第 35 天时，U 处理的累积氮素释放率为 94.9%，RF 处理的为 58.5%，SRF 处理的氮素释放率最低，仅为 48.3%，缓释效果显著。

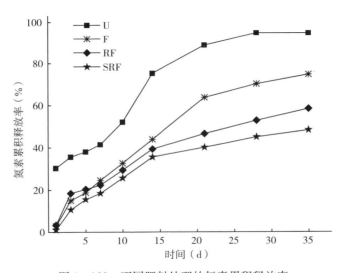

图 3 - 128 不同肥料处理的氮素累积释放率

土柱淋溶试验结果显示，纳米二氧化硅的添加减缓了聚乙烯醇-γ-聚谷氨酸包膜肥料氮素的释放。自组装改性处理通过构建微米纳米级硅藻土-纳米二氧化硅结构制备仿生超水性生物基聚氨酯涂层，进一步改善了氮素的释放效果。但本研究改性的膜材料为水基聚合物，其本身含有大量羟基，未能完全掩蔽，复合膜材料的吸水性可能与水分子与复合膜吸水基团结合稳定性有一定关系（张爽等，2017），因此缓释效果有待进一步研究改进，但仍好于普通水基共聚物-生物炭复合包膜肥料。

九、包膜肥料的土壤培养试验

土柱淋溶试验可以得出 SRF 型包膜肥料的缓释性能最好，但是不能真实地反映该包膜肥料在实际土壤中的养分释放情况，因此，需要进行土壤培养试验解决这一问题。本研究分别在土壤含水量为田间持水量的 40%、60%、80%，温度为 15℃、25℃、35℃的土壤中进行了培养试验，分析和探讨这两个因素对培养土壤全氮、矿质氮（$NH_4^+ - N$ 和 $NO_3^- - N$）含量变化的影响。

1. 不同培养条件下土壤中全氮随时间的变化

如图 3-129 所示，包膜肥料的氮素溶出曲线均呈抛物线形状，随着时间的增加，氮素溶出率增加，最后趋于稳定，可以用一级动力学方程拟合。表3-29列出了各方程的拟合系数，可以看出在不同条件下拟合曲线的相关系数均达到了 1% 的极显著水平，且标准误差较小。当培养温度和土壤含水量分别为 15℃ 和 40% 时，第 21 天氮素溶出率为 31.0%，释放速率常数为 0.103；当含水量增加到 60% 和 80% 时，第 21 天累积氮素溶出率分别为 46.4% 和 57.4%，释放速率常数分别为 0.115 和 0.194。保持土壤培养温度不变，释放速率常数会随着土壤含水量的增加而变大。当含水量为 80% 不变、温度增加到 35℃ 时，释放速率常数变成 0.230。

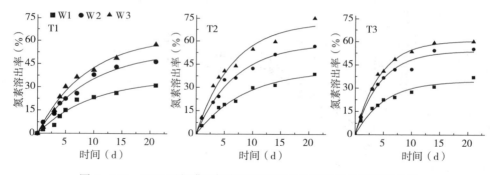

图 3-129 SRF 型包膜肥料在不同培养条件下的养分释放率曲线

T. 1.15℃ T. 2.25℃ T. 3.35℃

W1. 湿度为田间持水量的 40% W2. 湿度为田间持水量的 60% W3. 湿度为田间持水量的 80%

表 3-29 SRF 型包膜尿素氮素释放速率一级反应动力学方程拟合参数

培养温度	k			r			标准误差		
	W1	W2	W3	W1	W2	W3	W1	W2	W3
T1	0.103	0.109	0.114	0.981**	0.993**	0.994**	0.022	0.013	0.013
T2	0.115	0.147	0.155	0.993**	0.992**	0.987**	0.013	0.016	0.020
T3	0.194	0.224	0.230	0.982**	0.988**	0.998**	0.027	0.026	0.010

注：T1、T2、T3 代表培养温度分别为 15℃、25℃、35℃；W1、W2、W3 代表培养湿度分别为田间持水量的 40%、60%、80%。

2. 不同培养条件下土壤中铵态氮随时间的变化

图 3-130 显示，各处理的铵态氮含量变化曲线均呈倒 V 形，即先升高再降低。但不同培养温度和含水量条件下，铵态氮峰值出现的时间不同，除了T2W3 处理在第 10 天达到峰值，其他处理均在培养试验的第 7 天达到最大值，为 1 000mg/kg 左右，而后逐渐降低。土壤含水量对土壤中铵态氮含量的变化产生明显影响，顺序为 W3＞W2＞W1，随着含水量的增加，铵态氮释放量增大；而不同培养温度间铵态氮释放量的差异不明显；其中，在培养温度为25℃、土壤含水量为 80％的条件下，铵态氮的含量一直处于较高水平。

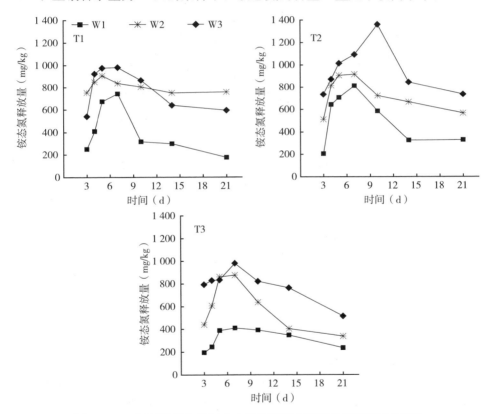

图 3-130 不同温度和不同含水量处理下土壤铵态氮随时间的变化

注：T1、T2、T3 代表培养温度分别为 15℃、25℃、35℃；W1、W2、W3 代表培养湿度分别为田间持水量的 40％、60％、80％。余同。

3. 不同培养条件下土壤中硝态氮随时间的变化

图 3-131 为包膜肥料在不同培养条件下土壤中硝态氮含量的变化规律。硝态氮含量的变化范围为 11.76～46.05mg/kg。土壤含水量对包膜肥料硝态氮含量的影响较大，总体顺序为 W3＞W2＞W1。温度对氮素释放入土壤后转

变为硝态氮形式的量有一定影响，T1 温度下硝态氮的含量最低，且在整个培养期含量变化不明显，有较小的波动，只有在第 21 天时 T1W3 处理的硝态氮含量迅速增加至 28.78mg/kg。T2 和 T3 培养温度下，各处理均在第 7～14 天出现一个高峰，而后逐渐降低，并且 T2W3 处理硝态氮的含量最大。

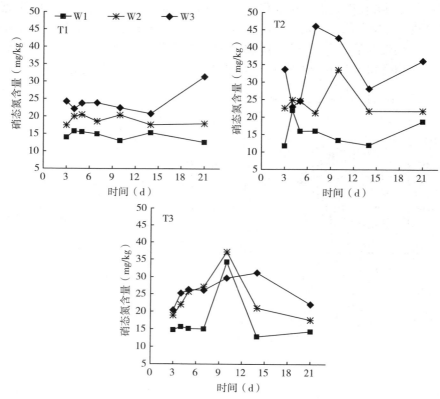

图 3-131　不同温度和不同含水量处理下土壤硝态氮随时间的变化

　　包膜肥料的培养试验中氮素溶出曲线符合一级动力学方程（Tomonori et al.，2007）。且释放速率常数与温度、含水量呈正相关关系。这与邹洪涛（2007）等的研究结果一致，旱田土壤的水分处于非饱和或者干燥状态，释放速率常数随土壤含水量的降低而下降。当温度升高时，氮素释放速率加快，此时植物生长需要的养分量也增加，氮素被吸收得多，有利于提高氮素利用率；相反，当环境温度降低时，植物生长变缓，包膜肥料的释放速率也随之变慢或停止，这样的氮素释放规律更满足作物的生长需求，可充分提高氮素利用率。

　　培养初期包膜肥料溶解速率较快，铵态氮浓度较高，而后铵态氮一部分以氨气的形式在开袋取样时散失，一部分发生硝化作用转化形成硝态氮，因此硝态氮峰值出现的时间比铵态氮延迟（巨晓棠等，2004），还有一部分铵态氮被土壤中的胶体吸附，转化为固定态铵（朱洪霞等，2010）。后期硝态氮含量上升，可能是因为硝态氮是氮素最终的存在形式。硝化作用只发生在好氧条件下，反硝化作用在缺氧或厌氧条件下进行，由于微生物的呼吸作用，密闭环境中的氧气被消耗，逐渐形成厌氧或缺氧环境，因此各处理铵态氮含量均显著高于硝态氮。

参 考 文 献

白杨，陈松岭，范丽娟，等，2019. 纳米 SiO_2 -聚乙烯醇-γ 聚谷氨酸复合膜材料制备及其性能研究 [J]. 植物营养与肥料学报，25（12）：2044 - 2052.

蔡元峰，薛纪越，2005. 富镁和贫镁坡缕石及其酸浸蚀产物的红外吸收光谱研究 [J]. 地质论评，51（1）：92 - 99.

陈金佩，吴雪平，韩效钊，等，2011. 黏土/聚丙烯酸（钾）复合材料的制备及性能研究 [J]. 广州化工，39（13）：54 - 56.

代旭明，刘鑫，马敬红，2009. 聚（N-异丙基丙烯酰胺）/海藻酸钠/黏土复合水凝胶的制备及溶胀动力学研究 [J]. 合成技术及应用，24（1）：24 - 28.

杜建军，廖宗文，王新爱，等，2007. 高吸水性树脂包膜尿素的结构特征及养分控/缓释性能 [J]. 中国农业科学，40（7）：1447 - 1455.

段路路，张民，刘刚，等，2009. 热塑性包膜尿素微观结构特征及养分释放机理研究 [J]. 植物营养与肥料学报，15（5）：1170 - 1178.

傅献彩，陈瑞华，1979. 物理化学 [M]. 北京：人民教育出版社：204 - 206.

郝建朝，连宾，刘惠芬，等，2013. 三氯化铁改性有机膨润土包膜材料对六价铬的动态吸附 [J]. 农业环境科学学报，32（3）：646 - 652.

何乐年，2000. 等离子体气相沉积非晶 SiO_2 薄膜的特性研究 [J]. 真空科学与技术，20（4）：247 - 251.

何绪生，耿增超，余雕，等，2011. 生物炭生产与农用的意义及国内外动态 [J]. 农业工程学报，27（2）：1 - 7.

胡学玉，易卿，禹红红，2012. 土壤生态系统中黑碳研究的几个关键问题 [J]. 生态环境学报，21（1）：153 - 158.

黄英，黄钰，高峰，等，2010. 填充炭黑对柔性触觉传感器用导电硅橡胶性能的影响 [J]. 功能材料，41（2）：225 - 227.

鞠蕾，马霞，2011. γ-聚谷氨酸的提取方法改进 [J]. 现代化工，31（S1）：267 - 270.

巨晓棠，刘学军，张福锁，2004. 不同氮肥施用后土壤各氮库的动态研究 [J]. 中国生态农业学报（1）：97 - 99.

李萍，唐辉，2008. 桐油成膜材料的生物降解性研究 [J]. 化肥工业，35（2）：33 - 40.

梁花兰，章建浩，2010. 聚乙烯醇基涂膜保鲜包装材料制备及对成膜效能特性的影响 [J]. 食品科学，31（8）：77 - 83.

林巧佳，杨桂娣，刘景宏，2005. 纳米二氧化硅改性脲醛树脂的应用及机理研究 [J]. 森林与环境学报，25（2）：97-102.

刘兴斌，陈利军，武志杰，等，2010. 自然光和土培条件下膜材红外吸收光谱变化 [J].
　　光谱学与光谱分析，30（2）：323-326.

吕静，李丹，孙建兵，等，2012. 低分子量聚乳酸包膜尿素的缓释特性及其减少氨挥发的
　　作用 [J]. 中国农业科学，45（2）：283-291.

马霞，李路遥，张缅缅，等，2016. pH 敏感 γ-聚谷氨酸/聚乙烯醇水凝胶的溶胀动力学
　　[J]. 农业工程学报，32（s1）：333-338.

毛小云，冯新，王德汉，等，2004. 固-液反应包膜尿素膜的微结构与红外光谱特征及氮素
　　释放特性研究 [J]. 中国农业科学，37（5）：704-710.

毛小云，李世坤，廖宗文，2006. 有机-无机复合保水肥料的保水保肥效果研究 [J]. 农业
　　工程学报，22（6）：45-48.

牟林，韩晓日，与成广，等，2009. 不同无机矿物应用于包膜复合肥的氮素释放特征及其
　　评价 [J]. 植物营养与肥料学报，15（5）：1179-1188.

施卫省，唐辉，王亚明，2009. 松香甘油酯包膜材料对尿素缓释性的影响 [J]. 农业工程
　　学报，25（4）：74-77

汤德源，杜昌文，王火焰，等，2008. 聚合物包膜肥料铵态氮释放特征研究 [J]. 土壤学
　　报，45（2）：274-279.

王康建，但卫华，曾睿，等，2009. 壳聚糖/聚乙烯醇共混膜的结构表征及性能研究 [J].
　　材料导报，23（10）：102-105.

王可，宋义虎，2013. 交联剂改性小麦醇溶蛋白/壳聚糖复合膜的制备与性能 [J]. 材料科
　　学与工程学报，31（1）：78-83.

王兴刚，2015. 有机-无机复合型多功能缓控释肥料的制备及其性能研究 [D]. 兰州：兰州
　　大学.

谢银旦，杨相东，曹一平，等，2007. 包膜控释肥料在土壤中养分释放特性的测试方法与
　　评价 [J]. 植物营养与肥料学报，13（3）：491-497.

谢祖彬，刘琦，许燕萍，等，2011. 生物炭研究进展及其研究方向 [J]. 土壤，43（6）：
　　857-861.

杨相东，曹一平，江荣风，等，2005. 几种包膜控释肥氮素释放特性的评价 [J]. 植物营
　　养与肥料学报，11（4）：501-507.

杨越超，耿毓清，张民，等，2007. 膜特性对包膜控释肥养分控释性能的影响 [J]. 农业
　　工程学报，23（11）：23-30.

张爽，张二伟，朱翠萍，等，2017. γ-聚谷氨酸/壳聚糖复合膜吸附性的影响因素分析
　　[J]. 安徽农业大学学报，44（3）：492-495.

张玉凤，曹一平，陈凯，等，2003. 高聚物包膜尿素的氮素释放特性及其评价方法 [J].
　　中国农业大学学报，8（5）：83-87.

张玉凤，曹一平，陈凯，2003. 膜材料及其构成对调节控释肥料养分释放特性的影响 [J].
　　植物营养与肥料学报，9（2）：170-173.

张玉龙，李长德，2002. 纳米技术与纳米塑料 [M]. 北京：中国轻工业出版社.

赵彩霞，何文清，刘爽，等，2011. 新疆地区全生物降解膜降解特征及其对棉花产量的影响 [J]. 农业环境科学学报，30（8）：1616 - 1621.

赵劲彤，张学俊，邸玉静，2009. 柠檬酸改性聚乙烯醇制备可生物降解膜的研究 [J]. 塑料助剂（78）：28 - 33.

郑庆福，王志民，陈保国，等，2016. 制备生物炭的结构特征及炭化机理的 XRD 光谱分析 [J]. 光谱学与光谱分析，36（10）：3355 - 3359.

周子军，杜昌文，申亚珍，等，2013. 生物炭改性聚丙烯酸酯包膜控释肥料的研制 [J]. 功能材料，44（9）：1305 - 1308.

朱洪霞，董燕，王正银，2010. 缓释复合肥料对土壤和黑麦草氮素营养的影响 [J]. 中国生态农业学报，18（5）：929 - 933.

邹洪涛，2007. 环境友好型包膜缓释肥料研制及其养分控释机理的研究 [D]. 沈阳：沈阳农业大学.

邹洪涛，韩艳玉，张玉玲，等，2009. 温度对包膜缓释尿素养分释放特性影响机理的研究 [J]. 土壤通报，40（2）：321 - 324.

邹洪涛，韩艳玉，张玉玲，等，2011. 日本包膜缓释肥料养分释放及微结构研究 [J]. 土壤通报，42（4）：926 - 930.

Alharbi K，Ghoneim A，Ebid A，et al.，2018. Controlled release of phosphorous fertilizer bound to carboxymethyl starch - g - polyacrylamide and maintaining a hydration level for the plant [J]. International Journal of Biological Macromolecules，116：224 - 231.

Araújo B R，Romão L P C，Doumer M E，et al.，2017. Evaluation of the interactions between chitosan and humics in media for the controlled release of nitrogen fertilizer [J]. Journal of Environmental Management，190：122 - 131.

Baidya A，Das S K，Ras R H A，et al.，2018. Fabrication of a waterborne durable superhydrophobic material functioning in air and under oil [J]. Advanced Materials Interfaces，5（11）：1701523.

Bertuzzi M A，Vidaurre E F C，Armada M，et al.，2007. Water vapor permeability of edible starch based films [J]. Journal of Food Engineering，80（3）：972 - 978.

Brugnerotto J，Lizardi J，Goycoolea F M，et al.，2001. An infrared investigation in relation with chitin and chitosan characterization [J]. Polymer，42（8）：3569 - 3580.

Chabbi J，Jennah O，Katir N，et al.，2018. Aldehyde - functionalized chitosan - montmorillonite films as dynamically - assembled，switchable - chemical release bioplastics [J]. Carbohydrate Polymers，183：287 - 293.

Chen S，Han Y，Ming Y，et al.，2020. Hydrophobically modified water - based polymer for slow - release urea formulation [J]. Progress in Organic Coatings，149：105964.

Chen S，Yang M，Ba C，et al.，2018. Preparation and characterization of slow - release fertilizer encapsulated by biochar - based waterborne copolymers [J]. Science of the Total Environment，615：431 - 437.

Chen S，Yang M，Han Y，et al.，2021. Hydrophobically modified sustainable bio - based polyurethane for controllable release of coated urea [J]. European Polymer Journal, 142: 110 – 114.

França D, Medina Â F, Messa L L, et al., 2018. Chitosan spray – dried microcapsule and microsphere as fertilizer host for swellable – controlled release materials [J]. Carbohydrate Polymers, 196: 47 – 55.

Fukushima K, Abbate C, Tabuani D, et al., 2009. Biodegradation of poly (lactic acid) and its nanocomposites [J]. Polymer Degradation and Stability, 94: 1646 – 1655.

Guohua Z, Ya L, Cuilan F, et al., 2006. Water resistance, mechanical properties and bio-degradability of methylated – cornstarch/poly (vinyl alcohol) blend film [J]. Polymer Degradation and Stability, 91: 703 – 711.

Gurunathan T, Chung J S, 2016. Physicochemical properties of amino – silane – terminated vegetable oil – based waterborne polyurethane nanocomposites [J]. Acs Sustainable Chemistry and Engineering, 4 (9): 4645 – 4653.

Han X Z, Chen S S, Hu X G, 2009. Controlled – release fertilizer encapsulated by starch/polyvinyl alcohol coating [J]. Desalination, 240 (1 – 3): 21 – 26.

Han Y, Chen S, Yang M, et al., 2020. Inorganic matter modified water – based copolymer prepared by chitosan – starch – CMC – Na – PVAL as an environment – friendly coating material [J]. Carbohydrate Polymers, 234: 115925.

Hayes R A, Bohmer M R, Fokkink L G J, 1999. A Study of silica nanoparticle adsorption using optical reflectometry and streaming potential techniques [J]. Langmuir, 15 (8): 2865 – 2870.

He H, Cai R, Wang Y, et al., 2017. Preparation and characterization of silk sericin/PVA blend film with silver nanoparticles for potential antimicrobial application [J]. International Journal of Biological Macromolecules, 104: 457 – 464.

Jarosiewicz A, Tomaszewska M, 2003. Controlled – release NPK fertilizer encapsulated by polymeric membranes [J]. Journal of Agricultural and Food Chemistry, 51 (2): 413 – 417.

Lee Y G, Kang H S, Kim M S, et al., 2010. Thermally crosslinked anionic hydrogels composed of poly (vinyl alcohol) and poly (γ – glutamic acid): Preparation, characterization, and drug permeation behavior [J]. Journal of Applied Polymer Science, 109 (6): 3768 – 3775.

Lu Q, Zhang S, Xiong M, et al., 2018. One – pot construction of cellulose – gelatin supramolecular hydrogels with high strength and pH – responsive properties [J]. Carbohydrate Polymers, 196: 225 – 232.

Lu S, Gao C, Wang X, et al., 2014. Synthesis of starch derivative and its application in fertilizer for slow nutrients release and water holding [J]. RSC Advances, 4: 51208 – 51214.

Ma X X, Chen J Q, Yang Y C, et al., 2018. Siloxane and polyether dual modification improves hydrophobicity and interpenetrating polymer network of bio – polymer for coated fertilizers with enhanced slow release characteristics [J]. Chemical Engineering Journal, 350: 1125 – 1134.

Mukherjee G S, 2005. Modification of poly (vinyl alcohol) for improvement of mechanical strength and moisture resistance [J]. Journal of Materrials Science, 40 (11): 3017 - 3019.

Ni B, Liu M, Lü S, 2009. Multifunctional slow - release urea fertilizer from ethylcellulose and superabsorbent coated formulations [J]. Chemical Engineering Journal, 155 (3): 892 - 898.

Ni B, Liu M, Lü S, et al., 2011. Environmentally friendly slow - release nitrogen fertilizer [J]. Journal of Agricultural and Food Chemistry, 59 (18): 10169 - 10175.

Peng C, Chen Z, Tiwari M K, 2018. All - organic superhydrophobic coatings with mechanochemical robustness and liquid impalement resistance [J]. Nature Materials, 17 (4): 355 - 360.

Perez J J, Francois N J, 2016. Chitosan - starch beads prepared by ionotropic gelation as potential matrices for controlled release of fertilizers [J]. Carbohydrate Polymers, 148: 134 - 142.

Qin C, Li H, Qi X, et al., 2006. Water - solubility of chitosan and its antimicrobial activity [J]. Carbohydrate Polymers, 63 (3): 367 - 374.

Rashidzadeh A, Olad A, 2014. Slow - released NPK fertilizer encapsulated by NaAlg - g - poly (AA - co - AAm) /MMT superabsorbent nanocomposite [J]. Carbohydrate Polymers, 114: 269 - 278.

Rattanamanee A, Niamsup H, Srisombat L, et al., 2014. Role of chitosan on some physical properties and the urea controlled release of the silk fibroin/gelatin hydrogel [J]. Journal of Polymers and the Environment, 23: 334 - 340.

Santos A M P, Bertoli A C, Borges A C C P, et al., 2018. New organomineral complex from humic substances extracted from poultry wastes synthesis characterization and controlled release study [J]. Journal of the Brazilian Chemical Society, 29 (1): 140 - 150.

Santos B, Bacallhau F, Pereira T, et al., 2015. Chitosan - montmorillonite microspheres: A sustainale fertilizer delivery system [J]. Carbohydrate Polymers, 127: 340 - 346.

Simpson J T, Hunter S R, Aytug T, 2015. Superhydrophobic materials and coatings: A review [J]. Reports on Progress in Physics, 78 (8): 86501.

Tang H, Xiong H G, Tang S W, et al., 2010. A starch - based biodegradable film modified by nano silicon dioxide [J]. Journal of Applied Polymer Science, 113 (1): 34 - 40.

Tomonori A, Arata K, Akira W, 2007. Temporal changes in distribution and composition of N from labeled fertilizer in soil organic matter fractions [J]. Biology and Fertility of Soils, 43 (4): 427 - 435.

Xie J, Yang Y, Gao B, et al., 2017. Biomimetic superhydrophobic biobased polyurethane - coated fertilizer with atmosphere "Outerwear" [J]. ACS Applied Materials and Interfaces, 9: 15868 - 15879.

Yang Y, Tong Z, Geng Y, et al., 2013. Biobased polymer composites derived from corn stover and feather meals as double - coating materials for controlled - release and water - retention urea fertilizers [J]. Journal of Agricultural and Food Chemistry, 61 (34): 8166 - 8174.

Yu Y, Chen H, Liu Y, et al., 2014. Porous carbon nanotube/polyvinylidene fluoride composite material: Superhydrophobicity/superoleophilicity and tunability of electrical conductivity [J]. Polymer, 55 (22): 5616 - 5622.

Yun Y, Hou W M, Hu X B, et al., 2014. Superhydrophobic modification of an Al_2O_3 microfiltration membrane with TiO_2 coating and PFDS grafting [J]. RSC Advances, 4 (89): 48317.

Zhang C H, Yang F L, Wang W J, et al., 2008. Preparation and characterization of hydrophilic modification of polypropylene non - woven fabric by dip - coating PVA (polyvinyl alcohol) [J]. Separation and Purification Technology, 61 (3): 276 - 286.

Zhang S, Yang Y, Gao B, et al., 2017. Superhydrophobic controlled - released fertilizer coated with bio - based polymer with organosilicone and nano - silica modifications [J]. Journal of Materials Chemistry A, 5 (37): 19943 - 19953.

石桥英二, 金野隆光, 木本英照, 1992. 反応速度論的方法によるコーティング窒素肥料の溶出評価 [J]. 日本土肥誌, 63 (6): 664 - 668.

第四章 施用包膜缓释肥料对作物和环境的影响

施用包膜肥料相比于普通尿素可显著提高氮肥利用率（周丽平等，2016；Shivay et al.，2016），对作物产量也有显著的提升作用（贝美容等，2020；蒋伟勤，2020）。因为包膜肥料对氮元素向土壤中的释放具有延缓作用，使得在作物生长的中后期土壤中仍有氮元素。施用包膜肥料对土壤理化性质也有显著影响（Geng et al.，2015）。施用包膜肥料还可以增加作物根系干重（Tang et al.，2006），有助于作物根系下插。近年来，对于包膜肥料的研究不局限于作物生产，还延伸到了环境领域，研究证实施用包膜肥料可以减轻环境问题（韩艳玉，2011）。许多研究结果表明，包膜肥料对土壤氨挥发和氧化亚氮排放具有抑制作用（Gao et al.，2018）。但也有研究结果表明，施用包膜肥料不能减少作物生长季的氧化亚氮排放，甚至还可能增加土壤排放氧化亚氮的排放（Zebarth et al.，2012）。只有对施用包膜缓释肥料对氮素循环和转化的影响进行深入研究，才能更加明确包膜缓释肥料对氮素减排和增效的影响机理。

第一节 包膜尿素抑制氮素挥发及其降解性研究

本节采用室内培养与室外田间小区相结合的研究方法，探讨有机-无机复合物包膜尿素抑制氮素挥发和包膜材料经过一个生长季后在室外环境中的微观结构变化情况，进而探讨膜材料的降解性。

一、试验材料与方法

1. 供试土壤

供试土壤为典型棕壤，采自沈阳农业大学试验田，前茬作物为玉米，取样深度为 0～20cm。土壤 pH 为 6.62，有机质为 14.6g/kg，碱解氮为 84.2mg/kg，速效磷为 18.6mg/kg，速效钾为 116mg/kg。

2. 供试肥料

供试肥料为两种有机-无机复合物包膜缓释尿素，含氮量为 42.3%，用 BG、BF 表示；其中膜材料中的有机物以聚乙烯吡咯烷酮为主，用代码 B 表示；无机物硅藻土和沸石粉均为化学分析纯试剂，分别用代码 G、F 表示；采用高分子共混技术将聚乙烯吡咯烷酮分别与硅藻土和沸石粉共混生成有机-无机复合物膜材料，以颗粒尿素为核芯运用转鼓工艺制备包膜尿素。普通尿素含氮量为 46.2%，产于我国辽宁，用 CK 表示。

3. 试验设计与方法

（1）氮素挥发

试验在 25℃恒温培养箱中进行，试验装置直径为 22.6cm、高 28.8cm 的玻璃瓶（图 4-1）。肥料用量按照盆栽试验 3 倍的标准（每千克土 0.6g 氮），称取等氮量的供试肥料，即每千克土称取普通尿素 1.30g/kg，每千克土称取 BG 型、BF 型包膜缓释尿素 1.38g。每瓶装风干土壤 0.4kg，按土壤容重为 1.25g/cm³ 均匀地装入瓶内；具体做法是先称取 0.2kg 风干土装入瓶中，铺平，压实；将称好的肥料均匀地铺在其上，再将余下的风干土装入瓶中，同时做空白处理，共 3 个处理，重复 3 次。向各瓶中加等量的无氨蒸馏水湿润土壤，使土壤含水量达到田间持水量的 80%，瓶口用橡胶塞塞紧，并用胶带密封，称重，取样时定期补水。于试验开始后第 5 天、第 10 天、第 15 天、第 20 天、第 30 天用大气采样器采集瓶内密闭空间的气体，测定气体中 NH_3、NO_x 的含量。采样时气体流量为 0.2L/min，每次采样 25min。采用钠氏试剂比色法测定气体中的 NH_3；用盐酸萘乙二胺分光光度计法测定气体中的 NO_x

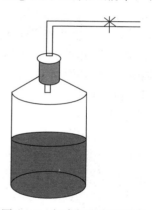

图 4-1　氮素挥发试验装置

（国家环保总局等，1990）。

（2）膜材料降解性

与辣椒田间试验同步进行。辣椒收获后把植株连根拔起，使大部分肥料暴露在自然环境中，随机找出 20 粒包膜缓释尿素颗粒，用蒸馏水小心洗去表面的泥土，烘干；两个月后在辣椒试验小区再随机找出 20 粒包膜缓释尿素颗粒，小心用蒸馏水洗去表面的泥土，烘干；进行扫描电镜分析。

二、包膜缓释尿素抑制氮素挥发效果的研究

1. NH_3 的挥发

图 4-2 是普通尿素（CK）和包膜缓释尿素 BG、BF 在恒温土壤培养条件

下氮素累积挥发率与时间的关系曲线。从图中可以看出，尿素包膜后能够显著地抑制氮素挥发，而肥料的氮素累积挥发率随着培养时间的延长逐渐升高，以后变得平缓，并趋于一常量；这一氮素挥发过程可以用曲线 $y = ae^{b/t}$（$a > 0$，$b < 0$）进行拟合，式中，y 为累积挥发量，t 为时间，a 和 b 为经验常数，得到的曲线方程参数见表 $4-1$。

表 4-1 曲线方程参数

参数	处理		
	CK	BG	BF
a	0.986 7	0.710 3	0.762 5
b	-6.278	-9.273	-9.219

当 t 趋于无穷，y 趋近于 a 时，a 的物理意义为最大累积挥发率（NH_3 累积挥发量转化为氮素的量/施入的氮素总量）。b 为挥发速度常数，它的数值越大，NH_3 的挥发速度越快。比较 3 种肥料的 a，其排列顺序为 CK>BF>BG，其中 CK 的氮素饱和挥发率达 98.67%，BG 的为 71.03%，BF 的为 76.25%，说明包膜肥料有缓释养分的作用，而且两种包膜材料中所添加的无机矿物还具有吸附性，能够减少 NH_3 的挥发损失。从图 $4-2$ 中还可以看出，在培养试验期间，包膜肥料 NH_3 的累积挥发率明显低于 CK，说明了包膜肥料具有缓释作用，能够抑制 NH_3 的挥发，减少氮素损失。

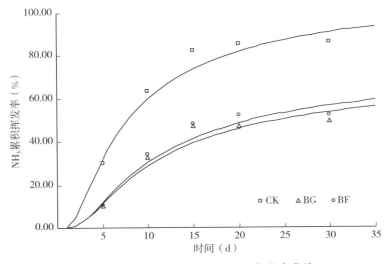

图 4-2 包膜缓释尿素 NH_3 累积挥发率曲线

　　由 NH_3 挥发累积率方程的导函数求得 NH_3 挥发速率方程（图 4-3）。从图 4-3 中可以看出，包膜缓释尿素 BG、BF 的挥发速率的高峰期出现在培养后的第 5～6 天，其最大挥发速率为每天 4.18%、4.26%，而 CK 的高峰期出现在第 2～3 天，最大挥发率为每天 9.68%。这是因为在培养试验初期，$NH_4^+ - N$ 累积释放量的增加促进了 NH_4^+ 向 NH_3 的转化，此时 NH_3 的挥发量也逐渐增加。但包膜肥料的颗粒被高分子聚合物薄膜包被，延缓了肥料中 $CO(NH_2)_2$ 的溶解、释放，阻碍了肥料中的 $CO(NH_2)_2$ 与外界的接触，从而减小了 NH_4^+ 向 NH_3 的转化速度，降低了 NH_3 的挥发速率。其中 BG 抑制 NH_3 挥发的效果要比 BF 明显。这是因为 BG 型膜材料添加的硅藻土不但比表面积大、吸附性强而且与改性聚乙烯醇-淀粉交联液有良好的相容性，所以 BG 型包膜材料制成的包膜缓释尿素抑制 NH_3 的挥发效果显著。

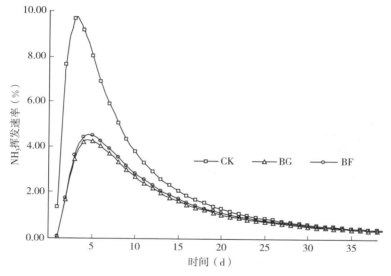

图 4-3　包膜缓释尿素 NH_3 挥发速率曲线

2. NO_x 的挥发

　　NO_x 挥发量的测定是与 NH_3 挥发量的测定同时进行的。从图 4-4 中可以看出，NO_x 的变化趋势与 NH_3 一致，也可以用 $y = ae^{b/t}(a>0, b<0)$ 对其拟合，得到 NO_x 累积挥发率-时间方程。从图 4-4 中可以看出，包膜缓释尿素在各个时期 NO_x 的累积挥发量明显低于 CK，说明包膜缓释尿素初期能够明显抑制 NO_x 的挥发强度，这是由于包膜肥料抑制了氮素的释放，减少了向土壤中提供的氮源。对累积挥发率进行求导，得到挥发速率-时间曲线。从图 4-5 中可以看出，包膜肥料的 NO_x 挥发速率高峰期与 CK 相比后移，高峰期出现在培养开始的第 15 天左右，而 CK 的挥发速率高峰期在第 5 天左右。由 NO_x

累积挥发率-时间方程的导函数求得 CK、BG、BF 的 NO_x 挥发速率最大值分别为每天 0.213 8%、0.111 6% 和 0.124 4%，包膜肥料的 NO_x 挥发速率比对照降低了 47.8% 和 41.8%。

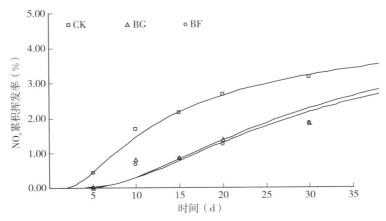

图 4-4　包膜缓释尿素 NO_x 累积挥发率曲线

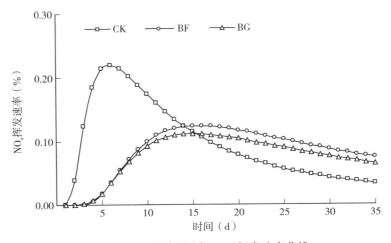

图 4-5　包膜缓释尿素 NO_x 挥发速率曲线

三、包膜缓释尿素膜材料降解性的研究

图 4-6 和图 4-7 为包膜缓释尿素（BG）施用前膜材料放大 200 倍和 2 000 倍条件下的扫描电镜图像；图 4-8 和图 4-9 为施用后第 120 天膜材料放大 200 倍和 1 000 倍条件下的扫描电镜图像；图 4-10 和图 4-11 为施用后第 180 天的膜材料放大 2 000 倍条件下的扫描电镜图像。

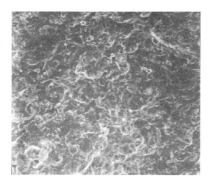

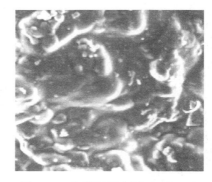

图 4-6　包膜材料表面（×200）　　　　图 4-7　包膜材料表面（×2 000）

图 4-8　120d 后包膜材料表面（×200）　　图 4-9　120d 后包膜材料表面（×2 000）

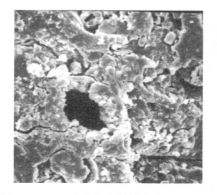

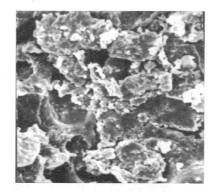

图 4-10　180d 后包膜材料表面（×2 000）　　图 4-11　180d 后包膜材料表面（×2 000）

　　由图 4-6 和图 4-7 可以看出，在施用前膜材料的表面没有任何孔隙和裂痕。从图 4-8 中可以看出，在田间条件下膜缓释尿素（BG）施入 120d 后，在 200 倍扫描电镜下观察膜材料表面有细小的针孔出现，放大到 1 000 倍

（图 4-9）能够观察到膜表面出现了裂痕，说明膜材料在土壤中经过一个作物生长季后结构和形态发生了变化，有轻微降解的倾向；这可能是因为膜材料中的某些成分在土壤中发生反应，被溶蚀掉了，进而使膜材料在形态和结构上发生了变化。

从图 4-10 和图 4-11 中可以看出，有机-无机复合物包膜缓释尿素在辣椒收获后，在室外环境中暴露 60d 后膜材料表面出现了明显的裂痕和孔隙，并形成块状结构。说明包膜材料暴露在自然环境中经阳光照射、风吹和雨淋，加快了降解过程，该膜材料在自然环境中是能够降解的。

第二节　不同种类包膜肥料对环境的影响效应

本节以日本的聚合物、硫黄包膜的氮素肥料和自行研制的有机-无机复合物包膜氮素肥料为研究对象，以水稻为供试作物，采用室内培养和盆栽试验的方法，探讨包膜缓释肥料的养分释放特性，水稻整个生育期内的氮素挥发与淋溶损失，水稻生长发育、氮素利用效率及土壤养分的变化，明确不同种类包膜缓释肥料对环境的影响。以期为我国环境友好型包膜缓释肥料的研发、施用和加强农业环境保护提供基础资料。

一、试验材料与方法

1. 供试土壤

供试土壤为水稻土，采自沈阳农业大学水稻研究所。土壤 pH 为 6.54，有机质为 10.53g/kg，全氮为 0.84g/kg，碱解氮为 134.32mg/kg，速效磷为 20.51mg/kg，速效钾为 123.32mg/kg。

2. 供试作物

供试作物为沈阳农业大学水稻研究所研制的超级稻，品种为沈农 265。

3. 供试肥料

供试包膜肥料为日本生产聚合物包膜尿素（LP40），含氮量为 42.0%；日本聚合物包膜尿素（LPSS），含氮量为 40.0%；硫黄包膜尿素（SC60），含氮量为 36.0%；自制有机-无机复合物包膜尿素（BB），含氮量为 40.0%；普通尿素（UR），含氮量为 46.2%。

4. 试验设计与方法

本试验采用高 0.66m、直径为 0.2m 的有机玻璃柱进行水稻盆栽试验，设空白（CK），施用普通尿素（UR），施用包膜尿素 LP40、LPSS、BB、SC60 共 6 个处理。按照土壤容重 1.25g/cm³ 装柱，每柱装风干土 23kg，每柱移栽水稻苗 3 株。肥料按照每千克土 0.2g 氮、0.15g 磷、0.1g 钾的标准施用，试验所用氮肥为包膜尿素，磷肥为过磷酸钙（含 P_2O_5 15%），钾肥为硫酸钾（含 K_2SO_4 95.8%），将肥料与上层 30cm 的土壤混合均匀，灌水，定植水稻。

气体采集采用吸收法进行。从水稻分蘖之日起，定期将装有吸收液的装置放置在土柱顶端支架上，用保鲜膜将土柱顶端密封，如图 4-12B 所示。每隔 5d 采样 1 次，每次采样 2h，测定吸收液中 NO_x、NH_3、CO_2 的含量，如遇雨天则顺延，共测 16 次。NH_3 采用靛酚蓝比色法测定，NO_x 采用盐酸萘乙二胺比色法测定，CO_2 采用滴定法测定，具体方法见《大气污染监测方法》（第 2 版，化学工业出版社，1997）。

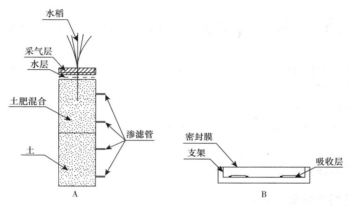

图 4-12　试验装置图
A. 整体试验装置图　B. 采气层装置图

通过有机玻璃柱侧面的渗滤管采集土壤渗滤液。采集管与表层土壤的距离分别为 10cm、25cm、40cm、55cm，如图 4-12A 所示。水稻定植后，每隔 5d 采样 1 次，共采 5 次，之后每隔 10d 采样 1 次，共采 7 次，之后每隔 15d 采样 1 次，共采 1 次，总共采样 13 次。渗滤液中的 $NO_2^- - N$、$NO_3^- - N$、$NH_4^+ - N$ 用 AA3 自动分析仪（德国布朗卢比公司生产）测定，总磷用钼锑抗比色法测定，钾用火焰光度计法测定。

在水稻生长过程中，测定水稻的株高、分蘖数、出穗数。在分蘖期、拔节期、抽穗期、成熟期剪取水稻叶片，用丙酮乙醇混合液法测定水稻叶绿素含量。在分蘖期、拔节期、抽穗期、成熟期，分别取 4 株、3 株、2 株、2 株水稻，清洗后，在鼓风烘箱中，105℃杀青 30min，70℃条件下烘干，称干重。将粉碎后的样品装入密封袋。在水稻成熟期，测定穗长、每穗粒数、结实率、千粒重等指标。水稻收割后，测定水稻鲜重，并测定产量。

待水稻收割后，取 0～10cm、10～25cm、25～40cm、40～55cm 土层土壤。测定土壤含水量和硝态氮、铵态氮含量。将取回的土样风干，分别过

2.00mm、0.850mm、0.150mm 筛，用来测定土壤养分含量。

硝态氮、铵态氮用 AA3 自动分析仪（德国布朗卢比公司生产）测定，全氮、有机质用元素分析仪（Elemental-Ⅲ 德国）测定，全磷用 NaOH 熔融-钼锑抗比色法测定，全钾用 NaOH 熔融-火焰光度法测定，碱解氮用碱解扩散法测定，速效磷用 0.5mol/L NaHCO$_3$ 浸提，用钼锑抗比色法测定，速效钾用 1mol/L NH$_4$OAC 浸提，用火焰光度法测定。

5. 氮肥利用率的计算

（1）氮素积累总量：单位面积植株地上部分（茎鞘、叶和穗）氮素积累量的总和。

（2）氮肥吸收利用率＝（施氮区地上部分含氮量－空白区地上部含氮量）/施氮量×100%。

（3）氮肥农学利用率＝（施氮区作物产量－空白区作物产量）/施氮量。

（4）氮肥生理利用率＝（施氮区产量－空白区产量）/（施氮区地上部分含氮量－空白区地上部含氮量）。

（5）氮素收获指数＝籽粒吸氮量/地上部分含氮量。

二、水稻生育期内不同种类包膜肥料对 NH$_3$、NO$_x$ 和 CO$_2$ 释放量的影响

1. 水稻生育期内不同种类包膜肥料对 NH$_3$ 释放量的影响

图 4-13 表示的是不同种类包膜肥料在水稻整个生育期内每次测得的 NH$_3$ 累积释放量随时间的变化曲线。从图 4-13 中可以看出，各处理间曲线的变化趋势较相似。除第 0~55 天 LP40 的 NH$_3$ 释放量最大外，施用包膜肥料处理的 NH$_3$ 释放量均小于施用普通尿素处理，说明施用包膜肥料对水田土壤 NH$_3$ 的排放有抑制作用。曲线的斜率表示的是 NH$_3$ 的释放速率。在水稻生育初期，各处理的 NH$_3$ 的释放速率均很大，这可能是因为随着肥料的溶解，氮素从酰胺态氮转化为铵态氮，NH$_4^+$ 的浓度逐渐增大，从而促进了 NH$_4^+$ 转化为 NH$_3$，导致 NH$_3$ 的挥发量增加。此后，NH$_3$ 的释放速率较慢。在第 70~90 天，NH$_3$ 的释放速率又迅速增大，这可能是由于这段时间为 8 月，气温较高，导致环境条件有利于 NH$_3$ 的挥发。从图 4-13 中还可以看出，LPSS 的 NH$_3$ 释放量与其他处理相比均较低（CK除外），这可能是因为 LPSS 的养分释放存在滞后期且滞后时间较长，由第一章包膜肥料的微观结构可知，LPSS 的膜结构更密实，交联度较高，从而导致 LPSS 的膜阻碍了尿素分子与外界的接触，从而降低了酰胺态氮转化为铵态氮的速度，进而影响了 NH$_3$ 的挥发速率。因而，LPSS 的 NH$_3$ 释放量较低。

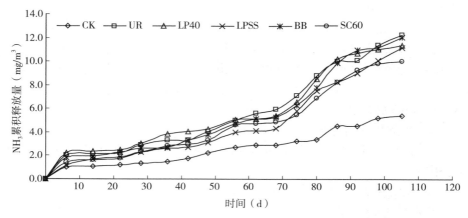

图 4-13　不同种类包膜肥料在水稻生育期内 NH_3 释放量的变化

2. 水稻生育期内不同种类包膜肥料对 NO_x 释放量的影响

图 4-14 表示的是不同种类包膜肥料在水稻生育期内每次测得的 NO_x 累积释放量。从图 4-14 中可以看出，在水稻整个生育期内，施用包膜肥料的处理 LP40、LPSS、BB、SC60 的 NO_x 释放量明显小于施用普通尿素的处理。这说明施用包膜肥料能够降低 NO_x 的释放量。曲线的斜率表示的是 NO_x 的释放速率。由图 4-14 可知，在水稻生育前期 NO_x 的释放速率较大，随着时间的增加，NO_x 的释放速率降低，曲线变化平缓。在第 90～110 天的时间内，除 CK 外，其余处理的 NO_x 的释放速率又迅速增加，其中 LPSS、SC60、BB、LP40 的变化幅度较大，这可能与水稻进入生殖生长阶段以后，NO_x 从水稻植株体的逸出增加有关，且本试验中各处理第 2 次峰的峰值大小与水稻的分蘖数成正比。

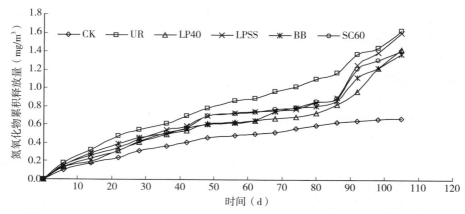

图 4-14　不同种类包膜肥料在水稻生育期内 NO_x 释放量的变化

3. 水稻不同生育期不同种类包膜肥料对 CO₂ 释放量的影响

图 4-15 表示的是不同种类包膜肥料在水稻生育期内每次测得的 CO_2 的累积释放量随时间的变化曲线。各处理曲线变化趋势相似。曲线的斜率表示 CO_2 的释放速率。在水稻生育期内，CK 的 CO_2 释放量一直较大。各处理在水稻生育期内 CO_2 的累积释放量顺序为 CK＞UR＞SC60＞LPSS＞LP40＞BB。在 60～100d 的时间内，CK 的 CO_2 释放速率显著增加，其余处理的 CO_2 释放速率也有不同程度的增加。已有研究表明 CO_2 的挥发量与温度和土壤水分的相关性显著，本试验中各个处理的土壤水分是一致的，所以这可能是由于此段时间正值 8 月，气温较高，从而促进了 CO_2 的挥发，导致 CO_2 挥发量增加。

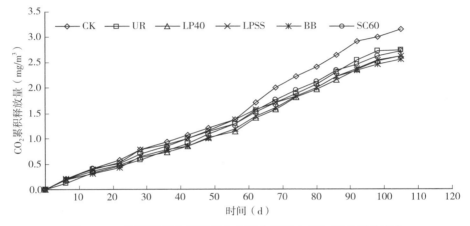

图 4-15 不同种类包膜肥料在水稻生育期内 CO_2 释放量的变化

4. 不同种类包膜肥料 NH₃、NOₓ 和 CO₂ 释放总量的比较

表 4-2 表示的是各个处理在水稻整个生育期内的释放总量。它是由每次测得的释放量乘以每次采样与上一次采样的间隔时间之和得到的。由表 4-2 可知，包膜尿素 LP40、LPSS、BB 之间 NH_3 释放总量的差异不显著，与普通尿素处理（UR）之间差异显著，达到 1% 显著水平。与 UR 相比，包膜肥料各处理 NH_3 的释放总量均有不同程度的减少。除了未施肥料的空白处理 CK 外，包硫尿素 SC60 的 NH_3 释放总量减少得最多，达到 19.3%；LP40、LPSS 与 BBNH_3 释放总量相近，LP40NH_3 释放总量减少得最少，为 5.4%。UR 与 LPSS 的 NO_x 释放总量差异不显著，LP40、LPSS、BB 之间差异不显著，其余处理之间差异显著，达到 5% 显著水平。同 NH_3 的释放总量相似，各处理 NO_x 的释放总量与 UR 相比均有不同程度的减少。SC60 的 NO_x 释放总量减少得最多，为 23.4%；LP40 与 LPSS 的 NO_x 的释放总量相近；LPSS 的 NO_x 释放总量减少得最少，为 8.1%。包膜肥料 LP40、LPSS、BB 之间 CO_2 释放总

量差异不显著，UR 与 SC60 之间 CO_2 释放总量差异不显著，其余各处理之间差异显著，达到 1% 显著水平。与 UR 相比，CK 的 CO_2 释放总量多 12.2%，其余处理 CO_2 的释放总量均比 UR 少。与 NH_3 和 NO_x 不同，SC60 的 CO_2 释放总量是减少程度最少的，仅为 1.6%，减少程度最多的是 BB，达到了 13%。LP40、LPSS 与 BB 之间 CO_2 的释放总量相差不大。由此可见，与施用普通尿素相比，施用包膜肥料可以有效地减少 NH_3、NO_x、CO_2 的挥发，从而减少对环境的污染。

表 4-2　不同种类包膜肥料 NH_3、NO_x 和 CO_2 的释放总量的比较

处理	NH_3			NO_x			CO_2	
	释放量（mg/m³）	占氮素挥发总量（%）	与施普通尿素比增减（%）	释放量（mg/m³）	占氮素挥发总量（%）	与施普通尿素比增减（%）	释放量（mg/m³）	与施普通尿素比增减（%）
CK	34.113d D	89.1	−55.8	4.165d C	10.9	−60.7	20.464a A	12.2
UR	77.237a A	87.9	—	10.600a A	12.1	—	18.232b B	—
LP40	73.101b B	89.2	−5.4	8.892bcBC	10.8	−16.1	16.429c C	−9.9
LPSS	71.263b B	88.0	−7.7	9.738abAB	12.0	−8.1	16.887c C	−7.4
BB	72.823b B	89.2	−5.7	8.829bc B	10.8	−16.7	15.861c C	−13.0
SC60	62.321c C	88.5	−19.3	8.118c B	11.5	−23.4	17.948b B	−1.6

注：同列小写字母表示差异达到 5% 显著水平，大写字母表示差异达到 1% 显著水平，下同。

从表 4-2 中还可以看出，各处理的氮素损失均以 NH_3 挥发为主，NH_3 的释放总量均达到 87% 以上。NO_x 的释放总量相对较少，NO_x 的释放总量最大才达到 12%。而且 LP40、LPSS、BB、SC60 的 NH_3 的释放总量占氮素挥发总量的比例比 UR 有所增加，NO_x 的释放总量有所下降。已有研究表明，氨挥发和反硝化氮素损失具有互补机制，其中一种损失量增加会导致另一种损失量的下降，反之亦然，本研究结果与前人的研究结果一致。

从以上对各处理的 NH_3、NO_x、CO_2 的释放总量的比较中发现，NH_3 和 NO_x 释放总量少的，CO_2 的释放总量则较多；NH_3 和 NO_x 释放总量多的，CO_2 的释放总量又会比其他处理少。对各处理的氮素释放总量和 CO_2 的释放总量进行比较（包括水稻不同生育期），如图 4-16、图 4-17 所示。图 4-16 为在不同生育期内不同种类包膜肥料氮素释放总量和 CO_2 释放总量的关系，图 4-17 为整个生育期内不同种类包膜肥料氮素释放总量和 CO_2 释放总量的关系。从图 4-16 和图 4-17 可以看出，无论是在水稻不同生育期内还是整个

生育过程中，氮素释放总量越小，在相同时期内 CO_2 的释放总量越大。氮素释放总量越大，在相同时期内 CO_2 的释放总量则越小。潘志勇等的研究表明，在施氮水平不高时，秸秆还田与不还田对土壤 CO_2 的排放影响不大；在施氮量较高时，秸秆还田可大大促进土壤 CO_2 的排放。所以，本研究中出现这种情况，可能是由于在各处理施氮量相同的情况下，施用普通尿素和缓释效果较差的包膜尿素的处理氮素释放量相对较大，与其他处理相比降低了 CO_2 的排放量，因此出现了这种现象。

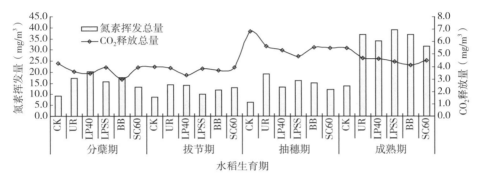

图 4-16　水稻各个生育期内不同种类包膜肥料氮素与 CO_2 挥发总量

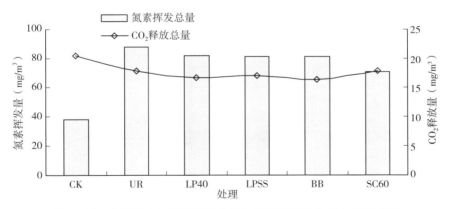

图 4-17　水稻整个生育期不同种类包膜肥料氮素与 CO_2 挥发总量

三、不同种类包膜肥料对土壤渗滤液中 $NO_2^- - N$、$NO_3^- - N$、$NH_4^+ - N$ 的影响

1. $NO_2^- - N$ 浓度的变化

图 4-18 中的数据是将水稻各个生育时期内测得的土壤渗滤液中 $NO_2^- - N$ 浓度累加得到的。从图 4-18 可以看出，土壤渗滤液中 $NO_2^- - N$ 的浓度在分

蘖期最大，在成熟期最小。这是由于在分蘖期，水稻对养分的需求较少，随着包膜缓释肥料养分的溶出养分在土壤中累积，养分的供应大于水稻对养分的需求，所以在分蘖期，土壤渗滤液中 $NO_2^- - N$ 浓度较大。随着水稻的生长，到了成熟期，肥料中的养分大部分已经被水稻吸收，一小部分挥发到空气中，一小部分被土壤固持，所以在成熟期渗滤液中 $NO_2^- - N$ 浓度最小。

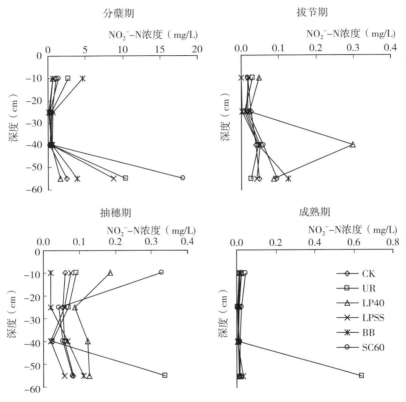

图 4 - 18　水稻不同生育期不同深度土壤渗滤液中 $NO_2^- - N$ 浓度的变化

在水稻的各个生育期内，各个处理的 $NO_2^- - N$ 浓度随着土层深度的增加呈现先减小后增大的趋势。随着时间的增加，这种趋势越来越小。这是因为在本试验中试验装置的底部是封死的，土壤中的渗滤液到达底部后不能再继续向下移动，随着土壤渗滤液迁移下来的养分只能积存在试验装置的底部，再加上土壤自身含有一定量的养分，所以底层土壤渗滤液中 $NO_2^- - N$ 浓度较大。随着时间的增加，随着土壤渗滤液迁移下来的养分越来越少，随着水稻根系的生长，底层的养分被水稻根系吸收，这样降低了底层土壤渗滤液中的 $NO_2^- - N$ 浓度。

从图 4-18 中还可以看出，在分蘖期 UR 与 SC60 的 $NO_2^- - N$ 浓度与其他处理相比较大，渗滤液中 $NO_2^- - N$ 浓度的顺序为 SC60＞UR＞LPSS＞BB＞CK＞LP40；而在拔节期 UR 的 $NO_2^- - N$ 浓度与其他处理相比较小，渗滤液中 $NO_2^- - N$ 浓度的顺序为 LP40＞SC60＞BB＞CK＞LPSS＞UR；在抽穗期 LP40 的 $NO_2^- - N$ 浓度比 UR 大，其余处理的 $NO_2^- - N$ 浓度比 UR 小，渗滤液中 $NO_2^- - N$ 浓度的顺序为 LP40＞UR＞SC60＞CK＞BB＞LPSS；在成熟期，各处理 $NO_2^- - N$ 浓度相近，渗滤液中 $NO_2^- - N$ 浓度的顺序为 UR＞SC60＞LP40＞BB＞LPSS＞CK。这可能是因为在分蘖期，包膜肥料的缓释作用使包膜肥料的养分释放速率比普通尿素的养分释放速率小，所以施用 UR 处理的渗滤液中 $NO_2^- - N$ 浓度较大。包膜肥料的养分释放量随着时间的增加而增大，所以到了拔节期，UR 的 $NO_2^- - N$ 浓度较小。包膜肥料的缓释作用导致 LP40 养分释放较慢，所以在抽穗期 LP40 的 $NO_2^- - N$ 浓度较大。到了成熟期，各处理养分基本释放完，且被水稻吸收利用，所以各处理之间 $NO_2^- - N$ 浓度相近。在水稻整个生育期不同种类包膜缓释肥料渗滤液中 $NO_2^- - N$ 的累积量变化为 SC60＞UR＞LPSS＞BB＞CK＞LP40。由于包膜肥料 SC60 的膜很脆，而且膜结构经过培养后产生很多的孔洞，所以 SC60 的养分释放量大，导致 SC60 的 $NO_2^- - N$ 浓度较高。

2. $NH_4^+ - N$ 浓度的变化

图 4-19 中的数据是将水稻各个生育时期内测得的土壤渗滤液中 $NH_4^+ - N$ 的浓度累加得到的。从图 4-19 中可以看出，土壤渗滤液中 $NH_4^+ - N$ 的浓度同 $NO_2^- - N$ 一样随着时间的增加而降低，分蘖期 $NH_4^+ - N$ 浓度最大，成熟期 $NH_4^+ - N$ 浓度最小。

在分蘖期，除 UR、BB 的 $NH_4^+ - N$ 浓度随着土层深度的增加呈现先减小后增大的趋势外，其余处理的 $NH_4^+ - N$ 浓度均随着土层深度的增加呈现先增大后减小的趋势。这是因为肥料在施入土壤后尿素态氮从包膜材料内部溶出、水解，生成高浓度的 $NH_4^+ - N$，UR、BB 的养分释放快，高浓度的 $NH_4^+ - N$ 随着土壤渗滤液较快地迁移到底层土壤中，而 LP40、SC60、LPSS 由于包膜肥料的缓释作用，养分释放慢，所以 $NH_4^+ - N$ 迁移得比较慢，LPSS 的滞后期较长，导致 LPSS 的 $NH_4^+ - N$ 浓度低于 LP40 与 SC60，渗滤液中 $NH_4^+ - N$ 浓度的顺序为 BB＞UR＞SC60＞LP40＞LPSS＞CK。在拔节期，LP40 和 SC60 的 $NH_4^+ - N$ 浓度仍呈现先增大后减小的趋势，BB 的 $NH_4^+ - N$ 浓度呈现先增大再减小再增大的趋势，其余处理呈现逐渐增大的趋势。渗滤液中 $NH_4^+ - N$ 浓度的顺序为 UR＞BB＞LPSS＞SC60＞LP40＞CK。随着水稻的生长、根系的增加，大量的 $NH_4^+ - N$ 被水稻吸收利用，导致渗滤液中 $NH_4^+ - N$ 浓度降

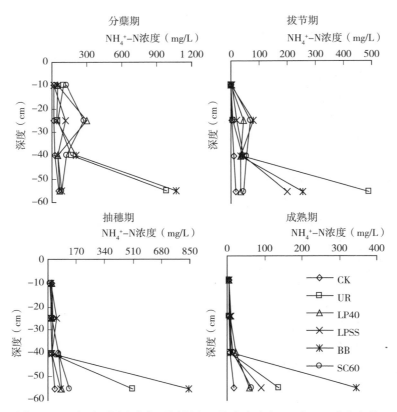

图 4 - 19　水稻不同生育期不同深度土壤渗滤液中 $NH_4^+ - N$ 浓度变化

低。虽然 LP40、SC60、BB 的养分释放量增加，但此时的养分释放速率减缓，由于水稻的吸收利用，$NH_4^+ - N$ 向下迁移的量并不大。但在分蘖期 BB 的底层土壤中积存了大量的 $NH_4^+ - N$，所以 BB 呈现出先增大再减小再增大的趋势。LPSS 在此时的养分释放速率增大，养分释放量增加，导致 LPSS 的 $NH_4^+ - N$ 浓度随着土层深度的增加而增加。在抽穗期和成熟期，各处理 $NH_4^+ - N$ 浓度随着土层深度的增加变化不大。抽穗期渗滤液中 $NH_4^+ - N$ 浓度的顺序为 BB＞UR＞SC60＞LP40＞LPSS＞CK。成熟期渗滤液中 $NH_4^+ - N$ 浓度的顺序为 BB＞UR＞LPSS＞LP40＞SC60＞CK。到了水稻生殖生长和成熟阶段，$NH_4^+ - N$ 大部分已被水稻吸收，一小部分被土壤吸附，土壤硝化细菌转化 NH_4^+ 的能力增强，使其逐渐转化为 NO_3^-，一小部分挥发损失，导致表层土壤 $NH_4^+ - N$ 浓度降低，所以土壤中 $NH_4^+ - N$ 浓度随着土层深度的增加变化不大。在水稻整个生育期不同种类包膜缓释肥料渗滤液中 $NH_4^+ - N$ 累积量的变化为 BB＞UR＞SC60＞LP40＞LPSS＞CK。由于 BB 的膜结构经过培养后变成了碎屑状，而

SC60 的膜很脆，经过培养后产生很多的孔洞，所以养分释放快，LP40 经过培养后膜结构虽然不如培养前紧密，但是还存在一定的交联度，LPSS 经过培养后膜结构有较高的交联度，养分释放慢，所以 BB、SC60 的 $NH_4^+ - N$ 浓度较大，LPSS 和 LP40 的 $NH_4^+ - N$ 浓度较小。

3. $NO_3^- - N$ 浓度的变化

图 4 - 20 中的数据是将水稻各个生育时期内测得的土壤渗滤液中 $NO_3^- - N$ 浓度累加得到的。从图 4 - 20 中可以看出，土壤渗滤液中 $NO_3^- - N$ 的浓度同 $NH_4^+ - N$ 的浓度和 $NO_2^- - N$ 的浓度一样随着时间的增加逐渐降低。但在成熟期，10cm 深度的土壤渗滤液中 $NO_3^- - N$ 的浓度有所增加，这可能是因为土壤吸附的 $NH_4^+ - N$ 在土壤硝化细菌的作用下转化为 $NO_3^- - N$。

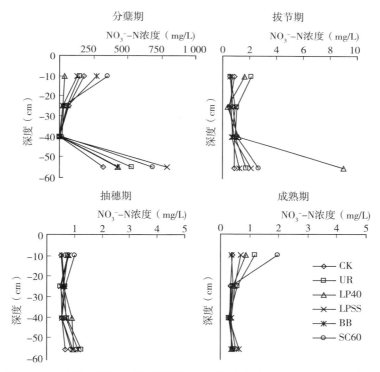

图 4 - 20 水稻不同生育期不同深度土壤渗滤液中 $NO_3^- - N$ 浓度的变化

土壤渗滤液中 $NO_3^- - N$ 的浓度随着土层深度的增加呈现先减小后增大的趋势，这种趋势随着时间的增加逐渐变得平缓。从图 4 - 20 中还可以看出，各处理间相比较，养分（$NH_4^+ - N$）释放量越大，$NO_3^- - N$ 浓度越低；养分（$NH_4^+ - N$）释放量越小，$NO_3^- - N$ 浓度越高。这可能是因为淹水条件下，土壤中的氧化还原电位较高，施用肥料后 NH_4^+ 浓度增加，抑制了硝化细菌的活性，导致土壤渗滤液中 $NO_3^- - N$ 的浓度降低，所以养分释放量越大，土壤渗滤液中 NH_4^+ 浓度越大，土壤渗滤液中 $NO_3^- - N$ 的浓度就越低。

4. 不同种类包膜肥料对土壤渗滤液中 $NO_2^- - N$、$NO_3^- - N$、$NH_4^+ - N$ 总量的影响

表 4-3 中的渗滤损失量是水稻整个生育期内不同深度土层土壤渗滤液浓度之和。通过方差分析可以看出，除了 $NO_2^- - N$，$NO_3^- - N$、$NH_4^+ - N$ 和全氮在各处理间的差异均达到了 1% 显著水平。CK 和 LP40 之间 $NO_2^- - N$ 浓度差异不显著；LPSS 和 BB 之间 $NO_2^- - N$ 浓度差异不显著；其余处理之间土壤渗滤液中 $NO_2^- - N$ 浓度差异显著，达到了 1% 显著水平。从表 4-3 中还可以看出 $NO_2^- - N$ 占氮素渗滤损失量的百分比很小，均不到 1%。$NO_3^- - N$ 和 $NH_4^+ - N$ 相比，$NH_4^+ - N$ 渗滤损失量相对较大，$NO_3^- - N$ 渗滤损失量相对较小。比较 $NO_3^- - N$ 和 $NH_4^+ - N$ 占氮素渗滤损失量的百分比发现，$NO_3^- - N$ 所占百分比大，$NH_4^+ - N$ 所占百分比小。这可能是由于施用肥料后，各处理土壤中 NH_4^+ 的浓度增加，而 NH_4^+ 浓度的增加抑制了土壤硝化细菌的活性，使土壤中的 NH_4^+ 转化成 NO_3^- 的过程减弱，导致土壤渗滤液中 $NO_3^- - N$ 和 $NH_4^+ - N$ 的此消彼长。

表 4-3　土壤渗滤液中 $NO_2^- - N$、$NO_3^- - N$、$NH_4^+ - N$ 与氮的关系比较

处理	与氮的关系							
	$NO_2^- - N$		$NO_3^- - N$		$NH_4^+ - N$		全氮	
	渗滤损失量 (mg/L)	占氮渗滤损失量百分比（%）	渗滤损失量 (mg/L)	占氮渗滤损失量百分比（%）	渗滤损失量 (mg/L)	占氮渗滤损失量百分比（%）	渗滤损失量 (mg/L)	与尿素相比增减（%）
CK	4.77d D	0.53	580.96e E	64.95	308.72f F	34.51	894.44f F	−73.12
UR	15.32b B	0.46	756.07d D	22.72	2 556.02b B	76.82	3 327.40b B	—
LP40	3.95d D	0.28	510.13f F	36.74	874.48d D	62.98	1 388.57e E	−58.27
LPSS	10.33c C	0.58	953.9b B	53.46	820.01e E	45.96	1 784.24d D	−46.38
BB	10.01c C	0.26	772.43c C	20.39	3 005.91a A	79.35	3 788.36a A	13.85
SC60	21.04a A	0.95	1 091.95a A	49.20	1 106.52c C	49.85	2 219.21c C	−33.30

将各处理的氮素渗滤损失总量与施用普通尿素的处理进行比较，除 BB 增加了 13.85% 外，施用包膜肥料的处理氮素渗滤损失总量均比 UR 少，分别为 LP40 减少了 58.27%，LPSS 减少了 46.38%，SC60 减少了 33.30%。这说明

施用包膜肥料能够降低氮素的渗滤损失量。

四、不同种类包膜肥料对土壤渗滤液中磷和钾损失量的影响

图 4-21 中表示的氮、磷、钾是每个处理在水稻整个生育期内不同深度土壤渗滤液中的累积损失浓度的总和。从图 4-21 中可以看出，各处理间土壤渗滤液中钾的损失量差异显著，均达到了 1% 显著水平。LPSS、BB 之间总磷的浓度差异不显著，UR、BB 之间总磷的浓度差异不显著，CK、UR、SC60 之间总磷的浓度差异不显著，LP40、SC60 之间总磷的浓度差异不显著，其余处理间总磷的浓度差异显著。

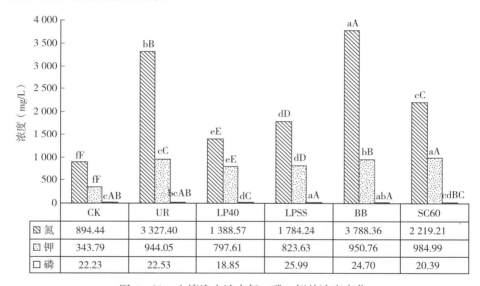

	CK	UR	LP40	LPSS	BB	SC60
氮	894.44	3 327.40	1 388.57	1 784.24	3 788.36	2 219.21
钾	343.79	944.05	797.61	823.63	950.76	984.99
磷	22.23	22.53	18.85	25.99	24.70	20.39

图 4-21　土壤渗出液中氮、磷、钾的浓度变化

对各处理间的氮、磷、钾渗滤损失量进行比较，可以看出，氮的渗滤损失量大的处理，相应地其磷和钾的渗滤损失量也增大。氮的渗滤损失量小的，其相应处理的磷和钾的渗滤损失量与其他处理相比也相对较小。LP40 的土壤渗滤液中氮、磷、钾渗滤损失量在各个施肥处理中均为最低，且相差较多，这可能是由于包膜肥料 LP40 的养分释放规律与水稻的需肥规律较一致，使处理 LP40 的水稻长势非常好，从而吸收了更多的养分。

五、不同种类包膜肥料对水稻生长状况和生理指标的影响

1. 株高

图 4-22 是水稻在整个生育期内的株高变化曲线。从图 4-22 中可以看出在水稻移植后的前 30d 内，各个处理之间的株高几乎没有差别，说明包膜肥料

释放的养分能够满足作物这一时期对养分的需求；30d 后，各个处理之间水稻的株高开始出现差距，施用包膜肥料处理的水稻株高要高于未施用包膜肥料处理的水稻株高。这说明包膜肥料能够长时间、持续地为作物供给养分，满足水稻对养分的需求，避免了施用普通肥料造成的养分损失和在作物生长后期出现脱肥的现象。从图中还可以看出，LPSS 的株高最高，这是因为包膜肥料 LPSS 存在滞后期，导致 LPSS 处理在水稻生长初期的养分释放量小于其他处理，养分的供给时间更长，所以 LPSS 处理的水稻株高最高。

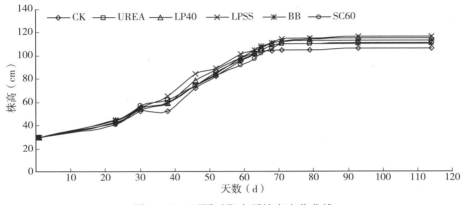

图 4 - 22　不同时期水稻株高变化曲线

2. 分蘖数

图 4 - 23 为第 0～60 天水稻分蘖数的变化曲线。由于每盆移植 3 株水稻，所以分蘖个数从 3 个开始计。从图 4 - 23 中可以看出，在水稻移植后的一周左右开始分蘖，从移植第 15 天开始，分蘖数迅速增加，至第 23 天左右，分蘖速度开始变缓。在这段时间内，各个处理之间的差异较小，施用肥料处理的分蘖速率大于未施肥料处理的分蘖速率，LP40 的分蘖速率最大，CK 的分蘖速率最小。LPSS 与 CK 的分蘖速率接近，这是因为包膜肥料 LPSS 的滞后期较长，所以在水稻生长初期，LPSS 的养分释放量较小，限制了养分的供给，导致 LPSS 与 CK 的水稻分蘖数相近。在第 20～30 天，各处理水稻的分蘖速率较平缓，但是 LPSS 的水稻分蘖速率较快，这说明包膜肥料 LPSS 的养分释放速率逐渐增大。在第 30～35 天，除 CK 外，各处理水稻分蘖增长速度迅速增加，这是因为施用肥料处理有足够的养分供给水稻进行二次分蘖，而未施肥料的 CK 没有足够的养分供给水稻，所以 CK 分蘖数不再变化。从第 35 天开始，各处理的分蘖速度趋于平缓，分蘖数开始下降。LP40 的分蘖数最大，其次是 SC60。

3. 抽穗数

在水稻移植后的第 59 天，CK 最先抽穗，LPSS 和 SC60 抽穗最晚，比 CK

晚 5d 左右；到第 70 天左右，各处理的抽穗数趋于稳定，SC60 的穗数最多，其次是 LP40、LPSS、UR、BB、CK。包膜肥料 SC60 的缓释效果并不是最好的，但是 SC60 处理的穗数最多，这说明 SC60 的养分释放规律与水稻不同时期对养分的需求量更一致。从第 95 天往后，各个处理水稻的抽穗数又有所增加，但是由于这时天气已经转凉，加上土壤中可供水稻吸收的养分含量降低，直至水稻收割，这些后增加的水稻穗也没有成熟（图 4-24）。

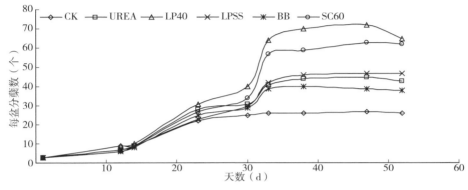

图 4-23 水稻分蘖数变化曲线

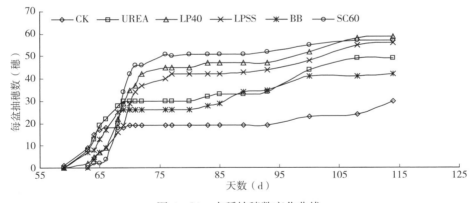

图 4-24 水稻抽穗数变化曲线

4. 生物量

图 4-25 是水稻成熟后每盆水稻地上部分生物量鲜重的测定结果。从图中可以看出 LPSS 和 SC60 水稻生物量较高，其次是 UR 和 LP40，再次是 BB，CK 的水稻生物量最低。施用包膜肥料处理的 LPSS 和 SC60 水稻生物量比施用普通尿素处理（UR）分别高出了 9.43% 和 3.03%。说明包膜肥料 LPSS 和 SC60 能够长时间地为作物生长提供养分，促进水稻生物量的提高。

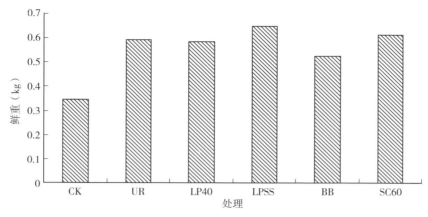

图 4-25　不同种类包膜肥料对水稻生物量的影响

5. 叶绿素含量

表 4-4 表示的是在水稻不同生育期内，不同种类包膜肥料对叶绿素含量的影响。叶绿素含量的高低影响着光合作用的强弱，叶绿素的动态变化也可显示叶片功能及衰老程度。在 4 个不同生育期，施肥处理的水稻叶片叶绿素含量顺序为：拔节期＞抽穗期＞成熟期＞分蘖期；未施肥处理的水稻叶片叶绿素含量顺序为：拔节期＞抽穗期＞分蘖期＞成熟期，即从分蘖期到成熟期，水稻的叶绿素含量呈现先升高后降低的趋势。拔节期叶绿素的含量最高。

表 4-4　不同种类包膜肥料对水稻各个生育期叶绿素含量的影响（mg/g）

处理	分蘖期	拔节期	抽穗期	成熟期
CK	2.65ab	4.05b	3.35bc	2.06d
UR	2.28b	4.12ab	3.20a	2.68bc
LP40	2.44ab	4.34a	3.39abc	2.74b
LPSS	2.39ab	4.30ab	3.35abc	2.98a
BB	2.79a	3.76c	3.28ab	2.89ab
SC60	2.51ab	4.32ab	3.41c	2.51c

在分蘖期，BB 的叶绿素含量最高，为 2.79mg/g；UR 的叶绿素含量最低，为 2.28mg/g。BB 与 UR 间差异显著，其他处理之间差异不显著。在拔节期，LP40 的叶绿素含量最高，为 4.34mg/g；BB 的叶绿素含量最低，为 3.76mg/g。LP40 与 BB 之间差异显著，LP40、LPSS、SC60 的叶绿素含量大于 UR 的叶绿素含量，它们之间差异不显著。在抽穗期，SC60 的叶绿素含量最高，为 3.41mg/g；UR 的叶绿素含量最低，为 3.20mg/g。SC60 与 UR 间

差异显著，LP40、LPSS、BB 之间差异不显著。在成熟期，LPSS 的叶绿素含量最高，为 2.98mg/g；CK 的叶绿素含量最低，为 2.06mg/g。LPSS、BB 之间差异不显著，LP40、UR、BB 之间差异不显著，其余处理之间差异显著。LPSS、LP40、BB 的叶绿素含量大于 UR 的叶绿素含量。包膜肥料 BB 和 SC60 的养分释放速率较大，包膜肥料 LPSS 存在滞后期。所以在水稻生育前期，BB、SC60 处理的叶绿素含量较高，随着养分的释放，到了水稻生育后期，LPSS 处理的叶绿素含量较高。

6. 蛋白质含量

各个处理的水稻籽粒中蛋白质的含量如图 4-26 所示。从图中可以看出 UR 的蛋白质含量最高，CK 的蛋白质含量最低。施用包膜肥料的处理中 LP40 的蛋白质含量最高，在相同施氮水平下，施用包膜肥料处理的水稻籽粒中蛋白质含量均低于施用普通尿素处理。这可能是因为施用包膜肥料的处理水稻生长旺盛，植株的茎鞘、叶吸收了更多的氮，所以水稻籽粒中蛋白质的含量就降低了。

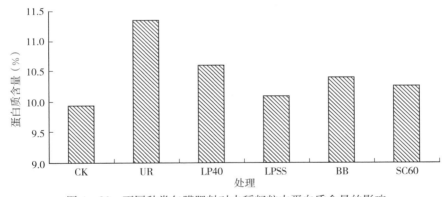

图 4-26 不同种类包膜肥料对水稻籽粒中蛋白质含量的影响

六、不同种类包膜肥料对水稻产量及其构成因素的影响

由表 4-5 可知，各个处理间的水稻产量差异显著，SC60 的水稻产量最高，每盆为 182g，CK 的水稻产量最低，每盆为 84g。LP40、LPSS、SC60 的水稻产量均高于 UR。可见与施用普通尿素相比，施用包膜肥料能够提高水稻产量。

表 4-5 不同种类包膜肥料对水稻产量及产量构成因素的影响

处理	有效穗数（穗）	成穗率（%）	每穗粒数（粒）	结实率（%）	千粒重（g）	产量（g/盆）
CK	22e	64.71e	153a	97.97a	32.25a	84f

（续）

处理	有效穗数（穗）	成穗率（%）	每穗粒数（粒）	结实率（%）	千粒重（g）	产量（g/盆）
UR	37d	72.55d	142b	97.69a	31.28ab	142d
LP40	49b	79.03c	120e	97.05a	26.19ab	152c
LPSS	47c	79.66c	138c	96.14a	30.76c	166b
BB	37d	82.22b	141b	97.51a	31.12ab	140e
SC60	54a	90.00a	129d	97.31a	29.45b	182a

各个处理间的有效穗数和每穗粒数均差异显著。SC60 的有效穗数最多，成穗率最高。CK 的每穗粒数、结实率和千粒重最大。大量研究表明，有效穗数对最终籽粒产量起着决定性的作用，而每穗粒数和千粒重则位居其次。本试验结果与这一结论一致。

包膜肥料 LPSS 的缓释效果最好，而这个处理的成穗率、每穗实粒数、结实率和千粒重却较低。这可能是由于包膜肥料的缓释效应使相关处理的供氮时间变长，水稻生长得更旺盛，使该处理穗数过多。

七、不同种类包膜肥料对水稻吸氮量的影响

水稻不同生育期地上部分的氮素吸收量如表 4-6 所示。从表中可以看出，水稻地上部分氮素吸收量随着水稻生育期的推移而逐渐增加，至成熟期，各个处理植株地上部分的氮素吸收量均达到最大值。LP40 和 SC60 的氮素吸收量在水稻分蘖期差异不显著，UR、LPSS、BB 之间的差异也不显著，其余处理之间差异显著。在水稻拔节期，UR、LPSS、BB 之间差异不显著，其余处理之间氮素吸收量差异显著。各个处理之间的氮素吸收量在水稻抽穗期差异均显著。在水稻成熟期，LP40 与 LPSS 之间氮素吸收量差异不显著，其余处理之间差异显著。

表 4-6　不同种类包膜肥料对水稻不同生育期氮素吸收量的影响（g/盆）

处理	分蘖期	拔节期	抽穗期	成熟期
CK	0.602c	1.524d	1.830f	2.109e
UR	0.837b	1.980c	2.731d	3.815c
LP40	1.513a	3.970a	4.478a	4.571a
LPSS	0.949b	2.140c	3.215c	4.473a
BB	0.787b	1.954c	2.493e	3.421d
SC60	1.452a	2.420b	3.611b	4.161b

在分蘖期、拔节期和抽穗期，LP40 和 SC60 的氮素吸收量较大，这是因为 LP40 和 SC60 的分蘖数最多，从而导致氮素吸收量增大。到了成熟期，LP40、LPSS 和 SC60 的氮素吸收量较大，这是因为包膜肥料 LPSS 的滞后期较长，到了水稻生长后期，LPSS 处理仍能为水稻提供养分，促进水稻生长，致使 LPSS 在成熟期的氮素吸收量较大。

八、不同种类包膜肥料对水稻氮肥利用率的影响

氮肥吸收利用率是用来描述水稻对氮肥吸收利用特性的主要指标。用差减法测定水稻氮肥吸收利用率的结果表明，不同种类包膜肥料对水稻氮肥吸收利用率均有显著的影响。各个处理之间的差异达到了 5% 显著水平。在同一施氮水平下，氮肥的吸收利用率与植株氮素吸收量成正比，氮肥吸收利用率的顺序为 LP40＞LPSS＞SC60＞UR＞BB。LP40 的氮肥吸收利用率最大，LP40、LPSS、SC60 的氮肥吸收利用率均大于 UR（表 4 - 7）。可见，施用包膜肥料能够提高氮肥利用率。

表 4 - 7　不同种类包膜肥料对水稻氮肥利用率的影响

处理	吸收利用率（%）	生理利用率（%）	农学利用率（%）	氮素收获指数（%）
CK	—	—	—	53.81bc
UR	43.45d	34.01c	14.78d	53.49abc
LP40	62.72a	33.31c	20.89b	50.27abc
LPSS	60.23b	28.77d	17.32c	45.50c
BB	33.41e	42.70b	14.27d	55.70ab
SC60	52.27c	47.77a	24.97a	59.63a

氮肥生理利用率反映了作物对所吸收的氮素肥料在作物体内的利用率，不同种类包膜肥料对水稻氮肥生理利用率均有显著的影响。UR 与 LP40 之间氮肥生理利用率差异不显著，其余处理之间差异显著；氮肥生理利用率的顺序为 SC60＞BB＞UR＞LP40＞LPSS。有研究表明，在同一供氮水平下，氮肥吸收利用率低则氮肥生理利用率高，本试验结果与这个结论一致。

氮肥农学利用率表示施用每千克纯氮增产稻谷的能力。UR 与 BB 之间氮肥的农学利用率差异不显著，其余处理之间差异显著。氮肥农学利用率的顺序为 SC60＞LP40＞LPSS＞UR＞BB。研究表明，在我国和菲律宾，良好的养分管理可使水稻的氮肥农学利用率达 20% 以上。LP40 和 SC60 均达到了这一标准，而 LPSS 和 BB 未达到这一标准，分析原因可能是在成熟期稻草积累的氮

素较多，造成氮素的奢侈吸收，没有形成经济产量。

氮素收获指数反映了水稻同化产物在籽粒和营养器官上的分配比例。LPSS 与 SC60 之间差异显著，达到了 5% 显著水平。氮素收获指数的顺序为 SC60＞BB＞CK＞UR＞LP40＞LPSS。SC60 的氮素收获指数最大，LPSS 的氮素收获指数最小。这可能是因为 LPSS 的养分释放时间较长，使水稻生育期相对延长，延迟了籽粒的灌浆，因而延迟了叶片和茎鞘中的氮素向籽粒中的转移。

九、不同种类包膜肥料对土壤 $NO_3^- - N$、$NH_4^+ - N$ 含量的影响

图 4 - 27 表示的是不同深度土壤中 $NH_4^+ - N$ 的含量变化。施用肥料的处理 $NH_4^+ - N$ 的含量要高于未施用肥料的处理。施用包膜肥料的处理 LP40、LPSS、BB、SC60 土壤 $NH_4^+ - N$ 的含量大于施用普通尿素的处理 UR。除 10～25cm 土层外，SC60 土壤 $NH_4^+ - N$ 含量最高。

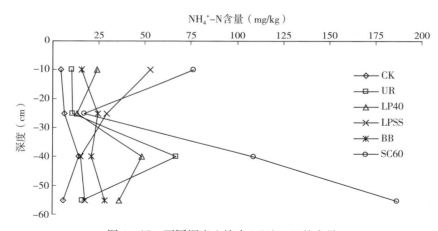

图 4 - 27　不同深度土壤中 $NH_4^+ - N$ 的含量

从图 4 - 28 中可以看出，施用肥料的处理土壤 $NO_3^- - N$ 含量要高于未施用肥料的处理。施用肥料的处理在水稻收割后土壤中 $NO_3^- - N$ 的含量随着土层深度的增加逐渐降低，而未施用肥料的处理 CK 在水稻收割后土壤中 $NO_3^- - N$ 的含量却随着土层深度的增加而升高。这是因为 CK 未施肥，所以上层土壤中的养分被水稻吸收，导致 $NO_3^- - N$ 的含量逐渐降低，而施用肥料的处理中肥料与上层 30cm 的土壤混合，增大了上层土壤中的养分含量。其中 LPSS 的 $NO_3^- - N$ 含量最高，LP40、BB、SC60 与 UR 的 $NO_3^- - N$ 含量相差不大，这是因为 LPSS 的养分释放周期长，导致养分释放的时间延长，从而增加了 LPSS 中的养分含量。

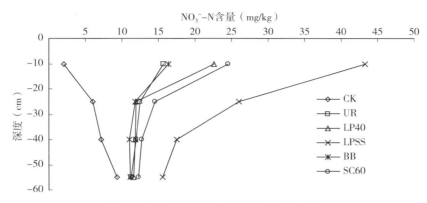

图 4 - 28　不同深度土壤 NO_3^- - N 的含量

十、不同种类包膜肥料对土壤 pH 的影响

水稻收割后不同深度土壤中 pH 的变化如图 4 - 29 所示。从图中可以看出，种过水稻的土壤的 pH 比种水稻前升高了。一般酸性水稻土或碱性水稻土在淹水后，其酸碱度均向中性变化。因为酸性土灌水后，产生 Fe^{2+} 和 Mn^{2+} 在水中形成 $Fe(OH)_2$ 和 $Mn(OH)_2$，使水稻土 pH 升高；灌溉使碱性水稻土中的碱性物质淋失，从而使 pH 降低。本试验所用的水稻土种植水稻前 pH 为 6.54，水稻收获后酸碱度应向中性变化，所以 pH 升高。施用肥料处理的土壤 pH 比未施肥料处理的土壤 pH 要高。施用包膜肥料处理的土壤 pH 比施用普通尿素处理的土壤 pH 要高。这是由于尿素在土壤中转化可积累大量的 NH_4^+，NH_4^+ 与水结合生成碱性的氢氧化铵，导致 pH 升高。

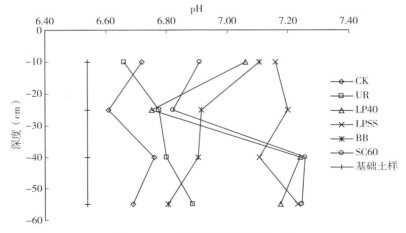

图 4 - 29　不同深度土壤 pH 的变化

十一、不同种类包膜肥料对土壤有机质含量的影响

种植水稻前土壤有机质含量为 10.53g/kg，水稻收割后，土壤有机质含量总体上呈增加的趋势（表 4-8）。在 0～10cm 土层中，CK、LPSS、BB 之间差异不显著，UR、BB、SC60 之间差异不显著，LP40、SC60 之间差异不显著，其余处理之间差异显著，达到 5% 显著水平；在 20～25cm 土层中，LPSS 与各处理之间差异显著，其余处理之间差异不显著；在 25～40cm 土层中，UR、LP40、LPSS、BB 之间差异不显著，UR、LPSS、SC60 之间差异不显著，其余处理之间差异显著；在 40～55cm 土层中，UR 与各处理间差异显著，其余各处理间差异不显著，可见，各处理间有机质的含量变化并不十分显著。0～40cm 土层未施用肥料处理的土壤有机质含量要高于施用肥料处理的土壤有机质含量。0～10cm 和 10～25cm 土层施用包膜肥料处理的土壤有机质含量要高于施用普通尿素处理的土壤有机质含量，LP40 的土壤有机质含量在 0～10cm 土层低于 UR。25～40cm 和 40～55cm 土层施用包膜肥料处理的土壤有机质含量要低于施用普通尿素处理。LP40 在 40～55cm 土层中土壤有机质含量高于 UR，这可能是由于肥料混施在 30cm 土层中，施用包膜肥料的处理能够更持久地为作物提供养分，所以施用包膜肥料的处理从土壤中吸收的养分含量低于 UR，从而 0～25cm 土层中的土壤有机质含量高，而在 25～55cm 土层中，施用包膜肥料的处理生长旺盛，吸收的养分要高于 UR，所以 25～55cm 土层中土壤有机质的含量低，而 LP40 的分蘖数与抽穗数最大，水稻生长得最旺盛，因而 LP40 处理的水稻比其他处理需要吸收更多的养分来满足作物的生长，导致 LP40 的有机质含量较低。

表 4-8　不同深度土壤中有机质的含量（g/kg）

土层（cm）	处理					
	CK	UR	LP40	LPSS	BB	SC60
0～10	13.24a	10.36bc	8.91c	13.14a	11.93ab	10.74bc
10～25	11.40ab	9.72b	11.31b	12.67a	9.83b	10.72b
25～40	14.77a	11.00bc	11.36b	10.22bc	10.72b	9.26c
40～55	11.50b	13.50a	10.43b	11.53b	10.84b	11.03b

注：同行不同小写字母表示差异达到 5% 显著水平。

十二、不同种类包膜肥料对土壤全氮、全磷、全钾含量的影响

通过比较水稻种植前后的土壤养分含量可知（表 4-9），土壤全氮、全

磷、全钾的含量均发生了变化。种植水稻后各个处理土壤全氮的含量比种植水稻前增加。LP40、LPSS、BB、SC60 的土壤全氮含量在 0～10cm 和 10～25cm 土层中要高于 UR 的土壤全氮含量。在 25～40cm 和 40～55cm 土层中土壤全氮含量则相反。LP40 和 LPSS 的土壤全氮含量高于 BB 和 SC60，这是由于 LP40 养分释放缓慢，LPSS 存在滞后期，养分释放时间长，增加了氮在土壤中的含量。种植水稻后各个处理 0～10cm 土层和 40～55cm 土层土壤的全磷含量比种植水稻后减少，而 10～25cm 和 25～40cm 土层土壤的全磷含量增加。种植水稻后各个处理的土壤全钾含量比种植水稻前增加。

表 4 - 9　不同深度土壤中全氮、全磷、全钾的含量

| 处理 | 全氮含量（g/kg） | | | | 全磷含量（g/kg） | | | | 全钾含量（g/kg） | | | |
	0～10 (cm)	10～25 (cm)	25～40 (cm)	40～55 (cm)	0～10 (cm)	10～25 (cm)	25～40 (cm)	40～55 (cm)	0～10 (cm)	10～25 (cm)	25～40 (cm)	40～55 (cm)
CK	1.01	0.87	0.98	0.90	0.28	0.33	0.34	0.34	0.63	0.62	0.62	0.62
UR	0.90	0.85	0.90	0.99	0.31	0.40	0.41	0.34	0.64	0.62	0.62	0.62
LP40	0.91	0.93	0.87	0.84	0.32	0.33	0.39	0.36	0.62	0.62	0.62	0.62
LPSS	1.00	0.98	0.85	0.96	0.35	0.38	0.31	0.30	0.62	0.62	0.62	0.62
BB	0.98	0.83	0.86	0.84	0.32	0.36	0.45	0.33	0.62	0.60	0.62	0.62
SC60	0.88	0.93	0.80	0.89	0.25	0.39	0.34	0.35	0.62	0.62	0.62	0.62
基础土样	0.84	0.84	0.84	0.84	0.35	0.35	0.35	0.35	0.57	0.57	0.57	0.57

十三、不同种类包膜肥料对土壤碱解氮、速效磷、速效钾含量的影响

表 4 - 10 反映了种植水稻前后不同深度土壤中碱解氮、速效磷、速效钾含量的变化。种植水稻后土壤中碱解氮、速效磷、速效钾的含量均比种植水稻前减少。在 0～10cm、10～25cm、25～40cm 土层中施用包膜肥料处理 LP40、LPSS、BB、SC60 的土壤碱解氮含量大于施用普通尿素处理 UR 的土壤碱解氮含量。除了 LP40 和 LPSS 处理的 10～25cm 土层和 25～40cm 土层，施用包膜肥料处理 LP40、LPSS、BB、SC60 的土壤速效磷含量都高于施用普通尿素处理 UR。除了 LP40 处理的 0～10cm 土层，施用包膜肥料的处理 LP40、LPSS、BB、SC60 的土壤速效钾含量在 0～10cm、10～25cm、25～40cm 土层中均小于施用普通尿素处理 UR 的土壤速效钾含量。

表 4 - 10　不同深度土壤中碱解氮、速效磷、速效钾的含量

| 处理 | 碱解氮含量（mg/kg） | | | | 速效磷含量（mg/kg） | | | | 速效钾含量（mg/kg） | | | |
	0～10 (cm)	10～25 (cm)	25～40 (cm)	40～55 (cm)	0～10 (cm)	10～25 (cm)	25～40 (cm)	40～55 (cm)	0～10 (cm)	10～25 (cm)	25～40 (cm)	40～55 (cm)
CK	68.80	57.33	67.16	68.80	10.87	11.98	13.99	17.54	81.28	69.13	95.29	121.45
UR	75.35	63.88	68.80	95.00	9.94	16.55	16.39	12.79	88.75	77.54	124.25	110.24
LP40	96.64	76.99	63.88	90.09	13.09	13.59	13.84	15.19	92.49	62.59	116.78	133.59
LPSS	78.62	83.54	83.54	81.90	12.85	11.98	15.44	14.08	86.88	71.00	123.32	127.05
BB	68.80	68.80	72.07	88.45	11.49	16.74	21.68	12.85	82.21	75.67	122.38	121.45
SC60	91.73	104.83	78.62	91.73	14.27	18.04	14.52	16.80	81.28	69.13	111.17	135.46
基础土样	134.32	134.32	134.32	134.32	20.51	20.51	20.51	20.51	123.32	123.32	123.32	123.32

第三节　新型包膜缓释尿素在辣椒上的施用效果

本节内容通过辣椒田间试验研究包膜缓释肥料的缓释性能及其对作物生长发育、产量的影响。

一、试验材料与方法

1. 田间小区

试验小区选在沈阳农业大学科学研究基地，土壤类型为草甸棕壤，其基本理化性质见表 4 - 11。

表 4 - 11　供试土壤基本理化性质

有机质 (g/kg)	pH	全氮 (g/kg)	全磷 (g/kg)	全钾 (g/kg)	碱解氮 (mg/kg)	速效磷 (mg/kg)	速效钾 (mg/kg)
18.9	6.82	1.30	1.87	16.7	94.2	103.1	163.2

2. 供试作物

辣椒品种：牛角椒 1 号。

3. 供试肥料

（1）自选研制的环境友好型 BG 包膜缓释尿素，含氮量为 42.3%。

（2）常规尿素，辽河化肥有限公司生产，含氮量为 46.2%。

（3）其他肥料为常规肥料，钾肥为硫酸钾，磷肥为过磷酸钙。

4. 试验设计与方法

田间试验共设 3 个处理，每个处理为 3 个小区，小区面积为 5.25m²。每个处理施氮量一致。

处理 I 为常规施肥，施尿素 392kg/hm²，其中基肥施入 196kg/hm²，其余在定植后的第 50 天进行追肥，追肥用量为 196kg/hm²；处理 II 为施用包膜缓释尿素（BG）429kg/hm²；处理 III 为氮素含量减少 20% 的包膜缓释肥料 343kg/hm²；为保证磷钾肥供应充足，各处理均施基肥硫酸钾 386kg/hm²、过磷酸钙 618kg/hm²。

辣椒的栽培方式为育苗移栽。开沟施肥，起垄定植，株距为 30cm，行距为 50cm，双株定植，每小区 60 株。小区随机排列，小区之间留保护行，包膜缓释尿素一次性作基肥施入；常规施肥处理氮肥分两次施入，定植前和盛果期各施入 50%，施肥深度为 10～15cm；磷肥和钾肥作为基肥一次性施入。

（1）土壤中 $NH_4^+ - N$ 和 $NO_3^- - N$ 含量的测定

在定植后的第 20 天、第 40 天、第 60 天、第 80 天测定耕层土壤（0～20cm）全氮含量，每个小区取 6 个样点，混匀，取样点为根区附近；测定方法采用凯氏定氮法。

（2）辣椒果实中硝态氮含量的测定

在盛果期每个处理小区随机摘取 10 个辣椒，进行果实硝态氮含量的测定，采用紫外分光光度法测定。

（3）辣椒果实外观品质调查及产量的测定

在盛果期每个处理小区随机摘取 30 个辣椒，测定辣椒椒长、椒肩宽；2006 年 7 月 21 日开始采收，每 10d 采收一次，10 月 1 日拉秧。每次采收时分别按处理称重计产，最后计算总产量。

其他土壤理化性质的分析参照中国科学院南京土壤研究所编著的《土壤理化分析》。

二、对辣椒椒长、椒肩宽及产量的影响

施用缓释肥料可以延缓养分释放，提高肥料利用率。近年来的生产实践证明，多数作物在保持产量和质量不下降的情况下，用缓释肥料可减少施肥次数和肥料用量。图 4-30 为包膜缓释肥料对辣椒椒长、椒肩宽的影响。从图中可以看出，施用包膜缓释尿素在盛果期辣椒的椒长比常规施肥处理提高了 15.8%，包膜缓释尿素用量减少了 20%，辣椒的椒长与常规处理相当；包膜缓释肥料和包膜缓释肥料减量处理辣椒的肩宽分别比常规处理增加了 26.2% 和 10.9%。这是因为包膜肥料能够不断地向土壤中释放养分，为辣椒的生长发育提供充足的养分。将每个小区在辣椒不同生长发育时期所测的产量加在一

起，计算每个小区辣椒的总产量，如图 4-31 所示。从图 4-31 中可以看出，秋收后施用包膜缓释肥料和包膜缓释肥料减量处理辣椒的总产量分别比常规处理增加了 12.4% 和 3.3%。这充分说明施用包膜缓释肥料能够显著地提高作物的产量，即使在肥料用量减少 20% 的条件下，与常规施肥处理相比，产量也没有下降，这也证明了包膜缓释肥料能够提高肥料利用率。

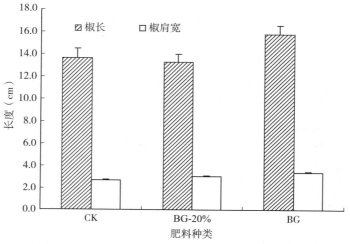

图 4-30　包膜缓释肥料对辣椒椒长、椒肩宽的影响

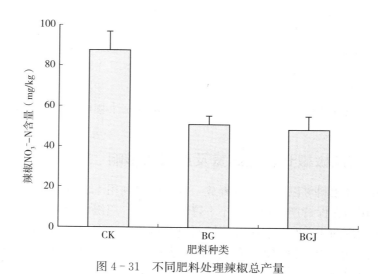

图 4-31　不同肥料处理辣椒总产量

三、辣椒果实中硝态氮的含量

经饮食进入人体的硝态氮在胃肠中可被还原生成亚硝态氮，能迅速进入血

液，将血红蛋白中的低价铁氧化成高价铁，形成无法运载氧气的高铁血红蛋白，造成人体缺氧，使人易患高铁血红蛋白症。亚硝态氮还可以与次级胺结合，形成强致癌物质亚硝胺，诱发人体消化系统癌变。蔬菜为人类提供多种必需的蛋白质、氨基酸、维生素、矿物质和纤维素，是日常生活中不可缺少的植物性食物，同时又是一类极易累积硝酸盐的植物，是人类摄取硝态氮的主要来源。因此，蔬菜中硝态氮的含量成了影响和评价蔬菜品质的重要因素，引起了人们广泛的关注。在辣椒的盛果期每个处理随机摘 10 个辣椒，进行果实硝态氮含量的测定，结果如图 4 - 32 所示。方差分析结果表明，$F=19.4$，$F_{(2,12)}=3.88$，包膜缓释尿素处理与对照处理间辣椒果实中硝态氮的含量差异达到极显著水平。

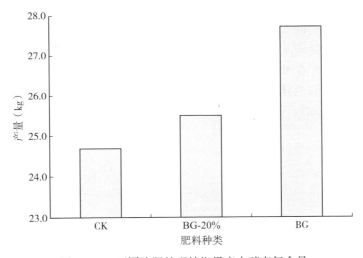

图 4 - 32　不同施肥处理辣椒果实中硝态氮含量

从图 4 - 32 中可以看出，施用包膜肥料能够显著降低辣椒果实中硝态氮的含量。等氮量施用包膜肥料（BG）和氮素含量减少 20%（BGJ）处理辣椒果实中硝态氮的含量分别比 CK 减少了 41.7% 和 44.2%。这可能是因为常规施肥处理中，尿素在土壤中易溶解转化成 $NH_4^+ - N$，而 $NH_4^+ - N$ 在土壤中又易氧化成 $NO_3^- - N$，导致土壤中 $NO_3^- - N$ 大量增加。包膜肥料能够抑制养分的释放，长期向土壤中提供氮素，减少土壤中 $NO_3^- - N$ 的积累。可见施用包膜肥料能够抑制蔬菜中硝酸盐的积累。

四、土壤全氮含量的变化

为探讨包膜肥料在不同时期向作物提供养分的情况，在定植后的第 20 天、第 40 天、第 60 天、第 80 天取样，测定辣椒根区周围养分含量的变化情况。

每一处理取 6 点土样混合，作为一个待测样品。

图 4-33 是不同时间取样测定土壤中全氮含量变化的动态曲线。图中所示各点为每个处理 3 次重复的均值。从图中可以看出，在试验期间包膜尿素处理土壤中全氮的含量变化趋势基本一致，即在试验开始后土壤中全氮含量略有升高，以后逐渐下降，再升高，至第 60 天时达到 100mg/kg，此后一直维持这一水平直至试验结束。从图中还可以看出，包膜肥料处理在整个辣椒生长期间能够持续稳定地提供养分，而常规施肥处理土壤中全氮含量变化幅度较大，呈波浪状，如果不及时施追肥容易造成脱肥现象。总体而言，20d 之前施用未包膜肥料的土壤全氮含量高于包膜肥料，而 20d 之后低于施用包膜肥料的土壤，表明包膜肥料在旱作土壤中具有良好的控释保肥作用。由此可以得出结论，将高分子聚合物与无机矿物粉末共混作为包膜材料，生产包膜肥料切实可行，不仅能降低包膜肥料的生产成本，又可以获得较好的控制养分释放的效果。对不同取样时期 3 个处理土壤中的全氮含量进行方差分析，结果如表 4-12 所示。从表中可以看出，在辣椒的生长发育过程中，包膜缓释尿素处理与常规处理土壤中的全氮含量的差异都达到了显著或极显著水平，但等氮量处理与氮素减量处理差异不显著。

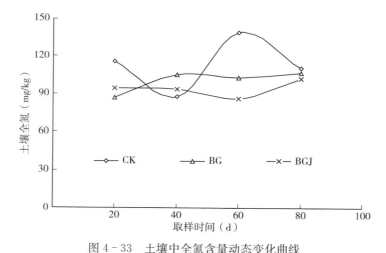

图 4-33　土壤中全氮含量动态变化曲线

表 4-12　不同时期土壤中全氮含量方差分析结果（mg/kg）

处理	20d	40d	60d	80d
CK	115.8aA	87.9bA	139.6aA	110.5aA
BG	86.6bA	105.3aA	103.1bB	106.5aA
BGJ	94.6bA	93.8abA	86.0bB	102.3aA

参 考 文 献

贝美容，倪维茜，林清火，等，2020. 缓释氮肥对橡胶幼苗生物量及养分积累的影响 [J].
　西南农业学报，12（33）：2867 - 2871.

韩艳玉，邹洪涛，张玉龙，等，2011. 包膜肥料对水稻土壤渗滤液中 $NO_2^- - N$、$NO_3^- - N$、
　$NH_4^+ - N$ 的影响 [J]. 辽宁工程技术大学学报（自然科学版）(5)：742 - 746.

蒋伟勤，马中涛，胡群，等，2020. 缓控释氮肥对水稻生长发育及氮素利用的影响 [J].
　江苏农业学报，36（3）：777 - 784.

潘志勇，吴文良，牟子平，等，2006. 不同秸秆还田模式和施氮量对农田 CO_2 排放的影响
　[J]. 土壤肥料（1）：14 - 16，65.

周丽平，杨俐苹，白由路，等，2016. 不同氮肥缓释化处理对夏玉米田间氨挥发和氮素利
　用的影响 [J]. 植物营养与肥料学报，22（6）：1449 - 1457.

邹洪涛，高艺伟，韩艳玉，等，2011. 包膜尿素对水田土壤排放 NH_3、NO_x、CO_2 影响的
　研究 [J]. 生态环境学报，20（12）：1940 - 1944.

邹洪涛，韩艳玉，虞娜，等，2011. 新型包膜尿素抑制氮素挥发及其降解性研究 [J]. 辽
　宁工程技术大学学报（自然科学版），30（4）：541 - 545.

邹洪涛，王剑，曹敏建，等，2011. 新型包膜缓释尿素在辣椒上施用效果的研究 [J]. 土
　壤通报，42（5）：1200 - 1203.

Gao X，Deng O，Ling J，et al.，2018. Effects of controlled - release fertilizer on nitrous ox-
　ide and nitric oxide emissions during wheat - growing season：Field and pot experiments
　[J]. Paddy and Water Environment，16（1）：99 - 108.

Geng J，Sun Y，Zhang M，et al.，2015. Long - term effects of controlled release urea appli-
　cation on crop yields and soil fertility under rice - oilseed rape rotation system [J]. Field
　Crops Research，184：65 - 73.

Shivay Y S，Pooniya V，Prasad R，et al.，2016. Sulphur - coated urea as a source of sul-
　phur and an enhanced efficiency of nitrogen fertilizer for spring wheat [J]. Cereal Research
　Communications，44（3）：1 - 11.

Tang S，Xu P，Zhang F，2006. Influence of single basal application controlled release fertil-
　izer on morphologic development of root system and lodging resistance of rice [J]. Plant
　Nutrition and Fertilizer Science，17（11）：1340 - 1345.

Zebarth B J，Snowdon E，Burton D L，et al.，2012. Controlled release fertilizer product
　effects on potato crop response and nitrous oxide emissions under rain - fed production on a
　medium - textured soil [J]. Canadian Journal of Soil Science，92（5）：759 - 769.

第五章 包膜抑制剂型缓释肥料对作物和环境的影响

将包膜技术与抑制剂结合使用，从物理和化学方面实现对尿素溶出和转化的双重调控，延长肥料释放期，增强肥效。通过检索仅发现两种包膜与抑制剂结合尿素的方式，分别是在包膜材料中添加抑制剂后共同包被尿素（Duvdevani et al.，1995）和用抑制剂涂层尿素后再包膜（Maeda，1998）。中国科学院沈阳应用生态研究所用包膜材料将尿素与脲酶抑制剂氢醌共同包被（张丽莉等，2009）。李东坡等（2011）将脲酶抑制剂 NBPT 与硝化抑制剂 DCD 涂到颗粒尿素表面，再用醋酸酯淀粉包被制成包膜抑制剂结合型肥料。山东农业大学将无机-有机混合包裹剂与硝化抑制剂 DCD 结合，再共同包被复合肥料（宋以玲等，2015）。此类肥料肥效持久，缓释效果好，具有广阔的发展前景。

第一节 包膜-抑制剂型尿素对春玉米田土壤氮素供应及温室气体排放的影响

本节内容根据国内外研究经验，选择环境友好的聚乙烯醇、聚乙烯吡咯烷酮作为包膜材料，同时以不同方式添加抑制剂（脲酶抑制剂 NBPT 和硝化抑制剂 DMPP），制备新型缓释尿素。在盆栽试验条件下，探求包膜与抑制剂联合调控对土壤氮素供应和气体排放的影响。同时利用^{15}N 同位素标记技术，定量研究肥料氮素在土壤-玉米系统中的分配特征。以期探索包膜抑制剂型尿素对土壤养分氮库的调控效应，实现农业生产气体减排，提高粮食产量，为肥料产业革新和绿色农业发展提供理论依据和技术指导。

一、试验材料与方法

1. 试验地概况

试验在某科学研究试验基地进行（123°34′E，41°49′N）。该地区为温带半湿润季风气候，平均气温为 8.3℃，年降水量为 570～680mm。土壤类型为棕壤，物理和化学性质为：pH 为 6.62，有机质为 14.6g/kg，碱解氮为 84.2mg/kg，有效磷为 18.6mg/kg，有效钾为 116.0mg/kg。

2. 供试材料

（1）供试肥料：^{15}N 标记尿素（上海化工研究院有限公司生产，氮含量为 48.4%，丰度为 10.16%），过磷酸钙（国药集团化学试剂有限公司生产，P_2O_5 含量为 15%），硫酸钾（国药集团化学试剂有限公司生产，K_2O 含量为 54%）。

（2）供试抑制剂：3,4-二甲基吡唑磷酸盐（3,4-dimethyl pyrazole phosphate，DMPP），正丁基硫代磷酸三胺［N-（N-butyl）thiophosphoirc tiramide，NBPT，上海思域化工科技有限公司生产，纯度≥97%］。

（3）供试包膜材料：聚乙烯醇（PVA），聚乙烯吡咯烷酮（PVP），国药集团化学试剂有限公司生产，纯度>90%。

（4）供试玉米：品种先玉 335。

3. 试验设计

（1）试验方法

试验于 5 月 13 日进行。采用随机完全区组设计，共 6 个处理，分别为：①CK，不施尿素；②U，未包膜尿素；③PCU，包膜尿素；④PICU，含抑制剂包膜尿素（抑制剂溶于膜材料中）；⑤PCIU，包膜抑制剂涂层尿素（抑制剂包膜在膜内部）；⑥PCUI，抑制剂涂层包膜尿素（抑制剂在膜材料外部）。各处理所用尿素均为 ^{15}N 标记尿素（丰度为 10.16%），每个处理 3 次重复。

取 0～20cm 耕层土壤，自然风干压碎，剔除根系、石砾等杂质，过 5mm 筛。盆栽选用高 35cm、内径为 25cm 的陶瓷盆（底部无孔隙），每盆装土 15kg，将 2/3 的盆体埋入试验区土体，以保证试验环境与大田环境一致。试验中所有肥料均以基肥的形式于玉米种植前施入，氮肥（含^{15}N 0.09g/kg），磷肥（含 P_2O_5 0.12g/kg）和钾肥（含 K_2O 0.11g/kg）在灌水前与土壤混合，具体方式为：先将 7kg 土装盆垫底，再将 7kg 土与肥料均匀混合后装盆，最后表层覆土 1kg。按 1.3g/cm^3 的容重压实土体。浇水至土壤含水量为田间持水量的 70%。次日播种，每盆播种 3 粒，发芽 1 周后，每盆保留 1 株健康玉米幼苗。种植期间配合人工灌溉进行水分的补充，其他管理措施与当地玉米种植常规管理一致。

（2）包膜抑制剂型尿素的制备

通过交联反应制备聚乙烯醇和聚乙烯吡咯烷酮的共混聚合物（Chen et al.，2017）。将 469.5g 蒸馏水和 22.11g 聚乙烯醇加入三颈磨口烧瓶中。缓慢升温至 90℃，持续搅拌至聚乙烯醇完全溶解。待温度降到 60℃ 时，加入 7.89g 聚乙烯吡咯烷酮和 0.5g 丁醇（避免发泡）并连续搅拌 2h。最后得到质地均匀的水基共聚物包膜液。DMPP 和 NBPT 的添加量均为尿素态氮含量的1%（俞巧钢等，2010；张文学等，2014）。

①PCU 制备。将^{15}N 标记尿素装入抗性塑料袋，沙浴预热 0.5h 后，用高压喷枪（PQ‐2 型，spray）将包膜液喷涂于尿素颗粒表面形成包膜层，持续搅拌 0.5h。

②PICU 制备。将抑制剂溶解于有机溶剂后，加入包膜液中（宋艳茹，2016），搅拌至溶解，得到抑制剂与包膜液的共混物。再按①的方法用此共混物包膜尿素颗粒。

③PCIU 制备。将有机溶剂溶解的 DMPP 预先铺展在抗性塑料袋内表面，再装入^{15}N 标记尿素，用手剧烈搅拌 10min，确保尿素颗粒均匀涂覆，再按相同步骤涂覆 NBPT，最后用喷枪将包膜液喷涂于肥料表面。

④PCUI 制备。将已被共聚物包被的^{15}N 标记尿素装入抗性塑料袋，再按③的方法在肥料颗粒表面涂覆两种抑制剂。

最后，将所有经过处理的肥料产品放置在 60℃鼓风干燥箱（ZXRD‐7230型，上海智城分析仪器制造有限公司生产）中 2h，使其性质稳定。

图 5‐1 为包膜抑制剂型肥料内部剖面结构图。

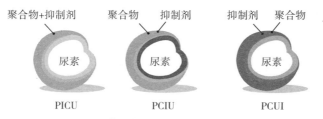

图 5‐1　包膜抑制剂型肥料内部剖面结构图

4. 样品采集与处理

（1）土壤样品采集与处理

在玉米生长期（苗期、拔节期、抽雄期、成熟期）进行取样，从每个盆中随机取 4 份以获得复合土样。将土壤样品充分混合，并手动除去所有可见的植物残余物和其他杂质。将每个土壤样品分成两个子样品。其中一份风干，研磨过筛（<0.15mm），并在室温下储存。将另一份密封于抗性塑料袋中，在−20℃条件下储存。

（2）气体样品采集与处理

①氨气的采集。采用通气法收集挥发的氨气（王朝辉等，2002）。图 5‐2装置为内径 10.5cm、高 11cm 的硬质聚氯乙烯管。分别将两块直径为 11cm、厚度为 2cm 的海绵均匀浸以 10mL 磷酸甘油溶液（50mL 磷酸＋40mL 甘油，定容至 1L），并置于装置中，上层海绵与装置顶部相平，下层海绵距离土壤表

层 5cm。每天 8：00 将下层的海绵取出，同时换上另一块刚浸过磷酸甘油的新海绵。上层海绵根据其干湿情况 3～5d 更换 1 次。将替换下来的下层海绵装入 500mL 塑料瓶，加入 300mL 浓度为 0.01mol/L 的 $CaCl_2$ 溶液使海绵完全浸入，200r/min

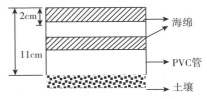

图 5-2　土壤氨挥发测定装置

震荡 1h。每天取样 1 次，直至测不出氨挥发为止。

②温室气体的采集。采用密闭式静态箱法收集温室气体（Venterea et al.，2010）。自施肥后第 2 天开始采集，之后每 6d 采样 1 次，采样时间为 8：00—11：00。有机玻璃材质的采样箱由箱体和底座组成。箱体（50cm×50cm×60cm）内部放置小风扇，以保证箱内气体均匀分布，箱体上部插有温度计，用于测定箱内温度；底座（50cm×50cm×25cm）插入土壤中（10cm 深）。底座上表面有凹槽，采气时用水密封凹槽，然后罩上箱体，形成一个密闭环境，再使用气体采样泵在第 0 分钟、第 10 分钟和第 20 分钟从取样口抽取气体。并将收集的气体样品立即转移到真空袋中进行气体分析。盆体与底座之间的裸露土壤用黑色地膜覆盖，以避免土壤的影响。当玉米株高大于 60cm 时，将带有凹槽的中空框架（50cm×50cm×100cm）放置在底座上以增加采样箱的高度，保证采气过程的顺利进行。

（3）植物样品的采集与处理

成熟期收获玉米。用自来水彻底冲洗植株上的土壤和污垢，再用去离子水冲洗 3 次。将植株分成籽粒、茎叶和根。将样品在 105℃ 条件下杀青 30min，然后在 70℃ 条件下烘干至恒重，并称重。将烘干植物样品在快速研磨机中研磨并过筛（＜0.15mm）。

5. 测定项目及方法

（1）氨挥发：采用凯氏定氮法测定。

（2）温室气体（CO_2、N_2O、CH_4）：采用气相色谱仪（Agilent 7890B）分析测定。

（3）5cm 土层温度：采用温度传感器（18B20）测定。

（4）10cm 土层体积含水率：采用湿度传感器（EC-5）测定。

（5）土壤矿质氮：取 5g 新鲜土壤，用 50mL 浓度为 0.01mol/L 的 $CaCl_2$ 溶液（水土比为 10：1）浸提土样，振荡 30min 后过滤，使用自动流动注射系统（Seal AutoAnalyzer 3）同时测定铵态氮和硝态氮含量（Wang et al.，2012）。

（6）土壤可溶性有机氮：采用碱性 $K_2S_2O_8$ 氧化法，结合自动流动注射系统（Seal AutoAnalyzer 3）测得可溶性总氮含量，其与矿质氮之差即土壤可溶性有机氮含量（Norman et al.，1985）。

（7）微生物量氮：采用氯仿熏蒸提取法（Vance et al.，1987）。首先将土壤样品的田间持水量调节到 40% 左右，置于 25℃ 的恒温培养箱中预培养 7d。然后在真空干燥器中用无酒精的氯仿（$CHCl_3$）熏蒸新鲜土壤（相当于 20g 烘干土重）24h。待土壤样品完全无氯仿气味后，加入 0.5mol/L 的 K_2SO_4 溶液（水土比为 4：1），振荡 30min 过滤。未熏蒸土壤用相同步骤提取。浸提液一部分用元素分析仪（Phoenix - 8 000，Tekmat - Dohrmann，美国）测定可提取态氮含量，另一部分先用冷冻干燥机冷冻干燥，然后用元素分析仪-稳定性同位素比例质谱仪（Elementar vario PYRO cube - IsoPrime 100 Isotope Ratio Mass Spectrometer，德国）测定微生物量氮中 ^{15}N 的丰度。

（8）固定态铵：将自然风干土壤用碱性 KOBr 溶液除去可交换的铵和有机氮化合物。然后用 0.5mol/L KCl 溶液洗涤土样，加入 HF - HCl 混合液（5：1），振荡 24h（Silva et al.，1966）。固定态铵及其 ^{15}N 的丰度用元素分析仪-稳定性同位素比例质谱仪（Elementar vario PYRO cube - IsoPrime 100 Isotope Ratio Mass Spectrometer，德国）测定。

（9）土壤全氮、植株全氮：全氮含量及其 ^{15}N 的丰度采用元素分析仪-稳定性同位素比例质谱仪（Elementar vario PYRO cube - IsoPrime 100 Isotope Ratio Mass Spectrometer，德国）测定。

（10）玉米生物量：采用称量法测定。

6. 数据处理与统计

采用 Microsoft Excel 2013 和 IBM SPSS Statistics 19.0 进行数据处理与统计分析，差异显著性检验采用 Duncan 法，相关性分析采用 Pearson 法，采用 Origin 9.0 软件作图。

（1）氨挥发速率

$$N = \frac{A}{S \times t} \times 10^{-2} \qquad (5-1)$$

式中，N 为氨挥发速率 $[kg/(hm^2 \cdot d)]$，A 为测得的氨量（$NH_3 - N$，mg），S 为装置横截面积（m^2），t 为捕获时间（d）。

（2）温室气体（N_2O、CO_2、CH_4）排放

$$F = [273/(273+T)] \times (M/22.4) \times H \times 60 \times (dc/dt) \qquad (5-2)$$

式中，F 为气体排放通量 $[mg/(m^2 \cdot h)]$，T 为采样箱内温度（℃），M 为每摩尔 N_2O、CO_2 或 CH_4 分子中氮、碳的质量数（g/mol）；H 为采样箱体高度（m），dc/dt 为采样箱内气体浓度变化速率 $[\mu L/(L \cdot min)]$。

$$C = \sum_{i=1}^{n} 0.5 \times (F_i + F_{i+1}) \times (t_{i+1} - t_i) \times 24 \qquad (5-3)$$

式中，C 为气体累积排放量（kg/hm^2），下标 i 代表第 i 个测量值，$t_{i+1} - t_i$ 表

示两次相邻测量所隔天数，n 是测量的总次数。

$$GWP = 25 \times F_{CH_4} + 298 \times F_{N_2O} + F_{CO_2} \qquad (5-4)$$

式中，GWP 为全球变暖潜能值，气体的相对能力以 CO_2 当量表示，在 100 年尺度下，CH_4 和 N_2O 的 GWP 分别为 CO_2 的 25 倍和 298 倍。

（3）土壤充水孔隙度（Water - filled pore space，WFPS）

$$WFPS = 土壤体积含水量 / 土壤孔隙度$$
$$土壤孔隙度 = 1 - (土壤容重 /2.65) \qquad (5-5)$$

（4）微生物量氮（MBN）

$$MBN = E_N/K_{EN} \qquad (5-6)$$

式中，E_N 为熏蒸土样与未熏蒸土样提取液中氮含量之差，K_{EN} 为转化系数 0.54（Brookes et al.，1985）。

（5）植株吸收氮量

$$植株吸氮量 = 植物总干物质量 \times 氮素含量 \qquad (5-7)$$

（6）植株 ^{15}N 利用率（^{15}NUE，%）：

$$^{15}NUE = N_{fp} \times \frac{(F_{fp} - F_{nfp})}{N_{施} \times (F_{frt} - F_n)} \times 100 \qquad (5-8)$$

式中，N_{fp} 为施氮处理玉米植株吸氮量（g/pot），F_{fp} 为施氮处理玉米植株 ^{15}N 丰度，F_{nfp} 为不施氮处理玉米植株 ^{15}N 丰度，F_n 为 ^{15}N 自然丰度（0.366 3%），F_{frt} 为肥料 ^{15}N 丰度，$N_{施}$ 为施氮量（g/pot）（Hauck et al.，1976）。

（7）土壤 ^{15}N 残留率（$^{15}N_R$，%）

$$^{15}N_R = N_R \times \frac{(F_R - F_{nR})}{N_{施} \times (F_{frt} - F_n)} \times 100 \qquad (5-9)$$

式中，N_R 为土壤残留氮量（g/pot），F_R 为施氮处理土壤样品 ^{15}N 丰度，F_{nR} 为不施氮处理土壤样品 ^{15}N 丰度，F_n 为 ^{15}N 自然丰度（0.366 3%），F_{frt} 为肥料 ^{15}N 丰度，$N_{施}$ 为施氮量（g/pot）。

（8）土壤微生物、黏土矿物 ^{15}N 固持率（$^{15}N_{im}$，%）

$$^{15}N_{im} = N_{im} \times \frac{(F_{im} - F_{nim})}{N_{施} \times (F_{frt} - F_n)} \times 100 \qquad (5-10)$$

式中，N_{im} 为土壤微生物量氮或固定态铵含量（g/pot），F_{im} 为施氮处理土壤微生物或黏土矿物 ^{15}N 丰度，F_{nim} 为不施氮处理土壤微生物或黏土矿物 ^{15}N 丰度，F_n 为 ^{15}N 自然丰度（0.366 3%），F_{frt} 为肥料 ^{15}N 丰度，$N_{施}$ 为施氮量（g/pot）。

二、生长季不同施肥处理对土壤氮素供应的影响

1. 不同施肥处理土壤 $NH_4^+ - N$ 和 $NO_3^- - N$ 含量的动态变化

不施尿素（CK）处理土壤 $NH_4^+ - N$ 和 $NO_3^- - N$ 含量分别为 1.1～

3.0mg/kg 和 0.8～5.1mg/kg。施用氮肥显著提高了玉米生长初期土壤 $NH_4^+ - N$ 和 $NO_3^- - N$ 的含量。各施氮肥处理在苗期土壤 $NH_4^+ - N$ 的含量变化范围为 20.0～33.3mg/kg（图 5-3），$NO_3^- - N$ 的含量变化范围为 20.6～31.5mg/kg（图 5-4）。但随着玉米的生长，二者浓度呈现逐渐下降的趋势。不同施氮处理土壤 $NH_4^+ - N$ 和 $NO_3^- - N$ 浓度的变化趋势亦存在差异。在玉米苗期，U 处理土壤 $NH_4^+ - N$ 和 $NO_3^- - N$ 的含量显著高于各缓释氮肥处理（$P < 0.05$），PCIU 处理土壤 $NH_4^+ - N$ 和 $NO_3^- - N$ 的总含量最低，为 42.9mg/kg。

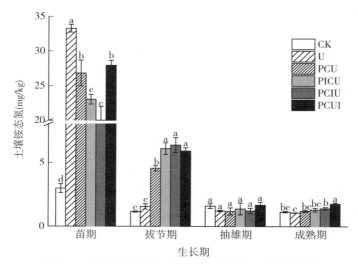

图 5-3 不同处理下各时期土壤铵态氮含量变化特征

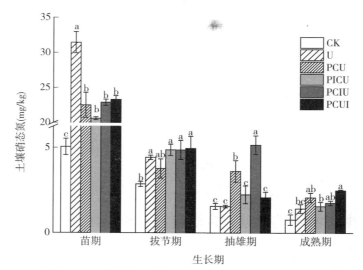

图 5-4 不同处理下各时期土壤硝态氮含量变化特征

在拔节期，包膜抑制剂型尿素（PICU、PCIU、PCUI）处理土壤 NH_4^+ - N的含量显著高于未包膜尿素（U）和包膜尿素（PCU）处理（$P<$ 0.05），而这 3 个处理之间无显著差异（$P>$0.05）。包膜抑制剂型尿素处理土壤 NO_3^- - N 的含量高于 U 和 PCU 处理，但差异未达到显著水平（$P>$0.05）。成熟期，各处理土壤 NH_4^+ - N 含量在 1.1～1.8mg/kg，NO_3^- - N 含量均低于 2.5mg/kg，土壤 NH_4^+ - N 和 NO_3^- - N 总含量以 PCUI 处理最高，之后依次为 PCIU 和 PICU 处理，PICU、PCIU 和 PCUI 处理 NH_4^+ - N 和 NO_3^- - N 的总含量较 U 处理分别增加了 14.2%、26.3% 和 68.8%。

2. 不同施肥处理土壤可溶性有机氮含量的动态变化

整个玉米生长季，不施氮（CK）处理土壤可溶性有机氮含量在 22.5～54.4mg/kg。各施氮处理（U、PCU、PICU、PCIU、PCUI）土壤可溶性有机氮含量始终高于 CK，分别为 23.6～146.4mg/kg、31.0～136.5mg/kg、31.8～127.9mg/kg、28.7～204.7mg/kg 和 28.4～219.9mg/kg（图 5 - 5）。各施氮处理土壤可溶性有机氮含量在玉米苗期最高，之后开始下降。成熟期 PCU 和 PICU 处理土壤可溶性有机氮含量较高，分别比 U 处理显著提高了 38.4% 和 37.6%（$P<$0.05）。其次为 PCIU 和 PCUI 处理，其土壤可溶性有机氮含量分别比 U 处理提高了 21.6% 和 20.4%，但未达到显著差异（$P>$0.05）。

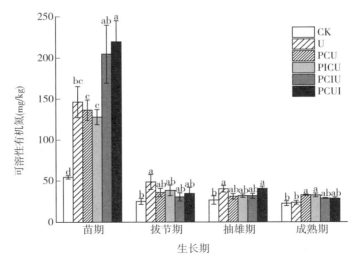

图 5 - 5　不同处理下各时期土壤可溶性有机氮含量变化特征

3. 不同施肥处理土壤微生物量氮含量的动态变化

总体而言，玉米生长周期内不施尿素（CK）处理土壤微生物量氮含量的变化范围为 20.3～35.6mg/kg，平均浓度为 29.0mg/kg（图 5 - 6）。相比于无氮处理，各施氮处理土壤微生物量氮的平均浓度提高了 54.2％～62.7％。U 处理土壤微生物量氮含量的变化范围为 38.2～62.5mg/kg，平均浓度为 44.8mg/kg。PCIU 处理土壤微生物量氮的平均浓度最高，为 47.2mg/kg，比 U 处理提高了 5.4％。从苗期到拔节期 U 和 PCU 处理土壤微生物量氮含量有所降低，而 PCIU、PICU 和 PCUI 处理土壤微生物量氮含量有所升高。成熟期，PCIU、PICU 和 PCUI 处理土壤微生物量氮含量比 U 处理分别提高了 17.8％、40.3％和 30.4％，增加了土壤微生物对氮素的固定，但各处理之间无显著差异（$P>0.05$）。

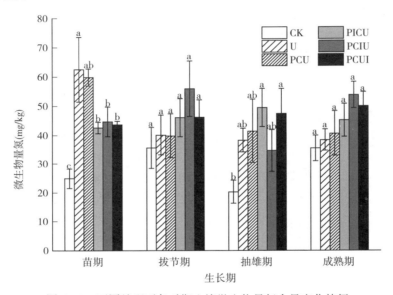

图 5-6　不同处理下各时期土壤微生物量氮含量变化特征

4. 不同施肥处理土壤固定态铵含量的动态变化

整个玉米生长季，不施氮肥处理土壤固定态铵含量始终低于施氮肥处理（图 5-7），各施氮肥处理土壤固定态铵含量均呈现先下降后上升的变化趋势。在苗期，施用氮肥后土壤固定态铵含量提高了 6.4％～23.0％，其中 U 处理最高，为 403.7mg/kg。苗期至拔节期，不同施肥处理土壤固定态铵含量之间无显著差异（$P>0.05$）。抽雄期，各处理土壤固定态铵含量均有所下降。在成熟期，土壤中剩余的部分氮素又被黏土矿物固定保存，导致固定态铵含量升高。一个生长周期结束后，相比于未包膜尿素（U）处理，包膜尿素（PCU）和包膜抑制剂型尿素（PICU、PCIU、PCUI）处理土壤固定态铵含量显著提高了 16.7％～24.9％（$P<0.05$），提升了土壤黏土矿物对氮素的固持能力，但这 4 个处理之间并无显著差异（$P>0.05$）。

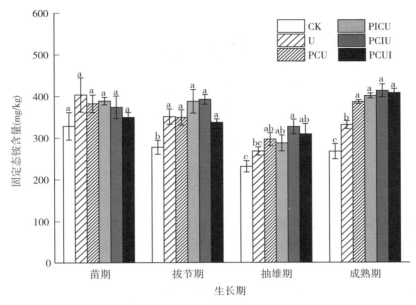

图 5-7　不同处理下各时期土壤固定态铵含量变化特征

5. 不同施肥处理土壤各氮素养分库所占比例的动态变化

土壤微生物和黏土矿物对 NH_4^+ 的固定与释放构成了一个动态过程，有效调节土壤氮素供应，以平衡养分（图 5-8）。整个玉米生长期，各处理土壤氮素养分库中以固定态铵为主，所占比例为 52.6%～83.7%，且收获期所占比例最大（图 5-9）。施用氮肥显著提高了玉米苗期 NH_4^+-N、NO_3^--N 和可溶性有机氮在土壤氮素库中所占比例，但随着玉米的生长，三者所占比例呈现逐渐下降的趋势。与无氮（CK）处理相比，施用氮肥能够提高土壤微生物量氮在氮素养分库中所占比例，抽雄期微生物量氮所占比例最大。一个生长季后，相比于未包膜尿素（U）和包膜尿素（PCU）处理，包膜抑制剂型尿素（PICU、PCIU、PCUI）处理土壤微生物量氮所占比例有所增加，其土壤 NH_4^+-N 和 NO_3^--N 所占比例亦有所增加，但幅度较小。

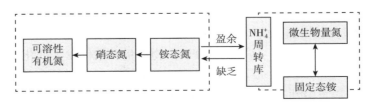

图 5-8　各形态氮素养分库之间的关系

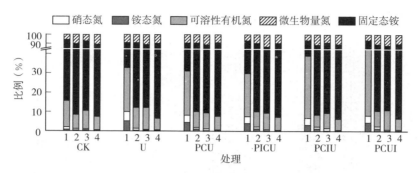

图 5-9　不同处理下各时期土壤各氮素养分库所占比例

注：1、2、3、4 分别表示玉米苗期、拔节期、抽雄期和成熟期。

6. 不同施肥处理对土壤 $NH_4^+ - N$、$NO_3^- - N$ 和可溶性有机氮的影响

尿素施入土壤后极易发生水解，产生的 $NH_4^+ - N$ 随即转化为 $NO_3^- - N$（罗付香等，2015）。二者统称为矿质氮，施入氮肥能够显著提高土壤中矿质氮的浓度（聂彦霞等，2012）。这也是本试验中施氮处理在玉米生长前期土壤矿质氮浓度维持较高水平的原因。研究发现，玉米抽雄期，土壤矿质氮的丰富程度与作物产量以及氮素利用等存在显著正相关关系（侯云鹏等，2018）。本研究抽雄期土壤矿质氮含量以 PCIU 处理最高，可见该施肥处理对氮素释放的调控能力较好，有利于提高作物产量。玉米成熟期包膜抑制剂型尿素和包膜尿素处理土壤矿质氮含量均高于未包膜尿素处理。郑文魁等（2016）也发现包膜缓释氮肥能够显著提高冬小麦生长中后期土壤矿质氮含量。侯云鹏等（2018）研究发现，在玉米苗期未包膜尿素处理土壤耕层矿质氮含量最高，但从拔节期至收获期其矿质氮含量却低于缓释氮肥处理，这与本试验的研究结果一致。产生这种现象的原因可能是未包膜尿素施入土壤后易发生水解矿化，释放大量 $NH_4^+ - N$，使土壤矿质氮含量激增，而由此引起的氨挥发和硝化-反硝化损失又将导致土壤矿质氮含量降低。缓释肥料能够延缓养分释放，减少氮素损失，维持土壤矿质氮含量以供作物吸收利用，对提高粮食产量和保护生态环境具有非常重要的意义（周顺利等，2001）。

施氮显著提高了土壤可溶性有机氮含量，与前人的研究结果一致（Fang et al.，2009），因为尿素本身就是小分子可溶性有机氮，施入土壤后必然会引起可溶性有机氮的增加。此外，土壤可溶性有机氮与微生物量呈显著正相关关系（Liang et al.，2011），施肥后土壤微生物数量和结构发生变化也可能造成其含量的增加（William et al.，2004）。一个生长季后，包膜抑制剂型尿素相比于包膜尿素土壤可溶性有机氮含量有所降低，这可能是因为抑制剂的添加对土壤微生物活动造成影响，激发较高的微生物活性，增强了土壤氮素的矿化作用，

促进了可溶性有机氮的转化，最终影响可溶性有机氮的含量（田飞飞等，2018）。

7. 不同施肥处理对土壤微生物量氮和固定态铵的影响

土壤微生物量氮是衡量微生物数量的综合指标，直接反映土壤肥力状况（Ladd et al.，1994），施入氮肥后对土壤微生物群落结构造成强烈影响（王菲等，2016），高氮浓度能够刺激微生物种群丰富度和均匀度（李东坡等，2006）。但当土壤中存在过量的氮源而又缺乏足够的可用碳源时，微生物生长将受到限制，导致微生物量氮的含量下降（Lupwayi et al.，2012）。此外，土壤微生物量氮含量与微生物的周期性和作物根系活动均有一定关系（胡小凤等，2011；王伟华等，2018）。玉米生长初期，土壤微生物在湿润风干土壤和施入氮肥的条件下数量有所增加，导致土壤微生物量氮含量升高。然而，土壤微生物对氮的固定不是永久的，可以重新释放大部分氮素供植物吸收。微生物释放的氮也会挥发，但由于缓慢的释放速率和强烈的作物需求，这些氮的利用效率很高。微生物能够根据土壤中养分的丰缺程度释放或固定氮素，相关分析表明土壤微生物量氮与 $NH_4^+ - N$、$NO_3^- - N$ 以及可溶性有机氮含量之间呈极显著正相关关系（表 5-1）。U 和 PCU 处理被土壤微生物固定的氮素在拔节期开始释放，微生物量氮含量降低，而 PICU、PCIU、PCUI 处理土壤微生物量氮的含量始终保持在较高水平，这可能是因土壤微生物活动可能对添加的抑制剂敏感（董欣欣等，2014），直接或间接地调控土壤氮行为，提高了土壤微生物对氮素的固存能力。

表 5-1　玉米生长季土壤各氮素养分库之间的相关关系

	$NO_3^- - N$	SON	MBN	FA
$NH_4^+ - N$	0.981**	0.896**	0.509**	0.281*
$NO_3^- - N$		0.920**	0.458**	0.242*
SON			0.296**	0.196*
MBN				0.315**

注：＊表示 $P < 0.05$ 时显著相关，＊＊表示 $P < 0.01$ 时显著相关。

沈其荣等（2000）等发现水稻生长过程中土壤固定态铵的浓度变化特征与微生物量氮相似，与本试验的研究结果并不一致。这可能与土壤类型、灌溉、施肥管理措施等因素有关。进行相关性分析发现，土壤固定态铵与 $NH_4^+ - N$、$NO_3^- - N$ 以及可溶性有机氮均呈显著正相关关系（$P < 0.05$）。添加抑制剂将改变土壤氮循环动力学（Halvorson et al.，2014），抑制剂对尿素水解与转化的抑制作用会提高土壤中氮素的含量，进而提高黏土矿物晶格对 NH_4^+ 的固定。Bengtsson 等（2000）也发现固定态铵的含量与土壤

NH$_4^+$－N 的可用性直接相关。由本试验结果可知（表 5－1），一个生长季后，包膜抑制剂型尿素处理土壤固定态铵的含量均有所升高，Ma 等（2015）也观察到尿素配施抑制剂会增加土壤固定态铵的含量。综上，包膜与抑制剂结合型尿素可以通过生物和非生物过程促进阳离子形式氮素的保留，减少氮素损失。

三、玉米生长季不同施肥处理对土壤气体排放的影响

1. 不同施肥处理土壤氨挥发的变化特征

（1）不同施肥处理土壤氨挥发速率的动态变化

不同施肥处理土壤氨挥发动态变化速率存在差异（图 5－10）。各施氮处理氨挥发峰值出现在施肥后第 7～9 天。未包膜尿素（U）处理出现两次氨挥发高峰，在第 2 天出现首次挥发峰后，第 7 天达到氨挥发峰值，为 8.48kg/（hm^2・d）（以 N 计），之后逐渐趋于平稳。缓释氮肥 PCU、PICU、PCIU 和 PCUI 处理在前 5d 的土壤氨挥发较为平缓，包膜尿素（PCU）处理氨挥发在第 8 天达到峰值，包膜抑制剂型尿素（PICU、PCIU、PCUI）处理则均在第 9 天达到氨挥发高峰，且峰值分别比 PCU 处理降低了 26.1%、31.8% 和 14.6%。PCIU 处理氨挥发速率的峰值最小，为 3.92kg/（hm^2・d）（以 N 计），比 U 处理降低了 53.7%，且比 PICU 和 PCUI 处理分别降低了 7.8% 和 20.2%。施肥 12d 后，各处理土壤氨挥发均趋于背景值水平。

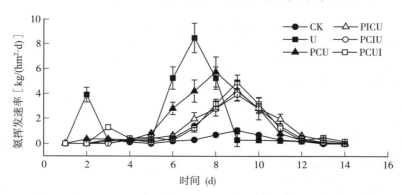

图 5－10　不同处理下氨挥发速率的动态变化

（2）不同施肥处理土壤氨挥发累积量

由图 5－11 可知，各处理土壤氨挥发累积量依次为 U＞PCU＞PCUI＞PICU＞PCIU＞CK。未包膜尿素（U）处理氨挥发累积量为 24.66kg/hm^2（以 N 计），NH$_4^+$－N 损失率为 8.7%。PCU、PICU、PCIU 和 PCUI 处理土壤氨挥发累积量比 U 处理分别减少了 7.9%、33.9%、44.5% 和 30.9%。包

膜抑制剂型尿素（PICU、PCIU、PCUI）较包膜尿素（PCU）处理分别减少了 28.3%、39.8% 和 25.0%，显著提升了氨挥发的减排效应（$P<0.05$）。PCIU 处理氨挥发累积量最小，为 13.68kg/hm² （以 N 计），分别比 PICU 和 PCUI 处理减少了 16.1% 和 19.7%，但 3 个处理之间无显著差异（$P>0.05$）。

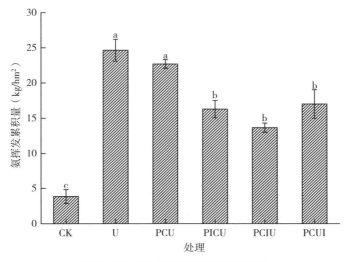

图 5-11　不同处理下氨挥发累积量

2. 不同施肥处理土壤温室气体排放的变化特征

（1）不同施肥处理土壤 N_2O、CO_2、CH_4 排放通量动态变化

在监测期间，各施氮处理土壤的 N_2O 排放通量均高于不施尿素（CK）处理（图 5-12）。未包膜尿素（U）处理土壤的 N_2O 排放在第 44 天出现高峰，峰值为 0.21mg/（m²·h）。在第 52 天前，包膜尿素（PCU）和包膜抑制剂型尿素（PICU、PCIU、PCUI）处理土壤的 N_2O 排放动态变化趋势相对平稳，排放通量均处于较低水平，延迟了排放峰值的出现。PCUI 和 PCU 处理在第 56 天出现 N_2O 排放峰，峰值分别为 0.18mg/（m²·h）和 0.20mg/（m²·h），PICU 和 PCIU 处理在第 62 天达到峰值，分别为 0.16mg/（m²·h）和 0.10mg/（m²·h）。80d 后各处理的 N_2O 排放逐渐趋于平稳。

在整个玉米生长周期，土壤 CO_2 排放通量变化幅度较大（图 5-13）。施入氮肥后第 38 天 U 处理出现明显的 CO_2 排放峰，峰值为 509.91mg/（m²·h）。包膜尿素（PCU）和包膜抑制剂型尿素（PICU、PCIU、PCUI）处理降低了 CO_2 排放强度且延迟了 CO_2 排放出现峰值的时间，在施肥后的第 56～62 天陆续达到排放高峰，且峰值分别降低了 20.0%、13.0%、33.7% 和 23.5%。第 74 天后，各处理土壤的 CO_2 排放均趋于平稳。

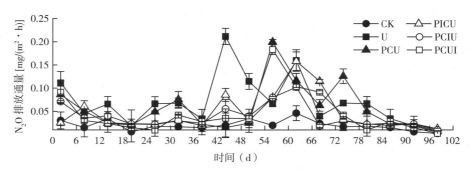

图 5 - 12　不同处理下 N_2O 排放通量动态变化

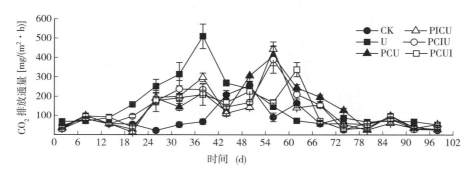

图 5 - 13　不同处理下 CO_2 排放通量动态变化

在整个玉米生长周期，各施氮处理土壤的 CH_4 排放通量变化特征呈现相似的趋势，施肥后前 56d 各处理的 CH_4 排放通量均处于较低水平，且前 20d 有减弱的趋势（图 5 - 14）。施肥后第 62～68 天，各处理相继出现 CH_4 排放峰，其中 PCUI 处理排放峰值最高，为 0.16mg/（m^2·h），相比于 U 处理增加了 53.3%。第 74 天后，各处理的 CH_4 排放通量均趋于背景值水平。此外，土壤的 CO_2 和 CH_4 排放强度呈现此消彼长的趋势。

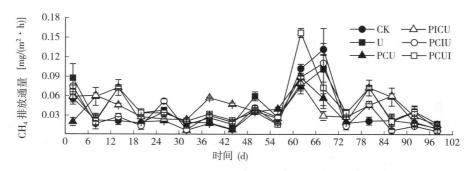

图 5 - 14　不同处理下 CH_4 排放通量动态变化

（2）不同施肥处理下土壤温室气体累积排放量

氮肥施入土壤后，能够显著提高温室气体累积排放量（表 5-2）。由本试验结果可知，未包膜尿素（U）处理土壤的 N_2O、CO_2 和 CH_4 累积排放量相比于 CK 分别增加了 261.2%、82.8% 和 28.4%。包膜抑制剂型尿素处理（PICU、PCIU、PCUI）土壤温室气体减排潜力优于包膜尿素（PCU）处理，能够更显著地降低温室气体累积排放量，其中 PCIU 处理为最优。PCIU 处理土壤的 N_2O、CO_2 和 CH_4 排放量比 U 处理显著降低了 49.1%、20.8% 和 21.0%（$P<0.05$）。PCUI 处理土壤的 N_2O 排放量比 U 处理显著降低了 38.7%，但同时 CH_4 排放量也增加了 1.7%。整个玉米生长期，不同施肥处理的 GWP 以 U 处理为最高。与 U 处理相比，PCU、PICU、PCIU 和 PCUI 处理的 GWP 分别降低了 9.9%、20.4%、24.2% 和 17.0%。

表 5-2　不同处理下温室气体累积排放量及增温潜势

处理	N_2O 累积排放量 (kg/hm², 以 N 计)	CO_2 累积排放量 (kg/hm², 以 C 计)	CH_4 累积排放量 (kg/hm², 以 C 计)	GWP (kg/hm², CO_2 当量)
CK	0.472±0.007e	1 998.66±177.15c	0.796±0.047a	2 159.10±173.83d
U	1.705±0.068a	3 654.35±192.95a	1.022±0.127a	4 187.85±210.10a
PCU	1.253±0.082b	3 376.00±149.59ab	0.886±0.057a	3 771.44±123.59ab
PICU	1.053±0.049c	2 994.26±26.75b	0.951±0.008a	3 331.83±41.54bc
PCIU	0.867±0.011d	2 895.14±45.88b	0.807±0.019a	3 173.72±49.61c
PCUI	1.045±0.018c	3 139.50±129.42b	1.039±0.080a	3 476.77±125.92bc

注：同列中不同小写字母表示处理间差异显著（$P<0.05$）。

3. 环境因素对土壤气体排放的影响

氮肥施入土壤后易发生水解矿化，引起土壤气体排放，排放强度受环境因素影响。试验期间 5cm 土层温度随时间推移逐渐升高，变化范围在 16.6～29.3℃，土壤充水孔隙度（WFPS）受降水和灌溉影响，变化范围在 30.3%～78.0%（图 5-15）。

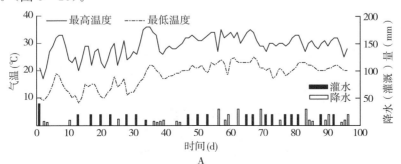

A

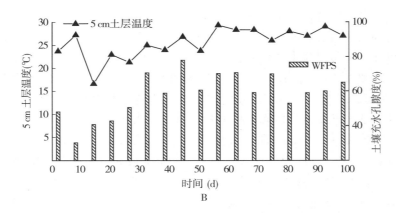

图 5 - 15　玉米生长季环境因素时间变化规律

A. 玉米生长季灌溉量及环境温度与降水量变化　B. 玉米生长季土层温度与土壤冲水孔隙度变化

相关分析结果表明（表 5 - 3），本试验中氨挥发与 5cm 土层温度呈正相关关系，与 WFPS 呈极显著负相关关系（$P<0.01$），与董文旭等（2011）的研究结果一致。前人的研究发现，土壤温度和 WFPS 均对 N_2O 和 CO_2 排放量具有显著影响（Qin et al.，2011；Wu et al.，2010）。在本研究中，土壤 N_2O 和 CO_2 排放量与 WFPS 呈极显著正相关关系（$P<0.01$）。N_2O 排放量与土壤温度呈显著正相关关系（$P<0.05$），而 CO_2 排放量与土壤温度之间的相关性未达到显著水平（$P>0.05$）。CH_4 排放量与 WFPS 呈负相关关系，但有研究者认为二者呈显著正相关关系（Mer et al.，2001）。本研究发现土层温度对 CH_4 排放量的影响未达到显著水平，与其他研究结果相似（Whalen et al.，1996）。然而，土壤气体排放强度受土壤特征、气候条件、农业管理措施等因素的综合影响，年际变化大，需要持续观测以明确环境效应的影响（李雨繁，2014）。

表 5 - 3　玉米生长季气体排放量与环境因子之间的相关关系

	NH_3	N_2O	CO_2	CH_4
5cm 土层温度	0.078	0.204*	0.044	0.043
WFPS	−0.509**	0.283**	0.335**	−0.091

注：*表示 $P<0.05$ 时显著相关，**表示 $P<0.01$ 时显著相关。

4. 氮素供应对土壤气体排放的影响

施氮处理土壤的氨挥发和 N_2O 排放量均显著高于无氮处理，表明施用氮肥可促进氨挥发和 N_2O 排放（李鑫等，2008）。未包膜尿素（U）施入土壤 2～4d 后即发生氨挥发，谢勇等（2016）在大田条件下也得到类似趋势。土壤溶液中的氮素浓度是衡量氨挥发的决定性指标（周亮等，2014）。相关分析结果表明（表5-4），氨挥发与 $NH_4^+ - N$ 和 $NO_3^- - N$ 含量均呈极显著正相关关系，盛伟红等（2018）也得到类似结果。马玉华（2013）通过研究发现，土壤可溶性有机氮含量与氨挥发呈显著正相关关系，与本试验结果一致。本试验中 N_2O 排放高峰较晚出现，可能是因为施肥后立即采取灌溉措施，有效稀释了土壤溶液中的 NH_4^+ 和 NO_3^-（董文旭等，2011），减缓了反硝化作用。李昊儒等（2018）发现在华北地区夏玉米季土壤 N_2O 排放峰值出现在拔节期和抽雄期，与本研究趋势相似。土壤 $NH_4^+ - N$ 和 $NO_3^- - N$ 是硝化和反硝化的直接底物，也是影响 N_2O 排放的主要因素（Azeem et al.，2014）。玉米生长季土壤 N_2O 排放与 $NH_4^+ - N$ 和 $NO_3^- - N$ 含量存在正相关关系，与前人的研究结果一致（Cuello et al.，2015），但在本试验条件下未达到显著水平（$P > 0.05$）。各处理中 N_2O 通量的变化规律也大致反映了土壤 $NO_3^- - N$ 含量的变化情况（Bernie et al.，2016）。然而，基于反硝化作用动力学，某些条件下低 $NO_3^- - N$ 浓度（即 5mg/kg）不一定会限制反硝化作用，进而减少 N_2O 的排放（Parkin et.，2013）。在有利于反硝化作用的条件下（降水或灌溉），N_2O 依旧会急剧排放（Pelster et al.，2011）。缓释氮肥对 NH_3 和 N_2O 的减排潜力是基于土壤有效氮释放能够与作物氮素需求同步而实现的，它能够延缓养分释放速率，防止土壤氮素含量过高而转变为气态氮（纪洋等，2012），既延迟了 N_2O 排放和氨挥发的出峰时间又减少了其累积排放量。朱永昶等（2016）研究发现，包膜尿素和抑制剂型尿素对华北春玉米田土壤 N_2O 的减排率达 35% 左右。周丽平等（2016）研究发现树脂包膜尿素显著降低了 22% 的田间氨挥发累积量。胡小凤等（2010）发现在室内培养条件下，包膜复合肥能够显著降低土壤氨挥发损失。本试验结果未达到显著水平（$P > 0.05$），这可能与包膜材料特性、土壤 pH 和气候条件等因素有关。本研究土壤 $N_2O - N$ 的损失率为 0.2%～0.5%，$NH_3 - N$ 的损失率为 4.1%～8.7%。邱炜红等（2011）在辣椒地施用抑制剂型肥料土壤 $N_2O - N$ 的损失率为 0.5%～1.0%，谢勇等（2016）在玉米田施用包膜肥料后，土壤 $N_2O - N$ 的损失率为 0.3%～0.7%，$NH_3 - N$ 的损失率为 8.6%～9.7%。包膜抑制剂型尿素（PICU、PCIU、PCUI）比包膜尿素（PCU）处理土壤氨挥发和 N_2O 累积排放量显著减少了 25%～40% 和 16%～31%（$P < 0.05$）。可见，包膜与抑制剂联合调控可以进一步提升气体减排效果，对控制尿素水解更有效，能够有效避免尿素快速水解导致的土壤 $NH_4^+ - N$ 浓度激增，有效减缓了土壤氮素气态损失（张丽莉等，2009）。包膜抑制剂涂层尿素（PCIU）处理 NH_3 和 N_2O 累积排放量显著低于含抑制剂包膜尿素（PICU）和抑制剂涂层包膜尿素（PCUI）处理，这可能是由于 PICU 处理将改性聚乙烯醇与抑制剂结合后，发生了某种交联反应，改变

了包膜材料的特性或降低了抑制剂的抑制效果。PCUI 处理抑制剂在膜外部易受水分等因素影响（Abalos et al.，2014），待养分溶出时抑制效果已大大降低，而 PCIU 处理能够控制尿素和抑制剂同步释放，实现对尿素的溶出和转化双重调控，从源头上控制土壤氮素含量，减少氮素气态损失。

尿素为土壤微生物提供生长繁殖所必需的氮源，刺激有机碳矿化和分解（Álvaro-Fuentes et al.，2013），因此施氮处理土壤的 CO_2 排放量较高（武文明等，2009）。然而，随着土壤中尿素态氮含量的降低，这种激发效应会逐渐减弱甚至消失（Wang et al.，2010）。包膜抑制剂型尿素（PICU、PCIU、PCUI）处理的 CO_2 累积排放量低于包膜尿素（PCU）处理，可能是因为添加抑制剂会减少 H^+ 的释放，最终减少土壤无机碳的溶解。CO_2 排放量与土壤可溶性有机氮含量呈显著负相关关系，与 Jiang 等（2010）在高寒草甸地区的研究结果相似。此外，本试验观察到 CO_2 和 N_2O 排放量之间存在极显著正相关关系（表 5-4），与前人的研究结果一致。这是由于 CO_2 由携带电子的碳水化合物产生，而这些电子会在反硝化过程中将 NO_3^- 还原为 N_2O（Yoshinari et al.，1977）。土壤 CH_4 排放量与厌氧产甲烷细菌呈正相关关系（Urbanová et al.，2013），与好氧甲烷细菌呈负相关关系（Han et al.，2013）。通风良好的旱地会抑制产甲烷菌的活动，导致 CH_4 累积排放量较低（高德才等，2015），与本试验的研究结果一致。施入氮肥后土壤 CH_4 的排放量增加（Hawthorne et al.，2017），因为添加的氮素影响了土壤养分供应，促进了 CH_4 的排放（Bodelier et al.，2004）。玉米生长周期内，PCU、PICU 和 PCIU 处理土壤的 CH_4 累积排放量较低，可能是缓释氮肥能够使土壤中留存更多的养分，增强了甲烷氧化菌的活性（Linquist et al.，2012），而它们对 CH_4 排放量的降低效果大于增强效应，最终减少了 CH_4 的排放。Linquist 等（2012）通过荟萃分析发现，物理涂层尿素或添加化学抑制剂使土壤 CH_4 排放量减少了 15%，N_2O 排放量减少了 28%，减排潜力低于本试验中包膜与抑制剂结合型尿素处理。

表 5-4　玉米生长季土壤气体排放与氮素供应之间的相关性

	N_2O	CO_2	CH_4	NH_4^+-N	NO_3^--N	SON	MBN	FA
NH_3	0.053	-0.100	0.045	0.522**	0.527**	0.431**	0.289**	0.087
N_2O		0.376**	0.296**	0.031	0.037	0.013	0.150	-0.171
CO_2			0.002	-0.166	-0.187	-0.241*	0.097	-0.015
CH_4				0.106	0.120	0.082	0.054	-0.140

注：* 表示 $P<0.05$ 时显著相关，** 表示 $P<0.01$ 时显著相关。

四、不同施肥处理对土壤-玉米系统^{15}N分配利用的影响

1. 不同施肥处理对玉米生物量及^{15}N利用率的影响

玉米生长季的产量构成要素可以反映施肥对作物产量的影响。由表5-5可知，各施氮处理玉米穗长、穗粗和百粒重均优于不施氮处理，但各施氮处理之间无显著差异（$P>0.05$）。PCIU处理玉米穗长、穗粗和百粒重相比U处理分别增加了6.6%、6.1%和6.9%。而PCU和PCUI处理的玉米穗长较U处理略有降低。施入氮肥后玉米产量显著增加。与U处理相比，PCU处理的玉米籽粒产量增加了1.4%，但增产效果未到达显著水平（$P>0.05$）。PICU和PCIU处理的籽粒产量为297.7g/盆和285.2g/盆，较U处理分别显著提高了13.0%和18.0%（$P<0.05$）。PCUI处理玉米产量较U处理有4.9%的降低，但二者差异不显著（$P>0.05$）。

表5-5　不同处理下的玉米产量及其构成因素

处理	穗（cm）	穗粗（mm）	百粒重（g）	产量（g/盆）
CK	18.80±0.70a	48.33±0.05b	32.17±1.53b	209.02±2.67c
U	20.07±0.90a	49.33±0.05ab	33.70±1.06ab	252.33±9.93b
PCU	19.07±2.65a	51.00±0.26ab	34.37±2.50ab	255.80±6.55b
PICU	20.60±1.68a	51.33±0.15ab	33.93±1.51ab	285.20±13.43a
PCIU	21.40±0.46a	52.33±0.21a	36.03±1.80a	297.70±6.62a
PCUI	19.40±0.78a	50.67±0.12ab	32.90±0.75ab	239.90±12.80b

注：同列中不同小写字母表示处理间差异显著（$P<0.05$）。

由表5-6可知，PCIU处理茎叶生物量最高，为187.52g/盆，比U处理提高了18.4%。其次为PICU处理，茎叶生物量较U处理提高了15.0%。但各施氮肥处理之间茎叶生物量未达到显著差异（$P>0.05$）。施氮促进了玉米根系发育，显著提高了根生物量。PCIU和PICU处理玉米根系生物量较U处理显著提高了13.3%和5.8%（$P<0.05$）。从玉米成熟期的氮素吸收特性来看，施氮显著提高了玉米氮素累积量（$P<0.05$）。包膜抑制剂型尿素（PICU、PCIU、PCUI）处理玉米植株的氮素累积量均高于U处理，其中PCIU处理最大，较U处理显著提高了14.4%（$P<0.05$）。PCIU处理对肥料氮的吸收亦最高，其次为PICU处理。PICU和PCIU处理玉米全植株对^{15}N吸收量较U处理分别显著提高了55.9%和77.1%（$P<0.05$）。PCUI处理玉米^{15}N吸收比U处理提高了15.5%，但差异不显著（$P>0.05$）。PCU处理的增产效应虽未达到显著水平，但其玉米植株的^{15}N累积量与U处理间存在本质

区别，使肥料氮吸收显著提高了 31.4%。施用包膜尿素或包膜抑制剂型尿素均能显著提高肥料氮素利用效率。PCIU 处理的^{15}N 利用率最高，为 57.76%。其次是 PICU 处理，其^{15}N 利用率为 50.85%。

表 5-6 不同处理下玉米生物累积量及氮素吸收

处理	茎叶干重 (g/盆)	根干重 (g/盆)	氮素吸收 (g/盆)	^{15}N 吸收 (mg/盆)	^{15}N 利用率 (%)
CK	147.48±3.11b	39.32±1.52d	3.28±0.06c	—	—
U	158.38±12.18ab	51.35±2.00bc	3.75±0.21b	44.22±3.97d	32.62±2.93d
PCU	170.23±9.79ab	52.76±1.88bc	3.96±0.10ab	58.10±1.26c	42.86±0.93c
PICU	182.14±10.49a	54.35±1.25ab	4.06±0.11ab	68.94±4.40b	50.85±3.25b
PCIU	187.52±6.52a	58.16±0.93a	4.29±0.11a	78.30±3.69a	57.76±2.73a
PCUI	161.28±10.26ab	48.88±1.22c	3.83±0.08b	51.05±1.28cd	37.66±0.94cd

注：同列中不同小写字母表示处理间差异显著（$P<0.05$）。

2. 不同施肥处理土壤微生物及黏土矿物对^{15}N 的固持特征

整个玉米生长季，各施氮处理土壤微生物对肥料氮素固持的变化趋势相似（图 5-16A），即从苗期至抽雄期逐渐降低，成熟期略微增加。各处理土壤微生物固定的肥料氮在玉米抽雄期的释放率约为 62.4%～82.2%。黏土矿物对肥料氮素固持的变化特征与土壤微生物相似，各施氮处理黏土矿物固定的肥料氮从苗期到抽雄期逐渐减少并且在成熟期有所增加（图 5-16B），在抽雄期的释放率为 54.0%～83.7%。总体而言，在成熟期，^{15}N 标记尿素对土壤微生物量氮和固定态铵的总贡献率达 13.1%～20.4%，包膜抑制剂型尿素（PCIU、PICU、PCUI）处理能够提升土壤微生物和黏土矿物对肥料氮素的固持能力，其中 PCUI 处理^{15}N 的总固持率最大。

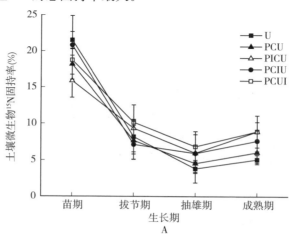

A

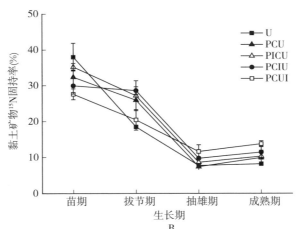

图 5-16　不同处理下各时期土壤微生物和土矿物对肥料氮的固持特征

A. 土壤微生物　B. 黏土矿物

3. 不同施肥处理^{15}N 在土壤-玉米系统中的分配

不同施氮处理土壤-玉米系统中肥料氮素的分配特征存在差异（图 5-17）。一个生长季后，各施氮处理有 42.3%～59.0%的肥料氮留存于土壤，U 处理残留率最高。各施氮处理玉米不同器官对肥料氮素的利用特征存在显著差异（$P<$0.05），籽粒对氮素的利用最高，其次为茎叶，根只吸收了 2%左右的肥料氮，利用效率最低。PCIU 处理玉米植株的^{15}N 利用率最高，其中根、茎叶和籽粒分

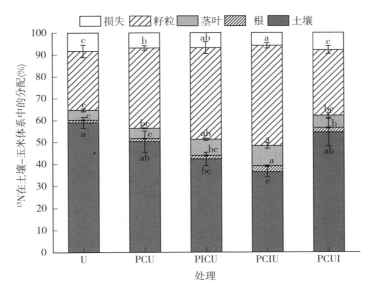

图 5-17　不同处理下^{15}N 在土壤-玉米系统中的分配

别吸收了 2.7%、9.2% 和 45.8% 的肥料氮素，该处理残留在土壤中的肥料氮素占总施氮量的 36.4%。PICU 处理有 42.3% 的肥料氮留存于土壤，玉米根、茎叶和籽粒的 ^{15}N 利用率分别为 1.6%、7.4% 和 41.9%。PCUI 处理玉米根、茎叶和籽粒的吸氮量分别占施入肥料氮素总量的 2.1%、5.6% 和 30.0%，且有 54.5% 的肥料氮残留于土壤。与 U 处理相比，PICU 和 PCIU 处理玉米籽粒对肥料氮的吸收利用显著提高了 55.7% 和 70.3%（$P<0.05$）。

4. 不同施肥处理对玉米氮素利用的影响

平衡作物氮素需求和氮素供应之间的关系，对增加作物产量和提高氮肥利用率尤为重要（Fan et al.，2004）。有研究发现，施用树脂包膜尿素显著提高了玉米累积生物量（Kundu et al.，2016）。王斌等（2015）也证实了包膜尿素和抑制剂型尿素均对水稻产量具有促进作用。然而，Linquist 等（2013）研究发现某些缓释肥在一定条件下不能显著增加作物产量和促进氮素吸收，甚至会产生负效应。Grant 等（2012）研究发现施用包膜尿素会影响作物生长初期氮素的有效性，限制作物生长，降低玉米籽粒产量。因此，并非所有缓释氮肥都能增加产量和氮素积累量，只有氮素释放速率与作物需求规律一致时，才能达到更好的增效作用。本试验包膜尿素处理的玉米籽粒产量较未包膜尿素略有提高，但未达到显著差异。PICU 和 PCIU 处理对玉米的增产效应优于 PCU处理。宋以玲等（2015）自制的包膜抑制剂型缓释肥与包膜缓释肥相比，提高了 65.5% 的作物生物量。可见，包膜抑制剂型氮肥的肥效优于仅用物理技术包膜的氮肥。本试验中 PCIU 处理的玉米产量最高，这可能是因为尿素和抑制剂的同时释放避免了土壤矿质氮含量的急剧增加，减少了氮素损失，养分释放速率与玉米养分需求规律更匹配，促进了作物对氮素的吸收利用。PCUI 处理降低了籽粒产量，但增加了茎叶生物量，这可能是因为处于膜外的抑制剂在玉米生长早期限制了土壤氮矿化，而膜内尿素释放缓慢，使作物能够利用的氮素减少，一定程度上限制了玉米生长。包膜抑制剂型尿素处理土壤在作物生育后期仍能维持较多的营养物质，造成了茎叶奢侈吸氮（王斌等，2015），因此它们的茎叶干物质重均有所增加。

5. 不同施肥处理对土壤 ^{15}N 固持的影响

肥料氮的有效性取决于其在土壤中的固定化周转（Bengtsson et al.，2000），测定来源于肥料的固持态氮含量可能更有助于深入了解肥料氮的命运。施氮会促进土壤微生物同化氮素，同时土壤矿物晶格也能够迅速固定土壤中的 NH_4^+。土壤微生物量氮和固定态铵作为肥料氮素的储存库，能够提高氮素利用效率，对减少作物生长早期肥料氮损失发挥着十分重要的作用。且与微生物量氮库相比，固定态铵库对肥料氮素的保存和供应作用更为关键（Guiraud et al.，1992）。本试验研究结果表明，微生物量氮中来自尿素的比例较少，可能是因为植株对氮素吸收利用的竞争力较大。土壤微生物和黏土矿物固定的肥料氮从苗期到抽穗期逐渐减少，表明在玉米生长季发生的氮素矿化和有效氮损失将导致二者释放其固定的氮素以供作物吸收利用。因此，微生物量氮库和固定态铵库在作物生长方面具有至关重要的作用。有研究结果表明，在作物生长期间新的微生物量氮比原有的更活跃（黄思光等，2005），新固定的 NH_4^+ 比原本固定的 NH_4^+ 更有效（文启孝等，2000）。包膜与抑制剂联合调控增加了土壤对肥料氮素的固持，能够更好地弥补土壤氮素亏空，提高土壤肥力。

6. 不同施肥处理对土壤-玉米系统 ^{15}N 利用及分配的影响

尽管有人指出，在实验室条件下制备的 ^{15}N 标记包膜尿素比商业包膜尿素的养分释放更快（Katyal et al.，1985），但为了最有效地反映氮肥来源的实际效率，不得不使用 ^{15}N 示踪技术，以便在土壤-植物系统中探索氮的命运（Chalk et al.，2015）。农田土壤中肥料氮通常以硝态氮淋溶和氮素挥发的形式损失。本试验盆的底部无孔隙，因此不会发生淋溶损失，肥料氮素以气态的形式损失。一个生长季后大部分肥料氮残留在土壤中，氮肥利用效率的范围在 $33\%\sim58\%$，这与其他研究结果相似（侯毛毛等，2016）。一项干旱区田间试验发现 33% 的肥料氮被作物吸收，43% 残留于土壤，18% 发生损失（Ichir et al.，2003），与本试验的结果类似。Li 等（2015）报道，作物吸收的肥料氮、土壤残留氮和氮损失分别占总施氮量的 32%、32% 和 35%。而本研究的氮素损失更低且土壤氮残留更高，这可能归因于不同的肥料类型、土壤条件和种植管理策略。本试验施肥后立即采取灌溉措施，有效稀释了土壤溶液中 NH_4^+ 和 NO_3^-（董文旭等，2011），减缓了反硝化作用和氨挥发，进而减少了氮素损失（Ichir et al.，2003），而 Li 等在施用氮肥后未进行灌溉，因此氮素损失率较高。刘德林等（2002）的研究表明，施用缓释尿素可使 ^{15}N 利用率高达73.8%。本试验结果与其有一定差异，可能是因为刘德林等在制备 ^{15}N 标记缓释尿素时添加了淀粉等黏合剂，再通过模具挤压成型，使肥料的物理结构发生改变，影响养分释放（杨俊刚等，2014）。Cannavo 等（2013）在咖啡种植园中施用 ^{15}N 标记尿素，发现仅有 25.2% 的肥料氮素被植物吸收利用。综上，可以实现将抑制剂与包膜技术结合使用的实质性益处，PCIU 处理玉米植株中尿素氮的利用率最高，这表明聚合物包膜抑制剂涂层尿素在双重控制氮素行为以及减少氮损失方面更有效。此外，一个生长季后，大部分肥料氮残留于土壤中，能够有效补偿土壤氮库亏空，供给下茬作物吸收利用。

第二节　生物基包膜抑制型尿素对土壤温室气体排放及小青菜产量的影响

本节内容以东北地区常见的农业资源废弃物菌渣为主要原材料制备可在土

壤中降解的生物基包膜材料，同时配合脲酶抑制剂、硝化抑制剂共同包膜尿素颗粒，制备抑制型尿素、生物基包膜尿素及生物基包膜抑制型尿素，采用密闭式静态箱-气相色谱法测定盆栽试验条件下施用不同类型包膜尿素对土壤温室气体排放特征的影响，探究施用不同类型包膜尿素对土壤温室气体排放综合增温潜势（GWP）、排放强度（GHGI）及小青菜产量的影响。

一、试验材料与方法

1. 试验材料

（1）供试土壤

供试土壤取自沈阳农业大学后山科研基地 0～20cm 耕层土壤，土壤类型为典型棕壤。取土后，自然风干，压碎，剔除根系、石砾，过 2mm 筛备用。盆栽试验地点为沈阳农业大学后山科研大棚。供试土壤 pH 为 6.75，有机质含量为 20.46g/kg，碱解氮含量为 111.44mg/kg，速效磷含量为 21.53mg/kg，速效钾含量为 137.57mg/kg。

（2）供试材料

供试肥料：普通尿素，氮素含量为 46.4%；过磷酸钙，P_2O_5 含量为 12%；硫酸钾，K_2O 含量为 50%。

供试抑制剂：3,4-二甲基吡唑磷酸盐（DMPP），正丁基硫代磷酰三胺（NBPT），两种抑制剂用量均为肥料总氮含量的 1%。

主要供试包膜材料：废弃菌渣、丙三醇、聚乙二醇、正己烷、多苯甲基多异氰酸酯、纳米二氧化硅及 1H，1H，2H，2H-全氟癸基三乙氧基硅烷（FAS）。

供试作物：小青菜，品种为苏州青。

2. 新型肥料的制备

（1）抑制型尿素的制备

将粒径为 2～4mm 的尿素置于流化床包衣机中，预热至 50～60℃，将抑制剂溶液通过蠕动泵雾化后与肥料均匀混合，反应 10min 左右。

（2）生物基包膜尿素的制备

首先，将 360mL 聚乙二醇和 40mL 丙三醇加到带有电动搅拌器、回流冷凝管和控温装置的反应釜内，加热至 100℃，加入过 60 目筛的菌渣 80g 和浓硫酸 12mL，升温至 165℃，反应 1h，结束后冷却至室温，取出液化菌渣基多元醇，密封备用。

随后，将 500g 普通尿素置于转鼓包衣机中，转速为 50r/min，预热至 50～60℃，将 5g 纳米改性包膜液（$n_{菌渣基多元醇}：n_{NCO}=1：1$；纳米二氧化硅用量为菌渣基多元醇用量的 2%）加入包衣机中，固化 10min，此时包膜厚度为 1%，重复7次，制备包膜厚度为7%左右的生物基包膜抑制型尿素。随后，将50g制备的生物基包膜尿素置于含1%FAS的正己烷溶液中组装1h，取出60℃烘干备用。

（3）生物基包膜抑制型尿素的制备

所用尿素为本部分（2）中制备的抑制型尿素，包膜方法同生物基包膜尿素的制备方法。

3. 盆栽试验

试验所用陶瓷盆高35cm，内径为25cm。每盆装风干土10kg，将盆埋入大棚内土地中，使盆内土壤表面与地面平齐。

试验处理及肥料用量如下：①不施氮肥处理CK（磷肥51.67g，钾肥5.2g）；②施用普通尿素处理U（普通尿素11.3g，磷肥51.67g，钾肥5.2g）；③施用抑制剂涂层尿素处理I（抑制型尿素11.56g，磷肥51.67g，钾肥5.2g）；④施用生物基包膜尿素处理CRU（生物基包膜尿素12.09g，磷肥51.67g，钾肥5.2g）；⑤施用生物基包膜抑制型尿素处理CIRU（生物基包膜抑制型12.38g，磷肥51.67g，钾肥5.2g）。每个处理重复3次，盆栽试验中肥料用量为：N 0.52g/kg，P_2O_5 0.62g/kg，K_2O 0.26g/kg。所用氮、磷、钾肥均作基肥，于播种前一天一次性施入，生长过程中不再追肥。试验开始后第4天出苗，第12天间苗。小青菜生育期内，定期补充水分，使土壤含水量保持在55%左右。

（1）土壤温室气体的采集与测定

温室气体采用密闭式静态箱法采集。密闭式静态箱分为箱体和底座两部分，材质均为有机玻璃。箱体长40cm，宽40cm，高60cm；底座长宽同箱体一致，高为25cm，埋入土壤中约8cm，整个小青菜生长期内不再移动，底座与盆之间的裸露土壤用地膜覆盖。箱体顶部插有温度计，以便记录箱内温度。每次采集气体时均用水密封底座凹槽，以保证密闭的采样环境。

于试验开始后的第1天、第5天、第9天、第13天、第17天、第23天、第29天、第35天和第41天采集气体样品。采样时间从8：00开始，每个处理采集4次，采样间隔为10min，采样的同时记录箱内实时温度，每次采集气体体积为50mL，并用注射器注入真空气袋中密封保存，采样结束后立即带回实验室用气相色谱仪（安捷伦7890B）测定。

计算公式为

$$F = \rho \times H \times (\Delta c / \Delta t) \times 273/(273+T) \times 60 \qquad (5-11)$$

式中，F 为温室气体排放通量［mg/($m^2 \cdot h$)（以N计或以C计）］，ρ 为标准状态下气体的密度（g/L），H 表示箱体实际高度（m），$\Delta c / \Delta t$ 为箱体中气体的排放速率［$\mu L/(L \cdot min)$］，T 为箱内温度（℃）。

温室气体排放累积量计算公式如下：

$$C = \sum_{i=1}^{n} (F_{i+1} + F_i) / 2 \times (t_{i+1} - t_i) \times 24 \qquad (5-12)$$

式中，C 为温室气体累积排放量（mg/m^2，以 N 计或以 C 计），F 为温室气体排放通量，[$mg/(m^2 \cdot h)$，以 N 计或以 C 计]，i 为第几次采集气体，n 为采集的总次数。

（2）土壤样品的采集与测定

试验前采集土壤样品测定其基础理化性质。试验开始后，于第 15 天、第 30 天、第 45 天采集土壤样品，从每盆中随机取 4 份以获得复合土样。将土壤样品充分混合，并手动去除所有可见的植物残余物及杂质，于 4℃ 冰箱中保存，用来测定土壤铵态氮、硝态氮。

（3）植物样品的测定

小青菜于第 45 天收获，用游标卡尺及直尺测量株高，接着称重并计算产量。

4. 数据分析

试验数据用 SPSS19.0 和 Excel2013 进行统计分析，采用 Origin 进行作图分析。

综合增温潜势（GWP）：$GWP = 28 \times f_{CH_4} + 265 \times f_{N_2O} + f_{CO_2}$　(5-13)

式中，28 和 265 分别为在 100 年尺度上，单位分子的 CH_4 和 N_2O 的增温潜势分别为 CO_2 的倍数。f_{CH_4}、f_{N_2O} 和 f_{CO_2} 分别为整个小青菜生育期气体排放累积量（kg/hm^2，以 CO_2 计）。

温室气体排放强度（GHGI）：$GHGI = GWP/Y$　　　　　(5-14)

式中，Y 为单位面积小青菜的产量（kg/hm^2）。

二、生物基包膜抑制型尿素对土壤无机氮含量影响

不同施肥处理下各时期土壤铵态氮含量如图 5-18A 所示，在第 15 天时，处理 U 的铵态氮含量最高，为 6.623mg/kg，显著高于其他处理，较处理 I、CRU 与 CIRU 分别高出 19.27%、25.12% 和 32.15%。第 30 天时，处理 CIRU 的铵态氮含量最高，为 6.642mg/kg，显著高于处理 U，但是与处理 CRU 差异不显著。在第 45 天时，与处理 U 相比，处理 CIRU 和 CRU 的铵态氮含量分别高出 72.81% 和 70.34%，但两者间差异不显著。

不同施肥处理下土壤硝态氮含量如图 5-18B 所示，第 15 天时，各个施肥处理的硝态氮含量均显著高于 CK，其中处理 U 的硝态氮含量最高，为 18.768mg/kg。第 30 天时，处理 CIRU 的硝态氮含量最高，为 20.702mg/kg，处理 CRU 的硝态氮含量低于处理 CIRU，但是两者间差异未达到显著水平；

而处理 U 的硝态氮含量则显著低于处理 CIRU 和 CRU。第 45 天时，各处理硝态氮含量变化规律与第 30 天时一致。其中，处理 CIRU 的硝态氮含量最高，为 21.07mg/kg，与处理 CRU 间差异不显著，但显著高于其他 3 个处理。此外，处理 I 的硝态氮含量较第 30 天时有所下降，但与 CK 及处理 U 的差异不显著。这表明所制备的生物基包膜尿素及生物基包膜抑制型尿素能够有效延长养分释放时间，可以在小青菜的整个生长期内供应充足的养分。

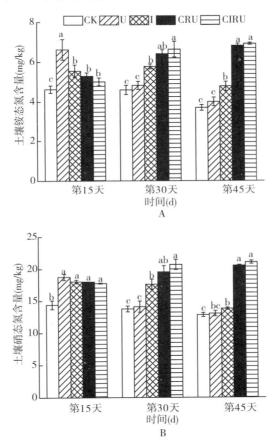

图 5 - 18　不同施肥处理下各时期土壤无机氮含量
注：不同小写字母表示不同处理间差异显著（$P<0.05$）。

三、生物基包膜抑制型尿素对土壤温室气体排放的影响

1. 对温室气体排放动态变化的影响

如图 5 - 19A 所示，在整个小青菜生长期内，各处理的土壤 N_2O 排放通量均高于 CK。处理 I 于第 5 天出现第一个排放高峰，为 0.01mg/（m^2·h）（以

N 计），于第 23 天出现第二个排放高峰，为 0.13mg/（m² · h）（以 N 计），而且在整个生长期内 N₂O 排放通量一直处于较高水平。处理 U 的 N₂O 排放通量在第 9 天开始明显上升，第 29 天出现峰值，为 0.18mg/（m² · h）（以 N 计）。与处理 U 相比，处理 CRU 在第 23 天前的 N₂O 排放动态趋势均比较平稳，第 23 天出现排放高峰，为 0.07mg/（m² · h）（以 N 计）。在整个小青菜生长期内，处理 CIRU 的 N₂O 排放动态趋势均比较平稳，未出现明显峰值，且显著低于处理 U。

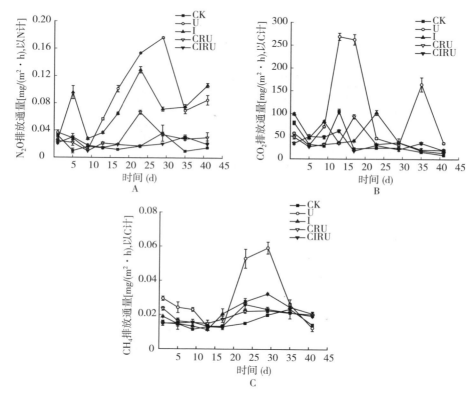

图 5-19　不同施肥处理下温室气体排放通量动态变化

N_2O 是硝化作用与反硝化作用的产物。尿素被施入土壤后，在脲酶作用下水解成铵态氮，铵态氮的大量累积不仅推进了氨的挥发进程，还能够促进硝化-反硝化作用，并产生 N_2O 排放到大气中。在本试验中，相比于对照，施氮处理的 N_2O 排放量显著提高，这表明施用氮肥会增加 N_2O 的排放，这与李鑫等的研究结果一致。同时，进行生物基包膜的尿素要比普通尿素（U）及抑制型尿素（I）的 N_2O 减排效果好，这与朱永昶等的研究结果一致。处理 CRU 与处理 CIRU 相比，N_2O 排放出峰较早，同时累积排放量也显著增加，这可能是因为生化抑制剂与生物基包膜结合后能够实现养分从溶出到在土壤中转化的双段调控，当膜内养分与抑制剂通过膜间孔隙进入土壤后，脲酶抑制剂和硝化抑制剂进一步抑制尿素水解进程及硝化作用，同时通过在整个小青菜生育期内土壤铵态氮和硝态氮的变化趋势也可以看出普通尿素的养分释放较快，而处理 CIRU 则随着小青菜的生长而逐渐释放养分，从而降低了 N_2O 的排放与累积量。巴闯等曾将包膜与抑制剂相结合作用于玉米盆栽，最终证明包膜与抑制剂相结合能够减少 49.00% 的 N_2O 排放量。

　　各处理的 CO_2 排放通量变化规律如图 5-19B 所示。施肥后的 5d 内，各处理的 CO_2 排放通量均呈现下降的趋势。各处理的 CO_2 排放通量峰值均出现在第 10～30 天，其中，处理 U 的 CO_2 排放通量在第 13 天达到了 268.88mg/(m² · h)（以 C 计）。处理 CIRU 的峰值也出现在第 13 天，为 61.91mg/(m² · h)（以 C 计），较处理 U 显著减少了 76.97%。在第 30 天之后，除了处理 U 出现第二个峰值以外，其余处理均呈平稳释放的趋势。

　　Royer 等认为，在农田生态系统中，施肥是影响 CO_2 排放的主要因素。施用氮肥能够明显增加土壤 CO_2 的排放量，不施氮处理的 CO_2 排放累积量要显著低于各个施氮处理并降低增温潜势，这与王艳群等的研究结果一致。本研究同等施氮水平下，处理 U 的 CO_2 累积排放量要高于处理 I（46.13%），说明普通尿素与抑制剂配施能够显著减少 CO_2 的排放，其原因是 NBPT 等硝化抑制剂能够延缓硝化作用，降低土壤 pH。但是，抑制型尿素受环境影响较大，抑制时间较短，因此限制了其发展。处理 CRU 与处理 CIRU 在整个小青菜生育期内的 CO_2 累积排放量均呈较低水平，较处理 U 分别减少了 59.20% 和 61.96%，这是因为包膜尿素能够使养分的释放更加符合作物的生长规律，减少土壤中不能被作物利用的氮素，因此不能为微生物活动提供充足的养分，同时还增大了土壤的 C/N，抑制了微生物的呼吸作用，从而减少了土壤 CO_2 的排放。

　　各处理的 CH_4 排放通量动态变化如图 5-19C 所示。各个施肥处理的 CH_4 排放通量均呈现大致相同的趋势。施肥后第 15 天内，各个施肥处理的 CH_4 排放通量均有下降的趋势。第 17～35 天相继出现 CH_4 的排放峰，其中处理 U 的峰值最高，达到了 0.06mg/(m² · h)（以 C 计）。处理 CIRU 的峰值出现在第 23 天，为 0.026mg/(m² · h)（以 C 计）。第 35 天后，每个施肥处理的 CH_4 排放通量均呈现下降趋势。

　　土壤活性有机碳含量及土壤的 C/N 是决定土壤产生 CH_4 能力的核心因素。本研究中，各个施氮处理的 CH_4 累积排放量与 CK 相比增加了 20.73%～72.68%，是因为施用氮肥增加了土壤中外源氮的介入，从而促进了土壤中有机质的分解，显著地提高了 CH_4 的排放量。小青菜生育期内，处理 I、CRU 及 CIRU 的 CH_4 累积排放量均显著低于处理 U，这是因为包膜尿素或者生化抑制剂能够有效延缓尿素的释放，并且在土壤中留存更多的养分，从而增强了甲烷氧化菌的活性，并且它们对于 CH_4 排放的抑制效果大于增强效应。

综上，生物基包膜抑制型尿素能够延迟气体排放达到峰值的时间，显著减少温室气体的排放，说明对尿素进行物理包膜能够有效延缓养分的溶出过程，使养分的释放更加符合作物生长的需肥曲线，而 DMPP 和 NBPT 则能够抑制土壤中氨氧化微生物的活性及脲酶活性，延缓尿素水解和氨氧化过程，降低硝酸盐淋溶及反硝化损失。可见，生物基包膜与抑制剂配合施用，能够有效提升对温室气体的减排效果，对控制尿素水解、提高氮素利用率更有效。

2. 对温室气体累积排放量、综合增温潜势及排放强度的影响

如表 5-7 所示，在小青菜整个生育期，各个处理的 N_2O、CO_2 和 CH_4 累积排放量顺序均为 U＞I＞CRU＞CIRU＞CK。与处理 U 相比，处理 CIRU、CRU 和 I 的 N_2O 累积排放量显著降低了 76.52%、66.76% 和 18.46%，CO_2 累积排放量显著降低了 61.99%、59.32% 和 46.53%，CH_4 累积排放量显著降低了 30.08%、27.86% 和 25.40%。处理 CIRU 的减排潜力优于处理 CRU 及 I，其与 CK 的 N_2O 和 CO_2 的累积排放量无显著差异，表明生物基包膜与抑制剂联合使用能够实现养分溶出与其在土壤中转化的双段调控。

小青菜生育期不同施肥处理的温室气体综合增温潜势和排放强度的估算结果如表 5-7 所示。在所有处理中，不施肥处理的增温潜势最低，说明施用氮肥就会提高增温潜势。在所有施肥处理中，各处理的增温潜势顺序为 U＞I＞CRU＞CIRU。同时，处理 I、CRU、CIRU 与处理 U 相比，综合增温潜势分别显著降低了 40.44%、60.66% 和 65.02%。而结合小青菜产量来看，各个施肥处理的温室气体排放强度依旧与综合增温潜势呈现相同的趋势，处理 I、CRU、CIRU 与处理 U 相比，温室气体排放强度显著降低了 26.36%、70.70% 和 79.21%。处理 CIRU 的综合增温潜势及温室气体排放强度最小，其产量却呈现最高的状态。

表 5-7　不同处理对温室气体累积排放量、综合增温潜势及排放强度的影响

处理	N_2O 累积排放量（mg/m²）	CO_2 累积排放量（mg/m²）	CH_4 累积排放量（mg/m²）	综合增温潜势（kg/hm²，以 CO_2 计）	排放强度（kg/kg，以 CO_2 计）
CK	17.74d	32 218.06d	14.83c	373.89d	0.47c
U	90.82a	86 715.17a	25.61a	1 107.50a	0.95a
I	71.94b	46 367.52b	19.11b	659.66b	0.70b
CRU	29.33c	35 277.00c	18.47b	435.66c	0.28d
CIRU	18.60d	32 745.90d	17.90b	387.37d	0.20e

注：同列不同小写分别表示处理间差异显著（$P < 0.05$）。

本研究中，生物基包膜抑制型尿素能够显著降低综合增温潜势，这是因为生物基包膜和添加生化抑制剂能够增加土壤氮的生物有效性和作物对氮的吸收，减少养分流失，显著减少温室气体的排放，从而起到减排的作用，这与郝小雨等的研究结果一致。

四、生物基包膜抑制型尿素对小青菜产量的影响

本试验中，CK 的产量显著低于施肥处理的产量。各施肥处理的产量排序为 CIRU>CRU>U>I。其中，处理 CIRU 和处理 CRU 的产量与常规施肥处理相比有显著的增高，分别增产了 68.00% 和 34.10%。而处理 I 的产量显著低于其他施氮处理，为 945.00 kg/hm²，较处理 U 减产了 17.00%（表 5-8）。

表 5-8 不同施肥处理对小青菜产量及增产率的影响

处理	株高（cm）	产量（kg/hm²）	增产率（%）
CK	9.61c	791.00±8.08e	
U	9.73c	1 166.67±28.67c	
I	11.18b	945.00±35.92d	−17.00
CRU	12.44ab	1 564.50±10.10b	34.10
CIRU	13.14a	1 960.00±4.041a	68.00

注：同列不同小写分别表示处理间差异显著（$P<0.05$）。

就产量而言，生物基包膜抑制型尿素能够显著增加小青菜的产量，这可能是因为生物基包膜和生化抑制剂相结合也可以提高氮肥利用率，进一步提升包膜肥料的减排效果，实现尿素从溶出到在土壤中转化的双段调控，从源头上控制氮素的损失，使尿素养分释放更加符合作物生长规律，从而提高作物产量。

参 考 文 献

巴闯，杨明，邹洪涛，等，2018. 包膜/抑制剂联合调控对农田土壤 N_2O 排放和氨挥发的影响 [J]. 农业环境科学学报，37（6）：1291-1299.

董文旭，吴电明，胡春胜，等，2011. 华北山前平原农田氨挥发速率与调控研究 [J]. 中国生态农业学报，19（5）：1115-1121.

董欣欣，武志杰，张丽莉，等，2014. 土壤微生物氮固持及氮转化过程对连续施用脲酶/硝化抑制剂的响应 [J]. 土壤通报，45（1）：189-192.

高德才，张蕾，刘强，等，2015. 生物黑炭对旱地土壤 CO_2、CH_4、N_2O 排放及其环境效益的影响 [J]. 生态学报，35（11）：3615-3624.

郝小雨，周宝库，马星竹，等，2015. 氮肥管理措施对黑土玉米田温室气体排放的影响

[J]. 中国环境科学，35（11）：29-40.

侯毛毛，邵孝侯，翟亚明，等，2016. 基于[15]N示踪技术的烟田肥料氮素再利用分析 [J]. 农业工程学报，32（S1）：118-123.

胡小凤，李文一，王正银，2011. 缓释复合肥料对酸性菜园土壤微生物数量特征的影响 [J]. 农业环境科学学报，30（8）：1594-1601.

黄思光，李世清，张兴昌，等，2005. 土壤微生物体氮与可矿化氮关系的研究 [J]. 水土保持学报，19（4）：18-22.

纪洋，刘刚，马静，等，2012. 控释肥施用对小麦生长期 N_2O 排放的影响 [J]. 土壤学报，49（3）：526-534.

李东坡，梁成华，武志杰，等，2006. 缓/控释氮素肥料玉米苗期养分释放特点 [J]. 水土保持学报，20（3）：166-169.

李东坡，武志杰，梁成华，2011. 醋酸酯淀粉及与抑制剂结合包膜尿素在棕壤中尿素溶出特征 [J]. 土壤通报，42（6）：1376-1381.

李昊儒，郝卫平，梅旭荣，等，2018. 不同灌溉施肥措施对夏玉米—冬小麦农田 N_2O 排放和产量的影响 [J]. 农业工程学报，34（16）：103-112.

李鑫，巨晓棠，张丽娟，等，2008. 不同施肥方式对土壤氨挥发和氧化亚氮排放的影响 [J]. 应用生态学报，19（1）：99-104.

李雨繁，2014. 不同类型高氮复混（合）肥氨挥发特性及氮素转化研究 [D]. 长春：吉林农业大学.

刘德林，聂军，肖剑，2002. [15]N标记水稻控释氮肥对提高氮素利用效率的研究 [J]. 激光生物学报，11（2）：87-92.

罗付香，刘海涛，林超文，等，2015. 不同形态氮肥在坡耕地雨季土壤氮素流失动态特征 [J]. 中国土壤与肥料（3）：12-20.

马玉华，2013. 耕作方式与氮肥管理对稻田土壤有机氮组分及 NH_3 挥发的影响 [J]. 武汉：华中农业大学.

聂彦霞，李东坡，李莉，等，2012. NBPT/DMPP对白浆土中尿素态氮转化调控效果研究 [J]. 土壤，44（6）：947-952.

邱炜红，刘金山，胡承孝，等，2011. 硝化抑制剂双氰胺对菜地土壤 N_2O 排放的影响 [J]. 环境科学，32（11）：3188-3192.

沈其荣，王岩，史瑞和，2000. 土壤微生物量和土壤固定态铵的变化及水稻对残留N的利用 [J]. 土壤学报，37（3）：330-338.

盛伟红，刘文波，赵晨光，等，2018. 优化施肥对不同轮作系统稻田氨挥发的影响 [J]. 西北农林科技大学学报（自然科学版），46（7）：45-53.

宋艳茹，2016. NBPT溶解及其在尿素颗粒包衣研究 [D]. 大连：大连工业大学.

宋以玲，贺明荣，张吉旺，等，2015. 硝化抑制剂型包膜肥料对玉米生理特性、产量、品质的影响 [J]. 河北科技师范学院学报，29（1）：6-11.

田飞飞，纪鸿飞，王乐云，等，2018. 施肥类型和水热变化对农田土壤氮素矿化及可溶性有机氮动态变化的影响 [J]. 环境科学，39（10）：4717-4726.

王斌，万运帆，郭晨，等，2015. 控释尿素、稳定性尿素和配施菌剂尿素提高双季稻产量和氮素利用率的效应比较［J］. 植物营养与肥料学报，21（5）：1104-1112.

王朝辉，刘学军，巨晓棠，等，2002. 田间土壤氨挥发的原位测定：通气法［J］. 植物营养与肥料学报，8（2）：205-209.

王菲，袁婷，谷守宽，等，2016. 有机无机缓释复合肥对土壤微生物量碳、氮和群落结构的影响［J］. 生态学报，36（7）：2044-2051.

王伟华，刘毅，唐海明，等，2018. 长期施肥对稻田土壤微生物量、群落结构和活性的影响［J］. 环境科学，39（1）：430-437.

王艳群，彭正萍，马阳，等，2019. 减氮配施氮转化调控剂对麦田 CO_2 和 CH_4 排放的影响［J］. 农业环境科学学报，38（7）：1657-1664.

文启孝，程励励，陈碧云，2000. 我国土壤中的固定态铵［J］. 土壤学报，37（2）：145-146.

武文明，杨光明，沙丽清，2009. 西双版纳地区稻田 CO_2 排放通量［J］. 生态学报，29（9）：4983-4992.

谢勇，荣湘民，张玉平，等，2016. 控释氮肥减量施用对春玉米土壤 N_2O 排放和氨挥发的影响［J］. 农业环境科学学报，35（3）：596-603.

杨俊刚，曹兵，许俊香，等，2014. ^{15}N 同位素标记包膜控释肥料及其制备方法：102101810B［P］. 06-22.

俞巧钢，陈英旭，2010. DMPP 对稻田田面水氮素转化及流失潜能的影响［J］. 中国环境科学，30（9）：1274-1280.

张丽莉，武志杰，陈利军，等，2009. 包膜与氢醌结合对尿素释放及水解的影响［J］. 生态环境学报，18（3）：1112-1117.

张文学，孙刚，何萍，等，2014. 双季稻田添加脲酶抑制剂 NBPT 氮肥的最高减量潜力研究［J］. 植物营养与肥料学报，20（4）：821-830.

郑文魁，李成亮，窦兴霞，等，2016. 不同包膜类型控释氮肥对小麦产量及土壤生化性质的影响［J］. 水土保持学报，30（2）：162-167.

周亮，荣湘民，谢桂先，等，2014. 不同氮肥施用对双季稻稻田氨挥发及其动力学特性的影响［J］. 水土保持学报，28（4）：143-147.

周顺利，张福锁，王兴仁，2001. 土壤硝态氮时空变异与土壤氮素表观盈亏研究 I. 冬小麦［J］. 生态学报，21（11）：1782-1789.

朱晓晴，安晶，马玲，等，2020. 秸秆还田深度对土壤温室气体排放及玉米产量的影响［J］. 中国农业科学，53（5）：977-989.

朱永昶，李玉娥，秦晓波，等，2016. 控释肥和硝化抑制剂对华北春玉米 N_2O 排放的影响［J］. 农业环境科学学报，35（7）：1421-1428.

Abalos D，Jeffery S，Sanz-Cobena A，et al.，2014. Meta-analysis of the effect of urease and nitrification inhibitors on crop productivity and nitrogen use efficiency［J］. Agriculture Ecosystems and Environment，189（2）：136-144.

Álvaro-Fuentes J，Morell F J，Madejón E，et al.，2013. Soil biochemical properties in a semiarid mediterranean agroecosystem as affected by long-term tillage and N fertilization

[J]. Soil and Tillage Research, 129: 69-74.

Bengtsson G, Bergwall C, 2000. Fate of ^{15}N labelled nitrate and ammonium in a fertilized forest soil [J]. Soil Biology and Biochemistry, 32 (4): 545-557.

Bernie J Z, Emily S, David L B, et al., 2016. Controlled release fertilizer product effects on potato crop response and nitrous oxide emissions under rain-fed production on a medium-textured soil [J]. Canadian Journal of Soil Science, 92 (5): 759-769.

Bodelier P L E, Laanbroek H J, 2004. Nitrogen as a regulatory factor of methane oxidation in soils and sediments [J]. Fems Microbiology Ecology, 47 (3): 265-277.

Brookes P C, Landman A, Pruden G, et al., 1985. Chloroform fumigation and the release of soil nitrogen: A rapid direct extraction method to measure microbial biomass nitrogen in soil [J]. Soil Biology and Biochemistry, 17 (6): 837-842.

Cannavo P, Harmand J M, Zeller B, et al., 2013. Low nitrogen use efficiency and high nitrate leaching in a highly fertilized *Coffea arabica - Inga* densiflora agroforestry system: A ^{15}N labeled fertilizer study [J]. Nutrient Cycling in Agroecosystems, 95 (3): 377-394.

Chalk P M, Craswell E T, Polidoro J C, et al., 2015. Fate and efficiency of ^{15}N-labelled slow- and controlled-release fertilizers [J]. Nutrient Cycling in Agroecosystems, 102 (2): 167-178.

Chen S L, Yang M, Ba C, et al., 2017. Preparation and characterization of slow-release fertilizer encapsulated by biochar-based waterborne copolymers [J]. Science of the Total Environment, 615: 431-437.

Cuello J P, Hwang H Y, Gutierrez J, et al., 2015. Impact of plastic film mulching on increasing greenhouse gas emissions in temperate upland soil during maize cultivation [J]. Applied Soil Ecology, 91: 48-57.

Duvdevani I, Drake E, Thaler W, et al., 1995. Controlled release vegetation enhancement agents coated with sulfonated polymers, method of production and prcesses of use [J]. Biotechnology Advances, 14 (4): 129-140.

Fan X L, Li F M, Liu F, et al., 2004. Fertilization with a new type of coated urea: evaluation for nitrogen efficiency and yield in winter wheat [J]. Journal of Plant Nutrition, 27 (5): 853-865.

Fang Y T, Zhu W X, Gundersen P, et al., 2009. Large loss of dissolved organic nitrogen from nitrogen-saturated forests in subtropical China [J]. Ecosystems, 12 (1): 33-45.

Grant C A, Wu R, Selles F, et al., 2012. Crop yield and nitrogen concentration with controlled release urea and split applications of nitrogen as compared to non-coated urea applied at seeding [J]. Field Crops Research, 127 (1): 170-180.

Guiraud G, Marol C, Fardeau J C, 1992. Balance and immobilization of (^{15}NH$_4$)$_2$SO$_4$ in a soil after the addition of Didin as a nitrification inhibitor [J]. Biology and Fertility of Soils, 14 (1): 23-29.

Halvorson A D, Snyder C S, Blaylock A D, et al., 2014. Enhanced-efficiency nitrogen fertilizers: Potential role in nitrous oxide emission mitigation [J]. Agronomy Journal, 106 (2): 715 - 722.

Han C, Zhong W H, Shen W S, et al. , 2013. Transgenic Bt rice has adverse impacts on CH_4 flux and rhizospheric methanogenic archaeal and methanotrophic bacterial communities [J]. Plant and Soil, 369 (1 - 2): 297 - 316.

Hauck R D, Bremner J M, 1976. Use of tracers for soil and fertilizer nitrogen research [J]. Advances in Agronomy, 28 (23): 219 - 266.

Hawthorne I, Johnson M S, Jassal R S, et al. , 2017. Application of biochar and nitrogen influences fluxes of CO_2, CH_4 and N_2O in a forest soil [J]. Journal of Environmental Management, 192: 203 - 214.

Ichir L L, Ismaili M, Hofman G, 2003. Recovery of ^{15}N labeled wheat residue and residual effects of N fertilization in a wheat - wheat cropping system under Mediterranean conditions [J]. Nutrient Cycling in Agroecosystems, 66 (2): 201 - 207.

Jiang C M, Yu G R, Cao G M, et al. , 2010. Short - term effect of increasing nitrogen deposition on CO_2, CH_4 and N_2O fluxes in an alpine meadow on the Qinghai - Tibetan Plateau, China [J]. Atmospheric Environment, 44 (24): 2920 - 2926.

Katyal J C, Singh B, Vlek P, et al. , 1985. Fate and efficiency of nitrogen fertilizers applied to wetland rice. II. Punjab, India [J]. Fertilizer Research, 6 (3): 279 - 290.

Kundu S, Adhikari T, Coumar M V, et al. , 2016. A novel urea coated with pine oleoresin for enhancing yield and nitrogen uptake by maize crop [J]. Journal of Plant Nutrition, 39 (13): 1971 - 1978.

Ladd J N, Amato M, Zhou L, et al. , 1994. Differential effects of rotation, plant residue and nitrogen fertilizer on microbial biomass and organic matter in an Australian alfisol [J]. Soil Biology and Biochemistry, 26 (7): 821 - 831.

Li F C, Wang Z H, Dai J, et al. , 2015. Fate of nitrogen from green manure, straw, and fertilizer applied to wheat under different summer fallow management strategies in dryland [J]. Biology and Fertility of Soils, 51 (7): 769 - 780.

Liang B, Yang X Y, He X H, et al. , 2011. Effects of 17 - year fertilization on soil microbial biomass C and N and soluble organic C and N in loessial soil during maize growth [J]. Biology and Fertility of Soils, 47 (2): 121 - 128.

Linquist B A, Adviento - Borbe M A, Pittelkow C M, et al. , 2012. Fertilizer management practices and greenhouse gas emissions from rice systems: A quantitative review and analysis [J]. Field Crops Research, 135: 10 - 21.

Linquist B A, Liu L J, Kessel C V, et al. , 2013. Enhanced efficiency nitrogen fertilizers for rice systems: Meta - analysis of yield and nitrogen uptake [J]. Field Crops Research, 154 (3): 246 - 254.

Lupwayi N Z, Harker K N, O' Donovan J T, et al. , 2015. Relating soil microbial properties to yields of no - till canola on the Canadian prairies [J]. European Journal of Agronomy，62：110 - 119.

Ma Q，Wu Z J，Shen S M，et al.，2015. Responses of biotic and abiotic effects on conservation and supply of fertilizer N to inhibitors and glucose inputs [J]. Soil Biology and Biochemistry，89 (3)：72 - 81.

Mer J L，Roger P，2001. Production，oxidation，emission and consumption of methane by soils：A review [J]. European Journal of Agronomy，37 (1)：25 - 50.

Norman R J，Edberg J C，Stucki J W，1985. Determination of nitrate in soil extracts by dual - wavelength ultraviolet spectrophotometry [J]. Soil Science Society of America Journal，49 (5)：1182 - 1185.

Parkin T B，Hatfield J L，2013. Enhanced efficiency fertilizers：Effect on nitrous oxide emissions in Iowa [J]. Agronomy Journal，106 (2)：694 - 702.

Pelster D E，Larouche F，Rochette P，et al.，2011. Nitrogen fertilization but not soil tillage affects nitrous oxide emissions from a clay loam soil under a maize - soybean rotation [J]. Soil and Tillage Research，115 (5)：16 - 26.

Qin P，Qi Y C，Dong Y S，et al.，2011. Soil nitrous oxide emissions from a typical semiarid temperate steppe in inner Mongolia：Effects ofmineral nitrogen fertilizer levels and forms [J]. Plant and Soil，342 (1 - 2)：345 - 357.

Royer L，Angers D，Chantigny M，et al.，2007. Dissolved organic carbon in runoff and tile - drain water under corn and forage fertilized with hog manure [J]. Journal of Environmental Quality，36 (3)：855 - 863.

Silva J A，Bremner J M，1966. Determination and Isotope - Ratio analysis of different forms of nitrogen in soils：5. Fixed Ammonium [J]. Soil Science Society of America Journal，30 (5)：587 - 594.

Urbanová Z，Bárta J，Picek T，2013. Methane emissions and methanogenic Archaea on pristine，drained and restored mountain peatlands，Central Europe [J]. Ecosystems，16 (4)：664 - 677.

Vance E D，Brooks P C，Jenkinson D S，1987. An extraction method for measuring soil microbial biomass [J]. Soil Biology and Biochemistry，19 (19)：703 - 707.

Venterea R T，Dolan M S，Ochsner T E，2010. Urea decreases nitrous oxide emissions compared with anhydrous ammonia in aminnesota corn cropping system [J]. Soil Science Society of America Journal，74 (2)：407 - 418.

Wang P，Li F M，Liu S Y，2010. Effects of long - term fertilization on soil biologically active organic carbon pool [J]. Journal of Soil and Water Conservation，24 (1)：224 - 228.

Wang Z，Bell G E，Penn C J，et al.，2012. Phosphorus reduction in turfgrass runoff using a steel slag trench filter system [J]. Crop Science，54 (4)：1859 - 1867.

Whalen S C，Reeburgh W S，1996. Moisture and temperature sensitivity of CH_4 oxidation in boreal soils [J]. Soil Biology and Biochemistry，28 (10)：1271 - 1281.

William H M，Alison H M，Jacqueline A A P，et al.，2004. Effects of chronic nitrogen amendment on dissolved organic matter and inorganic nitrogen in soil solution [J]. Forest Ecology and Management，196 (1)：29 - 41.

Wu X，Yao Z，Brüggemann N，et al.，2010. Effects of soil moisture and temperature on CO_2 and CH_4 soil - atmosphere exchange of various land use/cover types in a semi - arid grassland in Inner Mongolia，China [J]. Soil Biology and Biochemistry，42 (5)：773 - 787.

第六章 包膜控释肥料与普通 氮肥配施减量对作物 和环境的影响

控释氮肥具有调控氮素的释放时间以同步满足作物营养需求的特点，与普通氮肥相比，控释氮肥可以使养分释放时间后移，有利于提高氮肥利用效率，降低氮素损失的风险，降低对环境的污染。控释氮肥的养分释放时间受到气候、土壤质地、水分温度及种植模式等多种条件的影响，尤其是施肥地区的土壤温度、土壤含水量等的不同，会对控释氮肥的养分释放时间产生影响，低温干燥的土壤环境会使控释氮肥的养分释放时间滞后，影响玉米苗期生长，故在不同地区的应用效果也有很大差异。将控释氮肥减量或将控释氮肥与普通氮肥掺混配施有助于解决目前氮肥过量施用存在的问题，又可降低成本。王薇等、尹彩侠等和谢佳贵等通过对春玉米产量、经济效益和氮肥效率等指标进行分析探究最佳掺混配比。但有关控释氮肥减量、配施对东北春玉米影响的研究较少，而控释氮肥在东北春玉米的应用中存在着产量以及氮肥利用效率不稳定、施肥成本偏高等问题而影响控释氮肥的推广。基于此，探讨控释氮肥与普通氮肥配施以及减量单施对东北春玉米产量与产量构成、氮素利用效率及土壤养分有效性的影响，并结合其施肥经济收益综合优化东北春玉米最佳氮肥施用方式，对东北春玉米氮素科学管理具有重要意义。

第一节 控释氮肥减量配施对东北春玉米的影响

本节内容研究不同控释-普通氮肥配比对东北地区春玉米氮素利用及土壤养分有效性的影响，优化了东北春玉米适宜的氮肥施肥方式，对指导该地区科学施氮具有重要意义。

一、试验材料与方法

1. 研究区概况

试验地位于沈阳农业大学科研试验基地（41.82°N，123.56°E，海拔为 43m），属温带半湿润大陆性气候，年平均气温为 7.9℃，农耕期≥7℃的平均积温为 3 281℃，日照时数平均为 2 372.5h，无霜期 160d 左右，全年平均降水量为 714mm。土壤类型为棕壤，0~20cm 土层土壤有机质含量为 17.09g/kg、土壤全氮为 0.94g/kg、速效磷为 8.04mg/kg、速效钾为 573.24mg/kg、pH 为 5.74，土壤容重为 1.25g/cm³，试验地整体生产力接近东北地区玉米种植地平均生产力。

2. 供试材料

供试肥料：氮肥采用市售的控释氮肥（含氮量为 43.2%）和普通尿素（含氮量为 46.4%），磷肥使用重过磷酸钙（含 P_2O_5 46%），钾肥使用硫酸钾（含 K_2O 50%）。供试玉米品种为先玉 335，种植行距为 60cm，株距为 30cm。试验于 5 月 9 日到 9 月 28 日进行。

3. 试验设计

采用单因素试验设计，设 8 个处理，试验设计如表 6-1 所示。每个处理 3 个重复，小区面积为 15m²（3m×5m），共 24 个小区，小区之间种植保护行隔开以保证不同处理间肥料的隔离，随机区组排列。氮肥用量如表 6-1 所示，磷肥、钾肥用量分别为：P_2O_5 75kg/hm²、K_2O 105kg/hm²，氮肥、磷肥、钾肥均在整地后播种前一次性条施（与当地农民习惯施肥量和施肥方式相同），其他田间管理按照当地常规田间管理进行。

表 6-1　试验设计

编号	处理	施氮量（kg/hm²）
CK0	空白	0
CK	普通氮肥	240
CR1	控释氮肥常量	240
CR2	控释氮肥减量 10%	216
CR3	控释氮肥减量 20%	192
CR4	30%控释氮肥与普通氮肥	240
CR5	50%控释氮肥与普通氮肥	240
CR6	70%控释氮肥与普通氮肥	240

4. 样品采集与分析

（1）样品采集

植物样品：在玉米成熟期破坏性取样，随机选取 3 株小区内植株，整株取回，分为秸秆和籽粒，杀青（105℃，30min），烘干至恒重后全部粉碎，置于密封袋中保存备用。

土壤样品：在玉米收获时用土钻采集各小区内土壤样品，采集深度为 0～20cm，每个小区重复 3 次，然后充分混合。用于土壤铵态氮、硝态氮测定的样品保存于 4℃冰箱中，用于全氮测定的土壤样品风干后过筛密封保存。

（2）样品测定

植物样品测定：在玉米收获时于各小区随机选取 5 株玉米，风干脱粒后测定其产量及其产量构成要素，每个小区重复 3 次，最终折算成含水率为 14％的籽粒百粒重和产量，同时测量玉米株高、茎粗、叶绿素（SPAD 值）等形态、生理指标，SPAD 值使用手持型 SPAD-502 型叶绿素仪测得。

土壤样品测定：将新鲜土壤样品过 4.00mm 筛后用 0.01mol/L $CaCl_2$ 振荡浸提，用 AA3 自动分析仪（德国布朗卢比公司生产）测定土壤铵态氮、硝态氮含量。土壤全氮含量采用元素分析仪测定。速效磷含量采用 0.5mol/L 碳酸氢钠溶液浸提-钼锑抗比色法测定；速效钾含量采用 1mol/L 乙酸铵溶液浸提-火焰光度法测定；土壤碱解氮用扩散法测定。

5. 数据处理与统计分析

试验数据用 SPSS19.0 和 Excel2013 进行统计分析，各处理用 LSD 法比较处理间在 0.05 水平上的差异显著性。

计算以下参数：

氮肥表观残留率（％）＝（施氮区土壤无机氮残留量－
不施氮区土壤无机氮残留量）/施氮量×100％

氮肥表观利用率（％）＝（施氮区作物吸氮量－
不施氮区作物吸氮量）/施氮量×100％

氮肥表观损失率（％）＝100％－氮肥表观利用率－氮肥表观残留率

氮肥农学效率＝（施氮区玉米产量－不施氮区玉米产量）/施氮量

氮肥利用效率（％）＝（施氮区玉米地上部吸氮量－
不施氮区玉米地上部吸氮量）/施氮量×100％

氮肥偏生产力＝施氮区产量/施氮量

施肥收益＝（施氮区产量－不施氮区产量）×玉米价格－施氮量×氮肥价格

二、控释氮肥对春玉米植株生理指标的影响

从表 6-2 可以看出，不同施氮处理下玉米植株成熟期株高、茎粗、气生

根均无显著差异，株高最高的处理为 CR6，为 23.30dm，与 CK0、CK 相比高出 9.40％和 2.64％；茎粗表现最佳的是 CR4 处理，为 33.86mm，优于 CK、CR1 处理（分别大 9.66mm 和 1.72mm），控释氮肥减量处理对茎粗并未造成显著影响；而施用控释氮肥处理的 SPAD 值要显著高于常规尿素处理和不施氮处理，CR4 处理的叶绿素含量最高，比 CK 提高 57.52％。

表 6－2　不同施氮处理下玉米植株生理指标

	株高（dm）	茎粗（mm）	叶绿素 SPAD 值	气生根（个）
CK0	21.30±0.25a	24.20±0.65a	15.16±3.10c	22.33±3.46a
CK	22.70±0.41a	26.70±1.38a	33.36±5.93b	23.65±0.96a
CR1	23.25±0.48a	32.14±2.19a	52.04±1.10a	28.66±5.06a
CR2	22.83±0.25a	29.90±1.94a	49.21±4.30a	19.33±4.48a
CR3	22.74±0.41a	31.42±0.65a	49.18±3.10a	20.77±0.96a
CR4	22.66±0.67a	33.86±0.46a	52.55±4.60a	23.44±3.46a
CR5	23.25±0.92a	29.77±1.38a	52.43±3.94a	24.11±5.50a
CR6	23.30±1.08a	29.21±3.39a	49.27±2.93a	23.88±3.10a

注：表示方式为平均值±标准差；同一列不同小写字母表示同一试验点处理间差异显著（$P<0.05$）；CK0 为不施氮对照，CK 为普通氮肥，CR1 为控释氮肥全量，CR2 为控释氮肥减量 10％，CR3 为控释氮肥减量 20％，CR4 为控释氮肥普通氮肥 3∶7 配施，CR5 为控释氮肥普通氮肥 5∶5 配施，CR6 为控释氮肥普通氮肥7∶3配施。下同。

玉米的株高、茎粗是反映玉米生长情况的重要指标，在本研究中，控释氮肥有利于提高玉米的株高、茎粗指标；Liu 等（2018）研究发现玉米拔节期叶片 SPAD 值与叶片含氮量显著相关，说明控释氮肥掺混施用不仅可增加春玉米拔节期的光合器官数量，还可改善作物营养吸收状况、增强光合能力。在本研究中，控释氮肥的减量和配施均显著提高了玉米植株的 SPAD 值，说明控释氮肥的施用有利于叶片含氮量的积累，增加了玉米生育后期氮素的供应，提高了光合能力，有利于增强玉米植株的光合作用能力，这与王寅等（2015）的研究结果相同。

三、控释氮肥对春玉米产量及其产量构成因素的影响

如表 6－3 所示，各施氮肥处理的玉米穗长和穗粗均显著高于不施氮肥的处理，施用控释氮肥的处理均高于普通氮肥处理。CR4 处理的穗粗和百粒重指标高于其他处理，其中百粒重指标差异达到显著水平，控释氮肥减量处理的百粒重与全量处理相比无显著差异；各处理产量顺序为：CR4＞CR5＞CR1＞CR6＞CR3＞CR2＞CK＞CK0，施用控释氮肥各处理的产量显著高于 CK，其

中 CR4、CR5 处理的产量显著高于其他处理，CR4 处理产量最高，达到 14 695.40kg/hm²，与 CK0、CK 相比增加了 60.92％和 25.68％；CR1、CR2、CR3 处理之间的产量无显著差异，CR2 和 CR3 处理的产量与 CK 相比显著增加，说明控释氮肥减量施用与全量施用相比并不会造成减产，与普通氮肥相比可显著增产。

表 6-3　不同施氮处理下玉米产量及其产量构成因素

	穗长（cm）	穗粗（cm）	百粒重（g）	每公顷产量（kg）	增产率（％）
CK0	17.76±1.95c	3.93±0.21b	31.75±0.39d	9 131.90±194.42d	—
CK	20.46±20.46b	4.86±0.15a	37.56±0.46c	11 691.99±102.75c	28.03
CR1	22.16±1.04a	4.93±0.15a	39.77±0.71bc	14 058.72±121.10b	53.95
CR2	22.33±1.15a	5.03±0.15a	38.82±0.87bc	13 882.19±228.95b	52.01
CR3	21.86±0.32ab	4.86±0.32a	39.04±0.03bc	13 899.51±51.81b	52.20
CR4	21.70±0.26ab	5.06±0.15a	43.38±0.505a	14 695.40±120.76a	60.92
CR5	21.10±0.1b	4.96±0.15a	40.88±0.39b	14 603.33±96.67a	59.91
CR6	21.63±0.35ab	4.83±0.06a	40.09±0.88bc	14 055.18±104.15b	53.91

增加产量是施肥的最主要目标，也是农业生产中最受关注的问题，玉米棒长、棒粗、百粒重等产量构成指标一定程度上反映了玉米产量及籽粒品质。在本研究中，控释氮肥配施和单施减量的处理相较于普通氮肥处理可以提高玉米植株的棒长、棒粗指标，为玉米增产提供条件。控释氮肥显著增加了玉米产量，其中 CR4、CR5 处理显著增加了玉米产量，CR4 处理与 CK 相比增产率达到 25.68％。这是由于在玉米植株生长前期，普通氮肥的养分释放速率快，能够供给玉米在苗期和拔节期前期的养分需求，而在玉米对养分需求最大时期的养分由普通氮肥养分的残留部分和控释氮肥大量释放的养分来提供，满足了玉米生长时期的养分需求，这与 Zheng 等（2016）的研究结果相符。在减量处理中可以看出，减量 10％、20％处理的产量与单施控释氮肥全量处理相比无显著差异，且仍显著高于普通氮肥处理，说明控释氮肥减量 10％和 20％依旧可以显著增产。施氮量相同的配施处理中，控释氮肥与普通氮肥 3∶7、5∶5 配施的处理的增产效果显著高于其他处理，说明在 3∶7 和 5∶5 的比例下两种氮肥的养分释放速率配合更适合东北春玉米的生长。

四、控释氮肥对土壤养分的影响

1. 控释氮肥对玉米成熟期土壤速效养分含量的影响

如表 6-4 所示，不施氮处理玉米成熟期的土壤速效钾含量显著高于施氮处理，土壤速效磷含量高于不施氮处理，与 CR1 和 CR4 处理相比差异显著，土壤碱解氮含量显著低于施氮处理；控释氮肥各处理土壤速效磷含量低于普通氮肥处理，低了 0.46～9.36mg/kg；控释氮肥与常规尿素掺混处理土壤速效钾含量均低于普通氮肥处理，低了 25.47～96.10mg/kg；其中土壤速效磷、速效钾含量最低的处理为 CR4 处理，比 CK 低 9.36mg/kg 和 96.10mg/kg；土壤碱解氮含量最高的处理为控释氮肥全量处理，比 CK 高 34.60mg/kg，控释氮肥各处理的碱解氮含量均高于普通氮肥处理。

表 6-4　不同施氮处理下玉米成熟期土壤速效养分含量

	土壤速效磷（mg/kg）	土壤速效钾（mg/kg）	土壤碱解氮（mg/kg）
CK0	15.86±3.22a	904.39±102.71a	77.97±26.48b
CK	12.29±6.53ab	583.43±7.01b	164.02±13.44a
CR1	4.84±0.25b	529.49±26.63b	198.62±17.42a
CR2	6.04±2.34ab	503.34±3.36b	177.46±24.64a
CR3	11.21±2.01ab	636.48±89.32b	184.35±20.23a
CR4	2.93±0.46b	487.33±62.35b	169.40±4.66a
CR5	9.79±1.80ab	496.92±60.13b	164.02±11.72a
CR6	11.83±2.81ab	557.96±75.34b	176.78±17.45a

2. 控释氮肥对玉米成熟期土壤铵态氮、硝态氮含量的影响

如图 6-1 所示，施用氮肥的各处理玉米成熟期土壤中铵态氮的含量均显著高于不施氮处理，施用控释氮肥的各处理玉米成熟期土壤硝态氮含量均显著高于不施氮处理和普通氮肥处理，控释氮肥处理土壤铵态氮、土壤硝态氮含量分别高出 CK 处理 0.947～2.718mg/kg 和 7.375～9.421mg/kg，其中 CR1 处理的土壤铵态氮含量最高，与 CK 相比高出 2.718mg/kg，CR6 处理的土壤硝态氮含量最高，与 CK 相比高出 9.421mg/kg；控释氮肥减量处理随减量增加使玉米成熟期土壤铵态氮含量逐渐降低但差异不显著，控释氮肥减量处理对玉米成熟期土壤硝态氮含量无明显影响。

碱解氮、速效磷和速效钾含量是反映土壤养分有效性的最直接指标，能直观地反映土壤供应氮、磷、钾养分的能力。在控释氮肥的研究中，CR4（控释氮肥与普通氮肥 3：7 配施）处理的土壤速效磷和速效钾含量最低，说明 CR4 处理在玉米生育后期因可以提供充足的氮素养分而更利于玉米的生长，这与 Guo 等（2017）的研究结果基本一致。玉米生育后期供应氮素养分能力的提高有利于玉米对土壤速效磷、速效钾的吸收。控释氮肥全量处理和减量 10% 处理的速效磷、速效钾含量低于减量 20% 的处理，说明控释氮肥减量 20% 的

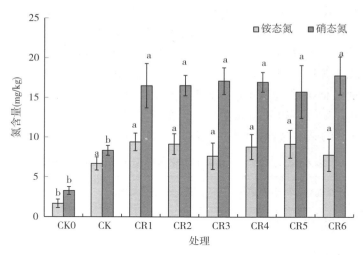

图 6-1 不同施氮处理下玉米成熟期土壤铵态氮和硝态氮含量

处理对玉米植株生育后期生长的促进作用不如控释氮肥全量和减量 10％ 的处理，但是在玉米中后期供氮能力上与普通氮肥处理相比仍有优势；从玉米生育后期土壤碱解氮含量的结果可以看出，控释氮肥全量处理在玉米生育后期具有最佳的供氮能力，同时控释氮肥减量 10％、20％ 的处理土壤碱解氮含量也保持在较高水平；而在配施处理中，控释氮肥与普通氮肥 7∶3 配施处理最具优势，高于控释氮肥与普通氮肥 3∶7、5∶5 配施处理，是因为控释氮肥与普通氮肥 7∶3 配施处理中控释氮肥比例较高，所以在玉米生育后期仍旧能保持较高的供氮能力，但是结合土壤速效磷、速效钾的含量分析，控释与普通氮肥 3∶7 配施处理的植株吸收的土壤养分较多，导致土壤碱解氮含量低于其他两个比例的配施处理（谢勇等，2016）。因此综合考虑土壤速效磷、速效钾和碱解氮含量，控释氮肥与普通氮肥 3∶7 配施处理有利于降低氮素损失的风险并且有利于作物生长。

土壤铵态氮、硝态氮的含量是直观反映土壤中无机氮含量的指标，通过测定玉米生育后期土壤中铵态氮、硝态氮的含量，可以了解氮肥在玉米生育后期的供应氮素的能力和土壤中氮素形态的分布情况。在控释氮肥的研究中，施用氮肥显著提高了土壤铵态氮的含量，施用控释氮肥处理在玉米生育后期的土壤硝态氮含量显著高于普通氮肥处理和不施氮处理。主要是由于施肥初期普通氮肥大量释放，未被吸收利用的氮素在土壤中以铵态氮和硝态氮的形态存在，容易以气体的形式损失或被淋溶到更深土层。控释氮肥可延后氮素释放时间，普通氮肥处理的铵态氮、硝态氮大多在前期大量损失，而控释氮肥处理由于养分释放缓慢而被土壤固持的氮素要多于普通氮肥处理，因此在玉米生育后期普通氮肥处理表层硝态氮含量要低于控释氮肥处理，这与 Zhang 等（2018）和 Zhao 等（2013）的研究结果相符。

五、控释氮肥对氮肥利用和氮素平衡的影响

1. 控释氮肥对氮肥利用的影响

如表 6-5 所示，CR3 处理的氮肥利用率、氮肥农学利用率和氮肥偏生产率均显著高于其他处理，与 CK 相比分别提高了 21.79%、14.17kg/kg 和 23.68kg/kg，控释氮肥处理的氮肥偏生产力与 CK 相比高了 9.85~14.17kg/kg，说明施用控释氮肥处理比普通氮肥处理更有利于玉米增产；控释氮肥处理的氮肥农学效率与 CK 相比高了 9.85~23.68kg/kg，配施试验中各处理氮肥利用率、氮肥农学效率和氮肥偏生产力均高于控释氮肥单施处理，其中 CR4 处理与 CR1 处理的差异显著；配施处理之间比较氮肥利用率无显著差异，CR4 和 CR5 处理的氮肥农学效率和氮肥偏生产力显著高于 CR6 处理。

表 6-5　不同施氮处理下氮肥利用指标

	氮肥利用率（%）	氮肥农学效率（kg/kg）	氮肥偏生产力（kg/kg）
CK	25.54±0.52d	10.66±0.42d	48.71±0.42e
CR1	41.87±0.56c	20.52±0.50c	58.57±0.50d
CR2	44.78±0,64a	21.99±1.05bc	64.26±1.05b
CR3	47.33±0.45a	24.83±0.26a	72.39±0.26a
CR4	43.77±0.60b	23.18±0.50ab	61.23±0.50c
CR5	43.84±0.30b	22.79±0.40bc	60.84±0.40c
CR6	44.65±0.15b	20.51±0.43c	58.56±0.43d

氮肥利用率可以反映在作物生长系统中作物对施入氮肥的利用效率（巨晓棠等，2017），是评价氮肥效果的重要指标（巨晓棠等，2003）；氮肥农学效率是反映当地土壤基础养分水平和化肥施用量综合效应的重要指标；氮肥偏生产力从作物增产的角度评价作物对氮素的利用效率（张美微等，2017），是国际农学研究中表征氮肥效率的重要指标。当前我国玉米生产中氮肥偏生产力平均为 51.6kg/kg（王崇桃等，2013），而高产田更低，平均为 39.0kg/kg（张福锁等，2008）。在本试验中，控释氮肥减量 20% 的氮肥偏生产力、氮肥利用率、氮肥农学利用效率均显著高于其他处理，表明减量施用控释氮肥有利于提高氮肥利用效率，因为控释氮肥减量后并未造成显著减产（张美微等，2017）；而控释氮肥的氮肥偏生产力与普通氮肥掺混施用的处理与 CK 相比提高了 9.85~12.52kg/kg，这是由于控释氮肥与普通氮肥配施在作物生长前期主要由其中

的常规尿素满足其对氮素的需求，而在生育中后期主要由控释氮肥满足作物生长对氮素的需求（王寅等，2016；张敬昇等，2017），保证了玉米的高产，从而提高了氮肥偏生产力。配比试验中 CR4 处理与单施控释氮肥和 CR6 处理相比显著提高了的氮肥偏生产力和氮肥农学效率，说明控释氮肥与常规尿素比例为 3∶7 时掺混施用的养分释放速率与东北春玉米的养分需求速率最接近，基于氮肥偏生产力和氮肥农学效率指标考虑，控释氮肥与常规尿素比例为 3∶7 时最适合东北春玉米生长。

2. 控释氮肥对氮素平衡的影响

如表 6-6 所示，控释氮肥处理的氮肥表观残留率和氮肥表观利用率显著高于 CK，氮肥表观损失率显著低于 CK，其中减量处理 CR2、CR3 的氮肥表观利用率和氮肥表观残留率显著高于其他处理，且氮肥表观损失率显著低于其他处理，与 CK 相比降低 38.29%；控释氮肥各处理的氮肥表观利用率与 CK 相比提高了 16.33%～21.79%；控释氮肥各处理的氮肥表观损失率与 CK 相比降低了 44.47%～38.29%；配施试验中各处理氮肥表观利用率无显著差异，但是显著高于 CR1 处理；CR6 处理的氮肥表观残留率显著高于其他处理，氮肥表观损失率显著低于其他处理。

表 6-6　不同施氮处理下氮肥表观残留率、利用率、损失率

	氮肥表观残留率（%）	氮肥表观利用率（%）	氮肥表观损失率（%）
CK	18.55±1.09c	25.54±0.52d	55.89±0.79a
CR1	35.69±1.41b	41.87±0.56c	22.42±1.96b
CR2	34.59±0.77b	44.78±0.64a	20.62±0.18bc
CR3	35.05±0.45b	47.33±0.45a	17.60±0.90cd
CR4	35.37±0.30b	43.77±0.60b	20.85±0.61bc
CR5	36.37±1.05b	43.84±0.30b	19.77±1.19bc
CR6	39.46±1.40a	44.65±0.15b	15.88±1.46d

东北地区春玉米生育期一般与雨季同步，普通氮肥施肥的条件下无机氮素大量损失到大气和地下水体中，夏玉米常规施肥条件下氮肥的表观损失率达 51.1%（司东霞等，2014），春玉米普通氮肥施肥的氮肥表观损失率为 42.6%（戴明宏等，2018），在本研究中，控释氮肥的处理显著降低了氮肥表观损失率，普通氮肥处理的表观损失率达 55.89%，控释氮肥与普通氮肥 7∶3 配比处理显著低于控释氮肥全量处理和其他配施处理，但氮肥表观残留率显著高于其他处理，说明该比例配施氮肥养分损失量低是由于增加了土壤对氮肥养分的固持量。氮肥表观损失率的降低有利于降低因氮肥损失而引发环境问题的风

险，有利于改善不合理施用氮肥导致的农业面源污染问题（姬景红等，2017），但 CR6 处理成熟期土壤硝态氮含量较高，成熟期土壤无机氮残留量也显著高于其他处理，增加了收获后硝态氮随降水淋失到地下水中的风险。

六、控释氮肥对春玉米氮肥施肥收益的影响

如表 6-7 所示，控释氮肥处理的氮肥施肥收益明显高于普通氮肥处理，每公顷高了 3 334.67～4 716.19 元，增收率为 107.06%～151.41%，CR4、CR5 处理施氮肥收益显著高于其他处理，其中氮肥施肥收益最高的处理为 CR4 处理，每公顷为 7 830.98 元，减量处理 CR2、CR3 与 CR1 差异不显著，说明减量施肥不会影响收益。

表 6-7　不同施氮处理下春玉米氮肥施肥收益

	产量（kg/hm²）	施肥量（kg/hm²）	氮肥价格（元/kg）	施氮肥效益（元/hm²）	增收率（%）
CK	11 691.99±102.75c	240	1.88	3 114.79±164.41c	—
CR1	14 058.72±121.10b	240	2.45	6 604.02±193.76b	112.02
CR2	13 882.19±228.95b	216	2.45	6 449.46±366.33b	107.06
CR3	13 899.51±51.81b	192	2.45	6 605.05±82.90b	112.05
CR4	14 695.40±120.76a	240	2.051	7 830.98±193.25a	151.41
CR5	14 603.33±96.67a	240	2.165	7 624.16±154.68a	144.77
CR6	14 055.18±104.15b	240	2.279	6 687.62±166.65b	114.71

注：玉米价格按 2017 年市场平均价格计算，即 1.6 元/kg。

施用控释氮肥会增加施肥成本，但从施肥效益的指标中可以看出，施用控释氮肥可以显著增加施肥收益。控释氮肥减量施用与全量施用显著差异，并且显著高出普通氮肥处理，说明减量施用控释氮肥 10%、20% 均可以增加收益。增加收益有利于促进控释氮肥的推广和应用，控释氮肥与普通氮肥 3∶7 配施处理的经济效益显著高于其他处理，说明掺混比例增加了玉米产量、降低了施肥成本，对施肥收益的增加效果最显著。

七、以氮肥偏生产力、产量和施肥收益为指标的控释氮肥适宜配比

如图 6-2 所示，控释氮肥配比与氮肥偏生产力、玉米产量和施肥收益存在极显著的一元二次关系。以 x 为控释氮肥配比，与玉米产量的方程模型为 $y_1 = -5\,372.5x_1^2 + 3\,762.1x_1 + 14\,057$（$R^2 = 0.999\,6$），与施肥收益的方程模型

为 $y_2 = -9\,812.2x_2^2 + 6\,974.5x_2 + 6\,607.3$（$R^2 = 0.999\,5$），与氮肥偏生产力的方程模型为 $y_3 = -22.404x_3^2 + 15.692x_3 + 58.564$（$R^2 = 0.997\,7$）。根据方程模型推算，获得最高产量和最高施肥收益的控释氮肥配比为 35.01% 和 35.53%，最高氮肥偏生产力的控释氮肥配比为 35.02%。因此从产量和氮肥施肥收益方面考虑，控释氮肥最佳配比为 35%。

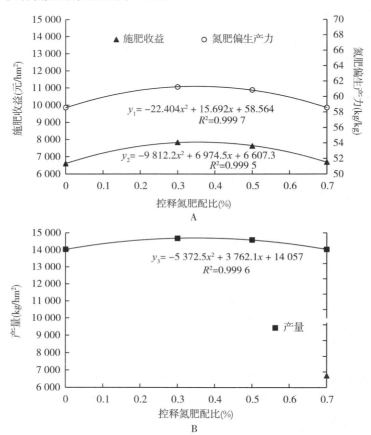

图 6-2　氮肥偏生产力、施肥收益和玉米产量与控释氮肥配比关系
A. 氮肥偏生产力、施肥收益与控释氮肥配比的关系
B. 玉米产量与控释氮肥配比的关系

第二节　控释与普通氮肥配施减量条件下土壤碳、氮的排放特征及影响机理

本节内容采用 ^{15}N 同位素标记技术，以玉米盆栽试验为研究对象，对施肥

后土壤碳、氮的各种形态进行了研究，并分析了氮肥配施减量对土壤氨挥发的影响和氮肥配施减量对土壤氧化亚氮、二氧化碳和甲烷的排放特征的影响，并探讨了其影响机理。

一、试验材料与方法

1. 试验设置

本试验开展于沈阳农业大学后山科研试验基地（41.83°N，123.57°E），土壤为典型棕壤。试验开始前，采集耕层（0～20cm）土壤自然风干，过 2.00mm 筛，剔除石砾、杂草、根系等装盆。土壤基本理化性质如下：全氮 1.2g/kg、碱解氮 57.08mg/kg、速效磷 3.18mg/kg、速效钾 134.22mg/kg、有机质 18.06g/kg、pH5.37。

盆栽陶瓷盆高 35cm，直径为 27cm，按照土壤容重为 1.25g/cm³，每盆装土 15kg；先将 5kg 土装入盆中、踩实，将肥料与剩余 10kg 土混合均匀，装入盆中、踩实。将盆埋入田间，使盆内土壤高度与盆外一致。每个处理设 3 次重复，盆栽在田间完全随机排列。供试作物为玉米，品种为先玉 335。玉米于 5 月 12 日播种、9 月 29 日收获。为保证玉米正常生长，在出现连续干旱时，视土壤含水量状况对盆栽进行灌水，灌水量为 2.5L/盆（约为田间持水量的 70%～80%），隔 1 天灌水 1 次。

2. 试验设计

本试验共分 5 个施肥处理，具体试验设计见表 6-8。

表 6-8　试验设计

施肥处理	处理编号	施肥量（kg/hm²）			控释氮肥占总氮的比例
		N	P_2O_5	K_2O	
无氮处理	CK	0	75	105	0
常规尿素	NU	240	75	105	0
控释氮肥配比	PU1	240	75	105	70%
配比减量	PU2	210	75	105	70%
配比减量	PU3	180	75	105	70%

所有处理的磷、钾肥均为过磷酸钙和硫酸钾，常规尿素处理的施肥量参考当地农民习惯施肥量设定。控释氮肥使用的是改性聚乙烯醇与生物炭混合包膜的控释氮肥。所有处理中的氮肥均为 ¹⁵N 标记尿素（上海化工研究院有限公司生产，丰度为 10.16%）。

3. 样品采集和测定

（1）土壤氨挥发的测定

土壤氨挥发用通气法测定（王朝辉等，2002），每个盆中放置一个高12cm、内径为10.5cm的PVC管。测定时分别将两块厚度均为1.5cm、直径为11cm的海绵均匀浸以10mL的磷酸甘油溶液（50mL磷酸＋40mL丙三醇，定容至1 000mL）放入管中。上层海绵与管顶对齐，下层海绵置于管中间位置。上层海绵视干湿情况每2～3d更换一次，保证湿润。每次采样时，更换下层海绵，将换回的海绵带回实验室，浸出吸收液，用靛酚蓝比色法测定氨态氮含量。

（2）土壤排放氧化亚氮的测定

氧化亚氮排放通量用静态箱法测定，试验开始前用40cm×40cm的底座罩住盆栽埋入土壤中，底座与盆之间的裸露土壤用地膜覆盖。采样时将60cm×40cm×40cm顶盖罩在底座上，接口处用水密封。顶盖侧面装有带三通阀的出气口，取样时用便携式气泵直接抽入气袋中，气体样品每6d采集一次，每次采集时间为8：30—11：30。采气时每个静态箱抽气3次，每次抽气约60mL，每次抽气与上次抽气时间间隔为10min，将气袋带回实验室用安捷伦7890B型气相色谱仪测定其中氧化亚氮的含量。收获时将盆中玉米整株收回，杀青、烘干至恒重，粉碎后过0.250mm筛，玉米收获后采集盆中土壤，风干后磨碎过0.250mm筛，用质谱仪-元素分析仪（Isoprime100，德国Elementar）测定其氮元素含量和^{15}N丰度。玉米生长季气温和降水数据采集自当地气象监测站。

氧化亚氮排放通量（F）[mg/(m² · h)]的计算公式如下：

$$F = \frac{\mathrm{d}c}{\mathrm{d}t} \times \frac{273}{273 + T} \times \frac{28}{22.4} \times \frac{V}{S} \times 60 \qquad (6-1)$$

式中，T为箱内温度（℃），28为每摩尔氧化亚氮分子中N的质量数（g/mol），22.4为温度在273K时的氧化亚氮摩尔体积（L/mol），V为采样箱体积（m³），S为盆栽面积（m²），c为氧化亚氮气体浓度（μL/L），t为关箱时间（min），$\mathrm{d}c/\mathrm{d}t$为采样箱内氧化亚氮气体浓度的变化率[μL/(L · min)]。

氧化亚氮累积排放量（C）（kg/hm²）的计算公式如下：

$$C = \sum_i^n \frac{F_i \times 24 \times 6}{100} \qquad (6-2)$$

式中，n为总取样次数，F_i为第i次取样得到的氧化亚氮排放通量。

$$氮素利用率（NUE）= \frac{(E - 0.366\,3) \times m_p}{(10.16 - 0.366\,3)m_f} \times 100\% \quad (6-3)$$

式中，E为植株中^{15}N的丰度，m_p为植物中总氮素积累量（g），m_f为肥料中氮素总量（g），10.16为肥料中^{15}N的丰度。

$$氮肥偏生产力＝籽粒产量/施氮量$$

（3）土壤氮素及酶活性的测定

在玉米的苗期、拔节期、大喇叭口期和成熟期用土钻采集盆中土壤样品，每盆土壤采集3钻，然后充分混合。将采集的土壤鲜样立即带回实验室，保存在4℃冰箱中。土壤铵态氮、硝态氮采用0.01mol/L $CaCl_2$ 浸提，用AA3连续流动分析仪测定。微生物量用微生物量碳、氮采用氯仿熏蒸 K_2SO_4 提取法（FE）测定（吴金水，2006）。微生物量氮的换算系数为0.45。土壤脲酶、硝酸还原酶的活性采用培养-比色法测定（林先贵，2010）。土壤固定态铵采用Silva－Bremner方法处理（Bremner，1966），将最后的土样风干，用质谱-元素分析仪连用法测定其含氮量和 ^{15}N 丰度。土壤可溶性总氮（TDN）用 K_2SO_4 提取-TOC测定仪测定。可溶性总氮与无机氮之差即可溶性有机氮（DON）。

$$某种氮组分中来自肥料氮的比例＝（测定的^{15}N丰度－$$
$$0.366\ 3）/（10.16－0.366\ 3）×100\% \qquad （6-4）$$

（4）土壤碳元素的测定

在玉米生长的4个时期即苗期、拔节期、大喇叭口期和成熟期用土钻采集盆中土壤样品，每盆土壤采集3钻，然后充分混合。将采集的土壤鲜样立即带回实验室，保存在4℃冰箱中。土壤总有机碳（TOC）用元素分析仪（Elementar Vario EL Ⅲ，德国）测定。土壤可溶性有机碳（DOC）用0.2mol/L K_2SO_4 浸提，用TOC-1020A有机碳分析仪（Elementar，德国）测定。土壤 CO_2 和 CH_4 排放通量用静态箱法采集和测定，具体做法见（2）土壤排放氧化亚氮的测定。

CO_2 和 CH_4 排放通量（F）[mg/(m^2·h)]的计算公式如下：

$$F = \frac{dc}{dt} \times \frac{273}{273+T} \times \frac{m}{22.4} \times \frac{V}{S} \times 60 \qquad （6-5）$$

式中，T 为箱内温度（℃），m 为每摩尔待测气体分子中碳的质量数（g/mol），22.4为温度为273K时的待测气体摩尔体积（L/mol），V 为采样箱体积（m^3），S 为盆栽面积（m^2），c 为待测气体浓度（$\mu L/L$），t 为关箱时间（min），dc/dt 为采样箱内待测气体浓度的变化率[$\mu L/(L·min)$]。

气体累积排放量（C）（kg/hm^2）的计算公式如下：

$$C = \sum_i^n \frac{F_i \times 24 \times 6}{100} \qquad （6-6）$$

式中，n 为总取样次数，F_i 为第 i 次取样得到的气体排放通量。

用SPSS22、Excel2013和Origin9.0进行数据分析和绘图，处理间差异用单因素方差分析比较，显著性用LSD法比较。

二、控释与普通氮肥配施减量条件下土壤氨挥发和氧化亚氮排放特征

1. 土壤氨挥发

施肥后土壤的氨挥发累积量如图 6-3 所示。施肥后前两天未检测到挥发的氨，从施肥后的第 3 天起，氨开始出现。挥发速率的最大值在第 7～9 天出现，随后逐渐减小，并在第 12 天后趋于零。氨挥发速率呈现先增大后减小的趋势。各处理中氨挥发速率的峰值分别为 CK 0.95kg/(hm² · d)、NU 4.04kg/(hm² · d)、PU1 2.15kg/(hm² · d)、PU2 2.07kg/(hm² · d)、PU3 1.47kg/(hm² · d)。其中，除 CK 峰值出现在第 6 天和 NU 处理峰值出现在第 7 天之外，各配比控释肥挥发峰均出现在施肥后的第 9 天。

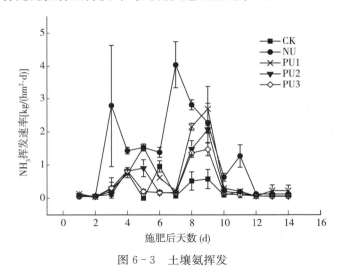

图 6-3　土壤氨挥发

作物生长季试验地的每日最高温度、最低温度和降水情况如图 6-4 所示，由图可知高温和强降水情况主要发生在试验开始后的第 40～100 天。

尿素被施入土壤后，会迅速水解为 NH_4^+、水和 OH^-。因此在施肥初期，尿素水解产生的 NH_4^+ 和 OH^- 会迅速结合，一部分以氨气的形式排放到大气中（Bolan et al.，2004）。施肥两周后各处理氨挥发趋于零，可能是由于尿素水解产生的 NH_4^+ 在土壤微生物的作用下发生了硝化，产生了 H^+，抑制了氨气挥发的过程，导致土壤氨挥发在施肥十几天后迅速结束。本研究观测到的氨挥发基本发生在施肥后的前两周，这与许多人的研究结果一致（周丽平等，2016）。而由于试验开始的前一个月，气温低、降水少，土壤环境较为干燥，因此氨挥发过程很快结束。本研究中 NU 处理的氨挥发积累量最大，显著高

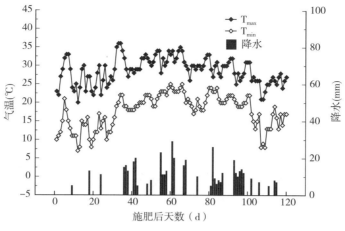

图 6 - 4　玉米生长季气温和降水

于同等施氮量的 PU1 处理，说明控释氮肥可显著减少土壤氨挥发，同样的结果在 Li 等（2017）的研究中已有报道。这可能是因为控释氮肥阻隔了尿素颗粒与外界水分的接触，延缓了尿素水解的过程，从而降低了土壤氨挥发的强度。本研究的结果表明，氮肥减量施用可显著减少土壤氨挥发总量，这一结果在前人的研究中已被证实（Ma et al.，2010）。氮肥释放到土壤中的量，决定了土壤 NH_4^+ 的浓度，减少施肥量可降低土壤中 NH_4^+ 的浓度，从而减少土壤氨的挥发。同时，本研究所用的包膜材料中含有生物炭，这对减少土壤氨挥发也具有一定作用（Saggar et al.，2004）。聚乙烯醇与生物炭的聚合物在土壤中发生降解后，会出现粗糙的表面，整体结构更加松散（陈松岭等，2017），这种结构对释放入土壤的 NH_4^+ 具有极强的吸附能力，从而使 NH_4^+ - N 在土壤中的活动性降低，延缓了 NH_4^+ 转化为 NH_3 的速度，减少了土壤的氨挥发损失。

2. 氧化亚氮排放通量

土壤氧化亚氮排放通量如图 6 - 5 所示，在施肥后的前两周内，各处理的氧化亚氮排放通量有下降的趋势。施肥后第 13～55 天，各处理氧化亚氮排放通量保持在较低水平，直至施肥后的第 66 天，各处理氧化亚氮排放通量开始提高，并出现第一个峰值。其中提高最快的是 NU 处理，而 CK 没有显著提高。各处理的氧化亚氮排放峰值出现在施肥后的第 79～85 天，峰值最高的是 NU 处理，在施肥后第 79 天出现，达到 $0.299mg/(m^2 \cdot h)$，其次是 PU1 处理，峰值在施肥后第 85 天出现，达到 $0.179mg/(m^2 \cdot h)$。各处理氧化亚氮排放通量在施肥 85d 后迅速下降，并趋近施肥初期的水平。整个作物生长期，氧化亚氮通量较高的时间集中在施肥后第 55～91 天，这段时间试验地气温、降水量均为生长季中最高的时段。

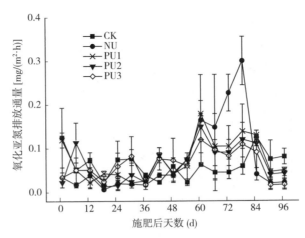

图6-5　土壤氧化亚氮排放通量

氧化亚氮排放在施肥初期保持着较低水平，施肥后第13～55天，各处理土壤氧化亚氮排放通量在0.006～0.082mg/（m² · h）。这一时期，降水量和气温都偏低，因此由较低的土壤含水量和温度带来了较低的土壤氧化亚氮排放通量。因为氧化亚氮的产生过程需土壤微生物参与，当温度与土壤含水量都达到适合微生物生长的水平时，微生物活性增强，对应的土壤氧化亚氮排放通量才会升高。土壤氧化亚氮排放通量较高的时间出现在施肥后第55～85天，这一时期由于高温强降雨所带来的土壤温度、含水量的升高，可能刺激了土壤微生物的硝化、反硝化等过程，导致土壤氧化亚氮排放通量较高，且出现了排放峰值。这样的排放特征在Saggar等（2004，2007）的研究中已经得到证明。本研究中观测到，除了普通尿素处理在第79天出现氧化亚氮排放峰之外，其他各用量的控释氮肥处理氧化亚氮排放通量增加和降低的幅度较小，说明施用配比控释氮肥时，氧化亚氮排放通量的变化受环境因子的影响较小。这可能是因为控释氮肥具有一定缓释性能，其对土壤的供氮速率不像普通尿素那样有较高的峰值，所以土壤的无机氮浓度低于同时期的普通尿素处理。并且，控释氮肥的膜材料中添加了生物炭，当肥料施入土壤后，包膜肥料的聚合物-生物炭复合物开始分解形成表面多孔结构，在氮肥释放的过程中会有大量无机氮被吸附在肥料膜结构上。肥料氮的释放会伴随着生物炭的分解，这使得PU处理的土壤氮转化途径发生了改变，这在Case等（2015）的研究中已有相关报道。控释氮肥的这一氮素释放特点使土壤的供氮状况与普通尿素处理产生了不同，因此在相同环境条件的影响下，控释氮肥的氧化亚氮排放通量低于普通尿素处理。

3. 氮肥利用及损失

玉米的产量如表 6-9 所示，各施肥处理之间产量差异不显著。施用配比控释肥的 PU1 处理相比于普通尿素增产了 10.67%，减量施肥处理下，PU2 和 PU3 处理比 NU 处理分别增产了 45.16% 和 38.47%。说明施用配比控释氮肥可增加玉米产量，且减少施氮量也不会造成玉米减产。减量施肥处理可以提高氮肥偏生产力。以 ^{15}N 标记氮肥计算的作物当季氮肥利用率 PU1 处理并未高于 NU，而减量施肥的 PU2、PU3 处理因氮素的减量施用而提高了氮肥利用率。NH_3 挥发累积量最高的是 NU 处理，达到了 $18.639kg/hm^2$，显著高于配比控释肥处理，控释肥处理氨挥发累积量顺序与氮肥施用量顺序一致。

表 6-9　玉米产量、氮素吸收与损失量

处理	产量 （g/盆）	氮肥偏生产力 （kg/kg）	氮肥利用率 （%）	氨挥发总量 （kg/hm²）	N₂O 排放总量 （kg/hm²）
CK	122.88±22.88 b	—	—	3.69±0.96d	1.52±0.04a
NU	183.55±24.82 ab	89.13±12.05b	48.83±1.20a	18.64±4.14a	1.76±0.34a
PU1	203.15±32.17 ab	104.04±25.39ab	47.57±9.86a	9.39±1.66b	1.81±0.24a
PU2	266.45±55.53 a	147.88±32.82ab	52.21±3.26a	6.44±0.92c	1.61±0.29a
PU3	254.17±23.70 a	164.57±15.341a	51.86±3.94a	5.02±1.00cd	1.52±0.08a

注：所有数据均为平均值±标准误（$n=3$）；同列中不同小写字母表示差异显著（$P<0.05$）。

施肥量与氨挥发和氧化亚氮排放总量的相关关系如图 6-6 所示，氨挥发累积损失量与施肥量具有显著的正相关关系，其皮尔森相关系数达到 0.945。氧化亚氮累积排放量与施肥量也具有正相关关系，但相关性没有达到显著水平。

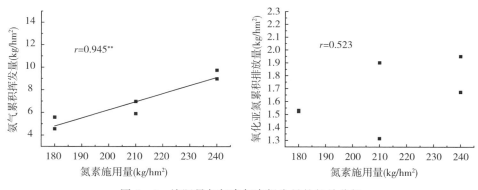

图 6-6　施肥量与氮素气态损失量的相关分析

本研究中，配比控释氮肥处理较普通尿素处理产量有所提高，但是增产效果并不显著。由 ^{15}N 标记所计算的氮肥利用率可知，配比控释氮肥相比于普通尿素并没有显著提高氮肥利用率，此结论与之前的一些研究结果并不一致（Hartmann et al.，2015），但本研究中减量施肥与常规施肥相比，未造成作物产量的降低，这与前人的研究结果一致。配比控释氮肥相比于普通尿素处理对玉米产量的影响不显著，这可能是由于配比控释氮肥的施用可以减少土壤氨挥发，虽然对施肥前期的氮肥损失具有抑制作用，但是控释肥料的肥料释放峰后移使得玉米生长中后期土壤中无机氮的含量较高。在玉米生长两个月后，氧化亚氮出现排放通量增大的情况，这是由于这一时期土壤温度、含水量条件更适合微生物的生长。因此，控释氮肥的控释效果导致的作物生长中期土壤高无机氮含量，给了微生物群落良好的生长环境，但是这时的微生物生长与植物产生竞争，使控释氮肥的氮肥利用率与普通尿素相比并没有显著提高。配比控释氮肥减量施用不会导致产量下降，但是可以显著减少土壤氨挥发损失，同样的结果在 Ju 等（2009）的研究中已有报道。本研究中氮素的气态损失中，主要的途径是氨挥发，可达当季施氮量的 $2.79\% \sim 7.77\%$。且氨挥发损失量与施肥量呈显著的正相关关系，说明氮素气态损失受施肥量的影响更为明显。而减量施肥处理可以显著提高氮肥的偏生产力，说明减量施肥确实减少了土壤氮素的损失，提高了氮素的生产效率。

三、控释与普通氮肥配施减量对土壤氮素及酶活性的影响

1. 土壤铵态氮、硝态氮

玉米生长的 4 个关键时期（苗期、拔节期、大喇叭口期和成熟期）土壤的铵态氮含量如图 6-7 所示。可见在玉米的苗期，土壤中铵态氮含量较高。除不施氮处理（CK）外，各处理土壤铵态氮含量均在 $25 \sim 30mg/kg$，其中含量最高的是常规尿素处理（NU），达到了 $30.266mg/kg$。各施氮处理土壤铵态氮含量显著高于 CK。各配比控释肥处理（PU）土壤铵态氮含量略低于 NU 处理。随着玉米的生长，土壤铵态氮含量迅速下降，在玉米的拔节期、大喇叭口期和成熟期，各处理土壤铵态氮含量基本保持在 $1.5 \sim 2.6mg/kg$。CK 随着玉米的生长土壤铵态氮含量呈下降趋势。

玉米生长的 4 个关键时期（苗期、拔节期、大喇叭口期和成熟期）土壤的铵态氮含量如图 6-8 所示。玉米苗期，各施氮处理土壤中硝态氮含量较高，含量范围为 $12 \sim 17.76mg/kg$，其中 PU1 处理最高。各施氮处理硝态氮含量显著高于 CK，这个规律与土壤铵态氮含量规律一致。随着玉米的生长，各处理土壤硝态氮含量迅速下降，并在拔节期、大喇叭口期和成熟期保持在 $3.4 \sim 7.7mg/kg$。在玉米的整个生长季，土壤硝态氮表现出相同施肥量下 PU1 处理

高于 CK，减量施肥时 PU2、PU3 处理低于 PU1 处理的趋势。

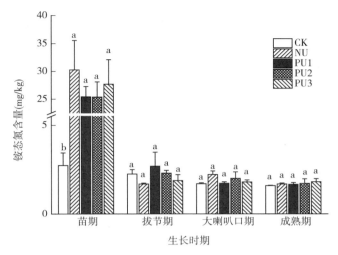

图 6-7　玉米各生长时期土壤铵态氮含量

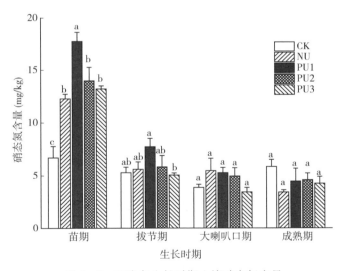

图 6-8　玉米各生长时期土壤硝态氮含量

供试肥料为尿素，这种酰胺态氮肥相对比较稳定，但尿素被施入土壤之后，尿素颗粒接触到土壤中的水分，会分解产生 NH_4^+ 和 OH^-，这个过程在脲酶的参与下还会加速。这是向土壤中施酰胺态氮肥后土壤 $NH_4^+ - N$ 的主要来源。而土壤中的 $NO_3^- - N$ 不能通过尿素的施用直接得到，$NO_3^- - N$ 主要由 $NH_4^+ - N$ 在土壤微生物的参与下硝化得到。因此在玉米生长到苗期时，肥料施入土壤刚过 20d，这时土壤中尿素的水解过程还未结束，土壤中氮肥的形态以 $NH_4^+ - N$ 为主。所以观测到的苗期各施肥处理土壤 $NH_4^+ - N$ 的含量相较于之后的玉米各生长时期为最高。此时土壤 $NH_4^+ - N$ 的含量略高于 $NO_3^- - N$ 的含量，但二者接近，这与石英等（2002）的研究结果一致。随着玉米生长至拔节期，土壤铵态氮含量迅速下降，降至 $1.5\sim2.6mg/kg$，硝态氮含量也出现了类似的降低，但降幅小于铵态氮，可达 $5\sim8mg/kg$，从此时开始，土壤中的无机氮表现出硝态氮高于铵态氮的态势，直至玉米收获。土壤中前期铵态氮含量高，而后迅速降低，这也是土壤氨挥发仅在施肥后前两周出现的直接原因之一。土壤铵态氮含量与硝酸还原酶活性呈显著的正相关关系，表明土壤铵态氮含量的增加会促进土壤硝化能力的增强，从而增强了土壤氧化亚氮的排放潜力。而硝化作用最终产生的 $NO_3^- - N$ 的量，也与土壤氧化亚氮的排放量呈显著正相关关系，玉米的拔节期、大喇叭口期、成熟期观测到的土壤硝态氮含量高于铵态氮含量，这也为土壤整个生育期内氧化亚氮的排放提供了物质基础。

2. 土壤微生物量氮

玉米各生长时期微生物量氮含量如图 6-9 所示，玉米苗期肥料刚施入土壤，此时各处理土壤微生物量氮含量较高。减量施肥处理 PU2、PU3 显著低于常量控释肥处理 PU1，PU1 处理苗期微生物量氮含量最高，达到 72.56mg/kg。各处理苗期土壤微生物量氮含量顺序为 PU1＞CK＞NU＞PU3＞PU2，分别为 72.56mg/kg、56.45mg/kg、47.12mg/kg、41.43mg/kg 和 38.83mg/kg。随着玉米的生长，微生物量氮含量呈现先下降后来逐渐上升的趋势。除了刚施肥后的苗期各处理微生物量氮之间存在显著差异之外，在玉米之后的生长过程中，土壤微生物量氮含量在处理间均无显著差异。至玉米成熟期，各施氮处理微生物量氮含量均在 $49\sim54mg/kg$，略高于 CK 的 40.54mg/kg，但差异没有达到显著水平。

土壤微生物量氮（MBN）是微生物体内固持的一部分氮元素，这个氮库处于动态平衡之中。因为微生物死亡时会释放体内的氮元素，而新的微生物生长会继续吸收利用土壤中的氮。MBN 的有效性很高，接近土壤矿质氮，是作物氮的一个重要来源（王淑平等，2003）。氮肥的施用对土壤微生物的影响巨大，向土壤中施入氮肥，会刺激土壤微生物对氮的固持作用，增加微生物量氮含量（张玉玲等，2007）。在玉米的生长过程中，土壤 MBN 会逐渐增加，这是由于作物生长的过程中向土壤中输入了有机物质，如根系残体和根分泌物等，增加了土壤微生物的营养来源。同时由于作物对土壤氮素的需求，作物生长前期微生物量氮的一部分可能释放出来供作物利用，而后微生物量氮逐渐增加，与许多研究结果呈现一致的规律（王磊等，2012）。说明施用氮肥确实可

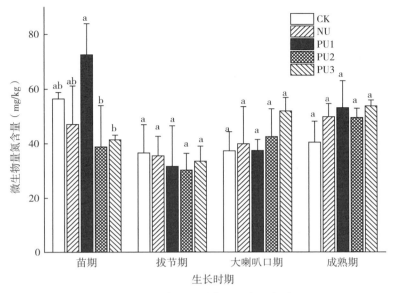

图 6-9　玉米各生长时期微生物量氮含量

以提高土壤 MBN 含量。在玉米生长的大喇叭口期，玉米对土壤氮素的需求出现了一个高峰，这时土壤氧化亚氮排放通量增加，说明土壤微生物同时活跃起来。该时期的高温和降水是氧化亚氮排放量增加的一个主要诱因，但高温多雨也加快了土壤微生物群落的发展，因此气候条件直接影响了土壤氧化亚氮的排放，同时也通过刺激微生物群落的发展间接促进了土壤氧化亚氮的排放。不仅如此，土壤 MBN 与可溶性氮呈现负相关关系，说明了 MBN 与土壤可溶性氮存在此消彼长的情况。所以土壤微生物在保证土壤保氮能力的同时，还与作物氮吸收存在竞争关系，微生物量氮的增加，可能会抑制作物对氮的吸收利用，增加氧化亚氮排放的风险。

3. 土壤可溶性总氮与固定态铵

玉米 4 个时期土壤可溶性总氮（TDN）含量变化如图 6-10 所示。在玉米的苗期也就是施肥初期，土壤可溶性总氮含量与其他时期相比为最高。其中 NU 处理 TDN 含量在各处理间最高，达到 211.53mg/kg。在控释肥处理间，施肥量下降，TDN 含量随之下降，3 个控释肥处理的 TDN 顺序为 PU1＞PU2＞PU3，分别等于 169.20mg/kg、151.18mg/kg 和 146.81mg/kg。随着玉米的生长，各处理土壤 TDN 含量迅速下降，并在拔节期、大喇叭口期和成熟期均保持在较低水平，这一规律与土壤铵态氮、硝态氮含量变化表现一致。在玉米的苗期和拔节期，TDN 的最大值出现在 NU 处理，且显著高于其他处理，而自大喇叭口期至成熟期，最大 TDN 含量则出现在 PU1 处理，成熟期 PU1 处理 TDN 含量显著高于不施肥的 CK 和 NU 处理。

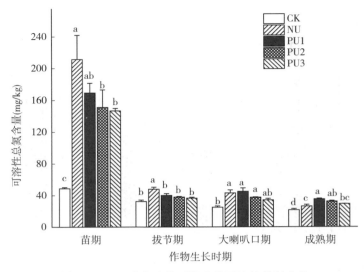

图 6-10　玉米各生长时期土壤可溶性总氮含量

　　收获期土壤固定态铵含量如图 6-11 所示。其中 NU 处理固定态铵含量最高，达到 334.79mg/kg，其次是 PU1 处理，为 318.26mg/kg。各控释肥减量处理的土壤固定态铵含量随施肥量的减少而呈现减少的趋势，当减量 20% 时，PU3 处理土壤固定态铵含量显著低于 PU1 处理。NU 处理、PU1 处理的土壤固定态铵含量显著高于 CK，说明施肥可增加土壤中的固定态铵，土壤固定态铵的含量受施肥量影响显著。

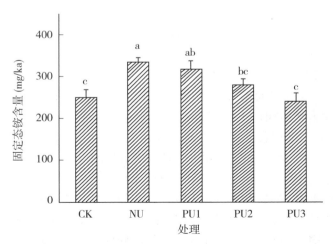

图 6-11　玉米成熟期土壤固定态铵含量

土壤可溶性总氮（TDN）反映了土壤速效氮肥的供应能力，高可溶性总氮的土壤，氮肥可以迅速被作物吸收利用。由于肥料释放的氮素会迅速分解为无机氮，而这部分无机氮都可溶解在土壤溶液中，试验中检测到的 TDN 含量可以直接反映肥料在土壤中的释放状况。本研究中玉米苗期土壤中 TDN 含量高，主要是施肥的影响。尿素施入土壤后首先分解为无机氮，其含量的提高增加了这一时期土壤可溶性总氮的含量（潘丹丹等，2012）。玉米苗期处于施肥前期，肥料施入土壤刚经过 20d，这时普通尿素肥料的分解释放速率大，远高于各个控释肥处理。TDN 此时主要受肥料释放的氮素影响，控释肥料具有缓释的特征，此时释放入土壤的无机氮含量要低于普通尿素处理。因此可以观察到 NU 处理的 TDN 含量显著高于减量控释肥处理 PU2、PU3。之后随着作物的生长，各处理 TDN 含量显著下降，这是由植物对速效氮素的吸收利用导致的。此时控释肥料仍未完全释放，因为此时控释肥料处理土壤 TDN 含量显著低于常规尿素处理，而玉米的大喇叭口期，控释肥料处理土壤的 TDN 含量与常规尿素处理无显著差异。不仅如此，大喇叭口期是玉米需肥量增加的一个时期，这一时期 PU 处理土壤 TDN 含量却高于拔节期，这也是控释肥处理此时仍有后效的一个佐证。到玉米成熟期土壤 TDN 含量最高的是 PU1 处理，说明控释肥料的施用可以提高土壤可溶性总氮含量，减量施肥可能会降低土壤可溶性总氮含量。

玉米收获后，土壤的固定态铵含量变化受施肥处理的影响非常明显。NU 处理土壤固定态铵含量最高，其与 PU1 处理无显著差异，而当施肥量减少时，土壤固定态铵含量显著下降。土壤固定态铵的顺序与施氮量的顺序一致。因此可得出结论，土壤固定态铵的含量高低与施肥量相关，而与肥料释放速度无关。在研究固定态铵的影响条件时，廖继佩等（2003）认为，影响土壤固定态铵的主要因子是粒径为 0.01mm 的土壤黏粒含量，而非有机质、全氮、CEC 等养分指标。但也有研究结果表明，氮肥配合秸秆施入土壤，可以增加土壤固定态铵的含量。本研究中的土壤固定态铵因施肥而增加，当施肥量减少时，施肥对土壤固定态铵的影响就不显著了。

4. 土壤各形态氮受当季施肥的影响

通过各组分氮的 ^{15}N 丰度计算各种形态氮来自当季肥料氮的比例，结果如表 6 - 10 所示。土壤总氮中 ^{15}N 丰度最低的是 PU2 处理，说明该处理植物对肥料氮的利用最多，所以其留在土壤中的氮素 ^{15}N 丰度较低。常规施肥处理 CK 和控释氮肥处理 PU1、PU3 无显著差异。土壤固定态铵中，来自当季肥料氮的比例很低，各施肥处理均在 0.1%～0.2%，其中最高的是 PU1 处理，只有 0.19%。各施肥处理土壤可溶性总氮中约有 1.5%～2.3%来自当季施肥，这一比例与土壤总氮中来自当季施肥的占比相似。其中最高的是

PU1 处理，该处理中有 2.97％的氮素为当季施肥的贡献，显著高于其他施氮处理。控释肥减量的 PU2、PU3 处理土壤 TDN 含量高于 CK，但未达到显著水平。

表 6－10　土壤各种形态氮素来自当季施肥的比例

处理	土壤总氮（g/kg）	土壤总氮中来自当季施肥的比例（％）	土壤固定态铵中来自当季施肥的比例（％）	土壤可溶性总氮中来自当季施肥的比例（％）
CK	1.15±0.04b	—	—	—
NU	1.25±0.03a	2.24±0.07ab	0.14±0.011b	1.49±0.18b
PU1	1.23±0.01ab	2.68±0.22a	0.19±0.002a	2.97±0.35a
PU2	1.28±0.01a	1.62±0.15b	0.14±0.006b	2.06±0.02b
PU3	1.21±0.02ab	2.65±0.22a	0.13±0.016b	1.53±0.12b

通过测定土壤各组分氮素中的 ^{15}N 丰度，我们可以看到 PU1 处理与 CK 土壤总氮中的 ^{15}N 丰度无显著差异，证明控释肥料对残留在土壤中的当季肥料总量无显著影响。减量施肥 PU2 处理土壤总氮中的 ^{15}N 丰度显著低于其他处理，说明该施肥量条件下玉米对土壤的氮素吸收量最高，但也可能是由于该处理氮肥的当季损失量较高。土壤固定态铵占当季施氮的比例极低，说明土壤固定态铵所受影响可能来自土壤原有的各种形态的氮素，而非直接由施肥获得。已有研究证明，当季肥料中的氮素可以被土壤以固定态铵的形式保存下来，在后一季被作物吸收利用。但土壤从当季施肥获得的无机态氮素会迅速被植物或微生物利用，残留在土壤中的当季肥料氮又会因淋溶或挥发而损失，因此减量施肥使土壤固定态铵的含量降低，可能会降低土壤的保氮能力。土壤可溶性总氮的 ^{15}N 丰度表明，施用控释氮肥可以显著提高土壤 TDN 中当季肥料氮的含量，而施肥量的降低也显著降低了当季肥料氮转化为土壤 TDN 的量。土壤 TDN 作为速效氮素很容易被作物吸收利用，当季施用的氮肥主要以可溶性氮的形式保留在土壤中，增加土壤的供氮能力的同时也提高了氮素损失的风险。

5. 土壤脲酶和硝酸还原酶活性

土壤脲酶和硝酸还原酶活性如图 6－12 所示，由图可知，土壤脲酶活性强于硝酸还原酶。脲酶活性最高的是 PU1 处理，可达 786.23 [$\mu g/(g \cdot d)$]，PU1 处理脲酶活性显著高于 NU 处理。各减量施肥处理中随着施肥量的下降，土壤脲酶活性有所下降，但未达到显著水平。土壤硝酸还原酶活性较低，除了 PU1 处理显著高于 CK、PU3 处理外，无论是施氮处理还是不施氮处理，土壤硝酸还原酶活性无显著差异。

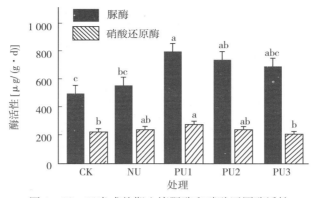

图 6-12　玉米成熟期土壤脲酶和硝酸还原酶活性

脲酶作为促进尿素在土壤中第一步分解转化的酶，反映了土壤对尿素态肥料的分解速度。本研究结果表明土壤脲酶活性受肥料类型影响显著，而受施肥量影响不显著。因为普通尿素与控释氮肥相比，最大的区别是氮素释放速度，普通尿素的氮素释放快，作物生长后期，其土壤中氮素含量较低，控释肥料处理作物生长后期土壤氮素含量高于普通尿素处理，土壤脲酶活性与土壤肥力指标有着显著的相关关系（邱莉萍等，2004），因此对肥料具有缓释性能的控释肥处理土壤脲酶活性较普通尿素更高。土壤硝酸还原酶活性与土壤 $NH_4^+ - N$ 呈显著正相关关系，而 $NH_4^+ - N$ 含量在玉米生育期内变化较大，这可能导致不同时期土壤硝酸还原酶活性不同。控释氮肥氮元素释放周期长，土壤中高 $NH_4^+ - N$ 含量的时间相比于普通尿素会延长，这就使得在作物生长中后期土壤中 $NH_4^+ - N$ 含量比普通尿素要高，给微生物的硝化作用提供了物质基础，因而玉米生长中后期控释氮肥处理土壤硝酸还原酶活性会较高。硝酸还原酶活性的提高会造成微生物硝化作用增强，提高 N_2O 排放量。这可能是控释氮肥处理没有对 N_2O 排放产生抑制效果的一个原因。

6. 土壤氮素形态及其与 N_2O 排放总量间的关系

土壤中各种形态氮素的含量、酶活性与 N_2O 累积排放量的相关关系如表 6-11 所示。其中土壤微生物量氮与土壤可溶性氮（包括铵态氮、硝态氮和可溶性有机氮）的含量都有负相关关系。土壤硝酸还原酶活性与铵态氮具有显著正相关关系，N_2O 累积排放量与土壤硝态氮有显著正相关关系。

表 6-11　土壤各种形态氮素、酶活性及 N_2O 累积排放量间的相关关系

项目	硝态氮	DON	MBN	固定态铵	脲酶活性	硝酸还原酶活性	N_2O 累积排放量
铵态氮	0.444	0.273	-0.497	-0.127	-0.006	0.696*	0.119

（续）

项目	硝态氮	DON	MBN	固定态铵	脲酶活性	硝酸还原酶活性	N₂O 累积排放量
硝态氮		0.055	−0.336	0.614	0.211	0.601	0.732*
DON			−0.393	−0.029	−0.099	0.576	0.246
MBN				−0.052	0.37	−0.579	−0.314
固定态铵					0.389	0.352	0.552
脲酶活性						0.092	0.24
硝酸还原酶活性							0.573

注：表中数值为皮尔森相关系数。

四、控释与普通氮肥配施减量条件下土壤 CO_2 和 CH_4 的排放特征及影响机理

1. 土壤 CO_2、CH_4 排放通量

玉米生长期土壤 CO_2 排放通量的变化规律如图 6 - 13 所示，施肥后的前 25d，各处理 CO_2 排放通量逐渐减弱。在施肥后第 31 天，观测到 CO_2 排放的第 1 个峰值。随后，土壤 CO_2 排放在施肥后的第 31～49 天出现连续的峰值。这一时期土壤 CO_2 排放通量最高的是 NU 处理，在施肥后第 43 天出现，达到 158.29mg/（m² · h），其他各处理的 CO_2 排放峰值均出现在这一时期。自施肥后的第 55 天开始，各处理的土壤 CO_2 排放保持在一个较为平稳的水平，仅有个别控释肥处理出现波动，但波动范围较小。

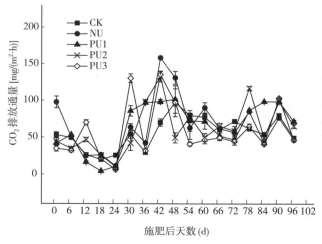

图 6 - 13　玉米生长期土壤 CO_2 排放通量变化

玉米生长期土壤 CH_4 排放通量的变化规律如图 6 - 14 所示，在施肥后的前两周，土壤 CH_4 排放通量持续降低，类似于 CO_2 排放量的变化规律。随后，在施肥第 25 天，由于降水的出现，各处理土壤 CH_4 排放通量出现了第 1 个峰值。而在施肥后的第 37～55 天，各处理土壤 CH_4 排放通量保持在较低的水平，这刚好与土壤 CO_2 排放规律相反。施肥后第 55～97 天，各处理土壤 CH_4 排放通量陆续出现峰值，其中在施肥后第 79 天，除 CK、NU 两个处理外，各控释肥处理均达到 CH_4 排放的最大值，PU1、PU2、PU3 分别为 0.094mg/(m² · h)、0.093mg/(m² · h) 和 0.097mg/(m² · h)。在玉米整个生长期，土壤 CH_4 排放通量整体较低，其大小变化规律与土壤 CO_2 排放规律相反。

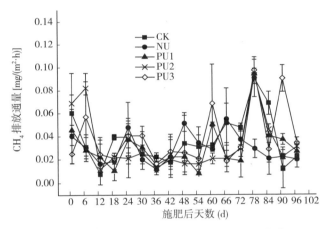

图 6 - 14 玉米生长期土壤 CH_4 排放通量变化

2. 土壤 CH_4 和 CO_2 累积排放量

玉米生长季土壤 CH_4 和 CO_2 累积排放量如表 6 - 12 所示，各处理土壤 CH_4 和 CO_2 累积排放量受施肥影响显著。CK 处理土壤 CO_2 累积排放量最低，显著低于常规施肥和控释肥处理。各减量施肥处理中，土壤 CO_2 累积排放量随施肥量的减少而降低，其中 PU3 处理显著低于 PU1 处理。施用控释肥配比处理与常规尿素施肥处理间无显著差异。土壤 CH_4 累积排放量大小规律与 CO_2 不同，其中 CK 和 PU3 处理显著高于 NU、PU1、PU2 处理，各处理观测到的土壤 CH_4 排放量远远小于土壤 CO_2 排放量。

表 6 - 12 土壤 CH_4 和 CO_2 累积排放量

处理	土壤 CO_2 累积排放量（kg/hm²）	土壤 CH_4 累积排放量（kg/hm²）
CK	5 045.08±48.29c	0.905±0.022a

（续）

处理	土壤 CO_2 累积排放量（kg/hm^2）	土壤 CH_4 累积排放量（kg/hm^2）
NU	5 936.82±62.36a	0.724±0.027b
PU1	5 824.86±74.45ab	0.759±0.014b
PU2	5 606.56±67.23b	0.802±0.023b
PU3	5 231.35±67.99c	0.955±0.03a

土壤 CO_2 的产生原因有很多，包括土壤微生物的呼吸作用、植物根系呼吸、土壤中微小动物的呼吸以及有机碳的矿化分解。因此对土壤 CO_2 和 CH_4 排放量的变化主要是由土壤水分和通气状况引起的。本研究中施肥后的前 4 周土壤 CO_2 排放通量受到抑制，这与施肥关系密切，有研究表明施氮肥对土壤呼吸有抑制作用（Ramirez et al.，2010），与本研究结果一致。随着玉米的生长土壤 CO_2 排放通量出现了一个大量排放时期，在施肥后第 31～55 天，CO_2 排放通量出现了多个峰值，最高时超过了 150mg/（m^2 • h）。这一时期土壤微生物量氮（MBN）含量降低，但是土壤微生物量碳（MBC）含量保持在较高水平，说明此时土壤微生物对氮的代谢趋势是向土壤中释放，即向土壤中施入氮素会导致土壤微生物体内的氮素快速释放出来。因此这一时期土壤中可溶性总氮、可溶性总有机碳含量高，这给微生物群落的扩张提供了物质基础。

土壤中甲烷的产生则主要是由厌氧或还原条件下微生物的活动造成的，因此旱田土壤甲烷的产生与供应肥料关系不大，主要的影响因素是作物生长和土壤水分条件。施肥后的前两个月中，降水量小、气温低，致使土壤处于一个干旱的、通气状况良好的氧化环境中，因此 CH_4 排放通量较低。而 CH_4 排放通量在施肥后第 55～91 天却出现了几次峰值，而这一时期土壤 CO_2 排放量处于一个较低的水平且保持平稳。CH_4 总排放量与 CO_2 总排放量呈极显著的负相关关系（表 6 - 13），由此可知在旱田土壤中，CO_2 排放和 CH_4 排放存在着此消彼长的关系，这一关系的形成，主要是由二者的产生条件相反造成的。

表 6 - 13 土壤 CH_4 和 CO_2 累积排放量与碳素各组分含量间的相关关系

	可溶性有机碳	微生物量碳	CO_2 累积排放量	CH_4 累积排放量
施氮量	0.299	−0.35	0.844*	−0.613
可溶性有机碳		−0.721*	−0.092	0.244
微生物量碳			−0.04	−0.123
CO_2 累积排放量				−0.923*

注：表中数值为皮尔森相关系数。

3. 土壤总有机碳、可溶性有机碳和微生物量碳

收获时土壤总有机碳含量如图 6-15 示，各施肥处理土壤总有机碳（TOC）含量均显著高于不施氮肥的 CK。土壤 TOC 含量最高的是 PU3 处理，达到 12.43g/kg 且显著高于 NU、PU1、UP2 处理。

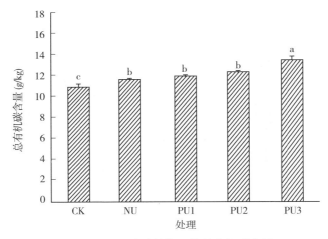

图 6-15 玉米成熟期土壤总有机碳含量

土壤可溶性有机碳（DOC）含量如图 6-16 示，纵观玉米生长的各时期，土壤 DOC 含量有先下降后上升最后下降的趋势，这一趋势与土壤微生物量氮含量变化相似。各个时期 CK 的 DOC 含量为各处理中最低的，均在 460mg/kg 以下。4 个时期中，控释肥处理 PU3 在大喇叭口期土壤的 DOC 含量最高，达到 808.12mg/kg。在玉米的大喇叭口期和成熟期，土壤的 DOC 含量相比于前期有所提高，各控释肥处理中，随着施肥量的减少，土壤的 DOC 含量逐渐升高，两个时期中施肥量最低的 PU3 处理 DOC 含量均为最高。各施肥处理土壤 DOC 含量均高于 CK，可见施用氮肥对土壤 DOC 的积累具有提高作用。

土壤微生物量碳（MBC）含量变化如图 6-17 示，MBC 在玉米生长期变化不大，仅在玉米成熟期，控释肥料处理土壤 MBC 出现了明显的下降。不施氮肥的处理土壤 MBC 随着玉米的生长而有所增加，成熟期 CK 和 NU 处理土壤 MBC 仍保持在较高水平，但是 PU1、PU2、PU3 3 个处理土壤微生物量碳分别只有 179.56mg/kg、193.99mg/kg 和 280.14mg/kg。

土壤总有机碳（SOC）含量受施肥影响显著，本试验观测到的 SOC 含量最大值出现在施氮量最低的 PU3 处理，其次是施氮量较高的 CK、PU1、PU2 处理，表现出 SOC 含量相对于施氮量的负增加。土壤的 CO_2 累积排放量由小到大为 CK＜PU3＜PU2＜PU1＜NU，与施氮量大小一致。CO_2 排放量反映了土壤碳素的矿化速度，氮肥的施用使土壤中碳氮比

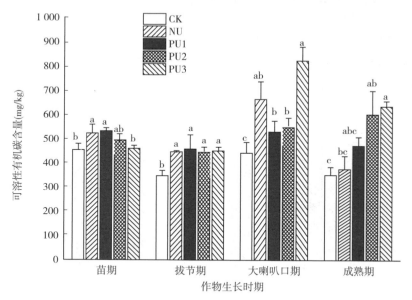

图 6 - 16　玉米生长期土壤 DOC 含量变化

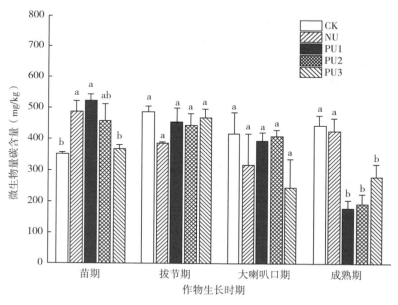

图 6 - 17　玉米生长期土壤微生物量碳含量变化

降低，微生物群落数量增加的同时对碳的需求量增大，刺激了微生物对土壤有机碳的矿化分解。因此氮肥输入会加速土壤有机碳的矿化，促进土壤

CO_2 的排放（李睿达等，2014）。土壤可溶性有机碳（DOC）含量表现为不施氮处理较低，施用控释肥料对作物生长后期土壤中的 DOC 含量有提高效果。因为控释氮肥的氮素释放比较缓慢，土壤有机碳矿化的"激发效应"相对较弱，土壤可溶性有机碳含量与微生物量碳含量呈显著的负相关关系，表明微生物固持的那部分碳素不易被植物吸收利用。微生物数量的增加会对作物生长造成负面影响。

当施氮量增加时，土壤 CO_2 排放量增加，土壤 CO_2 排放总量随施肥量的减少而显著降低，二者具有显著的正相关关系。因此肥料加入土壤虽然提高了土壤氮含量，却会促进土壤有机碳的矿化，抑制土壤有机质的积累。控释氮肥配施减量可以减少土壤碳的总矿化损失，这对土壤有机质的积累具有重要意义。

第三节　控释氮肥减量配施对土壤氮素
调控及夏玉米产量的影响

本节通过探究不同施肥处理对夏玉米生长不同时期土壤铵态氮和硝态氮含量，硝酸还原酶和脲酶活性，微生物量氮含量，成熟期土壤全氮、植株、籽粒中全氮含量及玉米产量和产量构成因素的影响，为降低农田氮肥用量，提高氮肥利用率，增加玉米产量，实现农业可持续发展及轻简化施肥模式提供理论依据及数据支撑。

一、试验材料与方法

1. 试验设计

试验地点为河南省南阳市方城县，年均气温为 14.4℃，年均日照为 2 092h，年均降水量为 803.9mm，无霜期为 220d，土壤类型为黄褐土。

试验始于 5 月，共设 6 个处理，每个小区重复 3 次，小区面积为 $3m^2$。具体试验设计见表 6 - 14。供试玉米品种为大丰 30，于 5 月 30 日播种、9 月 20 日收获，种植密度为 60 000 株/hm^2。田间管理与当地常规管理相同。所用尿素为普通大颗粒尿素（N：46.4%），所用控释尿素为自制（N：43.6%，控释期为 42d，包膜厚度为 7%，所用包膜材料为聚乙烯醇、聚乙烯吡咯烷酮、纳米二氧化硅及 1H，1H，2H，2H - 全氟癸基三乙氧基硅烷）。其中，100% 普通尿素处理施氮总量为 270kg/hm^2，分别于夏玉米 5 叶期和拔节期施用，其他施氮处理氮肥均于夏玉米 5 叶期施用，各处理具体施氮时期及比例如表 6 - 14 所示。各处理磷、钾肥以 P_2O_5、K_2O 计，施用量为 120kg，均作基肥施用，其中磷肥为过磷酸钙，钾肥为硫酸钾。

表 6 - 14　试验设计

试验处理	编号	各时期氮肥施用比例	
		夏玉米 5 叶期（%）	夏玉米拔节期（%）
不施氮肥	CK	0	0
100%普通尿素	U	50	50
100%控释尿素	CRU	100	
80%控释尿素	80%CRU	100	
100%配方控释肥（控氮尿素与普通尿素比例为 6：4）	100%SCR	100	
80%配方控释肥	80%SCR	100	

2. 样品采集

（1）土壤样品

分别于试验前采集土壤样品测定其基础理化性质，于玉米拔节期、大喇叭口期、成熟期采集土壤样品（0～20cm），土壤样品采集采用五点取样法，取回实验室后，将用于土壤铵态氮、硝态氮、微生物量氮、硝酸还原酶及脲酶测定的样品保存于 4℃ 冰箱中，将用于全氮测定的土壤样品风干后过筛，密封保存。

（2）植物样品

在玉米成熟期破坏性取样，随机选取 3 株小区内植株，整株取回。

3. 样品测定

（1）土壤样品测定

将新鲜土壤样品过 0.250mm 筛后用 0.01mol/L $CaCl_2$ 振荡浸提，用 AA3 自动分析仪（德国布朗卢比公司生产）测定土壤铵态氮、硝态氮含量。

采用氯仿熏蒸提取法测定土壤中微生物量氮含量。

采用凯式定氮法测定土壤全氮含量。

采用常规方法测定土壤硝酸还原酶活性以及脲酶活性。

（2）产量及产量构成因素测定

玉米成熟后，每个小区收获计产，调查穗粒数和百粒重及产量等。

（3）植物样品的测定

将植物样品分为秸秆和籽粒，杀青（105℃，30min），烘干至恒重后全部粉碎，采用凯氏定氮法测定植物全氮。

4. 数据处理与统计分析

试验数据用 SPSS19.0 和 Excel2013 进行统计分析，采用 Origin 进行作图分析。

二、控释氮肥后移对不同时期土壤铵态氮含量的影响

由图 6 - 18 可知，在拔节期、大喇叭口期和成熟期 3 种不同生长时期控释氮肥对土壤铵态氮含量的影响各不相同。在玉米的不同生长时期，不施氮肥处理的土壤铵态氮含量显著低于各施氮处理。在拔节期，处理 U 的土壤铵态氮含量最高，但与 CRU 处理、100%SCR 处理间无显著差异，其含量范围为 6.746～7.684mg/kg，但却显著高于其余处理；在大喇叭口期，100%SCR 处理的土壤铵态氮含量最高，与 U 及 CRU 处理间无显著差异，但与 CK 相比高了 93.9%；而在玉米成熟期，CRU 处理的土壤铵态氮含量最高，与 80%CRU 处理间无明显差异，但显著高于其他处理，与对照相比铵态氮含量增加了 158%，与 U 处理相比，增加了 39.7%。

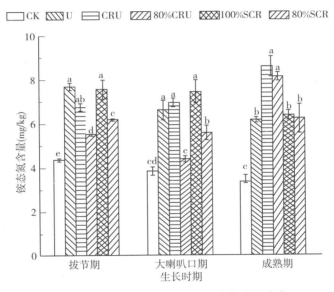

图 6 - 18　玉米不同生长时期铵态氮含量变化

三、控释氮肥后移对不同时期土壤硝态氮含量的影响

如图 6 - 19 所示，不同施肥处理间土壤硝态氮含量变化十分显著。在拔节期，处理 100%SCR 硝态氮含量最高，为 20.34mg/kg，显著高于其他处理；在拔节期，与 CK 相比高 79.0%，与处理 U 相比高 5.17%；在大喇叭口期，处理 U 的土壤硝态氮含量最高，为 17.94mg/kg，与 CRU 处理间差异不显著，但显著高于其他处理，与 CK 相比高 86.69%；在成熟期，CRU 处理硝态氮含量最高，为 15.84mg/kg，与 100%SCR 处理间无显著差异，但显著高于其他

各施氮处理，较 CK 高了 68.6％，较处理 U 高了 26.94％。

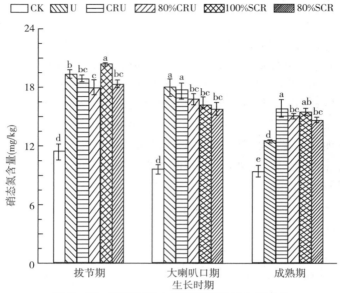

图 6-19　玉米不同生长时期硝态氮含量变化

　　试验研究结果表明，与 CK 相比，施氮能够显著增加土壤中铵态氮和硝态氮的含量。在作物生长前期，100％SCR 处理的铵态氮和硝态氮含量较高，与常规施肥处理差异并不显著，80％SCR 和 80％CRU 处理的铵态氮和硝态氮含量却略低，这表明施氮量不足会影响土壤中氮素的累积，另外 100％配方控释肥中的普通尿素养分释放较快，不会存在前期供氮不足的问题，这与卢艳丽等的研究结果一致；在作物生长中后期，100％CRU 处理的铵态氮和硝态氮含量要显著高于常规氮肥处理，而 100％SCR 的铵态氮和硝态氮含量却依旧保持较高水平，这说明控释尿素在作物生长的中后期能够释放充足的养分来保证作物的正常生长。因此，可以看出控释氮肥减量并与普通尿素配施能够实现玉米生育期内养分的不间断释放，保证作物生长前期的正常生长。

四、控释氮肥后移对不同时期土壤硝酸还原酶活性的影响

　　由图 6-20 可知，玉米不同生长时期土壤中的硝酸还原酶活性呈现相同的规律。在整个生长过程中，SCR 处理的硝酸还原酶活性均最高，分别达到 $210\mu g/g$、$390\mu g/g$ 和 $270\mu g/g$，相较于 U 处理分别高出 42.86％、53.85％ 和 55.56％。另外，3 个时期中 80％CRU 和 80％SCR 处理的硝酸还原酶活性均较低，但是依旧显著高于 CK。由此可见，施用氮肥对于提高土壤中硝酸还原酶的活性有显著的效果，其中 100％配方尿素的效果最好，养分释放

周期最长。

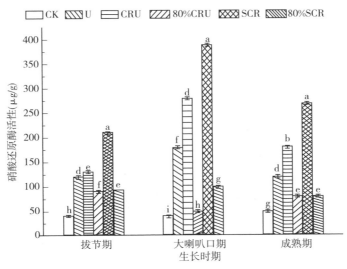

图 6 - 20　玉米不同生长时期硝酸还原酶含量变化

五、控释氮肥后移对不同时期土壤脲酶活性的影响

玉米不同生长时期土壤中脲酶活性如图 6 - 21 所示，所有施氮处理的脲酶活性均显著高于 CK。在拔节期，SCR 处理的脲酶活性达到了拔节期的最高值，与 U 处理相比高出 20.83%。而在大喇叭口期，土壤中脲酶活性达到了整个生长时期的最高峰，为 96.20μg/g，高出 U 处理 48.02%，但是 80%CRU 和 80%SCR 处理的脲酶活性却相对较弱，分别比 U 处理低 18.76% 和 11.86%。成熟期 80%CRU 和 80%SCR 处理的脲酶活性比大喇叭口期有所增强，但是仍然与 SCR 处理具有显著的差异。

土壤酶活性也是反映土壤肥力的一个重要的指标，对土壤受到的干扰比较敏感，同时，梁国鹏等认为不同氮量控释肥的添加显著影响了土壤酶活性。土壤中的硝酸还原酶和脲酶的活性均能体现氮素在土壤中的转化。在本研究中，100%SCR 处理的硝酸还原酶和脲酶含量在玉米各个生育期均显著高于其他处理，大致呈现"低—高—低"的趋势，与冯爱青等的研究一致。这说明 100%CRU 处理在玉米整个生育期内均向土壤中释放了氮素，并且促进了作物根系生长，改善了土壤微生物的环境，从而提高了硝酸还原酶和脲酶活性。同时在玉米收获期，土壤中的硝酸还原酶和脲酶活性有极显著的相关性，说明土壤酶对土壤的作用具有共同性，并且能够在一定程度上反映土壤的肥力水平。

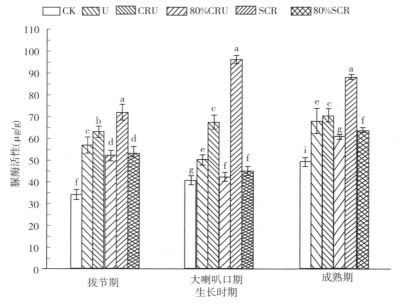

图 6-21　玉米不同生长时期脲酶活性含量变化

六、控释氮肥后移对玉米成熟期土壤微生物量氮含量的影响

由图 6-22 可知，不同施氮处理对玉米成熟期土壤中微生物量氮含量的影响差异较大。CRU 处理的微生物量氮含量最高，显著高于其他处理，与 U 处理相比，高出 31.52%。这说明控释尿素养分释放缓慢，能满足作物生长后期对养分的需求。100%SCR 处理虽然仅含有 60% 的控释尿素，但是在收获期，其微生物量氮含量与 CRU 处理差异并不显著，这能够说明控释氮肥减量配施不影响作物生长后期肥料养分的释放，反而能够获得相应的经济效益。

土壤微生物量氮是土壤的活性因子，是作物生长所需营养物质的库，同时还是反映土壤肥力及养分利用率的一个重要的指标。在玉米收获期，100%CRU 处理的微生物量氮含量显著高于常规施肥处理，但是与 100%SCR 处理差异并不显著，这说明控释尿素通过促进氮素的高效利用促进了作物根系对养分的吸收，增加了作物根系生物量及分泌物的量，从而提高了土壤中微生物量氮的含量和酶活性，同时其能释放大量的营养物质，为下一季作物前期的生长提供充足的养分，而 80%SCR 和 80%CRU 处理微生物量氮含量低于全量施用的处理，这说明施用氮素不足会影响土壤中微生物的活性，降低土壤肥力。不仅如此，由于微生物量氮与铵态氮及硝态氮均呈负相关关系，可以说明微生物量氮与铵态氮及硝态氮此消彼长的情况，这表明当土壤中铵态氮及硝态氮含量较高时，一部分氮素可转化为土壤微生物量氮形态，进而保存养分，提升土壤

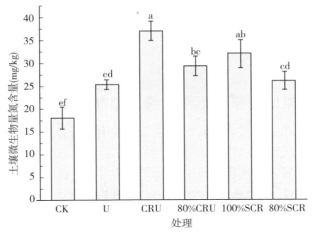

图 6-22　玉米成熟期土壤微生物量氮含量变化

肥力；而当土壤中铵态氮及硝态氮含量较低时，土壤中微生物量氮又可转化为铵态氮及硝态氮供给作物吸收利用，提高肥料利用效率。

七、控释氮肥后移对成熟期土壤全氮含量的影响

由图 6-23 可知，在玉米收获期，处理 CRU 的土壤全氮含量最高，为 1.261mg/kg，不施氮肥处理仍为最低，为 0.840mg/kg，相差 0.421mg/kg。全氮含量范围为 1.019～1.261mg/kg，其中 CRU 处理的土壤全氮含量较 CK 高 50.12%，处理 100%SCR 较 CK 高 30.83%。这表明在玉米收获期，施用含有控释氮肥的处理土壤中养分含量较高且释放缓慢，可有效为下季作物小麦的生长提供养分，极大提高氮素利用效率。

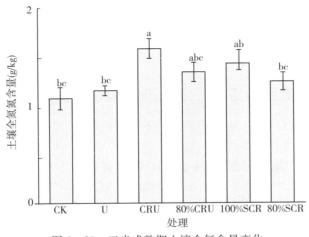

图 6-23　玉米成熟期土壤全氮含量变化

从土壤中全氮含量以及植株籽粒中全氮含量的分配，可以看出100％SCR、CRU、80％CRU和80％SCR均无显著差异，这说明在玉米收获期，控释尿素能够释放养分供作物吸收，同时也能留存在土壤中提高土壤中养分的含量。

八、控释氮肥后移对玉米成熟期植株及籽粒中全氮的影响

由图6-24可知在玉米成熟期植株和籽粒中氮含量的分配。就植株而言，处理80％CRU的含氮量最高，达到了80.84mg/kg，与处理100％SCR、80％SCR没有显著差异，但是较其他处理而言，确实有显著的增高。CK的含氮量最低，较80％CRU处理降低了25.99％。就籽粒而言，同样是处理80％CRU含氮量最高，达到151.23mg/kg，显著高于其他处理。CK的含氮量最低，为116.18mg/kg。

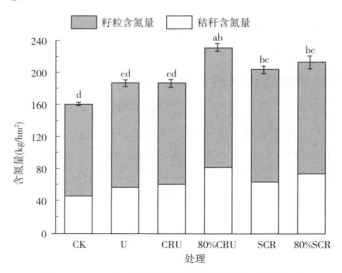

图6-24　玉米成熟期期植株及籽粒中氮含量分配

九、控释氮肥对玉米产量及产量构成因素的影响

如表6-15所示，各施氮肥处理的玉米穗粒数、籽粒重量及百粒重均显著高于不施氮肥的处理。各处理产量顺序为100％SCR＞CRU＞U＞80％SCR＞80％CRU＞CK，施用氮肥的各处理产量显著高于不施氮肥的处理，其中100％SCR处理的产量显著高于其他处理，达到（10 483.5±20.6）kg/hm²，与常规施肥相比增产4.04％。CRU增产1.37％，而U与80％SCR无明显差异，说明控释氮肥减量配施能够起到增产的作用。

表 6-15　不同肥料对玉米产量及产量构成因素的影响

处理	穗粒数（个）	籽粒重量（g）	百粒重（g）	产量（kg/hm²）	增产率（%）
CK	470.34±4.46d	154.57±1.27f	32.86±0.11e	9 273.9±76.4e	—
U	477.81±4.69cd	167.94±0.41d	35.15±0.33ab	10 076.1±24.8c	—
CRU	501.97±8.60a	170.24±0.15c	33.93±0.55cde	10 214.4±9.0b	1.37
80%CRU	481.71±0.90cd	166.3±0.62de	34.52±0.18bc	9 978.0±37.1d	−0.97
100%SCR	485.04±4.57bcd	174.73±0.34a	36.03±0.39a	10 483.5±20.6a	4.04
80%SCR	489.57±1.90bc	167.20±0.38d	34.15±0.12bcd	10 032.0±22.5c	−0.44

　　从产量来看，80%施用量的无论是配方控释肥还是控释尿素均减产，而100%配方控释肥（100%SCR）与100%控释尿素（CRU）却起到了增加产量的作用。但是100%控释尿素价格高昂，增加了农业成本，全部使用经济效益不佳；另外田间生产具有一定的不确定性，全量施用控释尿素还会受到水分和温度的影响，不能达到理想的效果。

十、成熟期土壤中各形态氮素及酶活性之间的相关关系

　　由表 6-16 可以看出玉米成熟期土壤中全氮与铵态氮、硝态氮、微生物量氮及脲酶活性、硝酸还原酶活性均呈正相关关系；微生物量氮与铵态氮、硝态氮呈负相关关系，与脲酶活性呈显著正相关关系；硝态氮与脲酶活性及硝酸还原酶活性均呈负相关关系；脲酶活性与硝酸还原酶活性呈极显著正相关关系。

表 6-16　成熟期土壤中各形态氮素及酶活性的相关关系

项目	铵态氮	硝态氮	微生物量氮	土壤全氮	脲酶活性	硝酸还原酶活性
铵态氮	1	0.542	−0.144	0.461	0.215	0.352
硝态氮	0.542	1	−0.531	0.223	−0.253	−0.003
微生物量氮	−0.144	−0.531	1	0.485	0.882*	0.808
土壤全氮	0.461	0.223	0.485	1	0.646	0.711
脲酶活性	0.215	−0.253	0.882*	0.646	1	0.958**
硝酸还原酶活性	0.352	−0.003	0.808	0.711	0.958**	1

　　注：* 和 ** 分别代表差异显著（$P<0.05$）和极显著（$P<0.01$）。

参 考 文 献

陈松岭，蒋一飞，巴闯，等，2017. 生物改性聚乙烯醇可降解包膜材料的特征及其光谱特性 [J]. 中国土壤与肥料（4）：154-160.

戴明宏，陶洪斌，王利纳，等，2008. 华北平原春玉米种植体系中土壤无机氮的时空变化

及盈亏 [J]. 植物营养与肥料学报，14（3）：417-423.

冯爱青，张民，李成亮，等，2014. 控释氮肥对土壤酶活性与土壤养分利用的影响 [J].
　　水土保持学报，28（3）：177-184.

姬景红，李玉影，刘双全，等，2017. 控释氮肥对春玉米产量、氮效率及氮素平衡的影响
　　[J]. 农业资源与环境学报，34（2）：153-160.

巨晓棠，谷保静，2017. 氮素管理的指标 [J]. 土壤学报，54（2）：281-296.

巨晓棠，张福锁，2003. 关于氮肥利用率的思考 [J]. 生态环境学报，12（2）：192-197.

李桂花，2010. 不同施肥对土壤微生物活性、群落结构和生物量的影响 [J]. 中国农学通
　　报，26（14）：214-218.

李睿达，张凯，苏丹，等，2014. 施氮强度对不同土壤有机碳水平桉树林温室气体通量的
　　影响 [J]. 环境科学（10）：3903-3910.

梁国鹏，Houssou，Albert A，等，2016. 施氮量对夏玉米根际和非根际土壤酶活性及氮含
　　量的影响 [J]. 应用生态学报，27（6）：1917-1924.

廖继佩，林先贵，曹志，等，2003. 土壤固定态铵的影响因素 [J]. 土壤，35（1）：36-40.

林先贵，2010. 土壤微生物研究原理与方法 [M]. 北京：高等教育出版社.

卢艳丽，白由路，王磊，等，2011. 华北小麦—玉米轮作区缓控释肥应用效果分析 [J].
　　植物营养与肥料学报，17（1）：209-215.

马富亮，宋付朋，高杨，等，2012. 硫膜和树脂膜控释尿素对小麦产量、品质及氮素利用
　　率的影响 [J]. 应用生态学报，23（1）：67-72.

潘丹丹，吴祥为，田光明，等，2012. 土壤中可溶性氮和 pH 对有机肥和化肥的短期响应
　　[J]. 水土保持学报，26（2）：170-174.

邱莉萍，王益权，孙慧敏，等，2004. 土壤酶活性与土壤肥力的关系研究 [J]. 植物营养
　　与肥料学报，10（3）：277-280.

石英，沈其荣，茆泽圣，等，2002. 旱作水稻根际土壤铵态氮和硝态氮的时空变异 [J].
　　中国农业科学，35（5）：520-524.

司东霞，崔振岭，陈新平，等，2014. 不同控释氮肥对夏玉米同化物积累及氮平衡的影响
　　[J]. 应用生态学报，25（6）：1745-1751.

王朝辉，刘学军，巨晓棠，等，2002. 北方冬小麦/夏玉米轮作体系土壤氨挥发的原位测定
　　[J]. 生态学报（3）：359-365.

王崇桃，李少昆，2013. 玉米高产产量形成特征及其验证 [J]. 科技导报，31（25）：61-67.

王磊，陶少强，夏强，等，2012. 秸秆还田对土壤氮素养分及微生物量氮动态变化的影响
　　[J]. 土壤通报（4）：810-814.

王淑平，周广胜，孙长占，等，2003. 土壤微生物量氮的动态及其生物有效性研究 [J].
　　植物营养与肥料学报，9（1）：87-90.

王薇，李子双，赵同凯，等，2016. 控释尿素减量施用对冬小麦及夏玉米产量及氮肥利用
　　率的影响 [J]. 山东农业科学，48（5）：83-85.

王寅，冯国忠，张天山，等，2016. 控释氮肥与尿素混施对连作春玉米产量、氮素吸收和
　　氮素平衡的影响 [J]. 中国农业科学，49（3）：518-528.

王永军，孙其专，杨今胜，等，2011. 不同地力水平下控释尿素对玉米物质生产及光合特性的影响 [J]. 作物学报，37 (12)：2233 - 2240.

吴金水，2006. 土壤微生物生物量测定方法及其应用 [M]. 北京：气象出版社.

谢佳贵，尹彩侠，张路，等，2009. 春玉米控释氮肥施用技术研究 [J]. 玉米科学 (5)：145 - 147.

谢勇，荣湘民，刘强，等，2016，控释氮肥减量施用对春玉米土壤地表径流氮素动态及其损失的影响 [J]. 水土保持学报，30 (1)：14 - 19.

叶协锋，杨超，李正，等，2013. 绿肥对植烟土壤酶活性及土壤肥力的影响 [J]. 植物营养与肥料学报，19 (2)：445 - 454.

尹彩侠，孔丽丽，侯云鹏，等，2011. 控释氮肥在玉米上的施用效果 [J]. 吉林农业科学 (4)：26 - 29.

张福锁，王激清，张卫峰，等，2008. 中国主要粮食作物肥料利用率现状与提高途径 [J]. 土壤学报，45 (5)：915 - 924.

张敬昇，李冰，王昌全，等，2017. 控释氮肥与尿素掺混比例对作物中后期土壤供氮能力和稻麦产量的影响 [J]. 植物营养与肥料学报，23 (1)：110 - 118.

张美微，乔江方，谷利敏，等，2017. 不同土层氮肥配施方式对夏玉米生长发育及氮肥利用的影响 [J]. 中国农学通报，33 (20)：66 - 70.

张玉玲，张玉龙，虞娜，等，2007. 长期不同施肥措施水稻土可矿化氮与微生物量氮关系的研究 [J]. 水土保持学报，21 (4)：117 - 121.

周丽平，杨俐苹，白由路，等，2016. 不同氮肥缓释化处理对夏玉米田间氨挥发和氮素利用的影响 [J]. 植物营养与肥料学报，22 (6)：1449 - 1457.

周培禄，任红，齐华，等，2017. 氮肥用量对两种不同类型玉米杂交种物质生产及氮素利用的影响 [J]. 作物学报，43 (2)：263 - 276.

Allison V J，Condron L M，Peltzer D A，et al.，2007. Changes in enzyme activities and soil microbial community composition along carbon and nutrient gradients at the Franz Josef chronosequence，New Zealand [J]. Soil Biology and Biochemistry，39 (7)：1770 - 1781.

Bremner J M，1966. Determination and Isotope - Ratio analysis of different forms of nitrogen in soils：3. exchangeable ammonium，nitrate，and nitrite by extraction - distillation methods [J]. Soil Science Society of America Journal，30 (4)：450 - 453.

Case S D C，McNamara N P，Reay D S，et al.，2015. Biochar suppresses N_2O emissions while maintaining N availability in a sandy loam soil [J]. Soil Biology and Biochemistry，81：178 - 185.

Chen S L，Yang M，Ba C，et al.，2018. Preparation and characterization of slow - release fertilizer encapsulated by biochar - based waterborne copolymers [J]. Science of the Total Environment，615：431 - 437.

Farmaha B S，Sims A L，2013. The influence of polymer - coated urea and urea fertilizer mixtures on spring wheat protein concentrations and economic returns [J]. Agronomy Journal，105 (5)：1328 - 1334.

Guo J M，Wang Y H，Chen X P，et al.，2017. Mixture of controlled release and normal u-rea to optimize nitrogen management for high – yielding（＞15mg/hm²）maize［J］. Field Crops Research，204：23 – 30.

Hartmann T E，Yue S，Schulz R，et al.，2015. Yield and N use efficiency of a maize – wheat cropping system as affected by different fertilizer management strategies in a farmer's field of the North China Plain［J］. Field Crops Research，174：30 – 39.

Ju X T，Xing G X，Chen X P，et al.，2009. Reducing environmental risk by improving N management in intensive Chinese agricultural systems［J］. Proceedings of the National A-cademy of Sciences of the United States of America，106（9）：3041 – 3046.

Li P，Lu J，Hou W，et al.，2017. Reducing nitrogen losses through ammonia volatilization and surface runoff to improve apparent nitrogen recovery of double cropping of late rice u-sing controlled release urea［J］. Environmental Science and Pollution Research，24（12）：11722 – 11733.

Liu Z，Gao J，Gao F，et al.，2018. Photosynthetic characteristics and chloroplast ultra-structure of summer maize response to different nitrogen supplies［J］. Frontiers in Plant Science（9）：576.

Ma B L，Wu T Y，Tremblay N，et al.，2010. On – farm assessment of the amount and timing of nitrogen fertilizer on ammonia volatilization［J］. Agronomy Journal，102（1）：134 – 144.

Ramirez K S，Craine J M，Fierer N，2010. Nitrogen fertilization inhibits soil microbial respi-ration regardless of the form of nitrogen applied［J］. Soil Biology and Biochemistry，42（12）：2336 – 2338.

Saggar S，Andrew R M，Tate K R，et al.，2004. Modelling nitrous oxide emissions from dairy – grazed pastures［J］. Nutrient Cycling in Agroecosystems，68（3）：243 – 255.

Saggar S，Hedley C B，Giltrap D L，et al.，2007. Measured and modeled estimates of ni-trous oxide emission and methane consumption from a sheep – grazed pasture［J］. Agricul-ture，Ecosystems and Environment，122（3）：357 – 365.

Zhang Y，Wang H，Lei Q，et al.，2018. Optimizing the nitrogen application rate for maize and wheat based on yield and environment on the Northern China Plain［J］. Science of the Total Environment，618（15）：1173 – 1183.

Zhao B，Dong S，Zhang J，et al.，2013，Effects of controlled – release fertiliser on nitrogen use efficiency in summer maize［J］. Plos One，8（8）：e70569.

Zheng W，Liu Z，Zhang M，et al.，2017. Improving crop yields，nitrogen use efficiencies，and profits by using mixtures of coated controlled – released and uncoated urea in a wheat – maize system［J］. Field Crops Research，205：106 – 115.

Zheng W，Zhang M，Liu Z G，et al.，2016. Combining controlled – release urea and normal urea to improve the nitrogen use efficiency and yield under wheat – maize double cropping system［J］. Field Crops Research，197：52 – 56.